Linux 从入门到精通（视频教学版）

湛锐涛◎编著

机械工业出版社
China Machine Press

图书在版编目（CIP）数据

Linux从入门到精通：视频教学版 / 湛锐涛编著. —北京：机械工业出版社，2021.10（2023.1重印）

ISBN 978-7-111-69401-4

Ⅰ. ①L… Ⅱ. ①湛… Ⅲ. ①Linux操作系统 Ⅳ.①TP316.85

中国版本图书馆CIP数据核字（2021）第214635号

Linux 从入门到精通（视频教学版）

出版发行：机械工业出版社（北京市西城区百万庄大街 22 号 邮政编码：100037）

责任编辑：刘立卿　　责任校对：姚志娟

印　　刷：北京铭成印刷有限公司

版　　次：2023 年 1 月第 1 版第 2 次印刷

开　　本：186mm×240mm 1/16

印　　张：27

书　　号：ISBN 978-7-111-69401-4

定　　价：99.80 元

客服电话：（010）88361066 68326294

前言

随着互联网尤其是移动互联网的发展，基于 Linux 系统开发的 Android 手机操作系统得到了广泛应用。另外，大数据、云计算等技术也日益流行，这些技术都与 Linux 系统密切相关。Linux 是开源系统，相比 Windows 系统，它受到攻击的概率更低，因此诸如百度、腾讯和阿里等大量公司的服务器都基于 Linux 系统搭建。可以说，Linux 已经无处不在。

运维工程师必须要学习 Linux 系统，软件测试和开发人员需要熟悉 Linux 系统，还有不少的 IT 从业人员也需要学习 Linux 系统。IT 行业对 Linux 人才的需求越来越旺盛，各大 IT 公司对 Linux 运维工程师的要求也越来越高。可以说，学习 Linux 已经是大多数 IT 从业者的“必修课”，掌握 Linux 是进入 IT 行业的基本要求。

笔者也顺应趋势，先从网络工程转向 Linux 运维，继而又转向 Linux 培训工作。笔者的感受是，无论是稳定性还是安全性，Linux 系统都略胜 Windows 系统一筹。初次接触的人可能会不太适应，因为 Linux 系统在使用上和 Windows 系统完全不同，用户需要掌握很多命令才能高效使用，学习难度远大于 Windows 系统。基于这些原因，笔者编写了本书，希望对 Linux 系统的初学者能有所帮助。

本书特色

- **视频教学**：笔者为本书的重点内容录制了近 20 小时配套教学视频，帮助读者高效、直观地学习。
- **从零开始**：从 Linux 的安装开始讲解，然后介绍 Linux 的常用命令，入门门槛很低。
- **内容新颖**：介绍的大部分软件包都是截至本书写作时的最新版本。
- **经验总结**：全面归纳和整理笔者多年积累的 Linux 培训教学实践经验。
- **内容实用**：结合大量示例进行讲解，并对实现同一结果的多种命令进行对比。
- **赠送 PPT**：笔者专门为本书制作了教学 PPT，以方便相关老师教学时使用。

本书内容

第 1 章介绍 Linux 系统的发展历史、常见的 Linux 发行版、CentOS 系统的安装、Linux 系统初始化及初始化的基本命令。

第 2 章介绍 Linux 文件管理和目录管理，涵盖命令格式、文件管理命令、目录管理命令、解压缩命令和文本编辑器等。通过阅读本章，读者可以初步掌握 Linux 常用命令的用法。

第 3 章介绍在 Linux 系统中创建不同用户账户和用户组的方法，以及设置文件权限和归属权的方法。

第 4 章介绍 Linux 磁盘管理，涵盖 fdisk 磁盘管理工具、gdisk 磁盘管理工具、使用 parted 管理 GPT 硬盘、格式化磁盘分区、挂载和卸载文件系统等。

第 5 章介绍 Linux 网络配置管理，涵盖网络模型、常见通信协议、主机名查看和修改方法，其中重点介绍如何使用命令正确地配置系统的 IP 地址，以保证主机能正常进行网络通信。

第 6 章介绍 Linux 系统的启动流程、系统服务管理命令、进程管理命令和任务计划等，帮助读者掌握 Linux 系统的进程管理和任务计划管理。

第 7 章介绍在 Linux 系统中如何使用工具安装和管理不同的软件包，从而更好地维护系统。

第 8 章介绍 DHCP 和 DNS 服务的搭建，用详细的步骤向读者展示如何部署这两个服务。

第 9 章介绍在 Linux 系统中搭建 Samba、FTP 和 NFS 三个文件服务的方法，从而在网络中实现资源共享和文件传输服务。

第 10 章介绍在 Linux 系统中搭建 Apache、Nginx 和 Tomcat 三个 Web 服务的方法。

第 11 章介绍 MySQL 数据库的安装及其常用命令的用法，并重点介绍 LAMP 和 LNMP 的环境部署。

第 12 章介绍 Shell 脚本的基本语法、流程控制语句和 Shell 函数的简单使用，帮助读者学会编写 Shell 脚本，从而实现系统的自动化管理。

第 13 章介绍 firewalld 防火墙的简单使用，帮助读者学会根据不同防火墙的规则维护系统的安全。

本书读者对象

- Linux 零基础入门人员；
- Linux 系统管理与运维人员；
- 网络管理与维护人员；
- 软件开发与测试人员；
- 对 Linux 系统感兴趣的人员；
- 各大院校学习 Linux 的学生；
- Linux 培训学员。

本书配套资源

- 配套教学视频；
- 教学 PPT。

本书配套资源需要读者自行下载，请在 www.hzbook.com 网站上搜索到本书，然后单击“资料下载”按钮，即可在本书页面上找到下载链接进行下载。

意见反馈

受笔者水平所限，书中可能还存在一些疏漏，敬请各位读者指正。阅读本书时如果您有疑问，可以发送电子邮件到 hzbook2017@163.com 获得帮助。

湛锐涛

目录

第 1 章　初识 Linux 系统

当前，个人计算机的主流操作系统有 Windows、Mac OS、Linux 和 UNIX。其中，使用最为广泛的是微软公司的 Windows 系统，其优势在于具有简单易懂的图形化操作界面，操作起来容易上手，对于新手来说较为友好。另外，使用苹果公司的 Mac OS 系统的用户也越来越多，该系统无论从稳定性还是界面的设计感来看，都比 Windows 系统有显著的优势，不足之处是该系统目前只能运行于苹果系列的计算机，而苹果计算机的价格比普通计算机昂贵很多，且可操作性对于新手而言没有 Windows 系统容易上手，市场占有率低于 Windows 系统。还有就是开源的 Linux 操作系统，它不仅性能稳定，而且核心源码是开放的，用户可以免费使用，只是对于新手而言其操作过于复杂，因此目前多用于服务器领域。至于 UNIX 操作系统，它是一种分时系统，早期是开源的，后期则对源代码实现了闭源，而且其主要用于商业领域。其实，Linux 系统就是一款类 UNIX 系统。

本章的主要内容如下：

- Linux 系统的开源思想和常用的发行版简介；
- Linux 系统的磁盘分区表示格式；
- Linux 系统的安装；
- Linux 系统的用户操作界面；
- 重启和关机的简单命令。

注意：本章重点介绍如何安装 Linux 系统。

1.1　Linux 概述

本节首先介绍 Linux 系统的构成、内核起源、GNU、GPL、LGPL 和常用的 Linux 发行版。

1.1.1　Linux 系统的构成

Linux 系统包含 Linux 内核、系统的基本库及应用程序三部分，而我们常说的 Linux 系统主要是指 Linux 内核。严格来说，Linux 内核是 Linux 操作系统的核心，它是构成整个 Linux 系统的关键部分。

1.1.2　内核起源

Linux 内核的第一个公开版本 kernel 0.02 是在 1991 年 10 月由芬兰的赫尔辛基大学年仅 22 岁的在校大学生林纳斯 • 本纳第克特 • 托瓦兹（Linus Benedict Torvalds）编写的，他也因此被后人称为 Linux 之父。林纳斯 • 本纳第克特 • 托瓦兹将 Linux 的源代码公布到互联网上后，志愿者和开源爱好者对代码进行了修改，并于 1994 年 3 月发布了 kernel 的第一个正式版本，即 1.0 版，同时 Linux 系统的核心开发队伍也建立了起来。截至目前，Linux 最新的内核版本为 kernel 5.0。

Linux 内核的 LOGO（标志）是芬兰的吉祥物企鹅 Tux。据说当时因为林纳斯在澳大利亚被一只企鹅咬过，所以他的妻子托芙（Tove）才想到以企鹅的形象来标识 Linux。Linux 内核的官方网站为 https://www.kernel.org/pub，可以从该网站下载 Linux 内核的最新版本。

Linux 内核版本的表示方式为 XX.YY.ZZ。其中，XX 表示主版本号，该数字发生变化，说明版本跨度较大；YY 表示次版本号，它为奇数时代表该内核为开发版，用于开发测试，它为偶数时代表该内核为稳定版，用于生产系统；ZZ 表示修订版本号，代表修复错误漏洞的次数。

1.1.3　一个项目两个协议

GNU 项目（GNU is Not Unix Project）是由理查德 • 斯托曼在 1983 年 9 月 27 日公开发起的，其致力于开发一个自由且完整的类 UNIX 操作系统，基于该项目的所有软件必须遵循开源的原则。1985 年 10 月，理查德 • 斯托曼又创立了自由软件基金会（Free Software Foundation，FSF）非盈利性组织，为 GNU 项目提供技术、法律和财政支持，以开发更多的自由软件。

GPL（GNU General Public License）指通用公共许可证，是 FSF 发行的用于计算机软件的协议证书。该协议允许用户对 GNU 开发的软件进行二次修改、复制、传递及再次发布，要求软件以源代码的形式发布，不允许封闭源代码，必须是完全开源的，同时不能用于商业用途。

LGPL（GNU Lesser General Public License）指宽通用公共许可证，早期英文 GNU Library General Public License（程序库通用公共许可证）是一种关于程序库使用的许可证。该协议允许用户不必全部公开软件的核心源码，可以将软件部分地用于商业用途，但是软件必须是免费使用的，可以收取服务费用。

1.1.4　常用的 Linux 发行版

Linux 发行版在 Linux 内核的基础上添加了大量系统软件、应用软件，以及简化系统初始化安装的工具和让软件安装升级的集成管理器。一个典型的 Linux 发行版主要包括 Linux 内核、GNU 的程序库和工具类、Shell 命令行、图形化界面系统和相应的桌面环境，以及大量的应用程序。根据 GNU 项目组织的两大协议，衍生了 Linux 的两大发行版，即商业版（收费）和社区发行版（免费）。下面对这些版本进行介绍。

1．RHEL简介

RHEL（Red Hat Enterprise Linux）是一款偏向于服务器应用的商业发行版，主要分为桌面版和服务器版。其中，桌面版在更新到 9.0 之后就停止发布了，如今使用较多的是服务器版。RHEL 是由 Red Hat（红帽）公司开发维护的，该公司创建于 1993 年，是资深的 Linux 厂商，推出了较为权威的红帽认证体系。在国内，RHEL 是使用人群最多的 Linux 版本，其优点在于资料丰富且易于查找，还可以获得红帽官方的技术支持。

官方网址：https://www.redhat.com。

2．CentOS简介

CentOS（Community Enterprise Operating System，社区企业操作系统）是一款基于 RHEL 的提供企业级源码的社区发行版，可以将其理解为 RHEL 的社区克隆版，大约每两年发布一个新版本，每 6 个月进行一次补丁更新。CentOS 的优点在于完全免费，它和 RHEL 商业版的内核源代码相同。

官方网址：https://www.centos.org。

3．Ubuntu简介

Ubuntu 是由 Canonical 公司开发的基于 Debian 的偏向于桌面级应用的社区发行版操作系统。Ubuntu 一词来自非洲南部的祖鲁语，按其读音译为“乌班图”，体现了非洲传统价值观“我的存在是因为大家的存在”。Ubuntu 采用常规版和 LTS 版（长期支持版）的发行策略。其中，LTS 的桌面版获得 Ubuntu 官方 3 年的支持，服务器版获得 Ubuntu 官方 5 年的支持。Ubuntu 每 6 个月进行一次新版本的发布，比较适合新手学习和使用。

官方网址：https://ubuntu.com。

4．Fedora简介

Fedora 是一款由 RHEL 桌面版衍生而来的社区发行版，它是由 Fedora 基金会管理和控制的，得到了 Red Hat 的支持。Fedora 是众多发行版中更新最快的版本之一，通常每 6 个月发布一个正式的新版本，但是相对其他发行版而言其稳定性较差。

官方社区维护站点：https://getfedora.org。

5．Debian简介

Debian 是一款对数据库兼容的社区发行版，通常会按照一定的规律每隔一段时间发布一个新的稳定版。对每个稳定版，用户可以得到三年的完整支持及两年的长期支持。其早期版本的安装过于复杂，目前的新版本经过优化后安装比较简单。该版本稳定性较好，主要通过基于 Web 的论坛和邮件列表来提供技术支持，对中文的支持不是很完善。

官方网址：https://www.debian.org。

6．SUSE简介

SUSE 是德国 SUSE Linux AG 公司发行和维护的 Linux 发行版，前期只发行了商业版，第一个版本发行于 1994 年初。2004 年 2 月，SUSE 被 Novell 公司收购，其后成立了 OpenSUSE 开源项目社区，推出了 OpenSUSE 的社区发行版。SUSE 凭借友好的图形界面安装方式和便利的管理工具，占据了一定的市场份额。

官方网址：http://www.suse.com。

1.1.5 Windows、Linux 和 UNIX 系统之间的区别

Windows 是一个单用户、多任务的操作系统，即一台计算机同一时间只能由一个用户登录，该用户可以同时启动多个应用程序（一个应用程序称为一个任务），且该用户独享此计算机的硬件系统和软件系统。

Linux 是一个多用户、多任务的操作系统，允许一台计算机同一时间登录多个用户，每个用户可以同时启动多个应用程序（任务），并且每个用户共享此计算机的硬件系统和软件系统。

UNIX 是一个多用户、多任务的商业操作系统，硬件要求比 Linux 要苛刻，核心源码是不对外公布的，并且一般是和硬件捆绑销售的。UNIX 多用于超级计算机、小型计算机和工作站中。

1.2 Linux 的安装

安装 Linux 系统前必须知晓计算机中的磁盘分区格式、文件系统的概念及分区的相关知识。

1.2.1 磁盘格式

当对新磁盘进行初始化时会出现磁盘格式的选项，我们该如何选择呢？下面将简单介绍 MBR 和 GPT 两种格式的区别。

1．MBR格式

MBR（Master Boot Record，主引导记录）磁盘格式一般最大识别 2TB 磁盘空间，最

多只能有 4 个分区。这 4 个分区中，要么全部是主分区，要么是 3 个主分区和 1 个扩展分区，然后在扩展分区中再分逻辑分区。

2. GPT格式

GPT（GUID Partition Table，全局唯一标识磁盘分区表）磁盘格式一般最大识别 18EB 磁盘空间，但是在 Windows 的 NTFS 文件系统中最多只能识别 256TB 的磁盘空间，分区一般没有限制，但是在 Windows 操作系统中最多可以分 128 个分区，每个分区都是主分区。

注意： 操作系统都是安装在主分区中。

1.2.2　Linux 系统的分区规则

在 Windows 操作系统中，分区以盘符的形式表示，如 C 盘和 D 盘等。而在 Linux 操作系统中，磁盘和分区是以设备文件的形式表示的。

1. 磁盘表示

磁盘接口是磁盘与主机系统间的连接部件，作用是在磁盘缓存和主机内存之间传输数据。目前，磁盘主要分为 HDD（Hard Disk Drive，机械磁盘）和 SSD（Solid State Drives，固态磁盘）两种，本节只介绍机械磁盘接口的表示方法。

市面上常见的机械磁盘接口一共有 5 种，本书只简单介绍比较常见的 3 种接口，即 IDE、SATA 和 SCSI，重点了解它们在 Linux 系统中是如何表示的。

- IDE（Integrated Drive Electronics，电子集成驱动器）：又叫并行接口，它是将磁盘控制器与盘体集成在一起的磁盘驱动器，其制造容易，数据传输可靠，与不同厂商的主板控制器兼容性较高，是早期计算机中使用频率较高的一种接口。随着技术的发展，IDE 已经被淘汰。
- SATA（Serial ATA，串行接口）：接口结构简单，支持热拔插，具备更强的纠错能力，大大提高了数据传输的可靠性，而且数据传输速度更快，已经替代 IDE 接口成为目前普通计算机磁盘的标准接口。
- SCSI（Small Computer System Interface，小型计算机系统接口）：不是专门为磁盘设计的接口，而是一种广泛应用于小型计算机上的高速数据传输技术，因为其价格较高，所以主要应用于中高端的服务器及工作站中。

在 Linux 系统中，文件都是以根目录开头的，因此设备文件必须接上/dev 来表示，后面再接磁盘设备文件名。其中，IDE 接口的磁盘设备是以“hd+字母”表示的，SATA 和 SCSI 接口的磁盘设备是以“sd+字母”表示的，当存在多个磁盘时，采用 26 个英文字母 a～z 表示磁盘个数。例如，hda 表示 IDE 接口的第 1 个磁盘，sdc 表示 SATA 接口的第 3 个磁盘。那么分区又该如何表示呢？我们接着往下看。

2. 分区表示

表示分区时直接在 hda 或 sdc 后添加分区对应的序号 0～9 即可。例如，hda1 表示 IDE 接口的第一个磁盘上的第一个分区，sdc3 表示 SATA 接口的第三个磁盘上的第三个分区。那么如何区分主分区、扩展分区及逻辑分区呢？数字 1～4 只能用于表示主分区和扩展分区，第一个逻辑分区是从数字 5 开始的，后面依次按 1 递增表示。例如，/dev/sdc5 表示第 3 个 SATA 接口磁盘上的第一个逻辑分区，/dev/hda4 表示第一个 IDE 接口磁盘上的第 4 个主分区，也可以表示第一个 IDE 接口磁盘上的扩展分区。

3. 分区类型

在 Linux 系统中，一切都可以称为文件，文件必须挂载在根分区（/）下才能识别，一般进行系统安装时至少需要有 3 个分区。

- /boot：启动文件分区，如果缺少该分区将无法启动系统。该分区大小一般设置为 100～200MB（默认为 100MB）。
- swap：交换分区，相当于 Windows 系统中的虚拟内存，作用是防止内存溢出，一般将其设置为物理内存的两倍（当应用程序把物理内存的空间占满时，系统会去开启其他应用程序，并将开启的物理连接数暂时存放在交换分区中，等待物理内存释放空间之后，再从交换分区中调取之间的连接数，从而防止计算机的内存溢出）。
- /：根分区，所有的文件和目录等都必须挂载在此分区，而且将其他分区分完后的剩余空间一般会全部分配给根分区。由于系统必须安装在此分区，所以该分区必须为主分区。

1.2.3 文件系统类型

用户将文件存放在磁盘上的组织方式（存储格式）称为文件系统。在 Linux 中常见的文件系统有 EXT、XFS 和 SWAP 3 种。

1. EXT文件系统

EXT（Extended Filesystem，扩展文件系统）是 Linux 系统的日志文件系统，常见的有 EXT2/EXT3/EXT4 几种，CentOS 5 默认使用的是 EXT3，CentOS 6 默认使用的是 EXT4，CentOS 7 以上系统默认使用的是 XFS，可以支持 EXT4。下面简单介绍 EXT3 和 EXT4 的区别。

- EXT3（Third Extended Filesystem，第三代扩展文件系统）：理论上 EXT3 可识别的最大磁盘分区为 32 TB，可识别的单个文件最大为 2TB，最多支持 32000 个子目录。

- EXT4（Fourth Extended Filesystem，第四代扩展文件系统）：理论上 EXT4 可识别的最大磁盘分区为 1EB，可识别的单个文件最大为 16TB，支持的子目录无数量限制。

当出现突然断电或磁盘受损时，EXT3 在使用 fsck（File System Check）检查和修复受损文件所耗费的时间多于 EXT4。

2．XFS文件系统

XFS（Extents File System，扩展文件系统）是一个 64 位的高性能日志文件系统，对特大文件及小尺寸文件的支持都表现出众，支持特大数量的目录。理论上可识别的最大磁盘分区为 18EB-1，可识别的单个文件最大为 9EB。随着其支持的存储容量越来越大，从 CentOS 7 开始将 XFS 作为默认的文件系统。虽然 XFS 文件系统也是存在缺陷的，如它不能压缩，删除大量文件时性能低下，但是其在读写性能、修复性和扩展性方面比 EXT4 强大太多，因此 XFS 取代 EXT4 已经成为必然趋势。

3．SWAP文件系统

SWAP 文件系统是专门用于交换分区的文件系统，一般用户是无法访问交换分区的。

1.2.4　在 VMware Workstation 中安装 Linux 系统

1．安装Vmware Workstation

VMware Workstation（中文名“威睿工作站”）是模拟计算机硬件的虚拟计算机应用程序，其环境和真实的计算机一样。在 VMware Workstation 中可以安装多个虚拟机（客户机），与真实机的操作系统（宿主主机）隔离开，两者互不影响，对于 IT 人员而言是一个不可多得的工具。当然也有其他类似的虚拟机软件，本节演示的软件版本为 VMware Workstation 16，必须安装在 64 位操作系统上。具体安装步骤如下：

（1）通过官网下载安装程序后运行安装文件，初始界面如图 1.1 所示。

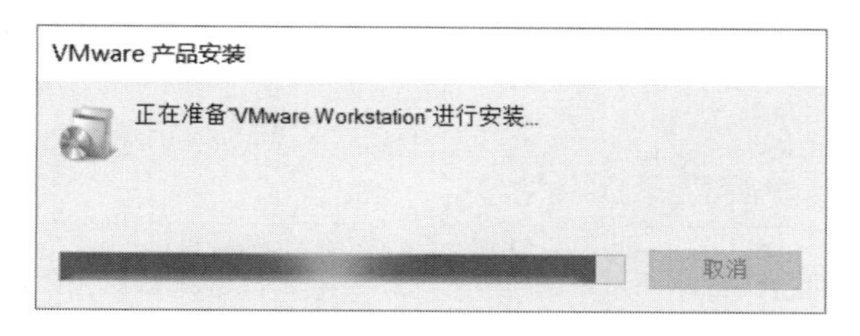

图 1.1　运行安装程序

（2）等待初始界面运行完成后进入安装向导对话框，如图 1.2 所示。

（3）单击“下一步”按钮，进入“最终用户许可协议”对话框，选中“我接受许可协议中的条款”复选框，如图 1.3 所示。

（4）单击“下一步”按钮，进入“自定义安装”对话框，设置好安装目录，如图 1.4 所示。

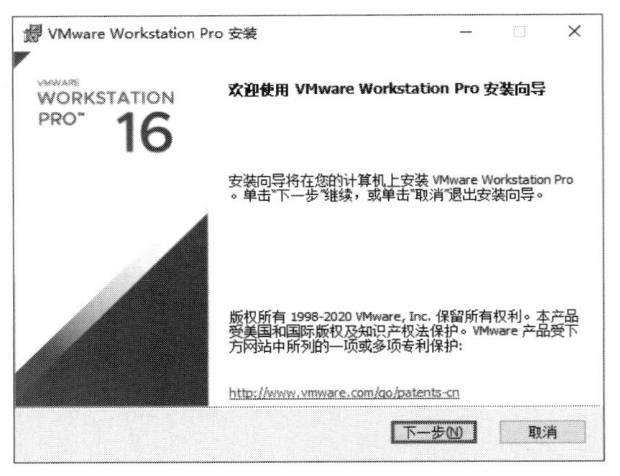

图 1.2　安装向导

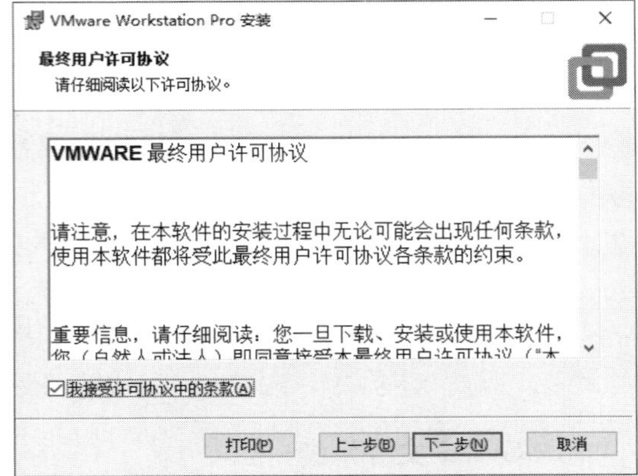

图 1.3　接受用户许可协议

（5）单击“下一步”按钮，进入“用户体验设置”对话框，可以取消所有复选框的选择，如图 1.5 所示。

（6）单击“下一步”按钮，进入“快捷方式”对话框，选择创建的快捷方式，如图 1.6 所示。

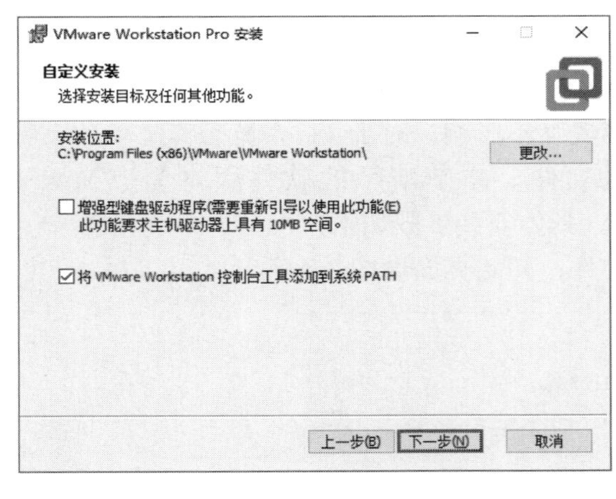

图 1.4　设置安装目录

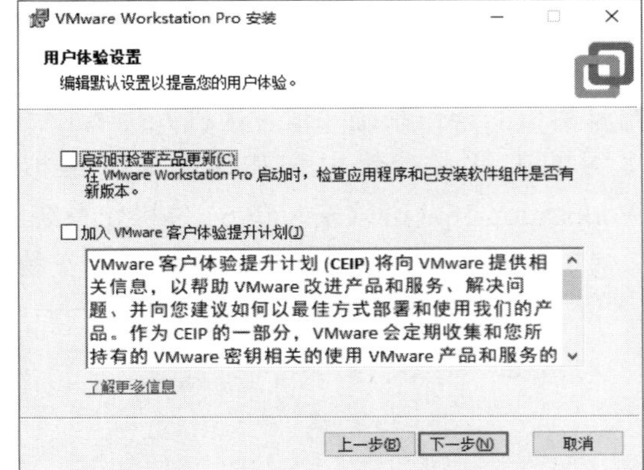

图 1.5　用户体验设置

（7）单击“下一步”按钮，进入“已准备好安装 VMware Workstation Pro”对话框，单击“安装”按钮 ，开始安装，如图 1.7 所示。

（8）此时进入“正在安装 VMware Workstation Pro”对话框，等待安装完毕后单击“下一步”按钮，如图 1.8 所示。

（9）在“VMware Workstation Pro 安装向导已完成”对话框中，单击“许可证”按钮，如图 1.9 所示。

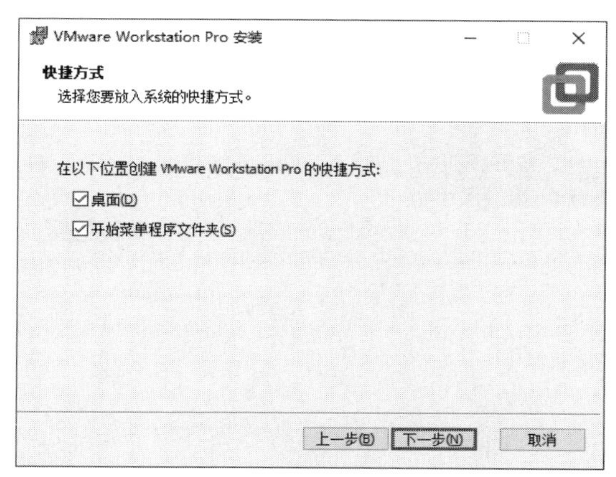

图 1.6　创建快捷方式

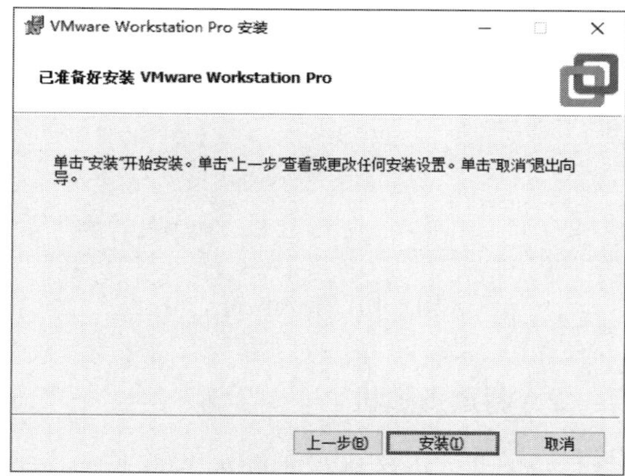

图 1.7　开始安装

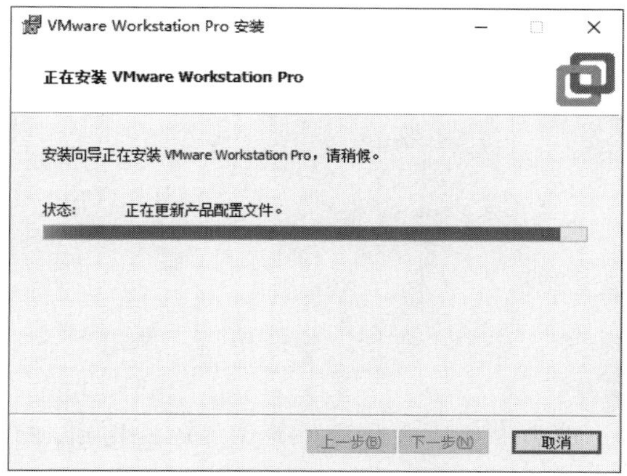

图 1.8　等待安装过程

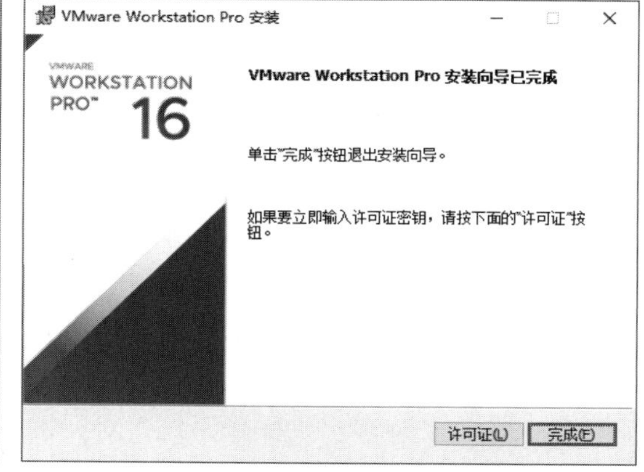

图 1.9　选择许可证

（10）在“输入许可证密钥”对话框中，可以单击“跳过”按钮试用 VMware Workstation。这里选择输入序列号，然后单击“输入”按钮，如图 1.10 所示。

（11）返回“VMware Workstation Pro 安装向导已完成”对话框中，单击“完成”按钮退出安装，如图 1.11 所示。

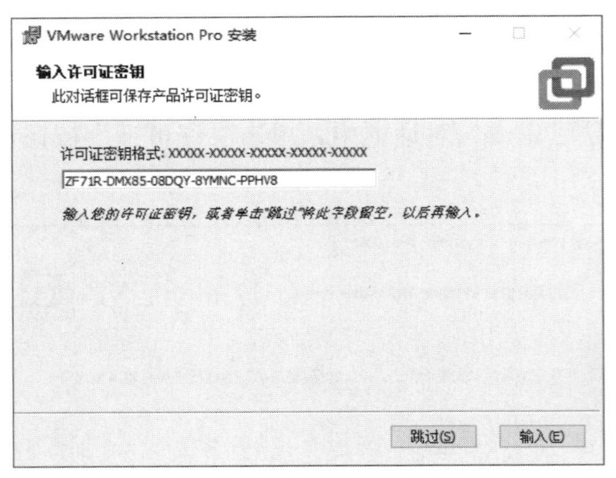

图 1.10　输入许可证

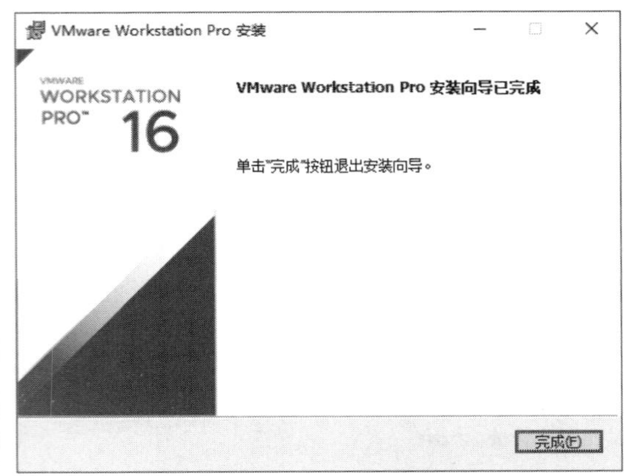

图 1.11　完成安装

2. 新建虚拟机

新建虚拟机的操作步骤如下：

（1）启动 VMware Workstation，单击“创建新的虚拟机”按钮，如图 1.12 所示。

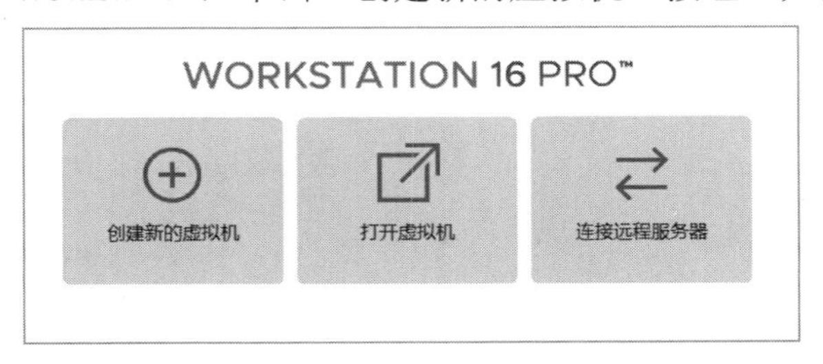

图 1.12　新建虚拟机

（2）在“欢迎使用新建虚拟机向导”对话框中，选中“典型”单选按钮，单击“下一步”按钮，如图 1.13 所示。

（3）在“安装客户机操作系统”对话框中，选中“稍后安装操作系统”单选按钮，单击“下一步”按钮，如图 1.14 所示。

（4）在“选择客户机操作系统”对话框中选择客户机操作系统，单击“下一步”按钮，如图 1.15 所示。

（5）在“命名虚拟机”对话框中选择安装位置，将虚拟机名称修改为 CentOS 7.7 以增加识别度，方便以后查找，也可以保留默认设置，单击“下一步”按钮，如图 1.16 所示。

（6）在“指定磁盘容量”对话框中分配磁盘空间，根据官方的安装要求，磁盘空间至少需要 10 GB，这里保持默认的 20 GB 即可，选中“将虚拟磁盘存储为单个文件”单选按钮，单击“下一步”按钮，如图 1.17 所示。

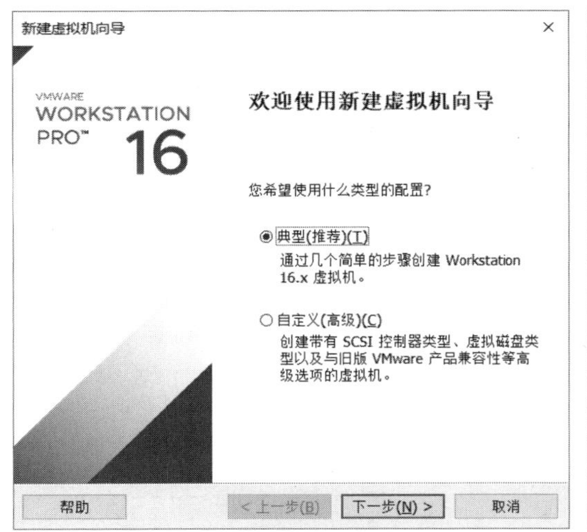

图 1.13　选择典型安装

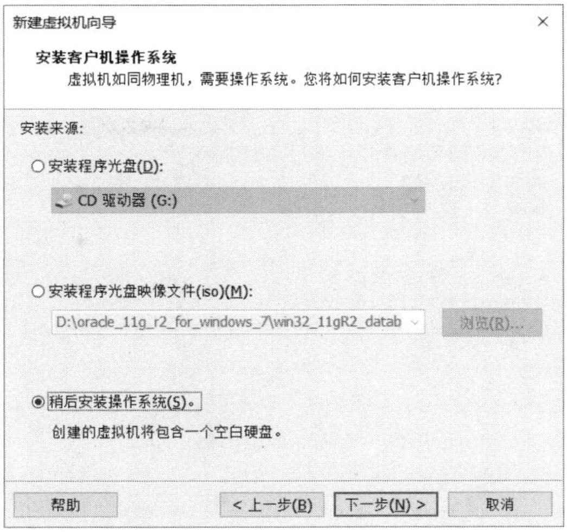

图 1.14　稍后安装系统

图 1.15　选择客户机操作系统

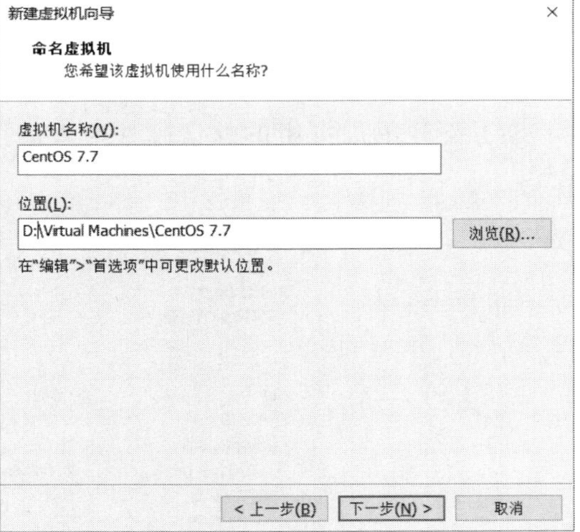

图 1.16　设置虚拟机名称和安装位置

（7）在“已准备好创建虚拟机”对话框中单击“完成”按钮，如图 1.18 所示。

3. 安装发行版本CentOS 7.7系统

安装完 Vmware Workstation 软件后需要为虚拟机安装系统，这里以 CentOS 7.7 的安装为例，介绍 Linux 系统的安装步骤。可以通过官方网站 https://www.centos.org/ download/ 下载 CentOS 7.7 系统的镜像文件，文件名为 CentOS-7-x86_64-DVD-1908.iso。

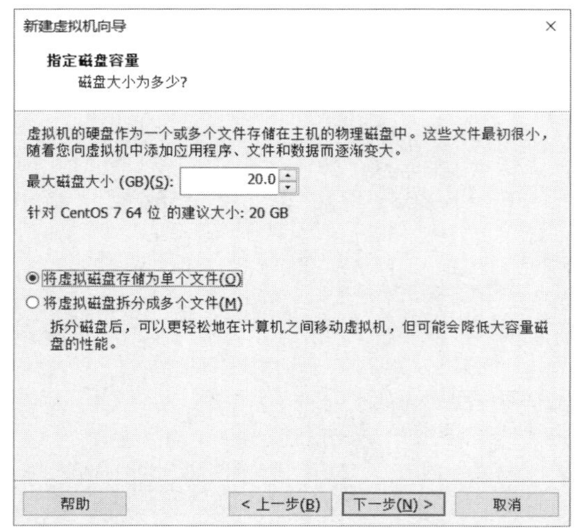

图 1.17　设置磁盘大小

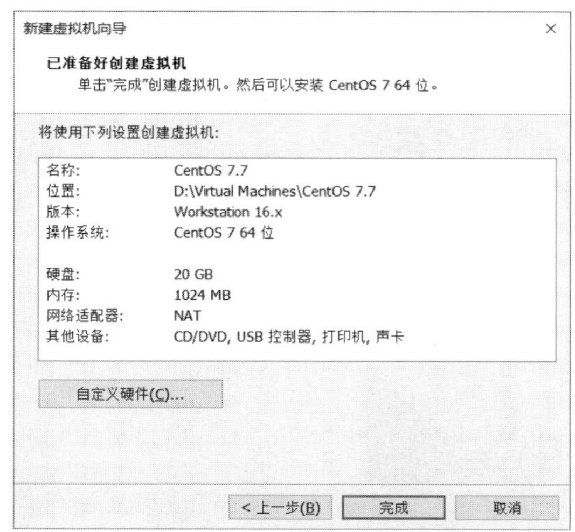

图 1.18　完成新建虚拟机向导

注意： 为便于初学者学习，这里是以图形化界面安装系统的。在生产环境中最好是以文本方式安装系统，以节省服务器资源。

（1）新建的虚拟机的默认硬件配置如图 1.19 所示，完全满足官网安装要求的最低配置。

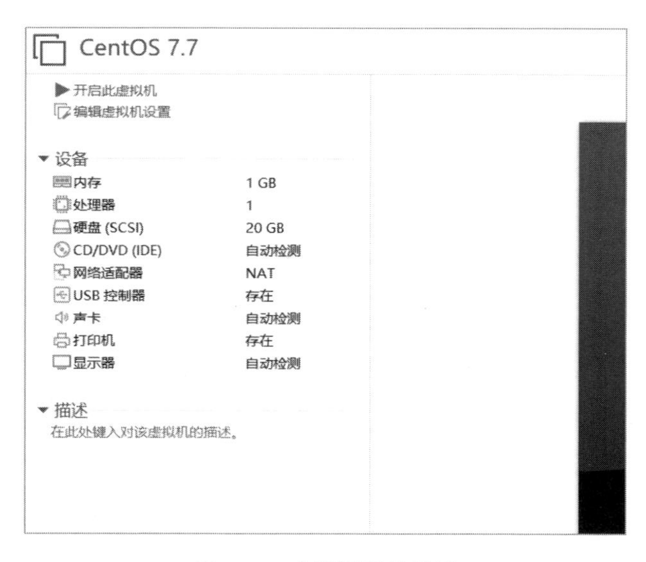

图 1.19　虚拟机硬件配置

（2）单击“编辑虚拟机设置”链接，在打开的对话框中选择 CD/DVD（IDE）设备，然后加载从官网下载的 ISO 镜像文件，单击“确定”按钮，如图 1.20 所示。

图 1.20　添加镜像文件

（3）开启此虚拟机，进入安装系统界面，通过按动上下方向键选择 Install CentOS 7 选项，然后直接按 Enter 键确认，如图 1.21 所示。

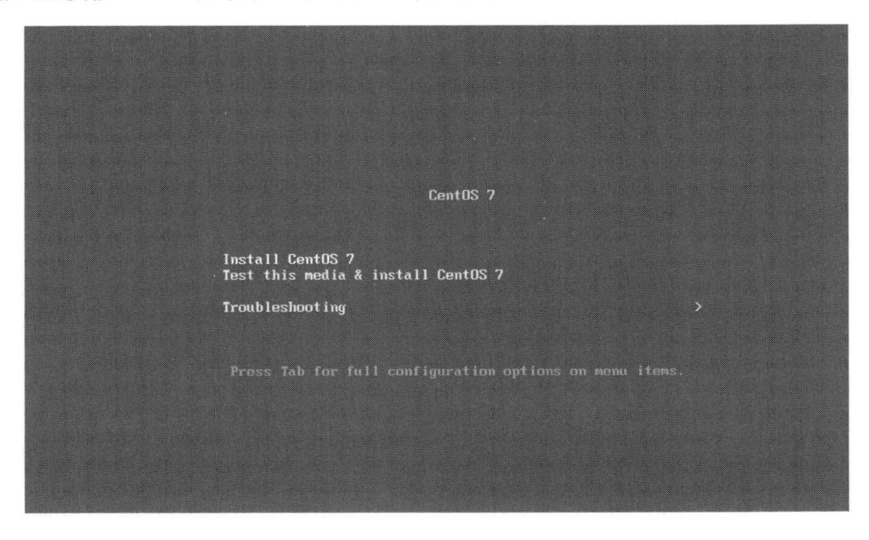

图 1.21　选择 Install CentOS 7

（4）耐心等待一段时间后进入语言选择界面，建议初学者选择简体中文以方便学习，单击“继续”按钮，如图 1.22 所示。

（5）进入安装信息摘要界面，设置时区、磁盘分区、软件包信息，根据“请先完成带有此图标标记的内容再进行下一步”提示，单击“安装位置”，如图 1.23 所示。

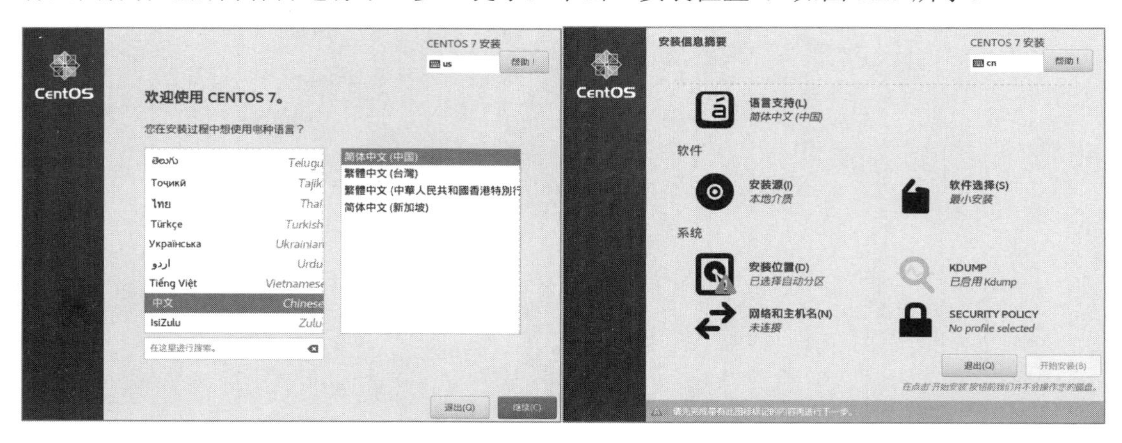

图 1.22　选择语言　　　　图 1.23　选择安装位置

（6）在磁盘分区界面中，选择磁盘并选中“我要配置分区”单选按钮，即自定义磁盘分区，然后单击“完成”按钮，如图 1.24 所示。

注意： 在真实环境中，如果服务器采用了 SCSI 或 RAID 磁盘控制卡，则必须先安装控制卡驱动才可以识别磁盘进行下一步的安装。

（7）在手动分区界面中，可以通过单击+按钮新建分区，下面将依次新建/boot 分区、交换分区 swap 及根分区/，如图 1.25 所示。

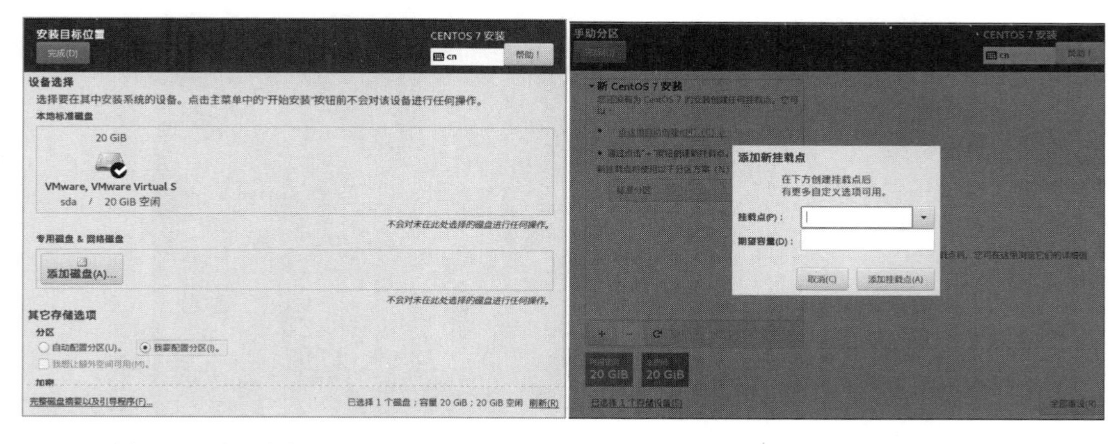

图 1.24　选择安装位置和手动分区　　　　图 1.25　手动分区初始界面

（8）新建/boot 启动分区，在弹出的“添加新挂载点”对话框中选择挂载点名称并设置分区大小，一般设置为 100～200MB 即可，设置完毕后单击“添加挂载点”按钮即可，如图 1.26 所示。

（9）添加挂载点后会显示/boot 分区信息，文件系统使用 EXT4 或 XFS 都可以，这里采用默认的 XFS，如图 1.27 所示。

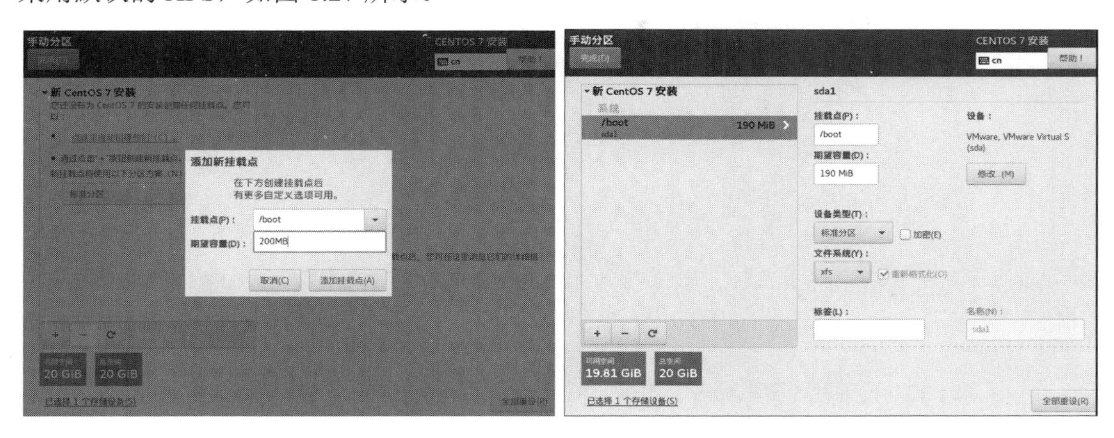

图 1.26　设置/boot 分区　　　　图 1.27　/boot 分区信息

（10）新建 swap 分区，分区大小设置为物理内存的 2 倍即可；新建根分区/，并将剩余空间全部给/分区（只需要在“期望容量”文本框中不填写大小即可）。单击“完成”按钮，出现警告，再次单击“完成”按钮接受更改即可。设置完成后的“手动分区”界面如图 1.28 所示。

（11）完成后返回“安装信息摘要”界面，单击“安装源”选项，进入“软件选择”界面，选中“GNONE 桌面”选项，即生成图形化，然后单击“完成”按钮，如图 1.29 所示。

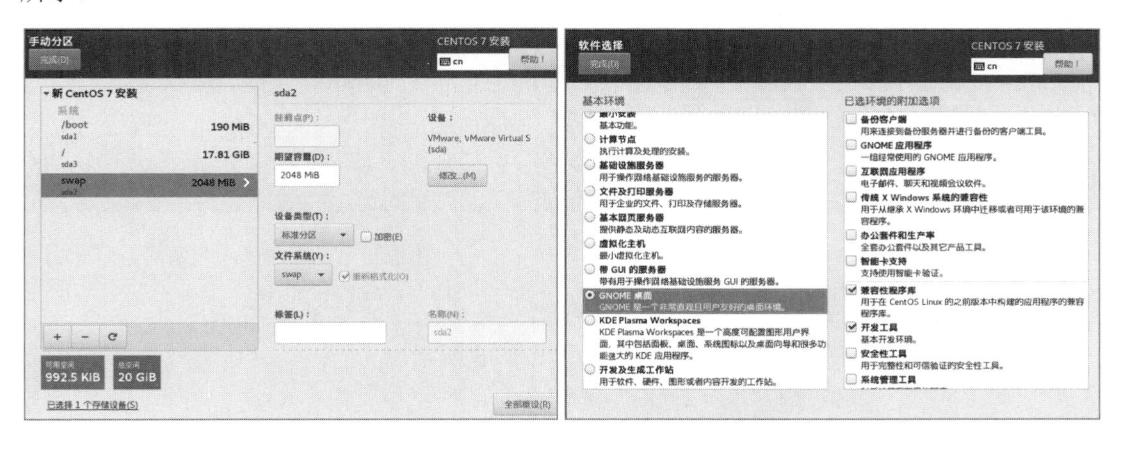

图 1.28　其他分区信息　　　　图 1.29　安装 GNOME 桌面和开发环境

（12）完成后再次返回“安装信息摘要”界面，单击“网络和主机名”选项进入“网络和主机名”界面，将“以太网”选项设置为“打开”状态，主机名使用默认值即可，然后单击“完成”按钮，如图 1.30 所示。

（13）返回“安装信息摘要”界面，单击“开始安装”按钮，如图 1.31 所示。

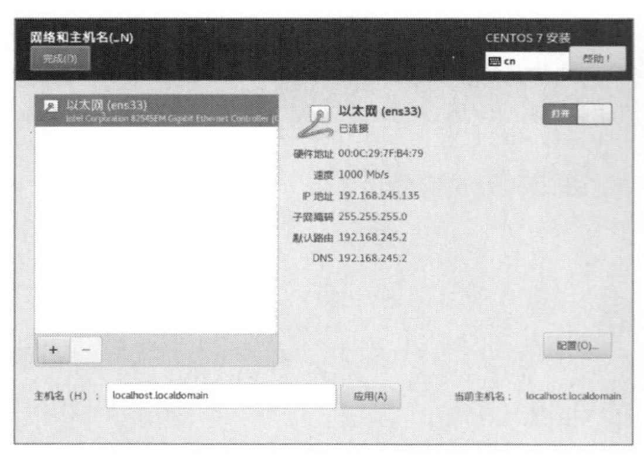

图 1.30　设置网卡和主机名

图 1.31　开始安装

（14）此时开始安装 CentOS 系统，提示 root 用户未设置密码，双击“ROOT 密码”选项，如图 1.32 所示。

（15）在“ROOT 密码”界面中，root 用户的密码实际中要设置得复杂一些以保证系统的安全。设置完毕后单击“完成”按钮，如图 1.33 所示。

图 1.32　root 用户设置

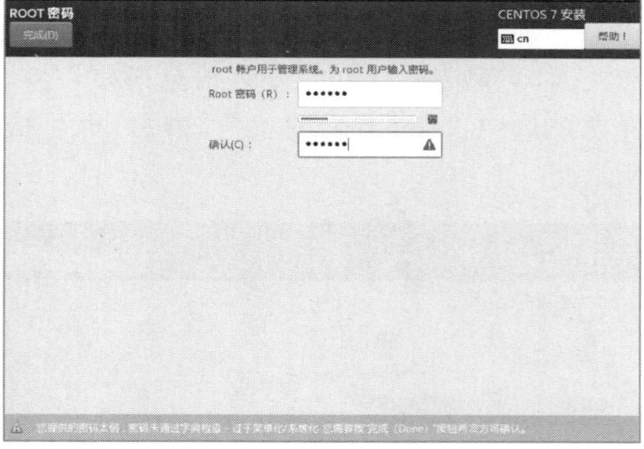

图 1.33　设置 root 用户密码

（16）设置完 root 用户的密码后，返回等待安装界面，如图 1.34 所示。

（17）安装完成后单击“重启”按钮，如图 1.35 所示。

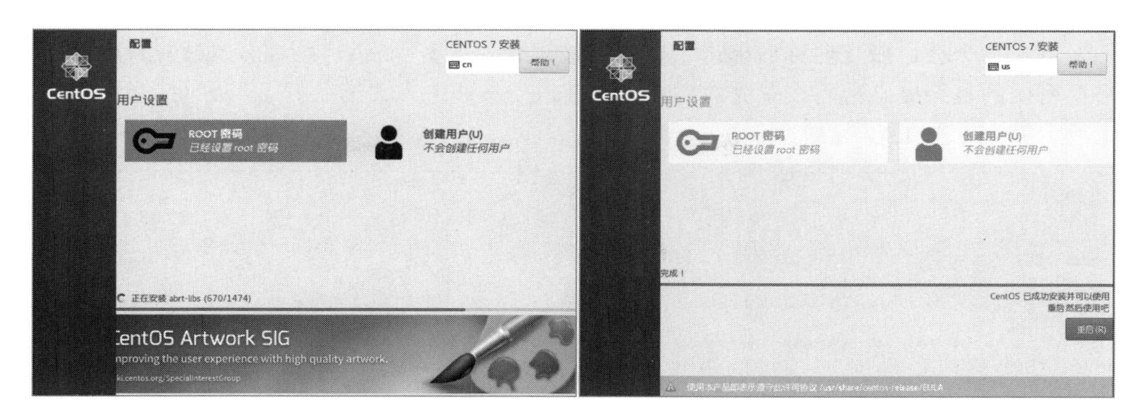

图 1.34　等待安装　　　　图 1.35　完成安装并重启

（18）重启后进入“初始设置”界面，根据提示双击 LICENSE INFORMATION 选项，如图 1.36 所示。

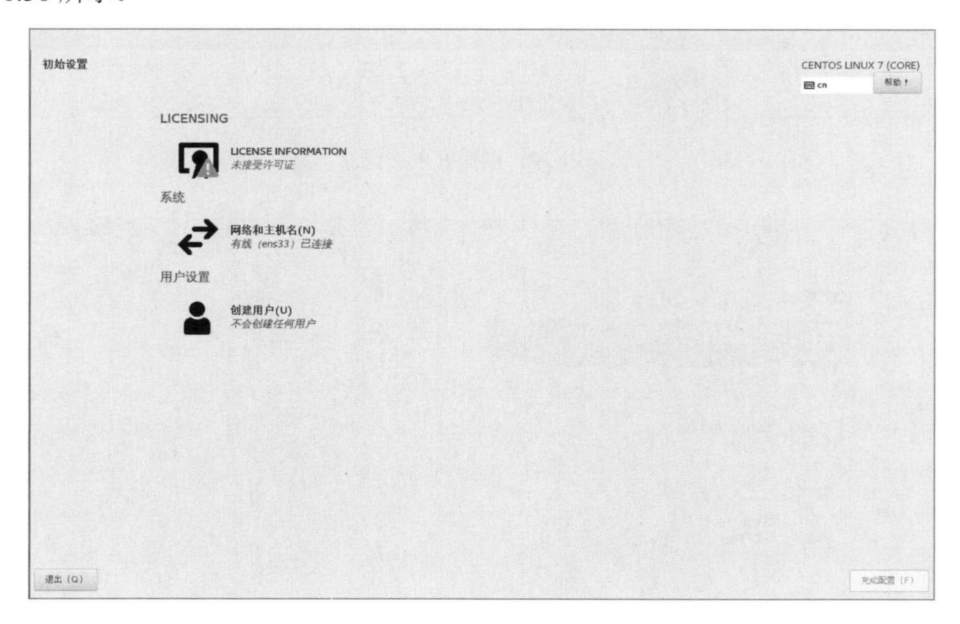

图 1.36　初始化设置

（19）在弹出的界面中选中“我同意许可协议”复选框，单击“完成”按钮，如图 1.37 所示。

（20）返回“初始设置”界面，完成配置后单击“完成配置”按钮，如图 1.38 所示。

（21）重启系统后将进行系统的初始化设置，依次进入“欢迎”“输入”“隐私”“时区”“在线账号”界面，如果界面中有“前进”按钮就单击“前进”按钮，有“跳过”按钮就单击“跳过”按钮。然后进入“关于您”界面，如图 1.39 所示，在其中设置账户信息，随便输入一个普通账户名称后单击“前进”按钮进入“密码”设置界面，如图 1.40 所示注意密码的复杂度。密码设置完成后单击“前进”按钮进入“准备好了”界面，至此，初始设置完成如图 1.41 所示。

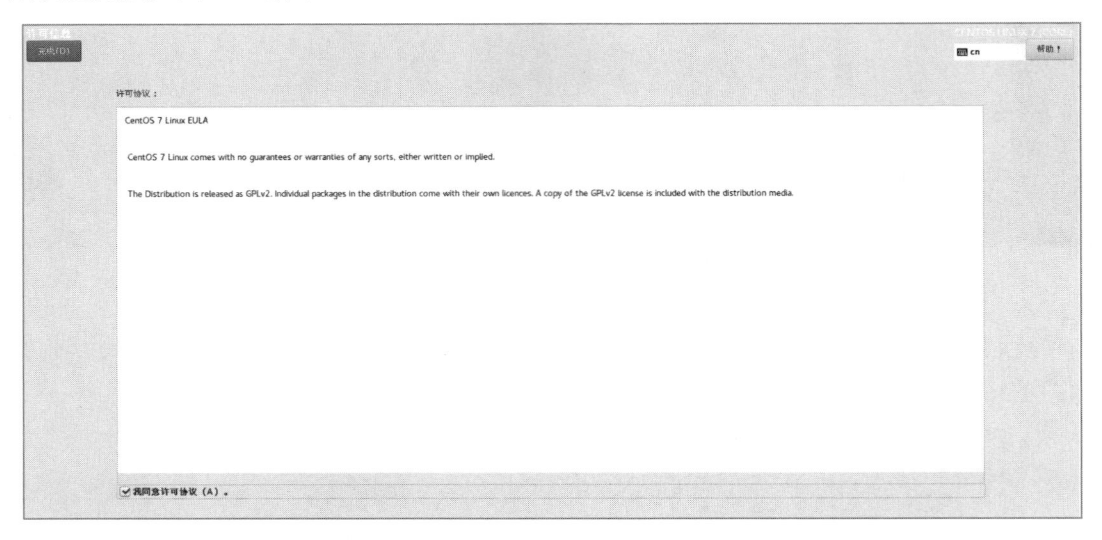

图 1.37　接受许可协议

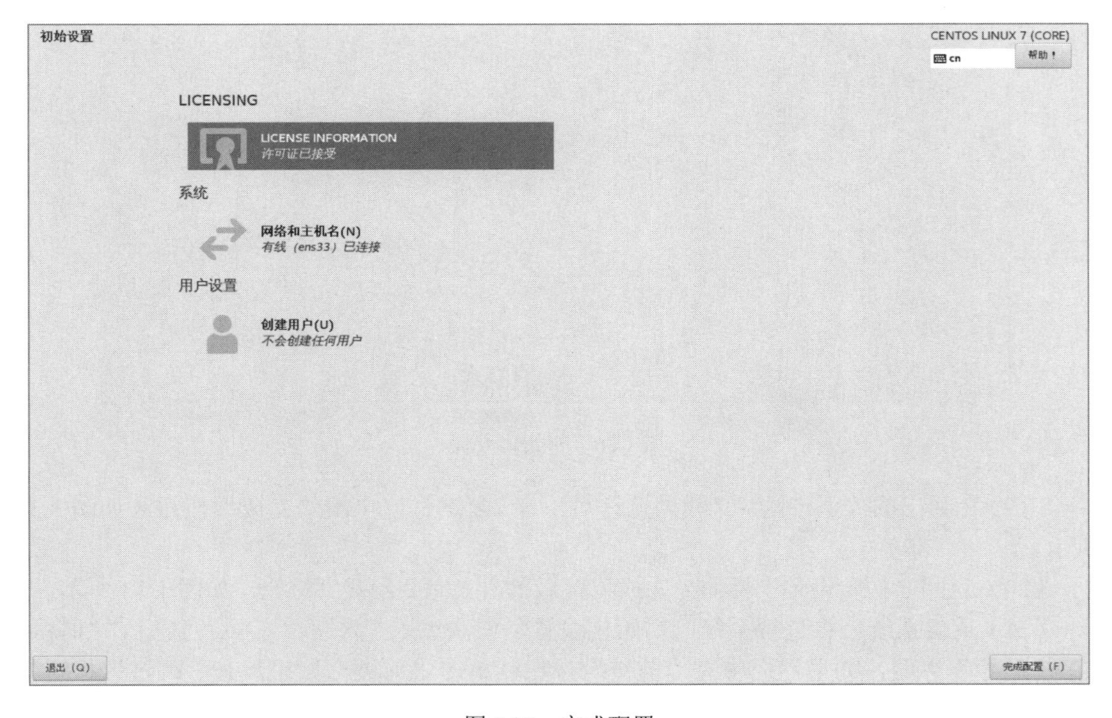

图 1.38　完成配置

图 1.39　设置新用户名

图 1.40　设置新用户密码

图 1.41　开始使用

4．切换管理员root用户

在学习 Linux 系统时，最好以管理员用户 root 进行学习，如果以普通用户进入系统，则需要切换为 root 管理员用户。具体操作步骤如下：

（1）在图形化界面中，单击右上角的“关机”按钮，在弹出的下拉列表中单击用户名，然后选择“注销”选项，如图 1.42 所示。此时系统将重新进入用户登录界面，单击“未列出”选项，如图 1.43 所示。

图 1.42　注销

图 1.43　登录界面

（2）在弹出的界面中输入用户名 root，然后输入密码进入系统，如图 1.44 和图 1.45

所示。

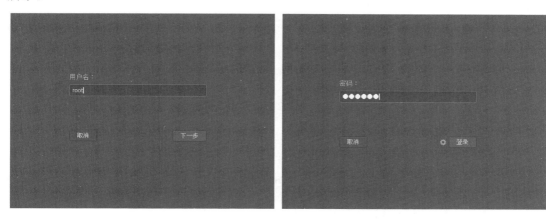

图 1.44　输入用户名 root　　　　图 1.45　输入 root 用户密码

（3）进入系统后，在桌面上右击，在弹出的快捷菜单中选择“打开终端”命令，进入文本字符界面终端，如图 1.46 所示。

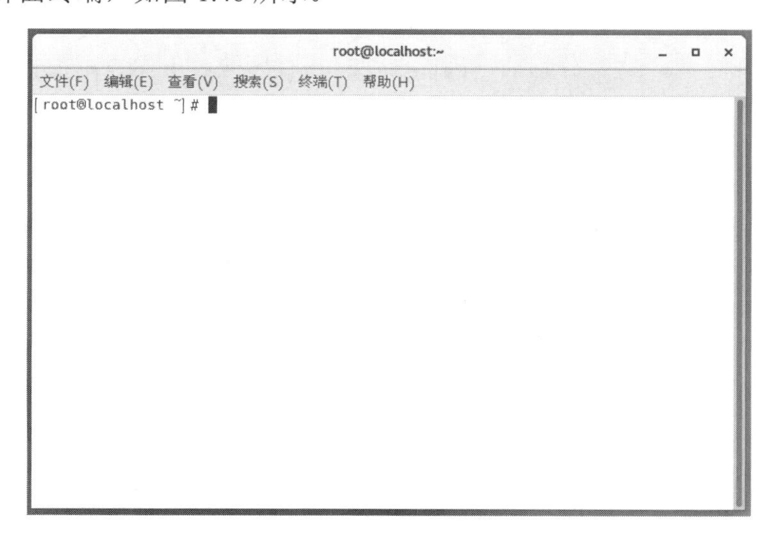

图 1.46　打开文本字符界面终端

注意： 如果安装时采用的是无图形化界面方式，则不需要此步骤进行切换。

1.3　Linux 系统初始化

为了便于初次接触 Linux 系统的读者进行学习，下面我们从最简单的界面以及根目录中的文件开始介绍。

1.3.1 文本字符界面详解

在如图 1.46 所示的文本字符界面终端，读者必须了解代码[root@localhost ~]#表示的含义，从而顺利地往下学习。

- root：当前登录的用户名。
- localhost：当前系统的计算机名。
- ~：当前的工作路径位于用户的宿主目录下。
- #：当前登录用户是管理员用户。如果显示的是$符号，则表示当前用户为普通用户。

1.3.2 根目录文件详解

在 Windows 系统中，每个分区都会存在一个目录，而在 Linux 系统中，一切都可以称为文件，无论是目录、文件还是分区，都有一个相同的根目录。

在 Linux 系统中定位文件的绝对路径时是以左斜杠“/”进行分割的，而在 Windows 系统中是以右斜杠“\”进行分割的，因此要注意进行区分。下面介绍根目录下常见目录的作用，其他子目录需要用户在使用时逐步熟悉。

- /bin：存放普通用户的可执行命令的目录，建议和根目录放在一起，不用独立分区。
- /dev：设备文件目录，建议和根目录放在一起，不用独立分区。
- /home：普通用户的宿主目录，也称为家目录，用于存放用户的个人数据、用户配置文件及桌面文件。建议将其划分为独立的分区，存储空间应根据磁盘的实际容量进行设置。
- /lib64：开机时常用的动态链接库（64 位），也称为动态链接共享库，作用和 Windows 系统中的 dll 文件类似。建议将其和根目录放在一起，不用独立分区。
- /mnt：临时挂载点目录，额外的移动设备可以挂载在这里。建议将其和根目录放在一起，不用独立分区。
- /proc：存放进程信息和内存信息的目录。建议将其和根目录放在一起，不用独立分区。
- /run：系统运行后产生的文件目录，重启后会生成新的文件。建议将其和根目录放在一起，不用独立分区。
- srv：某些服务启动后需要使用的目录。建议将其和根目录放在一起，不用独立分区。
- /tmp：存放缓存文件和临时文件的目录。建议将其和根目录放在一起，不用独立分区。
- /var：存放日志文件和某些服务默认需要用到的目录。建议将其划分为独立的分区，存储空间应根据磁盘的实际容量进行设置。

- /boot：存放内核文件和引导系统程序启动文件的目录。如果缺少此目录，系统将无法启动。出于安全考虑，建议将其划分为独立的分区，大小为 100～200MB。
- /etc：存放系统的配置、其他服务及软件配置文件的目录。建议将其和根目录放在一起，不用独立分区。
- /lib：开机时常用的动态链接库，和 lib64 的作用一样。建议将其和根目录放在一起，不用独立分区。
- /media：媒体文件目录，也可以作为移动设备的挂载点目录。建议将其和根目录放在一起，不用独立分区。
- /opt：第三方软件安装目录，和默认存放软件的/usr/local 目录一样。建议将其和根目录放在一起，不用独立分区。
- /root：超级管理员 root 用户的家目录，用于存放个人数据、用户配置文件及桌面文件。建议将其和根目录放在一起，不用独立分区。
- /sbin：存放管理员可执行命令的目录。建议将其和根目录放在一起，不用独立分区。
- /sys：类似于 proc 文件系统的特殊文件系统，是一个虚拟的文件系统。建议将其和根目录放在一起，不用独立分区。
- /usr：应用程序存放目录。其中：/usr/bin 用于存放应用程序；/usr/share 用于存放共享数据；/usr/lib 用于存放不能直接运行的却是许多程序运行所必需的一些函数库文件；/usr/local 用于存放软件升级包；/usr/share/doc 用于存放系统说明文件；/usr/share/man 用于存放程序说明文件。建议将其划分为独立的分区，根据磁盘的实际容量设置存储空间。

1.4　Linux 初始化的常用命令

介绍完 Linux 系统的基本知识后，本节将介绍几个简单的命令，帮助读者学习如何查看系统的相关情况，掌握关机和重启操作的方法。

1.4.1　查看系统内核版本号和发行版本号

Linux 系统的版本号分为内核版本和发行版本，该如何查看已经安装好的 Linux 系统的这两个版本号呢？下面逐一介绍。

1. 查看内核版本号

查看系统的内核版本号可以通过命令行或者直接查看文件的方式来完成，具体命令如下：

```
#直接查看文件内容
[root@localhost ~]# cat /proc/version
```

```
Linux version 3.10.0-1062.el7.x86_64 (mockbuild@kbuilder.bsys.centos.org) (gcc version 4.8.5 20150623 (Red Hat 4.8.5-36) (GCC) ) #1 SMP Wed Aug 7 18:08:02 UTC 2019

#通过命令行方式进行查看
[root@localhost ~]# uname -a
Linux localhost.localdomain 3.10.0-1062.el7.x86_64 #1 SMP Wed Aug 7 18:08:02 UTC 2019 x86_64 x86_64 x86_64 GNU/Linux
```

2．查看发行的版本号

查看系统的发行版本号，可以直接查看文件，具体命令如下：

```
#查看系统发行版本号
[root@localhost ~]# cat /etc/redhat-release
CentOS Linux release 7.7.1908 (Core)
```

1.4.2　查看系统的位数

操作系统分为 32 位和 64 位两种，如果不清楚自己使用的系统的位数，可以通过以下命令进行查看：

```
#查看系统的位数
[root@localhost ~]# getconf  LONG_BIT
64
```

1.4.3　从图形化界面切换到文本字符模式

从图形化界面切换到文本字符模式的命令如下：

```
#使用 init 命令，适用 CentOS 的所有版本
[root@localhost ~]# init 3

#使用 systemd 命令。只能适用于 CentOS 7 以上的版本
[root@localhost ~]# systemctl isolate multi-user.target
```

需要注意的是，切换成功的前提是已经在图形化界面中打开了终端控制台。

1.4.4　从文本字符模式切换到图形化界面

从文本字符模式切换到图形化界面的命令如下：

```
#使用 init 命令，适用于 CentOS 的所有版本
[root@localhost ~]# init 5

#使用 systemd 命令，只适用于 CentOS 7 以上的版本
[root@localhost ~]# systemctl isolate graphical.target
```

需要注意的是，当安装系统时如果没有选择最小桌面安装（详情参考图 1.29），那么输入以上命令时虽然不会报错，但是也无法切换到图形化界面。

1.4.5　注销命令

注销命令如下：

```
#使用 exit 命令注销
[root@localhost ~]# exit

#使用 logout 命令注销
[root@localhost ~]# logout
```

需要注意的是，注销命令只能在文本字符模式下看出效果，在图形化界面的终端控制台中输入以上命令时会直接退出终端。在图形化界面中可以直接单击“关机”按钮进行注销操作（参照图 1.42）。

1.4.6　重启命令

在 Linux 系统中实现重启的命令有多条，读者可以任选其一熟练掌握。

```
#使用 shutdown 命令
[root@localhost ~]# shutdown -r now

#使用 reboot 命令
[root@localhost ~]# reboot

#使用 init 命令
[root@localhost ~]# init 6
```

1.4.7　关机命令

常用的关机命令如下：

```
#使用 shutdown 命令
[root@localhost ~]# shutdown -h now

#使用 poweroff 命令
[root@localhost ~]# poweroff

#使用 init 命令
[root@localhost ~]# init 0

#使用 halt 命令，关机时同时关闭电源
[root@localhost ~]# halt -p
```

下面简单介绍以上命令的差异。

- shutdown 命令在关机的同时也会关闭电源，但是只有 root 用户才可以执行这个命令，普通用户需要 root 用户进行授权后才可以执行。
- halt 命令在关机时不会关闭电源，如果加上“-p”选项就可以在关机的同时也关闭电源。
- poweroff 命令在关机时也会关闭电源，其实“halt -p”就等同于 poweroff 命令。
- init 命令是 CentOS 6 以下发行版本使用的，init 0 表示关机，init 6 表示重启，在 CentOS 7 中可以兼容这种命令。

注意：建议读者跟着演示示例逐一测试以上命令，在后续章节中会学习它们的书写规则。

第 2 章　文件管理和目录管理

第 1 章初步介绍了 Linux 系统安装的相关知识，对于初学者而言，无论是文本字符界面还是图形化界面，都必须熟练使用命令行对系统进行管理和操作。本章将介绍 Linux 命令的基本格式，文件和目录的常用操作命令，以及如何使用 vi 编辑器修改 Linux 中的文件。

本章的主要内容如下：

- Linux 命令格式；
- 文件和目录的常用操作命令；
- 对文件和目录进行归档、压缩的操作；
- vi 文本编辑器的常规使用方法；
- 文本处理命令的用法。

注意：本章内容涉及大量的命令介绍，在熟记这些命令的基础上需要不断地进行实操练习。

2.1　Linux 命令概述

在 Windows 系统中，一般是通过鼠标在图形化界面中进行操作的，很少使用命令行的方式。然而在 Linux 系统中需要转变操作方式，要将 Windows 系统中使用鼠标左右键实现的功能通过输入命令行的方式来实现。也就是说，在 Linux 系统中做任何操作都需要向计算机发送指令让计算机去执行，发送指令的过程称为输入“命令”。

2.1.1　Linux 命令的分类

Linux 命令是为了实现某个具体功能的指令，以实现对 Linux 系统的管理。它相当于在 Linux 内核和用户之间扮演“翻译官”的角色，起着人机交互的作用。想要达到某种预期的结果，需要在控制台输入指令让系统内核去执行，最终将结果输出到终端。

Linux 命令主要分为两种类型：内部命令和外部命令。虽然二者有区别，但是这两种命令在使用的过程中都是相辅相成的，都是为了实现用户最终需要的功能，没有优劣与高低之分。

1．内部命令

内部命令也称为内建命令，由 Shell 程序识别并在 Shell 程序内部完成运行，在系统启动时直接将其调入内存中。相对于外部命令，内部命令执行速度快，但功能较为简单。

2．外部命令

外部命令独立于 Shell 程序之外，在使用时需要从磁盘读取到内存中。相对于内部命令，外部命令执行速度慢，但实现的功能较为强大。

2.1.2 Linux 命令的格式

无论是内部命令还是外部命令，在控制台输入命令时都有以下统一的格式：

```
命令字    选项        参数
```

其中，命令字、选项、参数之间必须使用空格分隔，空格的数量要保证至少有一个，多出的空格部分不影响整个命令的执行。在使用过程中，有些命令字的“选项”“参数”的前后顺序没有严格的区分，可以颠倒顺序，不会影响执行结果。

1．命令字

命令字简单来说就是命令的名称，是一串英文单词的缩写字符，其严格区分大小写，因此书写时一定要注意。例如，cd 就是 Change Directory 的简写。

2．选项

选项是为了实现某个具体的指定功能，不同的选项在命令执行后显示的结果也不同。选项分为长选项和短选项两种。

- 短选项：一般使用“-”符号和单个字符表示，在图形化界面中书写符号时注意输入法应是半角状态。一个单字符的格式如“-l”，当多个单字符组合在一起使用时格式如“-lh”。
- 长选项：一般使用“--”符号和完整的单词表示，例如“--help”。通常，长选项是不能组合使用的。

3．参数

参数是命令字的作用对象，通常情况下指文件名或者目录名。根据命令字不同，参数的个数可以是 0 个或多个。

2.1.3 用于获取帮助的 Linux 命令

Linux 命令在使用过程中根据不同的场景，使用的选项也不同。在使用过程中如果出现遗忘的情况，可以通过获取命令的帮助信息进行查看。下面介绍帮助命令的语法。

1．help命令

通常，内部命令可以通过 help 命令在控制台打印出命令字的帮助信息，格式如下：

```
help  命令字
```

2．--help选项

大部分的外部命令可以使用--help 选项在控制台打印出命令字的帮助信息。有些命令字没有--help 也可以使用-h 来获取，格式如下：

```
命令字  --help
```

3．man命令

man 是 manual 的简写，有时也将 man 命令称为 man 手册页（manual page）。与 help 命令和--help 选项不同，man 命令查询出的帮助信息不是直接打印在控制台，而是以帮助手册页的形式显示，并且提供了非常详细的信息，我们需要通过浏览手册页进行查看。man 命令格式如下：

```
man  命令字
```

man 手册页在交换式操作环境中的常用快捷键如表 2.1 所示。

表 2.1　man手册页的常用快捷键

操作类型	操作键	功能说明
帮助	h或H	查看帮助信息
翻行	方向键↑或y	向上滚动一行
	方向键↓、e或Enter	向下滚动一行
翻页	Page UP或b	向上翻页
	Page Down、Space或f	向下翻页
搜索内容	/string	从上至下搜索特定字符的内容
	?string	从下至上搜索特定字符的内容
	N	向下定位查找的内容
	n	向上定位查找的内容
退出	q、Q、:q、:Q或zz	退出man手册页

4．info命令

info 命令的功能与 man 命令相似，也将其称为信息页（info page）。相比 man 手册页，info 信息页显示的帮助信息更加丰富，提供了不同节点间的跳转功能。通常情况下，man 手册页能够查询出大部分命令的帮助信息，而且比较详细，因此 info 信息页的使用频率较低。info 命令格式如下：

```
info  命令字
```

info 信息页在交换式操作环境中的常用快捷键如表 2.2 所示。

表 2.2 info信息页的常用快捷键

操 作 类 型	操 作 键	功 能 说 明
行间跳转	e	跳转到首行的行首
	b	跳转到末行的行尾
翻行	方向键↑	向上滚动一行
	方向键↓	向下滚动一行
翻页	Page UP	向上翻页
	Page Down或Space	向下翻页
退出	q或Ctrl+C	退出man手册页

5. whatis命令

whatis 命令用于查询命令执行的功能是什么，不提具体用法，相当于 man -f 的用法。该命令的优点在于检索速度快，但对于安装程序刚产生的命令是无法使用该命令查询的，需要重建数据。CentOS 6 版本以下的系统使用 makewhatis 命令重建数据，CentOS 7 版本以上的系统使用 mandb 命令重建数据。whatis 命令格式如下：

```
whatis  命令字
```

2.1.4 Linux 命令的辅助快捷键

在系统中输入命令后，直接按 Enter 键，命令就会执行。我们还可以借助一些辅助快捷键来提高输入命令的效率。系统中常用的辅助快捷键如下：

- Tab 键：自动补全命令字、文件或目录名。当输入的命令、文件或目录名的开头部分不是唯一的时候，可以连续按两次 Tab 键，控制台将以列表形式显示可以使用的命令、文件或目录名。
- 反斜杠“\”：可以将一行内容分成多行显示。当输入命令内容后再使用“\”强制换行，下一行就会出现符号“>”，表示此行和上一行内容是同行内容。
- Ctrl+U：快速删除，可以删除当前光标所在处至行首的内容。
- Ctrl+K：快速删除，可以删除当前光标所在处至行尾的内容。
- Ctrl+L：快速清屏，可以清除控制台显示的所有内容，当然使用 clear 命令也可以清屏。
- Ctrl+C：中断，即取消命令的执行。当输入的命令或内容错误不想执行时，可以直接按此快捷键取消执行。

- Ctrl+A/Home：切换到命令行首。
- Ctrl+E/End：切换到命令行尾。
- Shift+Page Up：当执行完命令或控制台显示的内容存在多页时，如果需要查看上一页的内容，可以按 Shift+Page Up 键向上查看页面内容。按住 Shift 键不放，连续按多次 Page Up 键可以向上多次翻页查看。
- Shift+Page Down：当执行完命令或控制台显示的内容存在多页时，如果需要查看下一页的内容，可以按 Shift+Page Down 键向下查看页面内容。按住 Shift 键不放，连续按多次 Page Down 键可以向下多次翻页查看页面内容。

注意：无论是帮助文档还是快捷键的操作，在后文中都会逐步介绍。

2.2　目录操作命令

在 Linux 系统中，文件和目录命令是操作系统的基本命令，如打开目录、查看文件内容、删除等操作都需要使用这些基本命令，只有熟练掌握这些基本命令才能进一步学习其他的操作命令，因此本节将首先学习目录的操作命令。目录也称为文件夹，简单来说就是存放文件的位置。

2.2.1　pwd 命令

pwd 是 Print Working Directory 的简写。pwd 命令用于打印用户当前的工作路径，使用时通常不用接任何选项，格式如下：

```
#打印当前工作目录的位置
[root@localhost ~]# pwd
/root
```

2.2.2　cd 命令

cd 是 Change Directory 的简写，cd 命令用于切换工作目录，即从一个目录切换到另外一个目录。需要注意的是，cd 和目录名之间至少存在一个空格。命令格式如下：

```
cd  目录名
```

在 Linux 系统中表示某个目录或文件的工作路径时，根据起始位置不同分为绝对路径和相对路径两种。绝对路径一般都是以根目录“/”为起始点，当路径名较长时书写就比较烦琐，但是不容易出问题；相对路径一般是以当前目录名为起始点，书写比较简单，通常用于表示当前目录下其他文件的位置。下面是详细的示例。

```
#从当前路径切换到/usr/local 目录下，使用绝对路径，最后使用 pwd 命令确认工作目录是否发
 生改变
[root@localhost ~]# cd /usr/local/
[root@localhost local]# pwd
/usr/local

#使用相对路径从当前目录切换到/usr/local/share 目录下，share 目录前面的“./”也是可
 以省略的，符号“.”表示当前路径
[root@localhost local]# cd ./share
[root@localhost share]# pwd
/usr/local/share

#符号“..”表示上一级目录，表示相对路径。例如，从当前目录/usr/local/share 返回到其
 上一层目录/usr/local，注意“..”后面的左斜杠“/”可以省略
[root@localhost share]# cd ../
[root@localhost local]# pwd
/usr/local

#使用相对路径，从/usr/loca 目录切换到当前用户的宿主目录/root 下，符号“~”表示当前用
 户的宿主目录，其实“~”等同于/root 这个绝对路径的写法
[root@localhost local]# cd ~
[root@localhost ~]# pwd
/root

#符号“-”表示返回用户最近操作的一次目录（前一个工作目录），使用的是相对路径，此时工作
 目录为/root，之前是从/usr/local 目录切换过来的，因此执行后会切换到/usr/local 目录
[root@localhost ~]# cd -
/usr/local
[root@localhost local]# pwd
/usr/local
```

2.2.3 ls 命令

ls 是 List 的简写，ls 命令用于显示指定目录下的相关文件信息，根据后面接的选项不同，显示的信息也不同。命令格式如下：

```
ls  选项  参数
```

ls 命令的选项比较多，这里只罗列出使用频率较高的选项以供参考。当然，一条命令后面可以同时使用多个短格式的选项，选项说明如下：

- -a：显示隐藏文件（当前目录.和上级目录..）。
- -A：显示隐藏文件。
- -R：递归显示所有子目录的文件信息。
- -l：显示详细信息。
- -d：只显示当前目录。
- -h：以人性化的方式（以 KB/MB/GB 等）显示文件大小。

- -s：显示文件占用的磁盘空间大小（块大小）。
- -i：显示文件索引节点号（记录文件信息）。

下面的示例是对以上选项用法的详细演示。

```
#显示当前工作目录下的文件和目录信息，不包括隐藏的，演示目录为/root
[root@localhost ~]# ls
anaconda-ks.cfg  initial-setup-ks.cfg  公共  模板  视频  图片  文档  下载
音乐  桌面

#显示当前工作目录下所有文件和目录的详细信息，并以人性化方式（以 KB/MB/GB 等）显示文件
 的大小、占用的磁盘空间及索引节点号
[root@localhost ~]# ls -lhsi
总用量 8.0K
33574978 4.0K  -rw-------. 1 root root 1.8K 11 月 29 17:22 anaconda-ks.cfg
33574983 4.0K  -rw-r--r--. 1 root root 1.8K 11 月 29 17:33 initial-setup-ks.cfg
   65567    0  drwxr-xr-x. 2 root root    6 11 月 29 20:03 公共
51847064    0  drwxr-xr-x. 2 root root    6 11 月 29 20:03 模板
   65568    0  drwxr-xr-x. 2 root root    6 11 月 29 20:03 视频
51847065    0  drwxr-xr-x. 2 root root    6 11 月 29 20:03 图片
18108186    0  drwxr-xr-x. 2 root root    6 11 月 29 20:03 文档
34942554    0  drwxr-xr-x. 2 root root    6 11 月 29 20:03 下载
34942555    0  drwxr-xr-x. 2 root root    6 11 月 29 20:03 音乐
18108185    0  drwxr-xr-x. 2 root root    6 11 月 29 20:03 桌面
```

2.2.4　mkdir 命令

mkdir 是 Make Directory 的简写，mkdir 命令用于创建目录，即新建空的文件夹，可以同时创建多个目录，选项-p 用于创建多层目录。当创建多层目录时如果不接-p 选项就会报错。命令格式如下：

```
mkdir  选项  参数
```

下面我们在/opt 目录下演示 mkdir 命令的使用方式，注意查看显示结果。

```
#在/opt 目录下新建空的目录 test1，这里使用的是相对路径
[root@localhost opt]# mkdir  test1
[root@localhost opt]# ls
test1

#在/opt 目录下同时新建 test2 和 test3 两个目录，这里使用的是相对路径
[root@localhost opt]# mkdir test2 test3
[root@localhost opt]# ls
test1  test2  test3

#批量新建多个目录，使用 {a..z} 或 {1..10} 连续集合的方式表示，也可以使用 {目录名 1,
 目录名 2，……} 取值列表的方式表示
[root@localhost opt]# mkdir {a..f}
[root@localhost opt]# ls
a  b  c  d  e  f  rh
```

```
[root@localhost opt]# mkdir {aa, bb, cc}
[root@localhost opt]# ls
a  aa  b  bb  c  cc  d  e  f  rh
#在/opt目录下新建二级子目录a,然后在a目录下新建三级子目录b,目录结构最终是/opt/a/b,
 这里使用选项-p和相对路径来实现，并使用 ls -R 命令进行查看
[root@localhost opt]# mkdir -p a/b
[root@localhost opt]# ls -R a
a:
b
a/b:
```

2.2.5 du 命令

du 是 Disk Usage 的简写，du 命令用于统计目录或文件占用的磁盘空间。后面的参数既可以是目录名也可以是文件名。如果不接参数，则默认统计当前工作目录中的信息。命令格式如下：

```
du  选项   参数
```

下面列出了 du 命令中使用频率较高的选项，同样，短选项可以同时使用多个。

- -a：统计文件（默认只统计目录占用的磁盘空间）。
- -h：以人性化方式（KB/MB 等）显示文件占用的磁盘空间。
- -B：磁盘空间大小，默认已经接上该选项，被省略掉了。
- -b：统计文件本身占用的空间。
- -s：统计占用的磁盘空间。

下面的示例是以/root 目录中的文件进行演示，注意查看显示结果。

```
#统计/root目录占用的磁盘空间并以人性化的方式显示
[root@localhost ~]# du -sh /root
7.0M   /root

#使用-a选项统计/root目录下的所有文件和目录占用的磁盘空间，以人性化的方式显示，如果不
 使用该选项则只统计目录，这里结果太多就不一一显示了。
[root@localhost ~]# du -ha /root

#使用 ls -lhs 查看/root/initial-setup-ks.cfg文件的详细信息，主要是查看第一列（占
 用的磁盘空间）和第六列（文件本身占用的空间），再分别使用 du 中的-b和-B选项查看统计的
 结果是否正确
[root@localhost ~]# ls -hls /root/initial-setup-ks.cfg
4.0K -rw-r--r--. 1 root root 1.8K 11月 29 17:33/root/initial-setup-ks.cfg
#使用-B选项统计文件占用的磁盘空间，其实默认接的就是该选项，可以直接省略
[root@localhost ~]# du -Bh /root/initial-setup-ks.cfg
4.0K   /root/initial-setup-ks.cfg
#使用-b选项统计文件本身占用的空间
[root@localhost ~]# du -bh /root/initial-setup-ks.cfg
1.8K   /root/initial-setup-ks.cfg
```

注意：对于目录的复制、剪切、删除，全部放到文件的操作命令中一起介绍。

2.3　文件操作命令

文件是用于存储数据的，数据信息都是写入文件中的。在 Linux 系统中有各种各样的文件类型，相对目录而言，文件名一般有后缀名。本节将会介绍一些常用的文件操作命令，如文件的增、删、改、查等命令。当然，Linux 系统关于文件的命令不止本节所介绍的这些，本节介绍的是一些使用率较高的命令。

2.3.1　stat 命令

stat 命令用于显示文件或目录的详细属性信息，包括文件系统状态，其比 ls 命令显示的信息更加详细。这里需要重点看 3 个时间，其中，Access 表示最近访问的时间，Modify 表示最近修改的时间，包括修改文件内容和修改文件权限，Change 表示最近修改文件权限的时间。命令格式如下：

```
stat    文件或目录
```

下面的示例演示查看/root 目录下的文件信息。

```
#查看/root 目录下 anaconda-ks.cfg 文件的相关属性信息
[root@localhost ~]# stat /root/anaconda-ks.cfg
  File: 'anaconda-ks.cfg'
  Size: 1763          Blocks: 8          IO Block: 4096   regular file
Device: 803h/2051d      Inode: 33574978    Links: 1
Access: (0600/-rw-------)  Uid: (    0/   root)   Gid: (    0/   root)
Context: system_u:object_r:admin_home_t:s0
Access: 2020-11-29 17:25:18.484346323 +0800
Modify: 2020-11-29 17:22:53.157303040 +0800
Change: 2020-11-29 17:22:53.157303040 +0800
 Birth: -
```

2.3.2　touch 命令

touch 命令用于新建空白文件或更新文件的时间标记。当文件不存在时表示创建空文件，当文件存在时则表示更新文件的时间标记。使用 touch 命令也可以同时创建多个空文件。命令格式如下：

```
touch    选项     文件名
```

touch 命令在使用时一般不需要选项，但这里仍然罗列出几个选项供读者参考，具体说明如下：

- -a：只更改访问时间。
- -c：不创建任何文件。
- -d：使用指定字符串表示时间而非当前时间。
- -m：只更改修改时间。

下面的示例是对以上选项用法的详细演示，注意查看显示结果。

```
#在/opt 目录下同时新建 1.txt 和 2.txt 两个文件
[root@localhost opt]# touch 1.txt 2.txt
[root@localhost opt]# ls
1.txt  2.txt  rh

#批量新建多个文件，使用 {a..z} 或 {1..10} 连续集合的方式表示，也可以使用 {文件名 1，
 文件名 2，……} 取值列表的方式表示
[root@localhost opt]# touch {a.txt, b.txt}
[root@localhost opt]# ls
1.txt  2.txt  a.txt  b.txt  rh

[root@localhost opt]# touch {x..z}.txt
[root@localhost opt]# ls
1.txt  2.txt  a.txt  b.txt  rh  x.txt  y.txt  z.txt

#当文件存在时表示对文件的时间标记进行更新，先使用 ls 命令查看 1.txt 文件的详细信息（主
 要看时间），然后使用 touch 命令，再通过 ls 命令查看时间是否发生了变化
[root@localhost opt]# ls -lh 1.txt
-rw-r--r--. 1 root root 0 12月  2 22:06 1.txt
[root@localhost opt]# touch 1.txt
[root@localhost opt]# ls -lh 1.txt
-rw-r--r--. 1 root root 0 12月  2 22:16 1.txt
```

这里补充一个知识点，引入两个通配符号的概念。符号“*”表示匹配 0 个或多个字符，符号“？”表示匹配 1 个字符。如果忘记文件或目录名称的全称，只能记住大概的名称，就可以使用通配符进行模糊查询操作。示例如下：

```
#在/opt 目录下同时新建 1.txt、12.txt、123.txt 3 个文件，其他 txt 文件已删除
[root@localhost opt]# touch {1, 12, 123}.txt
[root@localhost opt]# ls
123.txt  12.txt  1.txt  a  test1  test2  test3
#使用符号“*”模糊查询所有的 txt 文件，这里“*”分别匹配了 0 个、1 个和 2 个字符
[root@localhost opt]# ls 1*.txt
123.txt  12.txt  1.txt
#使用符号“？”查询 txt 文件中以 1 开头并且后面只有一个字符的文件
[root@localhost opt]# ls 1?.txt
12.txt
```

2.3.3 cp 命令

cp 是 Copy 的简写，cp 命令用于复制文件或目录。命令格式如下：

```
cp  选项  源文件或目录 目标文件或目录
```

下面列出几个 cp 命令中使用频率较高的选项进行说明，同样，短选项也可以多个一起使用。

- -r：递归复制整个目录树，复制目录时必须使用该选项。
- -p：保持源文件的属性不变。
- -f：强制覆盖与目标文件或目录同名的文件或目录，即覆盖时不提示。
- -i：如果存在与目标文件或目录同名的文件或目录，覆盖时提示。

下面的示例是对以上选项用法的详细演示，注意查看显示结果。

```
#将/opt 目录下所有的 txt 文件复制到/opt/test1 目录下，test1 目录是空目录
[root@localhost opt]# cp /opt/*.txt /opt/test1
[root@localhost opt]# ls /opt/test1
1.txt  2.txt  a.txt  b.txt  x.txt  y.txt  z.txt

#使用选项“-i”，即目标文件存在，覆盖时给出提示
[root@localhost opt]# cp -I /opt/*.txt /opt/test1
cp：是否覆盖"/opt/test1/1.txt"?
……

#使用选项“-f”，即目标文件存在，覆盖时不提示。执行时发现还是会提示，这是因为默认有个
 别名记录，应先使用 unalias 命令取消别名记录后再执行
#查看别名记录
[root@localhost opt]# alias
alias cp='cp -i'
alias egrep='egrep --color=auto'
alias fgrep='fgrep --color=auto'
alias grep='grep --color=auto'
alias l.='ls -d .* --color=auto'
alias ll='ls -l --color=auto'
alias ls='ls --color=auto'
alias mv='mv -i'
alias rm='rm -i'
alias which='alias |/usr/bin/which --tty-only --read-alias --show-dot
--show-tilde'
#使用 unalias 命令取消 cp 的别名记录，发现 cp 命令默认就是使用“cp -i”
[root@localhost opt]# unalias cp
#再次使用“cp -f”时就不会有提示了
[root@localhost opt]# cp -f /opt/*.txt /opt/test1

#使用“-r”选项将整个/opt/test1 目录复制到/opt/test2 目录下，注意格式，即 test2 后
 面一定记得接上“/”才是复制到 test2 目录下，如果后面不接“/”，则表示复制 test1 后重
 命名为 test2
[root@localhost opt]# cp -rf /opt/test1 /opt/test2/
[root@localhost opt]# ls /opt/test2/
test1

#复制时接上选项“-p”，可以保持源文件属性不变。先使用 ls 命令查看文件的时间标记，复制
 后再查看时间标记时会发现没有发生变化，表示复制时源文件的属性保持不变
#ls 查看源文件的时间标记
[root@localhost opt]# ls -lh /opt/2.txt
-rw-r--r--. 1 root root 0 12月  2 22:06 /opt/2.txt
```

```
#不使用选项“-p”复制后发现时间发生了改变
[root@localhost opt]# cp    /opt/2.txt  /opt/test3/
[root@localhost opt]# ls -lh /opt/test3/2.txt
-rw-r--r--. 1 root root 0 12月  4 21:27 /opt/test3/2.txt
#使用选项“-p”复制后发现时间和原来的时间保持一致
[root@localhost opt]# cp -p /opt/2.txt  /opt/test2
[root@localhost opt]# ls -lh /opt/test2/2.txt
-rw-r--r--. 1 root root 0 12月  2 22:06 /opt/test2/2.txt
```

2.3.4 rm 命令

rm 是 Remove 的简写，rm 命令用于删除文件或目录。命令格式如下：

```
rm  选项  文件或目录
```

rm 命令常用的选项如下：

- -f：强行删除文件或目录并且不提醒。
- -i：删除文件或目录时提醒用户确认。
- -r：递归删除整个目录树，删除目录时必须使用该选项。

rm 命令的选项和 cp 命令的选项作用相同，这里就不一一演示了。

注意：在使用管理员账户 root 时不建议使用 rm –rf 命令删除文件或目录，以防止出现误删除。

2.3.5 mv 命令

mv 是 Move 的简写，mv 命令用于剪切或重命名文件或目录。当源路径和目标路径不一致时实现的是剪切功能，也可以在剪切后直接重命名；当源路径和目标路径一致时实现的是重命名功能。命令格式如下：

```
mv  源文件或目录  目标文件或目录
```

mv 命令常用的选项如下：

- -f：若目标文件存在，则覆盖前不提示。
- -i：若目标文件存在，则覆盖前给出提示。
- -n：不覆盖已存在的文件。

下面的示例是对以上选项用法的详细演示，注意查看显示结果。

```
#将/opt 目录下的 1.txt 文件剪切到/opt/test4 目录下，因为源路径和目标路径不一致，因此
 实现的是剪切功能
[root@localhost opt]# mv /opt/1.txt /opt/test4/

#将/opt 目录下的 test2 重命名为 66.txt，因为源路径和目标路径一致，因此实现的是重命名
 功能，此处使用的是相对路径
```

```
[root@localhost opt]# ls
2.txt  rh  test4
[root@localhost opt]# mv 2.txt 66.txt
[root@localhost opt]# ls
66.txt  rh  test4
```

2.3.6　查找命令

1．which命令

which 命令用于在 PATH 环境变量中指定路径，定位与指定名字匹配的可执行命令的所在路径，同时也可以判断该命令是否存在。其中，选项“-a”表示返回匹配名字的可执行命令的所有路径。命令格式如下：

```
which  命令字
```

下面的示例是对 which 命令的演示，注意查看显示结果。

```
#使用 echo 命令查看 PATH 环境变量
[root@localhost ~]# echo $PATH
/usr/local/sbin:/usr/local/bin:/usr/sbin:/usr/bin:/root/bin
#使用 which 命令定位 ls 命令的路径，后面跟不跟选项“-a”结果都一样
[root@localhost ~]# which ls
alias ls='ls --color=auto'
      /usr/bin/ls
[root@localhost ~]# which -a ls
alias ls='ls --color=auto'
      /usr/bin/ls
#使用 cp 命令将 ls 命令复制到/usr/sbin 目录下，再使用 which 命令进行测试
[root@localhost ~]# cp /usr/bin/ls /usr/sbin/
[root@localhost ~]# which ls
alias ls='ls --color=auto'
      /usr/sbin/ls
[root@localhost ~]# which -a ls
alias ls='ls --color=auto'
      /usr/sbin/ls
      /usr/bin/ls
```

2．whereis命令

whereis 命令用于对程序名的搜索。如果后面不跟任何选项，则默认搜索二进制文件、帮助文件和源代码文件中的所有信息。命令格式如下：

```
whereis  选项  文件名
```

whereis 命令常用的选项如下：

- -b：只搜索二进制文件。
- -m：只搜索帮助文件。
- -s：只搜索源代码文件。

下面是对 whereis 命令的演示。

```
#使用 whereis 命令查找 ls 命令的所有相关文件
[root@localhost ~]# echo $PATH
/usr/local/sbin:/usr/local/bin:/usr/sbin:/usr/bin:/root/bin

#使用 whereis 命令只查找 ls 命令的二进制文件
[root@localhost ~]# whereis -b ls
ls:/usr/bin/ls/usr/sbin/ls
#使用 whereis 命令只查找 ls 命令的帮助文件
[root@localhost ~]# whereis -m ls
ls:/usr/share/man/man1/ls.1.gz /usr/share/man/man1p/ls.1p.gz
```

3．find命令

find 命令用于在整个磁盘中搜索文件，查找速度较慢。命令格式如下：

```
find  路径名  选项  查询结果处理动作
```

find 命令根据选项不同实现的功能也不同，常用的选项如下：

- -name：通过文件名进行搜索。
- -type：通过文件类型进行搜索。其中：b 表示块设备文件；c 表示字符设备文件；d 表示目录；f 表示普通文件；l 表示符号链接文件；p 表示管道文件；s 表示套接字文件。
- -size：通过文件大小进行搜索。其中：b 表示字节；k 表示 KB；M 表示 MB；G 表示 GB。
- -user：通过文件所属者进行搜索。
- -group：通过文件所属组进行搜索。
- -perm：按照文件权限进行搜索。符号“-”表示每个对象必须同时匹配指定的权限，可以多但是不能少；符号“+”（CentOS 6 以下版本，CentOS 7 以上的版本中是“/”符号）表示每个对象只要匹配指定权限中的一个即可；不使用符号表示每个对象必须完全匹配指定的权限。
- -ctime：通过最近修改时间（这里指的是修改文件权限的时间）进行搜索，“+n”表示修改时间与当前时间差大于 n×24 小时，“-n”表示修改时间与当前时间差小于 n×24 小时，n 表示修改时间与当前时间差大于（n-1）×24 小时且小于等于 n×24 小时。
- -mtime：通过最近修改时间（这里指的是修改文件内容和权限的时间）进行搜索，后面的数字 n 和选项-ctime 的用法一致。
- -atime：通过最近访问时间进行搜索，后面的数字 n 也和 ctime 中的用法一致。

下面的示例是对以上选项的详细演示，注意查看显示结果。

```
#查找/opt 目录下所有的 txt 文件。可以先在/opt 目录下批量新建 txt 文件，包括二级子目录
[root@localhost opt]# find /opt -name "*.txt" -type f
/opt/test4/1.txt
```

```
/opt/test4/123.txt
/opt/66.txt
/opt/a.txt
/opt/b.txt
/opt/c.txt
/opt/d.txt
/opt/e.txt
/opt/f.txt

#查找/etc 目录下大于 80KB 且小于 100KB 的文件，选项“-a”或“-and”表示逻辑与（同时满
 足多个条件），选项“-o”或“-or”表示逻辑或（只需要满足一个条件）
[root@localhost ~]# find /etc -size +80k -and -size -100k -type f
/etc/ld.so.cache
/etc/lvm/lvm.conf
/etc/vmware-tools/vgauth/schemas/XMLSchema.xsd
[root@localhost ~]# ls -lh /etc/ld.so.cache
-rw-r--r--. 1 root root 84K 12月  2 22:34 /etc/ld.so.cache

#查找/home 目录下 3 天前修改的所有的 txt 文件，并将它们全部复制到/opt/a 目录下
#方法一：“| xargs”表示将前面的结果交给后面的命令进行处理，“-i”表示逐行处理，“{}”
 表示前面查找的结果的集合
[root@localhost /]# find /home -name "*.txt" -type f -mtime +3 | xargs -i
cp {} /opt/a
#方法二：“-exec”也是将前面的结果交由后面的命令进行处理，“{}”表示前面查找的结果
 的集合，“\;”是“-exec”结尾的格式，不能缺少
[root@localhost ~]# find /home -name "*.txt" -type f -mtime +3 -exec cp {}
/opt/a \;
```

4．locate命令

locate 命令相当于“find　路径　-name”的用法，相对于 find 命令，该命令的查询速度更快，它是在后台对系统数据库（/var/lib/locatedb）进行搜索，它的缺点是刚创建的文件无法立即查询到，原因是将文件写入系统数据库中需要时间，这个时间是一天，即系统数据库每天会自动更新一次。如果需要避免此情况，可以在使用 locate 命令之前，先使用 updatedb 命令手动更新系统数据库。命令格式如下：

```
locate  文件或目录
```

下面是 locate 命令的演示。

```
#查找带有“1.txt”名称的所有文件和目录，模糊匹配
[root@localhost ~]# locate 1.txt
/etc/brltty/brl-ts-pb65_pb81.txt
/etc/pki/nssdb/pkcs11.txt
/home/1.txt
/home/zhangsan/.cache/tracker/parser-sha1.txt
/opt/test4/1.txt
……
```

5．type命令

type 命令其实不属于搜索命令，它用于区分一个命令是内部命令还是外部命令，查询

的结果中若带有 builtin，则查询命令为内部命令，否则为外部命令。外部命令可以继续细分，带有 alias 的是别名，带有 keyword 的是关键字，带有 file 的是外部命令。如果一个命令是外部命令，那么使用“-P”参数会显示该命令的路径，相当于 which 命令。命令格式如下：

```
type 命令字
```

下面是 type 命令的演示说明。

```
#cd 属于内部命令
[root@localhost home]# type cd
cd is a shell builtin

#ls 属于外部命令，使用选项“-P”查看命令的绝对路径
[root@localhost home]# type ls
ls is aliased to `ls --color=auto'
[root@localhost home]# type -P ls
/usr/bin/ls

#if 属于 shell 脚本中的关键字
[root@localhost home]# type if
if is a shell keyword
```

2.3.7 ln 命令

ln 是 Link 的简写，ln 命令用于为文件或目录创建链接文件，方便提高查找文件的效率。链接文件分为软链接文件和硬链接文件，下面分别进行介绍。

1. 软链接文件

软链接又称为符号链接，相当于在 Windows 环境下创建快捷方式，无论修改哪个文件，另外一个文件都会跟着发生改变。删除软链接文件对原始文件无影响，反之则有影响。可以使用“ls -lhi”查看详细信息，如果为软链接文件，则在显示结果中可以看到第二列中的第一个字符为“l”，最后一列显示“->”并且显示的颜色为青色（浅蓝色）。软链接文件和源文件的索引节点号是不一样的，其命令格式如下：

```
ln -s  源文件或目录  链接文件或目录
```

下面是创建软链接文件的演示。

```
#将/etc/hosts 文件软链接到/opt/hosts 的文件中
[root@localhost ~]# ln -s /etc/hosts /opt/hosts

#使用 ls 命令查看详细信息
[root@localhost ~]# ls -lhi /opt/hosts
34942400 lrwxrwxrwx. 1 root root 10 12 月  6 11:05 /opt/hosts ->/etc/hosts
```

2. 硬链接文件

硬链接文件可以理解为 Windows 环境下的复制文件，不同的是在使用 Linux 的硬链接文件时，无论修改哪个文件，另外一个文件都会发生变化，删除一个文件对另外一个文件都无影响且无法硬链接目录。区分硬链接文件也可以使用“ls -lhi”查看详细信息，第一列的索引节点号和源文件是一致的，第三列的文件数量正常情况下为 1，而硬链接文件的数量是大于 1 的。命令格式如下：

```
ln  源文件  链接文件
```

下面创建硬链接文件的演示说明。

```
#将/etc/hosts 文件硬链接到/opt/hardhosts 文件中
[root@localhost ~]# ln /etc/hosts /opt/hardhosts

#使用 ls 命令查看两个文件的详细信息，注意看第一列的索引节点号和第三列的文件数量
[root@localhost ~]# ls -lhi /etc/hosts
16778618 -rw-r--r--. 2 root root 158 6月   7 2013 /etc/hosts
[root@localhost ~]# ls -lhi /opt/hardhosts
16778618 -rw-r--r--. 2 root root 158 6月   7 2013 /opt/hardhosts
```

注意：创建链接文件时必须在同一分区下，且必须采用绝对路径。

2.4　文件内容操作命令

在学习关于文件内容的操作命令之前，先引入管道符和重定向符的概念，在后续的命令介绍中将会使用。

- 管道符“|”使用在多条命令之间，作为一个进程和另外一个进程间通信的通道，表示将前面命令的结果作为后面命令的参数进行使用。
- 重定向符“>”表示覆盖重定向输出，将命令执行的结果直接写入文件中，不会在控制台中输出。若文件不存在则会直接创建文件且向其中写入数据，若文件存在则无论是否有数据都会将原有的数据覆盖。
- 重定向符“>>”表示追加重定向输出，将命令执行的结果直接写入文件中，不会在控制台中输出。若文件不存在则会直接创建文件且向其中写入数据，若文件存在且有数据则会保留原文件中的数据，直接将内容追加写入文件末尾。
- 重定向符“<”表示重定向输入，表示命令中读取的内容是来自文件而不是键盘。

2.4.1　cat 命令

cat 是 Concatenate 的简写，cat 命令用于查看文件内容。命令格式如下：

```
cat  文件
```

cat 命令的常用选项如下：

- -b：显示行号，不包括空行。
- -n：显示行号，包括空行。

下面是 cat 命令的演示。

```
#查看 hosts 文件中的内容
[root@localhost ~]# cat /etc/hosts
127.0.0.1   localhost localhost.localdomain localhost4 localhost4.
localdomain4
::1         localhost localhost.localdomain localhost6 localhost6.
localdomain6
```

这里引入一个知识点，可以使用 cat 配合重定向符和 EOF（End Of File，自定义终止符）对文件覆盖或追加多行内容，其中，“<<”表示标准输入的分隔符，“<<EOF”表示开始位置，EOF 表示结束位置。EOF 也可以用其他名称如 CCC 替代，只不过 EOF 是一种标准写法。命令格式如下：

```
<<EOF
……
EOF
```

示例如下：

```
#向文件 a.txt 中添加多行内容，若 a.txt 不存在就创建该文件并向其中添加内容，若文件存在
 则会覆盖原有内容
[root@localhost opt]# cat > a.txt << EOF
> 1111
> 2222
> 3333
> EOF
[root@localhost opt]# cat a.txt
1111
2222
3333

#向文件 a.txt 中添加多行内容，若 a.txt 不存在就创建该文件并向其中添加内容，若文件存在
 则会在原有的内容之后追加新的内容
[root@localhost opt]# cat a.txt
1111
2222
3333
[root@localhost opt]# cat >> a.txt << EOF
> AAA
> BBB
> EOF
[root@localhost opt]# cat a.txt
1111
2222
3333
AAA
BBB
```

2.4.2　wc 命令

wc 是 Word Count 的简写，wc 命令用于统计文件中的行数、单词数和字节数等相关信息。wc 命令后面如果不跟任何选项，则默认统计行数、单词数和字节数。命令格式如下：

```
wc  选项 文件
```

wc 命令的常用选项如下：

- -c：统计字节数。
- -l：统计行数。
- -w：统计单词数。
- -m：统计字符数。
- -L：统计最长行的长度。

下面的示例是对以上选项用法的演示，注意查看显示结果。

```
#查看文件内容，中文可以切换到图形化界面中进行操作
[root@localhost opt]# cat 66.txt
好好学习天天向上
12 3
abcdf

#如果不使用任何选项，则默认统计行数、单词数和字节数，统计出 66.txt 文件内容共 3 行，4
 个单词，36 个字节
[root@localhost opt]# wc 66.txt
 3  4 36 66.txt

#统计行数
[root@localhost opt]# wc -l 66.txt
3 66.txt

#统计单词数，以空格或制表符隔开就算一个单词
[root@localhost opt]# wc -w 66.txt
4 66.txt

#统计字节数，字符编码是 UTF-8 的英文占 1 个字节，中文占 3 个字节；字符编码是 Unicode 和
 ASCII 的英文占 1 个字节，中文占 2 个字节；英文标点符号占 1 个字节，中文标点符号占 2 个字
 节；空格和换行符也算一个字节
[root@localhost opt]# wc -c 66.txt
36 66.txt

#统计字符数，1 个中文、1 个空格和 1 个换行符都算 1 个字符
[root@localhost opt]# wc -m 66.txt
20 66.txt

#打印最长行的长度，中文占 2 个长度，英文和数字占 1 个长度，不计算换行符
[root@localhost opt]# wc -L 66.txt
16 66.txt
```

2.4.3　more 命令和 less 命令

如果文件内容或命令执行后在控制台的显示存在多页，则可以使用 more 或 less 命令进行分页显示，相对而言 less 命令的功能比 more 命令的功能要强大。

more 命令和 less 命令中的快捷键如表 2.3 所示。

表 2.3　more命令和less命令中的快捷键

more命令中的快捷键	less命令中的快捷键	功　　能
无	方向键↑	向上滚动一行
Enter	方向键↓或Enter	向下滚动一行
b	Page UP或b	向上翻页
Space	Page Down或Space	向下翻页
Ctrl+C 或q	q	退出分页显示模式

注意： 如果 more 命令中使用了管道符“|”，则向上翻页的快捷键 b 是无效的。

下面是 more 命令和 less 命令的示例。

```
#以人性化方式显示 etc 目录下所有文件的详细信息并将结果写入/opt/etc.txt 文件
[root@localhost home]# ls -lh /etc >/opt/etc.txt

#对“ls -lh/etc”命令的执行结果使用 more 命令进行分页显示，也可以使用 less 命令
[root@localhost home]# ls -lh /etc | more
……

#使用 more 命令分页显示/opt/etc.txt 文件的内容，有两种方式。同样也可以使用 less 命令
[root@localhost home]# more /opt/etc.txt
……

[root@localhost home]# cat /opt/etc.txt | more
……
```

2.4.4　head 命令和 tail 命令

如果要截取文件中特定行数的内容，可以使用 head 和 tail 命令。

1．head命令

head 命令用于截取文件中开头部分的内容。如果不指定行数，默认截取前 10 行。命令格式如下：

```
head -n  行数
head -行数
```

下面是 head 命令的示例，注意查看显示结果。

```
#截取文件 etc.txt 的前 10 行数据，默认是截取前 10 行
[root@localhost home]# head /opt/etc.txt
总用量 1.5M
drwxr-xr-x.     3 root root    101 11月 29 17:15    abrt
-rw-r--r--.     1 root root     16 11月 29 17:22    adjtime
-rw-r--r--.     1 root root   1.5K 6月   7 2013 aliases
-rw-r--r--.     1 root root    12K 11月 29 17:25    aliases.db
drwxr-xr-x.     3 root root     65 11月 29 17:17    alsa
drwxr-xr-x.     2 root root   4.0K 11月 29 17:18    alternatives
-rw-------.     1 root root    541 8月   9 2019 anacrontab
-rw-r--r--.     1 root root     55 8月   8 2019 asound.conf
-rw-r--r--.     1 root root      1 10月 31 2018 at.deny

#截取/opt/etc.txt 文件的前 3 行数据，通过 3 种方式实现
#方式一：head -n 数字
[root@localhost home]# head -n 3 /opt/etc.txt
#方式二：head -数字
[root@localhost home]# head -3 /opt/etc.txt
#方式三：使用管道符“|”
[root@localhost home]# cat /opt/etc.txt  | head -3
```

2．tail命令

tail 命令用于截取文件中结尾部分的内容。如果不指定行数，默认截取后 10 行。其中选项“-f”用于实时查看文件更新的内容，一般用于实时查看日志信息。命令格式如下：

```
tail  -n    行数
tail  -行数
tail  -f
```

下面是 tail 命令的示例，注意查看显示结果。

```
#截取/opt/etc.txt 文件的第 10 行数据，可以通过 head 命令、tail 命令以及管道符一起实现
[root@localhost home]# head -10 /opt/etc.txt  | tail -n 1
-rw-r--r--. 1 root root     1 10月 31 2018 at.deny

#实时查看文件/var/log/messages，可以通过 Ctrl+C 快捷键终止
[root@localhost home]# tail -f /var/log/messages
……
```

2.5　解压缩操作命令

在 Linux 系统中，除了常见的配置文件和文本文件之外，还有归档文件，归档文件需要使用系统默认的 gzip、bzip2、zip 以及 tar 命令进行解压缩操作，或者使用这些命令对重要的文件和目录进行打包备份。本节将详细介绍这些命令的使用方法。

2.5.1 gzip 命令和 zcat 命令

gzip 命令用于解压缩后缀名为.gz 的归档文件，解压缩后原文件是不存在的，该命令无法将多个文件打包成一个压缩包，也无法压缩目录。zcat 命令可以对.gz 格式的压缩文件在不解压的前提下查看压缩包中的内容。

制作压缩文件时，选项-9 表示高强度压缩，可以让制作的压缩文件体积更小。命令格式如下：

```
gzip  [-9]  文件名
```

解压缩文件的命令格式如下：

```
gzip     -d  归档文件名.gz
```

或

```
gunzip   归档文件名.gz
```

不解压查看.gz 压缩包文件内容的命令格式如下：

```
zcat     归档文件名.gz
```

或

```
gunzip  -c  归档文件名.gz
```

下面的示例是对以上选项用法的演示，注意查看显示结果。

```
#创建 1.txt 和 2.txt 文件，分别向其中添加一行数据，此处是在/opt 目录下直接操作，使用的
 都是相对路径
[root@localhost opt]# echo "123" > 1.txt
[root@localhost opt]# echo "456" > 2.txt
[root@localhost opt]# cat 1.txt
123
[root@localhost opt]# cat 2.txt
456
[root@localhost opt]# ls
1.txt  2.txt  rh

#将 1.txt 文件压缩，压缩后 1.txt 原文件消失，使用 ls 命令查看是否生成压缩文件，可以看到
 生成的压缩文件名是在原有的文件名基础上添加后缀.gz 成为压缩文件
[root@localhost opt]# gzip 1.txt
[root@localhost opt]# ls
1.txt.gz  2.txt  rh

#在不解压的前提下查看压缩文件中的数据内容，分别使用 zcat 和 gunzip 进行查看
[root@localhost opt]# zcat 1.txt.gz
123
[root@localhost opt]# gunzip -c 1.txt.gz
123

#使用 gunzip 解压并查看解压后的文件情况，当然也可以通过 gzip -d 来实现
```

```
[root@localhost opt]# gunzip 1.txt.gz
[root@localhost opt]# ls
1.txt  2.txt  rh

#使用通配符“*”压缩同类后缀名的文件，有多少个文件就生成多少个.gz 格式的压缩包
[root@localhost opt]# gzip *.txt
[root@localhost opt]# ls
1.txt.gz  2.txt.gz  rh

#使用通配符“*”解压所有.gz 格式的压缩包，为防止出现问题，可以查看解压后某个文件的内容
 进行确认
[root@localhost opt]# gzip -d *.gz
[root@localhost opt]# ls
1.txt  2.txt  rh
[root@localhost opt]# cat 1.txt
123
```

2.5.2　bzip2 命令和 bzcat 命令

bzip2 命令用于解压缩后缀名为.bz2 的归档文件，解压缩后原文件是不存在的，该命令无法将多个文件打包成一个压缩包，同样，目录是无法压缩的。bzcat 命令可以对.bz2 格式的压缩文件在不解压的前提下查看压缩包中的内容。

制作压缩文件时，选项-9 表示高强度压缩，可以让制作的压缩文件体积更小。命令格式如下：

```
bzip2  [-9]  文件名
```

解压缩文件的命令格式如下：

```
bzip2  -d  归档文件名.bz2
```

或

```
bunzip2   归档文件名.bz2
```

不解压查看.bz2 压缩包文件内容的命令格式如下：

```
bzcat     归档文件名.bz2
```

或

```
bunzip2  -c   归档文件名.bz2
```

下面的示例是对以上选项用法的演示，注意查看显示结果。

```
#还是在/opt 目录下，使用 bzip2 命令压缩文件 1.txt，并使用 ls 命令查看是否生成了.bz2
 格式的压缩文件，同样使用的也是相对路径
[root@localhost opt]# bzip2 1.txt
[root@localhost opt]# ls
1.txt.bz2  2.txt  rh

#在不解压的前提下查看.bz2 压缩文件的内容
[root@localhost opt]# bzcat 1.txt.bz2
123
[root@localhost opt]# bunzip2 -c 1.txt.bz2
```

```
123

#使用 bzip2 命令解压.bz2 格式的压缩文件
[root@localhost opt]# bzip2 -d 1.txt.bz2
[root@localhost opt]# ls
1.txt  2.txt  rh
[root@localhost opt]# cat 1.txt
123
```

同种后缀名的多文件解压缩可以参考 gzip 命令的示例，这里不再一一罗列。

2.5.3 zip 命令

zip 命令用于解压缩后缀名为.zip 的归档文件，解压缩后原文件是存在的。该命令可以将多个文件打包成一个压缩包，也可以在解压缩时指定路径名，而 gzip 和 bzip2 命令是无法指定路径的。

制作压缩文件时，压缩文件名可以根据实际情况自定义。命令格式如下：

```
zip   归档文件名.zip   文件名
```

解压缩文件时，可以使用“-d”选项指定解压路径。命令格式如下：

```
unzip   [-d]    归档文件名.zip
```

不解压查看 zip 压缩包中的文件信息（不是查看文件内容），格式如下：

```
unzip   -l  归档文件名.zip
```

下面的示例是对以上选项用法的演示，注意查看显示结果。

```
#将/opt 目录下的 1.txt 和 2.txt 文件打包压缩到/home 目录下生成 test.zip 压缩文件，此
 处的操作目录可以不用固定在/opt 下，都是根据绝对路径实现的
#第一步：查看/home 和/opt 目录下的文件信息，并查看文件 1.txt 的内容
[root@localhost /]# ls /home
zhangsan
[root@localhost /]# ls /opt
1.txt  2.txt  rh
[root@localhost /]# cat /opt/1.txt
123
#第二步：使用 zip 命令按照需求进行压缩，查看/opt 目录，可以发现原文件是存在的
[root@localhost /]# zip /home/test.zip /opt/1.txt /opt/2.txt
  adding: opt/1.txt (stored 0%)
  adding: opt/2.txt (stored 0%)
[root@localhost /]# ls /opt
1.txt  2.txt  rh
[root@localhost /]# ls /home
test.zip  zhangsan

#在不解压的前提下查看压缩包中存在的文件，注意不是查看文件内容，因为不是单个文件所以无
 法直接查看文件内容
[root@localhost /]# unzip -l /home/test.zip
Archive: /home/test.zip
```

```
  Length      Date          Time        Name
---------   ----------    -----       ----
        4   12-06-2020    15:23       opt/1.txt
        4   12-06-2020    15:24       opt/2.txt
---------                             -------
        8                             2 files

#使用 unzip 命令将/home/test.zip 文件通过"-d"选项解压到/mnt 目录下，并查看/home
 目录下的 zip 文件是否存在，确认/mnt 目录下的 1.txt 文件内容是否解压出错
[root@localhost /]# unzip -d /mnt /home/test.zip
Archive: /home/test.zip
 extracting:/mnt/opt/1.txt
 extracting:/mnt/opt/2.txt
[root@localhost /]# ls /home/
test.zip  zhangsan
[root@localhost /]# ls /mnt/opt
1.txt  2.txt
[root@localhost /]# cat /mnt/opt/1.txt
123
```

注意：再次强调，gzip、bzip2 及 zip 命令都是无法对目录进行压缩的。

2.5.4　tar 命令

gzip、bzip2 及 zip 命令无法对目录进行压缩，而在实际使用时不可避免地需要压缩目录，这就要用到 tar 命令。tar 命令对文件和目录都可以压缩，也可以将多个文件和目录同时打包成一个压缩文件，因此该命令的使用较为频繁。tar 命令的多短格式选项可以一起使用。

创建归档文件的命令格式如下：

```
tar  选项  归档文件名  源文件或目录
```

解压归档文件的命令格式如下：

```
tar  选项  归档文件名  [-C 目标路径]
```

tar 命令的常用选项如下：

- -c：创建.tar 格式的包文件。
- -x：解压.tar 格式的包文件。
- -v：输出详细信息。
- -f：表示使用归档文件。
- -p：打包时保留原始文件及目录的权限。
- -t：列表查看包内的文件。
- -C：解包时指定释放的目标文件夹。
- -z：调用 gzip 程序进行压缩或解压。
- -j：调用 bzip2 程序进行压缩或解压。

下面的示例是对以上选项用法的演示，注意查看显示结果。

```
#调用 gzip 命令将/mnt 和/opt 目录打包备份到/home 目录下，压缩文件名为 testgz.tar.gz
[root@localhost /]# tar -czvf /home/testgz.tar.gz /opt/mnt
tar: 从成员名中删除开头的“/”
/opt/
/opt/rh/
/opt/2.txt
/opt/1.txt
/mnt/
/mnt/opt/
/mnt/opt/1.txt
/mnt/opt/2.txt
[root@localhost /]# ls /home
testgz.tar.gz  test.zip  zhangsan

#在不解压的前提下查看压缩包中的文件
[root@localhost /]# tar -tvf /home/testgz.tar.gz
drwxr-xr-x root/root        0 2020-12-06 15:55 opt/
drwxr-xr-x root/root        0 2018-10-31 03:17 opt/rh/
-rw-r--r-- root/root        4 2020-12-06 15:24 opt/2.txt
-rw-r--r-- root/root        4 2020-12-06 15:23 opt/1.txt
drwxr-xr-x root/root        0 2020-12-06 16:04 mnt/
drwxr-xr-x root/root        0 2020-12-06 16:04 mnt/opt/
-rw-r--r-- root/root        4 2020-12-06 15:23 mnt/opt/1.txt
-rw-r--r-- root/root        4 2020-12-06 15:24 mnt/opt/2.txt

#将 testgz.tar.gz 文件解压到/media 目录下
[root@localhost /]# tar -xzvf /home/testgz.tar.gz  -C /media
opt/
opt/rh/
opt/2.txt
opt/1.txt
mnt/
mnt/opt/
mnt/opt/1.txt
mnt/opt/2.txt
[root@localhost /]# ls -R /media
/media:
mnt  opt
/media/mnt:
opt
/media/mnt/opt:
1.txt  2.txt
/media/opt:
1.txt  2.txt  rh
/media/opt/rh:
```

2.6　vi 文本编辑器

2.6.1　vi 编辑器的 3 种模式

vi 是 Visual Interface 的简写，它是一个功能强大的文本编辑工具，是 Linux 系统中默认的文本编辑器。vim 是 Visual Interface Improved 的简写，相当于 vi 的增强版。一般系统管理维护时使用 vi 即可，而 vim 是具有编程能力的，可以主动识别文件中的字体颜色以判断正确性，如果需要文件中的内容高亮显示的话，可以使用 vim。vi 编辑器一共有 3 种模式，分别是命令模式、输入模式和末行模式，不同的模式实现对文件的编辑操作不同。以下是三种模式的说明。

- 命令模式：默认模式，一般用于浏览和修改文件内容。该模式主要实现光标移动，删除、复制和粘贴文件内容等相关操作。
- 输入模式：也称为插入模式，用于对文件内容的修改。
- 末行模式：用于保存文件和退出 vi 编辑器。

命令模式、输入模式及末行模式 3 种状态之间是如何切换的呢？在命令模式下，可以按键盘上的 a、i、o 键进入输入模式，按冒号“:”键进入末行模式；在输入模式和末行模式下，可以按 Esc 键退回到命令模式。注意，无法直接从输入模式进入末行模式。vi 编辑器三种模式的切换如图 2.1 所示。

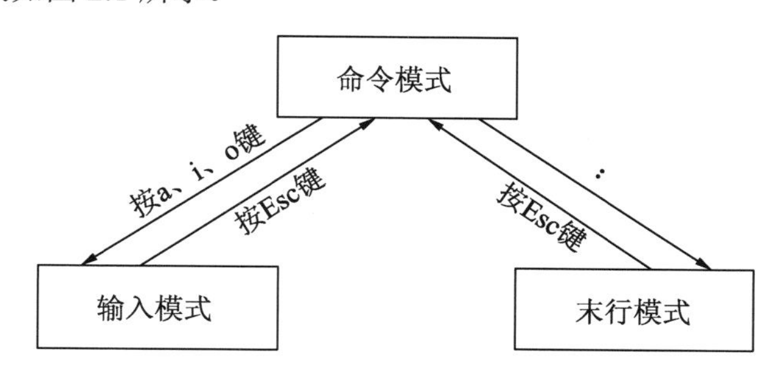

图 2.1　vi 编辑器的 3 种模式切换

注意：需要输入的字母按键是区分大小写的。

2.6.2　命令模式的操作键

直接执行 vi 命令就可以进入 vi 编辑器的命令模式，可以查看相关 vi 版本和帮助信息。

vi 命令后面跟文件名，可以直接对文件进行操作，如果该文件不存在，则会创建一个空白的文件。下面将以表格的形式呈现 vi 编辑器命令模式的相关操作键。

1．光标移动操作

在命令模式中实现光标移动、行内移动、行间移动及显示行号等相关操作的快捷键及其功能说明如表 2.4 所示。

表 2.4　光标移动操作

操 作 类 型	快　捷　键	功 能 说 明
光标移动	↑或k	光标向上移动一个字符
	↓或j	光标向下移动一个字符
	←、h或Backspace	光标向左移动一个字符
	→、l或Space	光标向右移动一个字符
	Enter或+	光标移动到下一行行首
	-	光标移动到上一行行首
	n+对应的操作键表示跳转对应方位的*n*个字符，例如4k或4↑表示向上移动4个字符	
翻页	Page Down或Ctrl+F	向下翻动一整页内容
	Page Up或Ctrl+B	向上翻动一整页内容
	Ctrl+D	向下翻动半页内容
	Ctrl+U	向上翻动半页内容
单词间快速跳转	w	跳转到下一个单词的词首
	e	跳转到当前或下一个单词的词尾
	b	跳转到当前或上一个单词的词首
	n+对应的操作键表示跳转对应方位的*n*个单词的位置，例如2w表示跳转到后面2个单词的词首	
行内快速跳转	Home、^或0	跳转至行首
	End或$键	跳转到行尾
行间快速跳转	1G或gg	跳转到文件的首行
	G	跳转到文件的末尾行
	nG	跳转到文件的第*n*行
	n+	向下跳*n*行
	n-	向上跳*n*行
当前页跳转	H	跳转到当前页的首行
	M	跳转到当前页的中间行
	L	跳转到当前页的尾行
	zt	将当前光标所在行置于屏幕顶端

（续）

操作类型	快捷键	功能说明
当前页跳转	zz	将当前光标所在行置于屏幕中间
	zb	将当前光标所在行置于屏幕底端
行号显示	:set nu	在编辑器中显示行号
	:set nonu	取消编辑器中的行号显示

2. 复制、粘贴和删除操作

在命令模式中对文件内容的快速复制、粘贴及删除操作的快捷键及其功能说明如表 2.5 所示。

表 2.5　复制、粘贴、删除操作

操作类型	快捷键	功能说明
删除	x或Del	删除光标位置的单个字符
	X	删除光标位置的前一个字符
	nx	删除从光标开始的*n*个字符
	dd	删除当前光标所在行
	ndd	删除从光标处开始的*n*行内容
	d^	删除当前光标之前到行首的所有字符
	d$	删除当前光标所在位置到行尾的所有字符
	dw	删除当前光标所在位置到下一个单词词首的字符
	de	删除当前光标所在位置到当前或下个单词词尾的字符
	db	删除当前光标所在位置到当前或上个单词词首的字符
复制	yy	复制当前行整行的内容到剪贴板中
	nyy	复制从光标位置开始的*n*行内容
	y^	复制从光标至行首的内容
	y$	复制从光标至行尾的内容
	yw	复制从光标开始到词首的字符
	ye	复制从光标开始到词尾的字符
	nyw	复制从光标开始的*n*个单词
粘贴	p	将剪贴板中的内容粘贴到光标位置之后
	P	将剪贴板中的内容粘贴到光标位置之前

3. 搜索操作

在命名模式中当文件内容太多，需要快速查找到特定内容时，可以通过快捷键的方式进行搜索，相关的快捷键及其功能说明如表 2.6 所示。

表 2.6　搜索操作

操作类型	快捷键	功能说明
查找文件内容	/word	从上而下在文件中查找字符串word
	?word	从下而上在文件中查找字符串word
	n	定位下一个匹配的被查找字符串
	N	定位上一个匹配的被查找字符串

4．撤销操作

在命令模式中如果不小心误操作，需要回退上一步操作恢复数据内容，则可以按撤销快捷键进行恢复，也可以直接进入末行模式再退出且不保存，这样之前所有的操作将全部失效。撤销操作的快捷键及其功能说明如表 2.7 所示。

表 2.7　撤销操作

操作类型	快捷键	功能说明
撤销	u	按一次撤销最近的一次操作 如果要撤销多次操作，可重复按u键，可恢复已进行的多步操作
	U	用于撤销对当前行所做的所有编辑
保存	ZZ	保存当前的文件内容并退出vi编辑器

2.6.3　输入模式的操作键

输入模式就是对文件内容进行添加和修改等操作。从命令模式进入输入模式可以使用 a、i、o 进行切换，切换到输入模式后，在 vi 编辑器的最底端会有“--INSERT--”标记。

1．模式切换

从命令模式切换到输入模式的快捷键及其功能说明如表 2.8 所示。

表 2.8　从命令模式切换到输入模式的快捷键

操作类型	快捷键	功能说明
行内添加数据	i	在当前光标所在位置之前插入数据
	I	在当前光标所在行的行首插入数据
	a	在当前光标所在位置之后插入数据
	A	在当前光标所在行的行尾插入数据
行间添加数据	o	在当前光标所在行的下一行插入数据
	O	在当前光标所在行的上一行插入数据

2. 输入模式操作

输入模式下光标移动和删除等相关操作的快捷键及其功能说明如表 2.9 所示。

表 2.9　输入模式操作

操作类型	快捷键	功能说明
光标移动	↑	光标向上移动一个字符
	↓	光标向下移动一个字符
	←	光标向左移动一个字符
	→	光标向右移动一个字符
删除	Backspace	删除光标所在位置之前的一个字符
	Del	删除光标所在位置的一个字符
行内跳转	Home	跳转到当前光标所在行的行首
	End	跳转到当前光标所在行的行尾
换行	Enter	光标在行首时在当前行的上一行另起新的一行
		光标在行尾时在当前行的下一行另起新的一行

2.6.4　末行模式的操作键

在末行模式下可以对文件进行修改、保存、退出和替换文件内容等操作，在命令模式中可以使用“:”切换到末行模式，当 vi 编辑器左下角的位置显示“:”符号，就表示此时位于末行模式。

1. 保存和退出操作

文件保存和退出操作的命令如表 2.10 所示。

表 2.10　文件保存和退出操作

操作类型	命令	功能
保存文件	:w	保存文件
	:w /root/newfile	另存为文件
退出	:q	不保存文件，直接退出vi编辑器
	:q!	不保存文件，强制退出
保存文件并退出	:wq	保存并退出vi编辑器
	:wq!	强制保存并退出vi编辑器

2. 打开新文件的操作

在使用 vi 编辑器时可以在不关闭现有编辑器的前提下直接读取或打开其他位置的文

件，相关的操作命令如表 2.11 所示。

表 2.11　读取和编辑操作

操作类型	命　　令	功　　能
编辑新文件	:e/路径名/文件名	打开新的文件进行编辑
读取新文件	:r/路径名/文件名	在当前文件中读入其他文件内容

3．替换操作

对文件中的数据进行批量替换的操作命令如表 2.12 所示。

表 2.12　替换操作

操作类型	命　　令	功　　能
当前行替换	:s /old/new	将当前行中查找的第一个字符串old替换为new
	:s /old/new/g	将当前行中查找的所有字符串old替换为new
行间替换	:m,n s /old/new/g	在行号“m,n”范围内将所有的字符串old替换为new
整行替换	:% s /old/new	在整个文件范围内将每一行的第一个字符串old替换为new
	:% s /old/new/g	在整个文件范围内将所有的字符串old替换为new
替换确认	:s /old/new/c	在替换命令末尾加入c命令，将针对每个替换动作提示用户进行确认

2.7　文本处理“三剑客”

在 Linux 中，处理文本数据的 3 个重要命令 grep、sed 和 awk 简称为“文本处理三剑客”，三者的功能都是处理文本中的数据内容，但是每条命令的侧重点不同，其中，awk 命令的功能最为复杂，我们只需要掌握这 3 个命令中较为常见的用法即可。grep 一般用于数据的查找，sed 命令一般用于截取满足条件的特定行数和替换文件内容，awk 命令一般用于截取满足条件的特定列数。这 3 个命令都可以使用正则表达式。正则表达式是进行字符串处理的一个表达式模板，由大小写字母、数字、普通字符和一些元字符组成。正则表达式中的元字符及其功能说明如表 2.13 所示。

表 2.13　正则表达式中的元字符

元　字　符	功能说明
^	行的开始
$	行的终点
\<	匹配单词开头的位置

（续）

元　字　符	功 能 说 明
\>	匹配单词结尾的位置
.	匹配任意1个字符
*	重复匹配之前的字符0次或多次
[calss]	匹配字符集class中的任意字符
[^class]	匹配任何不在字符集class中的字符
[0-9]或[a-z]或[A-Z]	匹配一组指定范围内的字符，如数字0～9
a\{m\}	匹配出现*m*次连续字符a的行
a\{m，\}	匹配至少出现*m*次连续字符a的行
a\{m，n\}	匹配出现*m*到*n*次连续字符a的行
\	转义符

2.7.1　grep 命令

grep 是 Global Regular Expression Print 的缩写，意思是全局正则表达式打印，grep 命令也可以看成是一种强大的文本搜索工具，擅长对文件数据内容的查找和定位。命令格式如下：

```
grep  选项  "条件或正则表达式"  文本名
```

grep 命令的常用选项如下：

- -v：排除满足条件的内容。
- -i：忽略大小写。
- -n：输出的同时打印行号。
- -c：统计满足条件的行数。
- -o：仅显示匹配满足条件的字符串。
- -e：实现多个条件逻辑或的关系。
- -A：打印匹配条件的后几行。
- -B：打印匹配条件的前几行。
- -C：打印匹配条件的前后几行。

下面的示例是对以上选项用法的演示，注意查看显示结果。

```
#新建一个文本文件
[root@localhost opt]# cat test.txt
21312545
adfdsf343jhj
AdfdfhFGF55454
xyzf
7803
```

```
123hhkjku565
1ghg5hhhhiub

who are your name!
whoisyourfather
My name is zhangsan

GLRKLTRDFD
yhygghg
dfdTRTHGWjhj

#查找以字母 a 开头的行并显示行号，使用选项“-n”和正则表达式中的“^”符号
[root@localhost opt]# grep -n "^a" test.txt
2:adfdsf343jhj

#查找以数字 5 结尾的行，使用正则表达式中的“$”符号
[root@localhost opt]# grep "5$" test.txt
21312545
123hhkjku565

#查找文件中以数字 1 开头、数字 5 结尾的行，借助管道符“|”实现
[root@localhost opt]# grep "^1" test.txt | grep "5$"
123hhkjku565

#查找文件中的所有空行，并统计空行的数量，使用正则表达式“^$”和选项“-c”
[root@localhost opt]# grep -c "^$" test.txt
3

#统计以字母 a 开头的行一共有多少，其中不分区字母的大小写，使用“-c”和“-i”选项
[root@localhost opt]# grep -c -i "^a" test.txt
2

#只显示匹配内容的字符串，使用“-o”选项
[root@localhost opt]# grep -o "name" test.txt
name
name

#查找以字母 a 开头或 y 开头的行，使用“-e”选项
[root@localhost opt]# grep -e "^a" -e "^y" test.txt
adfdsf343jhj
yhygghg

#查找以字母 x 开头的行，并显示其前一行和后一行的内容，使用选项“-C”
[root@localhost opt]# grep -C 1 "^x" test.txt
AdfdfhFGF55454
xyzf
7803

#查找以字母 x 开头的行，并显示前两行的数据，使用选项“-B”
[root@localhost opt]# grep -B 2 "^x" test.txt
adfdsf343jhj
AdfdfhFGF55454
xyzf
```

```
#查找文件中纯数字的行，使用数字范围集合[0-9]和“^”“$”“*”符号
[root@localhost opt]# grep "^[0-9]*[0-9]$" test.txt
21312545
7803

#查找文件中纯字母的行，忽略大小写，使用字母集合[a-z]或[A-Z]以及“^”“$”“*”符号
[root@localhost opt]# grep -i "^[a-z]*[a-z]$" test.txt
xyzf
whoisyourfather
GLRKLTRDFD
yhygghg
dfdTRTHGWjhj

#查找文件只有 4 个字符的行，使用“^”“.”“$”符号
[root@localhost opt]# grep "^....$" test.txt
xyzf
7803

#查找文件中字母 h 在同一行连续出现 2 次的内容
[root@localhost opt]# grep "h\{2\}" test.txt
123hhkjku565
1ghg5hhhhiub

#查找文件中字母 h 在同一行中连续出现 3 到 4 次的内容
[root@localhost opt]# grep "h\{3, 4\}" test.txt
1ghg5hhhhiub
```

2.7.2 sed 命令

sed 是 Stream Editor 的缩写，意思是流编辑器。sed 命令适合简单的文件内容替换和搜索，擅长截取满足条件的特定行数以及替换，以行为单位进行处理。这里重点介绍取特定行和替换的用法。命令格式如下：

```
sed 选项 '执行动作或编辑指令' 文件名
```

sed 命令常用的选项如下：

- -n：打印 sed 处理的那一行数据，一般和执行动作中的 p 配合使用。
- -e：编辑，指定多个处理动作。
- -f：将 sed 的动作写入文件中。
- -r：使用扩展的正则表达式。
- -i：直接修改文件中的内容。

sed 命令常用的执行动作或编辑指令如下：

- a：在指定行的下一行插入数据。
- i：在指定行的上一行插入数据。
- c：替换指定行的数据。

- d：删除。
- p：打印，常与选项-n 一起使用。
- s：全部替换。
- w：保存。
- r：读取指定文件内容到当前文件被匹配到的行后面，并将指定的文件内容并入当前满足条件的行后面。
- y：逐个替换。

下面的示例是对以上选项用法的演示，注意查看显示结果。

```
#使用 vi 编辑器创建 sed.txt 文件
[root@localhost opt]# cat sed.txt
1
2
3
4
5
6
11111
22222
33333
44444

#在不修改原文件数据的前提下实现增、删、改、查操作
#查询指定行
#打印第 2 行
[root@localhost opt]# sed -n '2p' sed.txt
2

#打印第 2～4 行
[root@localhost opt]# sed -n '2，4p' sed.txt
2
3
4

#打印第 2～6 行
[root@localhost opt]# sed -n '2p;6p' sed.txt
2
6

#打印第 2 行及其后 3 行
[root@localhost opt]# sed -n '2，+3p' sed.txt
2
3
4
5

#删除第 3 行
[root@localhost opt]# sed '3d' sed.txt
1
2
```

```
4
5
6
11111
22222
33333
44444

#删除第 3～6 行
[root@localhost opt]# sed '3，6d' sed.txt
1
2
11111
22222
33333
44444

#将第 2 行数据替换成 test
[root@localhost opt]# sed '2ctest' sed.txt
1
test
3
4
5
6
11111
22222
33333
44444

#将第 2～7 行数据替换为一行数据 test
[root@localhost opt]# sed '2，7ctest' sed.txt
1
test
22222
33333
44444

#将文件中的所有数字 2 替换成字母 k
[root@localhost opt]# sed 's/2/k/g' sed.txt
1
k
3
4
5
6
11111
kkkkk
33333
44444

#在第 2 行的上一行插入一行数据，内容为 test，只选取修改后的部分结果
[root@localhost opt]# sed '2itest' sed.txt
1
```

```
test
2

#在第 2 行的下一行插入一行数据，内容为 6666，截取部分结果
[root@localhost opt]# sed '2a6666' sed.txt
1
2
6666
3

#在第 2～4 行的每行前面插入一行数据，内容为 name
[root@localhost opt]# sed '2，4iname' sed.txt
1
name
2
name
3
name
4

#为文件的每一行添加#
[root@localhost opt]# sed -i 's/^/#/' sed.txt
[root@localhost opt]# cat sed.txt
#1
#2
#3
#4
#5
#6
#11111
#22222
#33333
#44444

#去掉文件中第 2～6 行的#号
[root@localhost opt]# sed -i '2，6s/^#//' sed.txt
[root@localhost opt]# cat sed.txt
#1
2
3
4
5
6
#11111
#22222
#33333
#44444
```

2.7.3 awk 命令

awk 是 Alfred Aho、Peter Weinberger 和 Brain Kernighan 3 个人名首字母的缩写，称为“样式扫描和处理语言”。awk 命令擅长文件数据的切片和截取满足条件的特定列数，可以

直接在命令行中输入 awk 命令执行简单的文本处理任务，还可以使用流程控制语句编写成脚本来执行，相当于是一种编程语句，因此功能较为复杂，本节只介绍 awk 命令的简单用法。命令格式如下：

```
awk  选项  'BEGIN{命令} pattern{命令} END{命令}' 文件名
```

awk 命令的常用选项如下：

- -F：指定分隔符，默认为空格或 Tab 键。
- -f：调用 awk 脚本。
- -v：调用外部的 Shell 变量。

awk 命令中条件动作的内置变量如下：

- $1..$n：指定分隔符号对应的值。
- $0：当前行的内容。
- $NF：最后一列。
- NF：指定分隔符号之后行的列数。
- NR：当前行的行号。
- FS：输入字段（列）分隔符，默认为空格或 Tab 键。
- RS：输入记录（行）分隔符，默认为换行符。
- OFS：输出字段（列）分隔符。
- ORS：输出记录（行）分隔符。
- FILENAME：保存当前的文件名。

下面的示例是对以上选项用法的演示，注意查看显示结果。

```
#打印命令结果中以空格隔开的第一列，默认的分隔符是空格，"$1"表示第一列
[root@localhost ~]# ls -lh /root | awk '{print $1}'
总用量
-rw-------.

#在/etc/passwd 文件中，自定义分隔符":"，打印所有行中第 5 列的信息，截取部分结果
[root@localhost ~]# awk -F ":"  '{print $5}'  /etc/passwd
root
bin
daemon
adm
……

#在/etc/passwd 文件中自定义分隔符":"，打印所有行中最后一列的信息，截取部分结果
[root@localhost ~]# awk -F ":"  '{print $NF}'  /etc/passwd
/bin/bash
/sbin/nologin
/sbin/nologin
/sbin/nologin
……

#打印/etc/passwd 文件所有行的数据，并在每行前面加上行号，然后截取部分结果
[root@localhost ~]# awk '{print NR, $0}'  /etc/passwd
```

```
1 root:x:0:0:root:/root:/bin/bash
2 bin:x:1:1:bin:/bin:/sbin/nologin
3 daemon:x:2:2:daemon:/sbin:/sbin/nologin
……

#在/etc/passwd 文件中自定义分隔符“:”，打印出第 2 行中的所有字段数
[root@localhost ~]# awk -F ":" 'NR==2{print NF}'  /etc/passwd
7

#打印出/etc/passwd 文件中第 8 行的信息
[root@localhost ~]# awk 'NR==8{print $0}'  /etc/passwd
halt:x:7:0:halt:/sbin:/sbin/halt

#将/etc/passwd 文件中的第 2 行数据以“:”分隔成多列后，打印第 1 列和第 2 列，中间以水平
 制表符的形式显示
[root@localhost ~]# awk -v FS=':' -v OFS='\t'  'NR==2{print $1, $2}'
/etc/passwd
bin x

#将/etc/passwd 文件中的第 2 行和第 3 行数据以“:”分隔成多列后，打印第 1 列和第 2 列，
 列与列之间以水平制表符的形式显示，行与行之间使用换行符的形式显示
#方式 1
[root@localhost ~]# awk -v FS=':' -v OFS='\t' -v ORS='\n' 'NR==2{print $1,
$2} NR==3{print $1, $2}' /etc/passwd
bin x
daemon  x

#方式 2
[root@localhost ~]# awk  'BEGIN{FS=":";OSF="\t";ORS="\n"}NR==2{print $1,
$2}NR==3{print $1, $2}'  /etc/passwd
bin x
daemon x

#打印/etc/passwd 文件的数据，在开头添加一行 hello，结尾显示文件名，这里重点是介绍
 BEGIN..END 的语法，显示结果的中间部分省略
#方式 1
[root@localhost ~]# awk 'BEGIN{print "hello"}{print $0}END{print FILENAME}'
/etc/passwd
hello
root:x:0:0:root:/root:/bin/bash
bin:x:1:1:bin:/bin:/sbin/nologin
……
postfix:x:89:89::/var/spool/postfix:/sbin/nologin
chrony:x:998:996::/var/lib/chrony:/sbin/nologin
lisi:x:1000:1000::/home/lisi:/bin/bash
/etc/passwd
```

注意： 重点学习 grep 命令，sed 命令的学习重点是打印特定行，awk 命令的学习重点是打印特定列。

第 3 章　账户管理和权限管理

Linux 系统是一个多用户、多任务操作系统，为保证服务器的安全性，不建议在生产环境中使用 root 管理员用户操作系统。使用服务器时要根据职责的不同给予不用的用户账户，并使用文件的权限来加强系统的安全性。本章将学习如何创建用户账户，并对文件权限进行划分。

本章的主要内容如下：

- 用户账户的创建和管理；
- 用户账户组的创建和管理；
- 文件和目录权限的划分；
- ACL 和特殊权限。

注意： 本章内容需要理解用户和用户组的配置文件，以及权限的表示方式。

3.1　用户账户管理

在 Linux 系统中默认存在一个超级管理员用户 root，进入系统时需要输入正确的用户名和密码才能登录成功。因为 root 账号权限过高，所以在日常使用时需要创建不同的用户对系统实现管理。本节介绍创建用户的相关命令。

3.1.1　用户账户的分类

在 Linux 系统中，根据用户权限的不同，可以将用户账户分为超级用户、程序用户和普通用户三种类型。

- 超级用户：系统中默认的超级用户是 root，该用户在系统中拥有最高权限，可以访问系统的所有文件，执行所有任务，同时也能对其他用户进行管理。因超级用户权限过高，所以一般不建议使用，只有在执行一些权限级别要求较高的系统管理时才使用 root 用户进行登录。它的宿主目录是位于根目录下的/root 目录。
- 程序用户：在系统中安装某些服务或者软件时添加的特定权限的用户账户，以保证这些服务或软件能够正常运行。这类账号一般是不允许登录系统的，它的宿主目录是不存在的。

- 普通用户：由超级用户 root 创建管理的用户，在实际环境中，通常要根据不同的情况为普通用户划分不同的权限。它的宿主目录是位于/home 目录下和用户名同名的文件夹，每个用户对于自己的宿主目录都是具有完全权限的。

3.1.2　用户账户的 UID

当系统中出现两个同名用户时，我们通常认为是两个完全相同的用户账户，但系统内部却将其区分为两个不同的用户账户，原因是每个用户账户在系统中都有一个唯一确定的数字形式的身份标识，这个身份标识称为 UID（User Identity，用户标识号）。原则上每个用户的 UID 应该是唯一的，UID 的范围是 0～60 000。也就是说，系统的有效用户个数是 60 001 个，完全够用。下面对比 CentOS 6 以下版本和 CentOS 7 以上版本中三种用户的 UID 范围。

- 超级用户 root：在 CentOS 的所有发行版本中，UID 始终都是 0。
- 程序用户：在 CentOS 6 以下的发行版本中，UID 的范围是 1～499，而在 CentOS 7 以上的发行版本中，UID 的范围是 1～999，其中 1～200 用于系统自带的默认已创建进程的用户，201～999 用于运行软件和服务的用户。程序用户是无法登录系统的。
- 普通用户：在 CentOS 6 以下的发行版本中，UID 的范围是 500～60 000，而在 CentOS 7 以上的发行版中，UID 的范围是 1 000～60 000。

在系统中，用户账户的 UID 的有效范围以及默认的用户账户信息和密码信息都存储在配置文件/etc/login.defs 中。下面是该配置文件的信息。

```
#查看配置文件/etc/login.defs 的内容并去掉以#开头的注释行信息
[root@localhost ~]# cat /etc/login.defs | grep -v "^#"

MAIL_DIR        /var/spool/mail                    #用户默认的邮件目录

PASS_MAX_DAYS           99999                      #用户默认的密码最长使用天数
PASS_MIN_DAYS           0                          #用户默认的密码最短使用天数
PASS_MIN_LEN            5                          #用户默认的密码最短长度
PASS_WARN_AGE           7                          #用户默认的密码过期警告天数

UID_MIN                 1000                       #普通用户的最小 UID
UID_MAX                 60000                      #普通用户的最大 UID
SYS_UID_MIN             201                        #程序用户的最小 UID
SYS_UID_MAX             999                        #程序用户的最大 UID

GID_MIN                 1000                       #普通用户组的最小 GID
GID_MAX                 60000                      #普通用户组的最大 GID
SYS_GID_MIN             201                        #程序用户组的最小 GID
SYS_GID_MAX             999                        #程序用户组的最大 GID
```

```
CREATE_HOME         yes         #创建用户的宿主目录
UMASK               077         #权限掩码
USERGROUPS_ENAB     yes         #删除用户时删除同名用户组
ENCRYPT_METHOD      SHA512      #用户密码的加密算法
```

3.1.3　用户账户文件

在 Windows 系统中，用户账户信息都存放在 SAM（Security Accounts Management，安全账号管理）数据库里。SAM 数据库以加密的形式将文件名 SAM 存放在本地磁盘中。而在 Linux 系统中，用户账户信息和密码信息是分两个文件存放的。存放用户名、UID 等用户账户信息的是/etc/passwd 配置文件，存放用户密码有效期等密码信息的是/etc/shadow 配置文件。

1．用户账户信息文件passwd

用户账户相关信息存放在/etc/passwd 文件中。该文件以“:”作为分隔符将文件内容从左至右分成 7 个字段，每个字段的含义如下：

- 第 1 个字段：用户名，也就是登录系统的用户名称，不允许为空。
- 第 2 个字段：密码占位符（x），即加密后的密码信息。
- 第 3 个字段：用户的 UID。
- 第 4 个字段：用户的基本组标识号（GID）。
- 第 5 个字段：用户名全名，也可以说是描述语。
- 第 6 个字段：用户的宿主目录（家目录），即用户登录系统后的默认工作路径。
- 第 7 个字段：用户的 Shell 环境。

其中，第 2 个字段表示密码加密的信息列，为了安全起见统一使用一个字符“x”替代，以防止出现非法的暴力破解密码。第 6 个字段表示用户的宿主目录，是存放用户数据的目录，如果没有该目录，则用户是无法登录系统的。下面是配置文件/etc/passwd 的具体内容。

```
#截取/etc/passwd 文件的开头两行
[root@localhost ~]# cat /etc/passwd | head -2
root:x:0:0:root:/root:/bin/bash
bin:x:1:1:bin:/bin:/sbin/nologin

#截取/etc/passwd 文件的最后两行
[root@localhost ~]# tail -2 /etc/passwd
tcpdump:x:72:72::/:/sbin/nologin
zhangsan:x:1000:1000:zhangsan:/home/zhangsan:/bin/bash
```

2．用户账户密码信息文件shadow

用户账户的密码信息，如密码的最短使用天数、密码的有效期等信息存放在/etc/

shadow 文件中。同样，该文件以“:”作为分隔符将内容分成 9 个字段，每个字段的含义如下：

- 第 1 个字段：用户名，该字段和/etc/passwd 文件中一样，是非空的。
- 第 2 个字段：加密的密码信息，若带有“!”或“*”，则表示该用户无法登录系统，若字段为空，则表示该用户是没有密码的。
- 第 3 个字段：上次修改密码的日期，这里显示的是天数而不是具体的日期，天数的计算方式是从 1970 年 1 月 1 日（Linux 的诞生日，也可以说是 Linux 的纪元时间）到修改密码当前日期经过的天数。
- 第 4 个字段：密码的最短使用天数，若是 0，则表示无限制。
- 第 5 个字段：密码的最长使用天数，若是 99999，则表示无限制。
- 第 6 个字段：密码过期的警告天数，默认是 7，即在密码过期的前 7 天，系统会提示用户密码即将过期。
- 第 7 个字段：密码过期多少天后禁用该用户。
- 第 8 个字段：用户账户的失效日期，该字段和第 3 个字段一样显示的也是天数，默认为空，表示该用户账户是永久使用的。
- 第 9 个字段：保留未使用。

下面是配置文件/etc/shadow 的具体内容。

```
#截取/etc/shadown 文件的开头 3 行
[root@localhost ~]# head -n 3 /etc/shadow
root:$6$W2yk7BmjoTWepYDl$.kJVaiMQ/Z9hhpM/blku94Ps4OJHBB9xFxynGkgUdLIyzw
hGwfbQJc8VDcr3U8FNxyzst9Ue78fZkeav9xN.T0::0:99999:7:::
bin:*:17834:0:99999:7:::
daemon:*:17834:0:99999:7:::
```

3.1.4 添加用户账户命令 useradd

useradd 命令用于创建用户账户。如果创建用户时后面不接任何选项，则会使用默认配置文件中的信息，同时会创建同名的用户组，并且在/home 目录下创建同名的宿主目录，生成用户的初始配置文件。其中/etc/default/useradd 文件是在使用 useradd 添加用户时需要调用的默认的配置文件。useradd 命令通过符号链接出同一命令 adduser，两条命令是没有区别的，格式如下：

```
useradd 选项 用户名
```

useradd 命令常用的选项如下：

- -c：指定用户账户的描述语（用户名全名）。
- -d：指定用户账户的宿主目录。
- -e：指定用户账户的失效日期。
- -f：指定用户账户密码过期多少天后禁用该用户。

- -g：指定用户账户的基本 GID。
- -G：指定用户账户的附加 GID。
- -m：默认在/home 下生成宿主目录。
- -M：指定用户账户不生成宿主目录。
- -r：指定用户账户为程序用户。
- -o：指定用户账户的 UID，允许重复。
- -s：指定用户账户的 Shell 环境。
- -p：指定用户账户的密码（必须使用加密密码）。
- -D：显示或更改默认的 useradd 配置。
- -u：指定用户账户的 UID。

下面的示例是对以上选项用法的详细演示，注意查看显示结果。

```
#查看默认配置文件/etc/default/useradd 的信息，也可以使用 useradd -D 命令查看
[root@localhost ~]# cat /etc/default/useradd
# useradd defaults file
GROUP=100                                    #用户默认组
HOME=/home                                   #宿主目录的默认存放路径
INACTIVE=-1                                  #账户是否过期，-1 表示永不过期
EXPIRE=                                      #账户是否失效，不设置表示“否”
SHELL=/bin/bash                              #账户默认的 Shell 环境
SKEL=/etc/skel                               #账户初始配置文件默认模板
CREATE_MAIL_SPOOL=yes                        #创建邮箱文件

#创建用户名为 user1 的账户，并查看用户账户信息
[root@localhost ~]# useradd user1
[root@localhost ~]# tail -1 /etc/passwd
user1:x:1001:1001::/home/user1:/bin/bash

#创建用户名为 user2 的账户，使用选项“-o”指定该账户的 UID 和 user1 账户一样为 1001，
 否则无法创建 UID 一样的用户，使用选项“-M”不创建用户的宿主目录
[root@localhost ~]# adduser -M -o -u 1001 user2
#查看 passwd 文件，确实和 user1 的 UID 一样，但是不建议使用“-o”选项
[root@localhost ~]# tail -2 /etc/passwd
user1:x:1001:1001::/home/user1:/bin/bash
user2:x:1001:1002::/home/user2:/bin/bash
#查看/home，确实未生成 user2 的宿主目录
[root@localhost ~]# dir /home
user1  zhangsan

#创建用户名为 user3 的账户，使用“-u”指定 UID 是 6666，使用“-c”设置用户名全名为
 “testuser”，使用“-f”设置用户密码过期 3 天后禁用该用户，使用“-e”设置账户的失效
 日期为“2021-6-6”，使用“-d”指定宿主目录是/test
[root@localhost ~]# useradd -c "testuser" -u 6666 -f 3 -e 2021-06-06 -d /test
user3
#查看 passwd 文件的第 5 个字段（用户账户的描述语）和第 6 个字段（宿主目录）
[root@localhost ~]# grep "^user3" /etc/passwd
user3:x:6666:6666:testuser:/test:/bin/bash
```

```
#查看 shadow 文件的第 7 个字段（密码过期多少天后禁用该用户）和第 8 个字段（账户失效日期）
[root@localhost ~]# grep "^user3" /etc/shadow
user3:!!:18606:0:99999:7:3:18784:
#查看宿主目录/test 是否存在
[root@localhost ~]# dir#/
bin  boot  dev  etc  home  lib  lib64  ls  media  mnt  opt  proc  root  run
sbin  srv  sys  test  tmp  usr  var

#使用“-p”选项创建用户时直接指定用户的密码，但是需要使用 openssl 命令对密码加密
#使用 opessl 命令对密码“123456”进行加密，其中“-1”表示使用 md5 加密
[root@localhost home]# openssl passwd -1 "123456"
$1$VpNXjrXB$Agf/XWxYQOxUevtCUbAT6/
[root@localhost home]# useradd -p '$1$VpNXjrXB$Agf/XWxYQOxUevtCUbAT6/'
user3
[root@localhost home]# tail -1 /etc/shadow
user3:$1$VpNXjrXB$Agf/XWxYQOxUevtCUbAT6/:18608:0:99999:7:::
```

3.1.5　设置与更改用户账户密码命令：passwd 和 chage

创建用户后，如果需要对用户账户设置密码，或者对已经存在的用户账户修改密码，可以使用 passwd 或 chage 命令。下面分别介绍这两个命令的具体用法。

1. passwd命令

passwd 命令用于设置和修改用户密码信息。在 Linux 系统中，普通用户必须要设置密码后才能登录系统。命令格式如下：

```
passwd  选项    用户名
```

passwd 命令常用的选项如下：

- -d：删除用户账户密码。
- -l：锁定用户账户（仅限 root 用户）。
- -u：解锁用户账户（仅限 root 用户）。
- -e：修改用户账户密码的有效期（仅限 root 用户），立即让用户密码过期，强制用户下次登录时更改密码。
- -f：强制操作（当使用选项-l 锁定密码为空或无密码时，必须使用-uf 选项进行解锁用户操作）。
- -x：修改用户账户密码的最长使用天数（只有 root 用户才能进行此操作）。
- -n：修改用户账户密码的最短使用天数（只有 root 用户才能进行此操作）。
- -w：修改用户账户密码过期的警告天数（只有 root 用户才能进行此操作）。
- -i：当密码过期后经过多少天该账户会被禁用（只有 root 用户才能进行此操作）。
- -S：查看用户账户的状态。
- --stdin：从标准输入中读取令牌（只有 root 用户才能进行此操作）。

下面的示例是对以上选项用法的详细演示，如果 passwd 命令后面不使用任何选项而

直接跟用户名，表示直接对用户设置或修改密码，注意查看显示结果。

```
#设置用户 user1 的密码，提示密码至少 8 个字符，这里输入的密码是 123456
[root@localhost ~]# passwd user1
Changing password for user user1.
New password:
BAD PASSWORD: The password is shorter than 8 characters
Retype new password:
passwd: all authentication tokens updated successfully.

#先查看用户 user1 的密码状态，然后使用“-d”删除密码，并确认密码是否为空
[root@localhost home]# grep "^user1" /etc/shadow
user1:$6$Nv01Xjw.$QMm0gjzWAt7lDvvwLv4n1f8QJUkhs7dEge9yWpx8XvC9ngTqX3aTK
59u44wK9Sacm6rVnAln9.75nFocBOzh01:18608:0:99999:7:::
[root@localhost home]# passwd -d user1
Removing password for user user1.
passwd: Success
[root@localhost home]# grep "^user1" /etc/shadow
user1::18608:0:99999:7:::

#使用“-n”修改用户 user1 的密码最短使用天数为 3，使用“-x”修改密码最长使用天数为 8，
 使用“-n”修改密码过期的警告天数为 5，使用“-i”修改密码过期后禁用的天数为 2，并查看
 shadow 文件
[root@localhost home]# passwd -n 3 -x 8 -w 5 -i 2 user1
Adjusting aging data for user user1.
passwd: Success
[root@localhost home]# grep "^user1" /etc/shadow
user1::18608:3:8:5:2::

#使用“-l”锁定账户，使用“-S”查看用户状态，使用“-u”解锁用户，因为密码为空，所以必
 须使用选项“-f”才能解锁
[root@localhost home]# passwd -l user1
Locking password for user user1.
passwd: Success
[root@localhost home]# passwd -S user1
user1 LK 2020-12-12 3 8 5 2 (Password locked.)
[root@localhost home]# passwd -u user1
Unlocking password for user user1.
passwd: Warning: unlocked password would be empty.
passwd: Unsafe operation (use -f to force)
[root@localhost home]# passwd -uf user1
Unlocking password for user user1.
passwd: Success

#使用“--stdin”无须用交互式操作设置用户密码，而直接将密码输入给用户，这不像使用 passwd
 命令，需要连续两次输入密码的操作。echo 表示打印输出字符串，使用管道符将这个字符密码通
 过“--stdin”输入用户 user1
[root@localhost home]# echo "123456" | passwd --stdin user1
Changing password for user user1.
passwd: all authentication tokens updated successfully.
```

2．chage命令

chage 命令专门用于修改用户的账户密码信息，格式如下：

```
chage  选项  用户名
```

chage 命令常用的选项如下：

- -l：显示用户账户密码的相关信息。
- -E：修改用户账户的失效日期。
- -d：修改最近更改密码的日期。
- -I：修改用户密码过期后禁用该账户的天数。
- -m：修改用户密码的最短使用天数。
- -M：修改用户密码的最长使用天数。
- -W：修改用户密码过期的警告天数。
- -h：查看帮助信息。

下面的示例是对以上选项用法的详细演示，注意查看显示结果。

```
#使用“-l”查看用户 user1 的密码信息，从上至下依次表示上次修改密码的日期、密码的过期日期、密码过期失效日期、账户的过期日期、密码的最短使用天数、密码的最长使用天数和密码过期的警告天数
[root@localhost home]# chage -l user1
Last password change                                    : Dec 12,  2020
Password expires                                        : Dec 16,  2020
Password inactive                                       : Dec 22,  2020
Account expires                                         : never
Minimum number of days between password change          : 3
Maximum number of days between password change          : 8
Number of days of warning before password expires       : 5

#使用“-d”将密码的最近修改日期更改为“2020-12-08”，日期格式为“YYYY-MM-DD”
[root@localhost home]# chage -d "2020-12-08" user1

#使用“-E”将用户账户的失效日期更改为“2020-12-20”，日期格式为“YYYY-MM-DD”
[root@localhost home]# chage -E "2020-12-20"  user1

#使用“-I”将用户密码的失效日期修改为“2020-12-24”，也就是密码过期多少天后禁用该用户，这里修改为密码过期 8 天后禁用该用户，默认使用的是天数
[root@localhost home]# chage -I 8 user1

#使用“-m”修改密码的最短使用天数为 4，使用“-M”修改密码的最长使用天数为 12，使用“W”修改密码过期的警告天数为 7
[root@localhost home]# chage -m 4 -M 12 -W 7 user1

#使用“-l”选项再次查看是否修改成功，或者查看配置文件 shadow
[root@localhost home]# chage -l user1
Last password change                                    : Dec 08,  2020
Password expires                                        : Dec 16,  2020
```

```
Password inactive                                      : Dec 24, 2020
Account expires                                        : Dec 20, 2020
Minimum number of days between password change         : 4
Maximum number of days between password change         : 12
Number of days of warning before password expires      : 7
#查看用户账户密码信息的配置文件/etc/shadow，通过 grep 命令查看用户 user1 的相关密码
 信息
[root@localhost home]# grep "^user1" /etc/shadow
user1:$6$aAMQ.lBW$GG7SLc8mrR.EsPYK.2h7Niay6xSpzVNBRg9SLzLuJxLrS5japn3NI
oWu2yE42wK3PFza5382/090/PLbFR4Zk0:18604:4:12:7:8:18616:
```

3.1.6　临时切换用户账户命令 su

su 是 Swith User 的缩写，su 命令用于临时切换用户，只是临时变更用户的身份，不是登录系统。从管理员切换到其他用户无须输入密码，从普通用户切换到其他用户需要输入密码。切换用户时建议使用“su -”来实现，其中“-”表示完整地切换到另外一个用户环境，包括该用户的 Shell 环境也会一并切换过去，否则当前的 Shell 环境与切换过去的用户环境可能不一致，从而出现某些命令无法使用的情况。命令格式如下：

```
su  -  用户名
```

下面的示例是对 su 命令的详细演示，注意查看显示结果。

```
#当前的登录用户为 root 用户，使用 su 切换到 user1 用户，执行后无须输入密码即可成功切换
 为 user1
[root@localhost home]# su - user1
Last login: Sat Dec 12 14:08:38 CST 2020 on tty3
[user1@localhost ~]$

#再从 user1 切换到 user3，此时需要输入密码才可以切换成功
[user1@localhost ~]$ su - user3
Password:
Last login: Sat Dec 12 14:40:09 CST 2020 on tty2
[user3@localhost ~]$
```

3.1.7　修改用户账户的属性命令 usermod

usermod 命令用于对系统中存在的用户账户重新设置属性，该命令的选项基本和 useradd 命令一样。命令格式如下：

```
usermod 选项    用户名
```

usermod 命令常用的选项如下：

- -c：修改用户账户的描述。
- -d：修改用户账户的宿主目录。
- -e：修改用户账户的失效日期。

- -f：当密码过期后经过多少天该账户会被禁用。
- -g：修改用户账户的基本组。
- -G：修改用户账户的附加组。
- -l：重命名用户账户。
- -L：锁定用户账户。
- -u：修改用户账户的 UID。
- -U：解锁用户账户。
- -p：使用加密后的密码来修改用户账户的密码。
- -o：修改用户账户的 UID，允许不唯一。
- -m：将用户的宿主目录移动到新目录（仅和“-d”选项一起使用）。

和 useradd 命令选项功能一样的选项这里不再一一列举，只将不同的选项进行演示。

```
#新建用户 user4，将默认的/home/user4 宿主目录移动到/opt/test。操作前先查看 home、
 opt 目录及 passwd 文件，使用“-m”和“-d”一起移动且选项顺序不能变，最后查看移动过去
 的目录中是否存在相关的用户配置文件
[root@localhost /]# dir /home
1.txt  user1  user3  user4  zhangsan
[root@localhost /]# grep "^user4"  /etc/passwd
user4:x:1003:1004::/home/user4:/bin/bash
[root@localhost /]# dir /opt
rh
[root@localhost /]# usermod -m -d /opt/test user4
[root@localhost /]# dir /home
1.txt  user1  user3  zhangsan
[root@localhost /]# dir -a /opt/test/
.  ..  .bash_history  .bash_logout  .bash_profile  .bashrc  .cache  .config
.mozilla

#使用“-l”选项将 user4 重命名为 test1，注意看 user4 用户的 UID
[root@localhost /]# tail -2  /etc/passwd
user3:x:1002:1003::/home/user3:/bin/bash
user4:x:1003:1004::/opt/test:/bin/bash
[root@localhost /]# usermod -l test1 user4
[root@localhost /]# tail -2 /etc/passwd
user3:x:1002:1003::/home/user3:/bin/bash
test1:x:1003:1004::/opt/test:/bin/bash

#使用“-L”锁定用户账户，使用“-U”解锁用户，通过 passwd -S 查看用户状态
[root@localhost /]# usermod -L test1
[root@localhost /]# passwd -S test1
test1 LK 2020-12-12 0 99999 7 -1 (Password locked.)
[root@localhost /]# usermod -U test1
[root@localhost /]# passwd -S test1
test1 PS 2020-12-12 0 99999 7 -1 (Password set,  SHA512 crypt.)
```

注意：usermod 和 passwd 命令都可以锁定用户，但是解锁时 passwd 命令的优先级高于 usermod。也就是说，passwd 可以解锁使用 usermod 锁定的用户，但是 usermod 无法解锁使用 passwd 锁定的用户。

3.1.8　删除用户账户命令 userdel

userdel 命令用于删除用户账户，格式如下：

```
userdel  选项  用户名
```

userdel 命令的选项较少，只有一个选项“-r”，其作用是删除用户账户时连同用户的宿主目录一并删除。

下面的示例是对“-r”选项用法的详细演示，注意查看显示结果。

```
#使用“-r”选项删除重命名的用户 test1，并且删除其宿主目录
[root@localhost /]# grep "^test1"  /etc/passwd
test1:x:1003:1004::/opt/test:/bin/bash
[root@localhost /]# dir /opt
rh  test
[root@localhost /]# userdel -r test1
[root@localhost /]# dir /opt
rh
```

3.1.9　用户账户的初始配置文件

用户登录系统时有几个重要的配置文件需要初始化时加载。初始化的顺序依次是~/.bash_profile、~/.bashrc、~/.bash_login 和~/bash_logout，这些配置文件的作用是为每个用户设置 Shell 环境信息。

- ~/.bash_profile：这个文件是用户配置文件，每个用户使用该文件输入专用于自己的 Shell 信息。当系统读取/etc/profile 文件后就会接着读取这个文件，该文件仅执行一次。
- ~/.bashrc：读取~/.bash_profile 文件后，接下来读取.bashrc 文件，每个执行 bash shell 的用户每次打开新的 Shell 时执行该文件，该文件用于存放本地变量名和定义别名信息。
- ~./bash_login：这个文件是用户登录系统时读取的，如果前面的~/.bash_profile 文件不存在，则会直接读取这个文件的内容，通常存放登录后必须执行的命令。
- ~/.bash_logout：这个文件在用户退出或注销时读取。

其中，.bash_logout、.bash_profile 和.bashrc 三个隐藏文件来自用户模板目录/etc/skel，意思是每创建一个用户就会从/etc/skel 目录中将这三个隐藏的文件复制到用户自己的宿主目录下。

3.2 用户组管理

在 Linux 系统中要批量对用户进行授权管理时，可以通过组账户进行，无须单独对用户进行权限划分，只需要将用户添加到对应的用户组就可以继承该组的权限。一个用户可以属于多个组，用户的最终权限就是每个组权限的累加。

3.2.1 组账户的分类

组账户和用户账户一样，也存在一个唯一的 GID（Group Identify，组标识号），它可以根据用户组和用户账户两种类型划分。以下是两种类型的具体划分描述。

1．根据用户组来划分

可以将用户组分为基本组（私有组）和附加组（公共组），一个用户有且只有一个基本组，可以有 0 个或多个附加组。默认情况下创建用户时不指定任何信息就会生成一个同用户名一样的同名用户组，同名用户组就是该用户的基本组。

2．根据用户账户来划分

可以将用户组分为超级用户组、程序用户组和普通用户组。和用户 UID 一样，组账户也存在一个唯一标识的身份 GID。

- 超级用户组 root 在 CentOS 的所有发行版本中，其 GID 始终都是 0。
- 程序用户组在 CentOS 6 以下的发行版本中数字范围是 1～499，而在 CentOS 7 以上的发行版本中数字范围是 1～999。
- 普通用户组在 CentOS 6 以下的发行版本中数字范围是 500～60000，而在 CentOS 7 以上的发行版中数字范围是 1000～60000。

3.2.2 组账户文件

在 Linux 系统中，组账户信息和密码信息也是分两个文件存放的，其中/etc/group 文件用于存放用户组和 GID 号等信息，/etc/gshadow 文件用于存放组密码信息。

1．组账户基本信息文件group

组账户的基本信息存放在/etc/group 文件中，这个文件以“:”作为分隔符将文件内容分成 4 个字段，从左至右每个字段的含义如下：

- 第 1 个字段：用户组名。

- 第 2 个字段：组密码占位符“x”。
- 第 3 个字段：用户组的 GID 号。
- 第 4 个字段：组成员。

下面是/etc/group 文件的内容：

```
#查看/etc/group 文件的前两行记录
[root@localhost /]# cat /etc/group | head -2
root:x:0:
bin:x:1:
```

2．组账户密码信息文件gshadow

组账户的密码信息存放在/etc/gshadow 文件中，这个文件以“:”作为分隔符将文件内容分成 4 个字段，从左至右每个字段的含义如下：

- 第 1 个字段：用户组名。
- 第 2 个字段：加密的用户组密码信息。
- 第 3 个字段：用户组的管理员。
- 第 4 个字段：组成员。

实际使用时很少会使用组密码，因为组账户是无法登录系统的，更多的是使用这个文件查看组成员列表。下面是/etc/gshadow 文件的内容：

```
#查看/etc/gshadow 文件的前两行记录
[root@localhost /]# head -2 /etc/gshadow
root:::
bin:::
```

3．查看组成员的命令

通过 grep 命令配合正则表达可以查看某个用户属于哪些组或某个组账户中存在哪些用户。使用 grep 命令配合元字符“^”可以查看/etc/group 或/etc/gshadow 文件中以某个用户组开头的所有记录行，相当于查看这个组账户中的组成员。通过 grep 命令查找文件特定内容的语法，比如查询/etc/group 或/etc/gshadow 文件存在“bin”字符内容的行信息，每一行的开头表示的是组名，结尾表示的是组成员，通过查询出的结果判断 bin 用户属于哪些用户组。

```
#查看组账户 bin 中存在的组成员，以冒号隔开的最后一列可以查看组成员
[root@localhost /]# grep "^bin" /etc/group
bin:x:1:

#查看 root 用户属于哪些组，这个只有一行，看不出效果
[root@localhost /]# grep "bin" /etc/group
bin:x:1:
```

注意：思考如何区分用户的基本组和附加组。

3.2.3　创建组账户命令 groupadd

groupadd 命令用于创建用户组，格式如下：

```
groupadd          选项  用户组名
```

常用选项如下：

- -g：指定用户账户组的 GID 号。
- -o：创建用户账户组时允许 GID 号不唯一。
- -r：指定用户账户组为程序用户组。

下面的示例是对以上选项用法的详细演示，请注意查看显示结果。

```
#创建一个名为 group1 的用户组，默认为普通用户组，正常情况下 GID 会自动按照上一个 GID 号加 1
[root@localhost /]# tail -3 /etc/group
user3:x:1003:
user4:x:1004:
group1:x:1005:

#创建一个用户组，名为 group2，指定 GID 号为 8888
[root@localhost ~]# groupadd -g 8888 group2
[root@localhost ~]# tail -3 /etc/group
user4:x:1004:
group1:x:1005:
group2:x:8888:
```

3.2.4　修改组账户密码和添加组成员命令 gpasswd

gpasswd 命令用于设置和修改组账户密码，也可用于添加组成员和删除组成员。组账户使用密码的情况比较少见，因此 gpasswd 命令多用于添加组成员和删除组成员，其命令格式如下：

```
gpasswd  选项  用户组名
```

常用选项如下：

- -a：添加组成员。
- -d：删除组成员。
- -r：删除组密码。
- -R：限制用户登入组，只有组中的成员才可以用 newgrp 加入该组。
- -M：添加多个组成员。
- -A：设置组管理员。

下面的示例是对以上选项用法的详细演示，请注意查看显示结果。

```
#设置组账户 group1 的密码
[root@localhost ~]# grep "^group1" /etc/gshadow
group1:!::
```

```
[root@localhost ~]# gpasswd group1
Changing the password for group group1
New Password:
Re-enter new password:
[root@localhost ~]# grep "^group1" /etc/gshadow
group1:$6$deCIR/8i$gSOgiO33xYKq6gTz1Er7yYz1ztshl.v5o/vBvQXbaYsQjqT7znF3
pZnTum5N0jXVTDd0ENnG.Joe6OfAZB0AT1::

#删除组账户 group1 的密码
[root@localhost ~]# gpasswd -r group1
[root@localhost ~]# grep "^group1" /etc/gshadow
group1:::

#将 zhangsan 用户添加到 group1 中
[root@localhost ~]# gpasswd -a zhangsan group1
Adding user zhangsan to group group1
[root@localhost ~]# grep "^group1" /etc/gshadow
group1:::zhangsan

#添加 root 和 user3 用户到 group1，使用“-M”选项，会覆盖原有的组成员
[root@localhost ~]# grep "^group1" /etc/gshadow
group1:::zhangsan
[root@localhost ~]# gpasswd -M root，user3 group1
[root@localhost ~]# grep "^group1" /etc/gshadow
group1:::root，user3

#将 root 用户从组账户 group1 中删除
[root@localhost ~]# gpasswd -d root group1
Removing user root from group group1
[root@localhost ~]# grep "^group1" /etc/gshadow
group1:::user3
```

3.2.5　修改组账户命令 groupmod

groupmod 命令用于修改系统中已经存在的组账户信息，多用于修改组账户的 GID 和重命名用户组，格式如下：

```
groupmod  选项  用户组名
```

常用选项如下：

- -g：修改组的 GID 号。
- -n：重命名组。
- -o：允许 GID 不唯一。

下面的示例是对以上选项用法的详细演示，请注意查看显示结果。

```
#将组账户 group1 的 GID 号修改为 9999
[root@localhost ~]# grep "^group1" /etc/group
group1:x:1005:user3
[root@localhost ~]# groupmod -g 9999 group1
[root@localhost ~]# grep "^group1" /etc/group
```

```
group1:x:9999:user3

#重命名组账户 group1 为 groupaa，注意看组账户的 GID 号
[root@localhost ~]# tail -2 /etc/group
group1:x:9999:user3
group2:x:8888:
[root@localhost ~]# groupmod -n groupaa group1
[root@localhost ~]# tail -2 /etc/group
group2:x:8888:
groupaa:x:9999:user3
```

3.2.6 删除组账户命令 groupdel

groupdel 命令用于删除系统中不再使用的用户组。当一个用户组是某个用户的基本组时是无法直接删除的，默认情况下使用 userdel 命令删除用户账户时，和用户名同名的用户组也会一并被删除。命令格式如下：

```
groupdel          选项    用户组
```

下面的示例是对 groupdel 命令的详细演示，请注意查看显示结果。

```
#删除组账户 user3，因为 user3 组是 user3 用户的基本组，所以无法直接删除
[root@localhost ~]# groupdel user3
groupdel: cannot remove the primary group of user 'user3'

#删除组账户 group2，group2 组不是其他用户的基本组，可以直接删除
[root@localhost ~]# tail -5 /etc/group
zhangsan:x:1000:
user3:x:1003:
user4:x:1004:
group2:x:8888:
groupaa:x:9999:user3
[root@localhost ~]# groupdel group2
[root@localhost ~]# tail -5 /etc/group
tcpdump:x:72:
zhangsan:x:1000:
user3:x:1003:
user4:x:1004:
groupaa:x:9999:user3
```

3.2.7 用户与组账户查询命令详解

在管理用户账户以及用户组时，除了可以通过配置文件查询相关信息外，还可以使用几个常用的命令工具查询信息。下面介绍几个日常命令的使用方式。

1. id命令

id 命令用于查询用户身份标识，可以查询到用户的 UID 号、基本组和附加组信息，格式如下：

```
id  用户名
```

下面的示例是该命令的详细演示，请注意查看显示结果。

```
#查看 zhangsan 用户的 UID、基本组和附加组信息
[root@localhost ~]# id zhangsan
uid=1000(zhangsan) gid=1000(zhangsan) groups=1000(zhangsan),10(wheel)
```

2．groups命令

groups 命令用于查询用户属于哪些组，格式如下：

```
groups  用户名
```

下面的示例是该命令的详细演示。

```
#查看 zhangsan 用户属于哪些组
[root@localhost ~]# groups zhangsan
zhangsan : zhangsan wheel
```

3．finger命令

finger 命令用于查询指定用户账户的详细信息，格式如下：

```
finger  用户名
```

下面的示例是该命令的详细演示。

```
#在 CentOS 7 中 finger 命令默认是没有的，需要先安装 finger 包才行，这里先演示安装
[root@localhost ~]# yum -y install finger
[root@localhost ~]# finger root
Login: root                             Name: root
Directory:/root                         Shell:/bin/bash
On since Thu Dec 17 20:46 (CST) on tty1   5 seconds idle
New mail received Tue Dec 15 22:49 2020 (CST)
     Unread since Tue Dec  1 00:21 2020 (CST)
No Plan.
```

4．w、users和who命令

w、users 和 who 这三个命令都可以查询当前登录到系统中的所有用户的账户名。

```
#使用 w 命令查询的信息比其他两个命令要详细
[root@localhost ~]# w
20:49:02 up 15 min,  1 user,  load average: 0.05, 0.04, 0.05
USER     TTY      FROM             LOGIN@    IDLE    JCPU   PCPU WHAT
root     tty1                 20:46    6.00s   0.07s  0.00s w
root     tty1     2020-12-17 20:46

#使用 who 命令
[root@localhost ~]# who
root     tty1         2020-12-17 20:46
```

```
#使用 users 命令只显示用户名
[root@localhost ~]# users
root
```

5. whoami命令

whoami 命令用于查询当前登录的用户账户名。和 w、who、users 不同的是，该命令只是显示当前终端登录到系统上的用户名，只是一个用户名而不是所有。下面的示例是 whoami 命令的详细演示。

```
#查看当前登录系统的用户名
[root@localhost ~]# whoami
root
```

3.3 文件权限和归属权管理

3.2 节介绍了用户与用户组的命令，本节针对不同的用户和用户组对系统中的文件和目录划分不同的权限。在 Linux 系统中将文件和目录分为两种不同的属性权限，分别是“权限”和“归属权”。

“权限”指的是对文件和目录的读取、写入和执行这三个访问权限，“归属权”指的是对文件和目录属于哪个用户（属主）或哪个用户组（属组）管理的权限。

3.3.1 查看文件权限和归属权

查看文件和目录的权限以及归属权可以使用 ls 命令，可以配合选项“-l”来查看具体的信息。

```
#查看/home 目录中所有文件和目录的详细信息
[root@localhost ~]# ls -lhsi /home
total 8.0K
51849444 4.0K -rw-r--r--. 1  root     root     216  Dec 12 14:13 1.txt
34942436    0 drwx------. 5  user3    user3    107  Dec 12 14:40 user3
3302517  4.0K drwx------. 15 zhangsan zhangsan 4.0K Dec 1  00:42 zhangsan
```

上述信息一共分为 11 列，下面详细介绍每一列表示的具体含义。

- 第 1 列表示文件和目录的索引节点号，对文件进行信息索引。
- 第 2 列表示文件占用的块大小。
- 第 3 列一共分为 11 个字符，每一个字符表示的含义如下：
  - 第 1 个字符表示文件类型。-/f 表示普通文件，d 表示目录，b 表示块设备文件，c 表示字符设备文件，l 表示符号链接文件，p 表示管道文件，s 表示套接字文件。
  - 第 2～4 个字符表示文件所属主的权限。r 表示读取权限，w 表示写入权限，x 表示可执行权限，-表示无权限。

➢ 第 5～7 个字符表示文件所属组的权限。r、w、x、-的含义和上面一样。
➢ 第 8～10 个字符表示其他用户的权限。r、w、x、-的含义和上面一样。
➢ 第 11 个字符：表示特殊权限。

- 第 4 列表示文件数量。
- 第 5 列表示文件的所属主名（拥有该文件的用户账户名）。
- 第 6 列表示文件的所属组名（拥有该文件的用户组名）。
- 第 7 列表示文件的本身大小。
- 第 8～10 列表示文件的日期和时间。
- 第 11 列表示文件和目录名。

这里需要特别说明一下，针对文件和目录，r、w、x 具体的权限解释可以通过表 3.1 来说明。

表 3.1　文件和目录权限说明

权　　限	文　　件	目　　录
r	读取文件内容	查看目录下所有子目录和文件列表信息
w	修改、删除和保存文件	在目录中进行新建、删除和复制等操作
x	可执行文件可以直接运行	可以进入或退出该目录

3.3.2　修改文件权限

chmod 命令用于修改文件和目录的读取、修改和执行的属主权限。文件和目录属主权限有字符形式和数字形式两种表示方法。字符形式采用系统中默认的 r（read，读取）、w（write，写入）、x（execute，执行）和-（对应无权限）表示；数字形式采用 3 个八进制数表示，读取权限 r 使用八进制数 4 表示，写入权限 w 使用八进制数 2 表示，执行权限 x 使用八进制数 1 表示，无权限-使用八进制数 0 表示，比如当文件所属主的权限使用字符“rw-”表示，那么对应的数字就是 4+2+0=6。当文件所属主、所属组及其他用户权限用字符“rw---xr-x”表示，那么对应的数字就是 615。权限字符对应的数字如表 3.2 所示。

表 3.2　字符和数字权限对比

权　　限	字 母 表 示	八进制数表示
读取	r	4
写入	w	2
执行	x	1
无权限	-	0

使用 chmod 命令修改文件权限时还需要指明权限针对的不同用户类型，即所属主、所属组和其他用户三种类型。一般使用字符 u 表示 user，代表文件的所属主；字符 g 表示

group，代表文件的所属组；字符 o 表示 other，代表文件的其他用户；字符 a 表示 all，代表所有，等同于 ugo 的写法。在文件原有权限的基础上增加权限使用符号“+”；在原有权限基础上减掉权限使用符号“-”；赋予权限会覆盖原有权限，使用符号“=”。

使用 chmod 命令修改权限的字符形式如下：

```
chmod   [-R]  ugo  +/-  rwz   文件或目录
```

使用 chmod 命令修改权限的数字形式如下：

```
chmod   [-R]  nnn           文件或目录
```

选项“-R”是针对目录而言，表示递归修改指定目录下所有子目录和文件的权限。

```
#事先在/opt 目录下新建一个 x.txt 文件和 aa 目录进行测试，查看权限信息
[root@localhost opt]# ls -lh
总用量 0
drwxr-xr-x. 2 root root 6 12月 17 21:08 aa
drwxr-xr-x. 2 root root 6 10月 31 2018 rh
-rw-r--r--. 1 root root 0 12月 17 21:09 x.txt

#将 x.txt 文件的所属主权限减掉写入 w 权限，使用“u-w”的字符形式修改
[root@localhost opt]# chmod u-w x.txt
[root@localhost opt]# ls -lh x.txt
-r--r--r--. 1 root root 0 12月 17 21:09 x.txt

#将 x.txt 文件的所属主增加 x 执行权，所属组增加 w 写入权，其他用户增加 w 权限，当同时修
 改多个对象的权限时可以使用逗号“,”隔开
[root@localhost opt]# chmod u+x，g+w，o+w x.txt
[root@localhost opt]# ls -lh x.txt
-r-xrw-rw-. 1 root root 0 12月 17 21:09 x.txt

#将 x.txt 文件的所属主、所属组及其他用户都减掉 r 读取权，使用“a-r”的方式，这里的 a 就
 等同于 ugo，也可以写成“ugo-r”
[root@localhost opt]# chmod a-r x.txt
[root@localhost opt]# ls -lh x.txt
---x-w--w-. 1 root root 0 12月 17 21:09 x.txt

#将 x.txt 文件的所属主权限变成 r 读取和 w 执行权限，原有权限只有 x 执行权，使用赋值的形
 式修改
[root@localhost opt]# chmod u=rw x.txt
[root@localhost opt]# ls -lh x.txt
-rw--w--w-. 1 root root 0 12月 17 21:09 x.txt

#aa 目录的默认权限使用数字 755 表示，将其权限修改为 632，即将所属主的权限修改为 rw(4+2=6)，
 将所属组的权限修改为 wx（2+1=3），将其他用户的权限修改为 w（2）
[root@localhost opt]# ls -lh
总用量 0
drwxr-xr-x. 2 root root 6 12月 17 21:08 aa
drwxr-xr-x. 2 root root 6 10月 31 2018 rh
-rw--w--w-. 1 root root 0 12月 17 21:09 x.txt
[root@localhost opt]# chmod 632 aa
```

```
[root@localhost opt]# ls -lh
总用量 0
drw--wx-w-. 2 root root 6 12月 17 21:08 aa
……

#新建/opt/x和/opt/x/y目录以及/opt/x/66.txt文件，并查看它们的默认权限
[root@localhost opt]# mkdir -p /opt/x/y
[root@localhost opt]# touch /opt/x/66.txt
[root@localhost opt]# ls -lh /opt/x
总用量 0
-rw-r--r--. 1 root root 0 12月 17 21:37 66.txt
drwxr-xr-x. 2 root root 6 12月 17 21:37 y
[root@localhost opt]# ls -lh
总用量 0
drw--wx-w-. 2 root root  6 12月 17 21:08 aa
drwxr-xr-x. 2 root root  6 10月 31 2018 rh
drwxr-xr-x. 3 root root 29 12月 17 21:37 x
-rw--w--w-. 1 root root  0 12月 17 21:09 x.txt

#使用选项"-R"修改目录x的权限为555，并将该目录下的子目录和文件权限全部修改为555
[root@localhost opt]# chmod -R 555 x
[root@localhost opt]# ls -lh
总用量 0
drw--wx-w-. 2 root root  6 12月 17 21:08 aa
drwxr-xr-x. 2 root root  6 10月 31 2018 rh
dr-xr-xr-x. 3 root root 29 12月 17 21:37 x
-rw--w--w-. 1 root root  0 12月 17 21:09 x.txt
[root@localhost opt]# ls -lh x
总用量 0
-r-xr-xr-x. 1 root root 0 12月 17 21:37 66.txt
dr-xr-xr-x. 2 root root 6 12月 17 21:37 y
```

3.3.3　修改文件归属权

文件和目录的归属权指的是所属主名和所属组名权限，其中所属主指的是拥有该文件和目录的用户账户，所属组指的是拥有该文件和目录的用户账户组。使用 ls -lhsi 命令查看结果中的第五列用户名和第六列用户组名分别表示所属主和所属组名。chown 命令既可以修改所属主，也可以修改所属组。chgrp 命令只能用于修改所属组。下面分别介绍这两个命令的用法，以 chown 作为主要命令来使用。

1. chown命令

chown 命令可以理解为 Change Owner 的缩写，用于修改文件和目录的归属权，既可以单独修改所属主和所属组，也可以同时修改。

修改文件所属主，命令格式如下：

```
chown  [-R]  用户名  文件或目录名
```

修改文件所属组时，组名前面必须使用冒号“:”或点号“.”。命令格式如下：

```
chown  [-R]  :用户组名 文件或目录名
```

或

```
chown  [-R]  .用户组名 文件或目录名
```

同时修改文件所属主和所属组，命令格式如下：

```
chown  [-R]  用户名:用户组名 文件或目录名
```

选项“-R”是针对目录而言，表示递归修改指定目录下所有子目录和文件的所属主和所属组。详细的示例可以参考下面的演示，请注意查看显示结果。

```
#在/opt 目录下将 x.txt 文件的所属主修改为 zhangsan 用户，没修改前是 root 用户，前提是
 zhangsan 用户已经创建好
[root@localhost opt]# ls -lh x.txt
-rw--w--w-. 1 root root 0 12月 17 21:09 x.txt
[root@localhost opt]# chown zhangsan x.txt
[root@localhost opt]# ls -lh x.txt
-rw--w--w-. 1 zhangsan root 0 12月 17 21:09 x.txt

#将 x.txt 文件的所属组修改为 lisi 用户组，同样 lisi 组已经创建好，使用“:组名”的方式
[root@localhost opt]# ls -lh x.txt
-rw--w--w-. 1 zhangsan root 0 12月 17 21:09 x.txt
[root@localhost opt]# chown :lisi x.txt
[root@localhost opt]# ls -lh x.txt
-rw--w--w-. 1 zhangsan lisi 0 12月 17 21:09 x.txt
#修改所属组为 zhangsan 组，使用“.组名”的方式
[root@localhost opt]# chown .zhangsan x.txt
[root@localhost opt]# ls -lh x.txt
-rw--w--w-. 1 zhangsan zhangsan 0 12月 17 21:09 x.txt

#同时将 x.txt 文件的所属主和所属组修改为 root，可以使用“用户名:组名”，也可以使用“用
 户名.组名”的方式修改，没修改前都是 zhangsan
[root@localhost opt]# ls -lh x.txt
-rw--w--w-. 1 zhangsan zhangsan 0 12月 17 21:09 x.txt
[root@localhost opt]# chown root:root x.txt
[root@localhost opt]# ls -lh x.txt
-rw--w--w-. 1 root root 0 12月 17 21:09 x.txt

#递归修改/opt/x 目录下的文件所属主为 zhangsan，所属组为 lisi
#修改前查看原有的所属主以及所属组名
[root@localhost opt]# ls -lh
总用量 0
drw--wx-w-. 2 root root  6 12月 17 21:08 aa
drwxr-xr-x. 2 root root  6 10月 31 2018 rh
dr-xr-xr-x. 3 root root 29 12月 17 21:37 x
-rw--w--w-. 1 root root  0 12月 17 21:09 x.txt
[root@localhost opt]# ls -lh /opt/x
总用量 0
```

```
-r-xr-xr-x. 1 root root 0 12月 17 21:37 66.txt
dr-xr-xr-x. 2 root root 6 12月 17 21:37 y
#使用 chown 命令修改并查看修改后的结果
[root@localhost opt]# chown -R zhangsan.lisi x
[root@localhost opt]# ls -lh
总用量 0
drw--wx-w-. 2 root     root  6 12月 17 21:08 aa
drwxr-xr-x. 2 root     root  6 10月 31 2018 rh
dr-xr-xr-x. 3 zhangsan lisi 29 12月 17 21:37 x
-rw--w--w-. 1 root     root  0 12月 17 21:09 x.txt
[root@localhost opt]# ls -lh /opt/x
总用量 0
-r-xr-xr-x. 1 zhangsan lisi 0 12月 17 21:37 66.txt
dr-xr-xr-x. 2 zhangsan lisi 6 12月 17 21:37 y
```

2. chgrp命令

chgrp 命令可以理解为 Change Group 的缩写，只能用于修改文件归属权中的所属组权限，格式如下：

```
chgrp  [-R] 用户组名  文件或目录名
```

选项“-R”也是表示递归修改所有子目录和文件的所属组名。详细的示例可以参考下面的演示，请注意查看显示结果。

```
#使用 chgrp 命令将/opt/x 目录的所属组修改为 root 组
[root@localhost opt]# chgrp root x
[root@localhost opt]# ls -lh
总用量 0
drw--wx-w-. 2  root     root  6 12月 17 21:08 aa
drwxr-xr-x. 2  root     root  6 10月 31 2018 rh
dr-xr-xr-x. 3  zhangsan root 29 12月 17 21:37 x
-rw--w--w-. 1  root     root  0 12月 17 21:09 x.txt
```

3.3.4　权限掩码 umask

在 Linux 系统中创建文件和目录都会存在一个默认的权限，这个默认权限和权限掩码 umask 是互补的，即“最大权限=默认权限+umask 权限”。对于文件和目录而言，最大权限使用数字形式表示为 777，但是执行权限对于文件来说风险太高，不建议给予文件执行权，目录默认的最大权限是 777，文件默认的最大权限是 666。

umask 的值一共是 4 个数字，其中第一个数字表示特殊权限（3.3.6 节会提到），一般是不予考虑的，这里只关注与基本权限有关的后面 3 个数字。对于 root 用户，系统默认的 umask 值是 0022，因此创建文件的默认权限就是 666−022=644，创建目录的默认权限就是 777−022=755。对于普通用户而言，系统默认的权限掩码是 0002。要查看当前用户的 umask

值可以直接使用 umask 命令。umask 设置与文件最大权限 666 和目录最大权限 777 相减的值比较，如表 3.3 所示。

表 3.3　文件和目录的最大权限值与umask值相减对比

umask值	文件权限最大值差值	目录权限最大值差值
0	6	7
1	6	6
2	4	5
3	4	4
4	2	3
5	2	2
6	0	1
7	0	0

修改 umask 权限掩码分为临时修改和永久修改两种。

1．临时修改

临时修改使用 umask 命令的方式，系统重启后将失效并恢复为原来的默认值，后面的权限使用三个八进制数表示，具体值表示的意思参考表 3.3。命令格式如下：

```
umask  权限[nnn]
```

2．永久修改

永久修改采用修改配置文件的方式，直接在配置文件/etc/profile 或/etc/bashrc 中添加一行代码“umask=044”。两个配置文件的区别在于/etc/profile 文件只是在用户第一次登录时执行，一般只是针对新创建的用户生效，而/etc/bashrc 文件是在用户每次登录加载 Shell 时都会执行，一般对所有用户都生效，因此建议修改/etc/bashrc 文件。

```
#查看当前登录用户 root 的默认权限掩码，新建目录/opt/mask 进行测试，查看默认权限是
 777-022=644
[root@localhost ~]# umask
0022
[root@localhost ~]# mkdir /opt/mask
[root@localhost ~]# ls -lh /opt
drwxr-xr-x. 2 root root  6 12月 16 11:15 mask

#临时修改 root 用户的权限掩码为 044，新建目录/opt/mktest 进行测试，查看默认权限是
 777-044=733
[root@localhost ~]# umask 044
[root@localhost ~]# mkdir /opt/mktest
[root@localhost ~]# ls -lh /opt
drwxr-xr-x. 2 root root  6 12月 16 11:15 mask
drwx-wx-wx. 2 root root  6 12月 16 11:20 mktest
```

3.3.5 文件的 ACL 权限

ACL 是 Access Control List 的缩写，意思是访问控制列表，指的是在文件访问权限的基础上针对不同的用户或用户组对同一个文件设置不同的访问权限。

1. 查看文件系统是否支持ACL权限

使用 ACL 权限时必须先看所在分区是否支持 ACL 权限，大多数的 Linux 发行版默认都是支持的，在使用时还是先检查一下比较好。

（1）对于 ext 文件系统，使用“dumpe2fs -h 分区设备名”来查看是否支持 ACL 权限。

（2）对于 xfs 文件系统默认，已经强制开启 ACL 权限，无法检查。

2. 开启指定分区的ACL权限

这里先说明一下，在 fstab 文件中添加 acl 参数会报错，使用 mount 重新挂载文件系统会失败。另外，当文件系统为 xfs 时可以直接跳过下面的步骤。只有当文件系统为 ext 且系统默认没有开启时才需要做以下操作。

（1）临时开启，使用 mount 命令开启，系统重启后就会失效。命令格式如下：

```
mount  -o  remount，acl    分区设备名
```

（2）永久开启，修改配置文件/etc/fstab，只需在指定分区的 defaults 后面添加“,acl”，然后再重新挂载文件系统或者重启系统。默认都是开启 ACL 权限的，若报错就无须添加这个参数。

```
#这里的操作命令是基于 CentOS 6.8 的，修改配置文件/etc/fstab，让指定分区拥有 ACL 权
 限，这里只有一个/分区，设置如下
[root@localhost ~]# vi /etc/fstab
#
#/etc/fstab
# Created by anaconda on Sun Nov 29 17:12:37 2020
#
# Accessible filesystems， by reference， are maintained under ' /dev/disk'
# See man pages fstab (5)， findfs (8)， mount (8) and/or blkid (8) for more
info
#
UUID=24d9e3e9-a8f1-4b30-ba5b-adc1743ff637 /     ext4 defaults，acl 0 0
UUID=a328b6c5-015b-4df1-9a88-1a96c1a87bad /boot ext4 defaults      0 0
UUID=b1fcb9d5-8b39-479e-8313-9cbfdee75c86 swap  swap defaults      0 0

#修改完毕后，让配置文件生效，重启系统或者重新挂载文件系统
[root@localhost ~]# mount -o remount/
```

3．使用setfacl命令设置ACL权限

setfacl 命令用于设置文件或目录的 ACL 信息，格式如下：

```
setfacl  选项  文件或目录名
```

常用选项如下：

- -m：设置 ACL 权限。
- -x：删除指定的 ACL 权限。
- -b：删除所有的 ACL 权限。
- -d：设置默认的 ACL 权限，只对目录生效。
- -k：删除默认的 ACL 权限。
- -R：递归设置 ACL 权限，只对目录生效。

本节重点介绍“-m”选项，即对用户和用户组设置 ACL 权限。

给用户设置 ACL 权限，格式如下：

```
setfacl  -m  u:用户名:权限   文件或目录名
```

给用户组设置 ACL 权限，格式如下：

```
setfacl  -m  g:用户组名:权限 文件或目录名
```

删除指定用户的 ACL 权限，格式如下：

```
setfacl  -x  u:用户名   文件或目录名
```

删除指定用户组的 ACL 权限，格式如下：

```
setfacl  -x  g:用户组名 文件或目录名
```

详细的示例可以参考下面的演示，请注意查看显示结果。

```
#在/opt 目录下新建目录 test，将其默认的权限修改为 770，其他用户完全是无权限的
[root@localhost opt]# mkdir test
[root@localhost opt]# chmod 770 test
[root@localhost opt]# ls -lh
total 0
drwxr-xr-x. 2 root root 6 Oct 31  2018 rh
drwxrwx---. 2 root root 6 Dec 14 21:32 test

#创建好 zhangsan 并设置密码，这里不再演示，使用 su 临时切换 zhangsan 用户是否可以进入
 /opt/zhangsan，提示权限不够
[root@localhost ~]# su - zhangsan
[zhangsan@localhost ~]$ cd /opt/test/
-bash: cd:/opt/test/: Permission denied

#重新切换回 root 用户，使用 setfacl 命令设置 zhangsan 用户对目录/opt/test 的 rx 权限
[zhangsan@localhost ~]$ su - root
Password:
[root@localhost ~]# setfacl -m u:zhangsan:rw /opt/test/
#通过 ls 命令查看目录或文件的详细信息，出现符号“+”就表示开启了 ACL 权限
[root@localhost ~]# ls -lh /opt/
```

```
总用量 0
drwxr-xr-x. 2 root root 6 10月 31 2018 rh
drwxrwx---+ 2 root root 6 12月 14 21:32 test

#验证 zhangsan 用户是否可以查看/opt/test 目录并切换到该目录
[root@localhost ~]# su - zhangsan
[zhangsan@localhost ~]$ dir /opt/test/
[zhangsan@localhost ~]$ cd /opt/test/
[zhangsan@localhost test]$ pwd
/opt/test
```

4. 使用getfacl命令查看ACL权限

getfacl 命令用于获取文件或目录的 ACL 设置信息，其命令格式如下：

```
getfacl  文件或目录名
```

常用选项如下：

- -a：显示文件或目录的访问控制列表。
- -d：显示文件或目录的默认访问控制列表。
- -c：不显示默认的访问控制列表。
- -R：操作递归到子目录。

下面的示例是对以上选项用法的详细演示。

```
#使用 getfacl 命令查看 zhangsan 用户的 ACL 权限
[zhangsan@localhost test]$ getfacl /opt/test/
getfacl: Removing leading '/' from absolute path names
# file: opt/test/
# owner: root
# group: root
user::rwx
user:zhangsan:r-x
group::rwx
mask::rwx
other::---
```

注意：上面的实验只是演示设置用户的 ACL 权限，用户组的 ACL 权限设置方法一致。

3.3.6　文件的特殊权限

在 Linux 系统中除了文件和目录的基本权限以外，还分别有三种文件的特殊权限，即 suid、sgid 和 sbit，它们是为了弥补基本权限在有些场景无法实现而设计的。下面介绍这三种特殊权限的使用。

1. suid权限

suid（Set Uid）只针对可执行的二进制命令程序生效，设置了 suid 权限，任何用户在执行该命令时都会临时拥有其所属主的权限。当设置了 suid 权限后，所对应文件（指的是可执行的二进制文件）的所属主 x 位如果本来就有执行权限，就会以字符 s 替代；如果没有执行权限，就会以字符 S 替代。suid 也可以使用数字形式表示，对应的数字是 4。

设置 suid 权限，字符形式的命令格式如下：

```
chmod  u  +/-  s  文件
```

设置 suid 权限，数字形式的命令格式如下：

```
chmod  4nnn  文件
```

详细示例如下：

```
#在正常情况下，只有 root 用户可以使用 cat 命令查看/etc/shadow 文件，其他用户是没有权
 限查看的。通过 ls 命令可以看到，cat 命令的所属主是 root 用户，lisi 用户已经提前创建好，
 在 root 用户下对 cat 命令设置 suid 后，lisi 用户就可以临时拥有 cat 命令所属主 root 用
 户的权限，可以查看/etc/shadow 文件
#从 root 用户切换到 lisi 用户
[root@localhost ~]# su - lisi
#没有对 cat 命令设置 suid 权限前的状态
[lisi@localhost ~]$ which cat
/bin/cat
[lisi@localhost ~]$ ls -lh /bin/cat
-rwxr-xr-x. 1 root root 53K Aug 20  2019/bin/cat
#使用 lisi 查看 shadow，提示无权限
[lisi@localhost ~]$ cat /etc/shadow
cat:/etc/shadow: Permission denied

#切换回 root 身份，对 cat 命令设置 suid 权限
 [lisi@localhost ~]$ su - root
Password:
Last login: Tue Dec 15 11:21:51 CST 2020 on pts/0
#没有设置 suid 前的 cat 命令状态
[root@localhost ~]# ls -lh /bin/cat
-rwxr-xr-x. 1 root root 53K 8月  20 2019 /bin/cat
[root@localhost ~]# chmod u+s /bin/cat
#设置后所属主 x 位出现字符 s，之前是存在 x 权限的
[root@localhost ~]# ls -lh /bin/cat
-rwsr-xr-x. 1 root root 53K 8月  20 2019 /bin/cat

#再次切换回 lisi 用户，发现可以查看 shadow 文件，下面只截取了部分结果
[root@localhost ~]# su - lisi
[lisi@localhost ~]$ cat /etc/shadow
root:$6$47A0Dyy4M5W1IN9e$Lf3eUvDX1xIkQGoBnLkElYsJS4I/tAZ9OstlrPp7B6lYuD
ia0d72LEcLWWwNozSGsee/PGGps8gvvYtakyO.j/::0:99999:7:::
bin:*:17834:0:99999:7:::
......
```

2．sgid权限

sgid（Set Gid）针对可执行的二进制命令程序和目录都生效，对可执行的二进制命令程序设置 sgid 表示任何用户执行该命令程序时都会临时拥有其所属组的权限，对目录设置

sgid 表示任何用户在该目录新建文件后其所属组会与该目录的所属组一致。当设置了 sgid 权限后，所对应文件（可执行的二进制文件）所属组的 x 位如果本来就有执行权限，就会以字符 s 替代；如果没有执行权限，就会以字符 S 替代。sgid 也可以使用数字形式表示，对应的数字是 2。

设置 sgid 权限，字符形式的命令格式如下：

```
chmod  g  +/-  s  文件
```

设置 sgid 权限，数字形式的命令格式如下：

```
chmod   2nnn  文件
```

下面的示例是对以上选项用法的详细演示。

```
#对可执行的二进制命令程序文件设置 sgid 权限。使用 lisi 用户通过 touch 命令在自己的宿主
 目录下新建 a.txt 文件，通过 ls 命令查看文件的所属组为 lisi
[root@localhost ~]# su - lisi
[lisi@localhost ~]$ touch ~/a.txt
[lisi@localhost ~]$ ls -lh /home/lisi/a.txt
-rw-rw-r--. 1 lisi lisi 0 Dec 15 21:12/home/lisi/a.txt
#使用 root 用户对 touch 命令设置 sgid 权限，注意设置前后的区别，文件所属组的 x 位变成了
 字符 s。再切换回 lisi 用户，在其宿主目录新建 b.txt 文件，使用 ls 命令查看文件所属组是
 root 而不是 lisi
[root@localhost ~]# which touch
/bin/touch
[root@localhost ~]# ls -lh /bin/touch
-rwxr-xr-x. 1 root root 62K 8月  20 2019/bin/touch
[root@localhost ~]# chmod g+s /bin/touch
[root@localhost ~]# ls -lh /bin/touch
-rwxr-sr-x. 1 root root 62K 8月  20 2019/bin/touch
[root@localhost ~]# su - lisi
[lisi@localhost ~]$ touch ~/b.txt
[lisi@localhost ~]$ ls -lh /home/lisi/
总用量 0
-rw-rw-r--. 1 lisi lisi 0 12月 15 21:12 a.txt
-rw-rw-r--. 1 lisi root 0 12月 15 21:17 b.txt

#对目录设置 sgid 权限，使用 root 用户在/opt 目录下新建目录 aa，赋予 777 权限
[root@localhost ~]# mkdir /opt/aa
[root@localhost ~]# ls -lh/opt
总用量 0
drwxr-xr-x. 2 root root 6 12月 15 21:46 aa
drwxr-xr-x. 2 root root 6 10月 31 2018 rh
drwxrwx---+ 2 root root 6 12月 14 21:32 test
[root@localhost ~]# chmod 777 /opt/aa/
[root@localhost ~]# ls -lh /opt
总用量 0
drwxrwxrwx. 2 root root 6 12月 15 21:46 aa
drwxr-xr-x. 2 root root 6 10月 31 2018 rh
drwxrwx---+ 2 root root 6 12月 14 21:32 test
```

```
#切换回 lisi 用户，在/opt/aa 下新建目录 x，查看文件所属组是 lisi 组
[root@localhost ~]# su - lisi
[lisi@localhost ~]$ cd /opt/aa
[lisi@localhost aa]$ mkdir x
[lisi@localhost aa]$ ls -lh
总用量 0
drwxrwxr-x. 2 lisi lisi 6 12月 15 21:48 x
#再次切换回 root 用户，对/opt/aa 目录设置 sgid 权限，并查看文件所属组的 x 位是否为 s 字符
[lisi@localhost aa]$ su - root
[root@localhost ~]# chmod 2777 /opt/aa
[root@localhost ~]# ls -lh /opt
总用量 0
drwxrwsrwx. 3 root root 15 12月 15 21:48 aa
drwxr-xr-x. 2 root root  6 10月 31 2018 rh
drwxrwx---+ 2 root root  6 12月 14 21:32 test
#再以 lisi 用户登录，在/opt/aa 目录下新建目录 y，发现文件所属组是 root 组
[root@localhost ~]# su - lisi
[lisi@localhost ~]$ cd /opt/aa
[lisi@localhost aa]$ mkdir y
[lisi@localhost aa]$ ls -lh
总用量 0
drwxrwxr-x. 2 lisi lisi 6 12月 15 21:48 x
drwxrwsr-x. 2 lisi root 6 12月 15 21:51 y
```

3. sbit权限

sbit（Stciky Bit）只针对目录设置，有时候也会写成 sticky，意思就是粘滞位。设置后只有该目录的所属主和 root 用户才能删除。当目录设置了 sbit 权限，对应目录的其他用户的 x 位如果本来就有执行权限就会以字符 t 替代，如果没有执行权限就会以字符 T 替代。sbit 也可以使用数字形式表示，对应的数字是 1。

设置 sbit 权限，字符形式的命令格式如下：

```
chmod  o  +/-  t  目录
```

设置 sbit 权限，数字形式的命令格式如下：

```
chmod  1nnn  目录
```

详细示例如下：

```
#使用 root 用户在/opt 下新建 mm 目录，赋予 777 权限
[root@localhost ~]# cd /opt
[root@localhost opt]# mkdir mm
[root@localhost opt]# chmod 777 mm
[root@localhost opt]# ls -lh
总用量 0
drwxrwxrwx. 2 root root 6 12月 15 22:24 mm
drwxr-xr-x. 2 root root 6 10月 31 2018 rh
#切换 zhangsan 用户，在/opt/mm 目录下新建 aa 目录
[root@localhost opt]# su - zhangsan
[zhangsan@localhost ~]$ cd /opt/mm
```

```
[zhangsan@localhost mm]$ mkdir aa
[zhangsan@localhost mm]$ ls -lh
总用量 0
drwxrwxr-x. 2 zhangsan zhangsan 6 12月 15 22:26 aa
#切换回 lisi 用户，未对/opt/mm 设置 sbit 权限时可以删除/opt/mm/aa 目录
[zhangsan@localhost mm]$ su - lisi
[lisi@localhost ~]$ cd /opt/mm
[lisi@localhost mm]$ ls
aa
[lisi@localhost mm]$ rm -rf aa
[lisi@localhost mm]$ ls
#使用 root 用户对/opt/mm 设置 sbit 权限，然后再使用 zhangsan 用户在/opt/mm 目录下新
 建 bb 目录，此时使用 lisi 用户就无法删除/opt/mm/bb 目录了，表示 sbit 设置成功
[lisi@localhost mm]$ su - root
[root@localhost ~]# chmod 1777 /opt/mm
[root@localhost ~]# ls -lh /opt
总用量 0
drwxrwxrwt. 2 root root 6 12月 15 22:29 mm
drwxr-xr-x. 2 root root 6 10月 31 2018 rh
[root@localhost ~]# su - zhangsan
[zhangsan@localhost ~]$ mkdir /opt/mm/bb
[zhangsan@localhost ~]$ ls -lh /opt/mm
总用量 0
drwxrwxr-x. 2 zhangsan zhangsan 6 12月 15 22:32 bb
[zhangsan@localhost ~]$su - lisi
[lisi@localhost ~]$ rm -r /opt/mm/bb/
rm: remove write-protected directory '/opt/mm/bb/'? y
rm: cannot remove '/opt/mm/bb/': Operation not permitted
```

注意：设置 suid、sgid 和 sbit 权限时必须对文件所属主、所属组和其他用户设置 x 权限，否则会出现 S 或 T，表示权限设置未生效。

第4章　磁 盘 管 理

在系统使用过程中，安装的软件越来越多，存储的数据也逐步增长，磁盘分区可能会存在空间不足的问题，这个时候需要添加新的磁盘设备来扩展空间。本章将学习如何使用磁盘分区工具管理磁盘和格式化磁盘分区。

本章的主要内容如下：

- 磁盘管理工具 fdisk 的介绍；
- 使用 gdisk 和 parted 工具管理 GPT 格式的磁盘；
- 格式化磁盘分区；
- 挂载和卸载文件系统。

注意：本章的重点是如何使用磁盘分区管理工具 fdsik、gdisk 和 parted。

4.1　fdisk 磁盘管理工具

对于空间未超过 2TB 的磁盘，可以通过 fdisk 磁盘分区工具进行管理，这里先在虚拟机中添加一个数据接口为 SATA 且大小是 40GB 的新磁盘以方便后面的演示。

4.1.1　查看磁盘设备

添加新的磁盘后重启系统，会自动检测并加载该磁盘，使用 fdisk 命令可以查看当前系统中所有磁盘设备的分区情况。在 Linux 系统中磁盘显示的具体数字不是很精确，不必太在意。查看所有磁盘设备分区情况的命令格式如下：

```
fdisk  -l
```

查看指定磁盘设备分区情况的命令格式如下：

```
fdisk  -l  磁盘设备名
```

详细示例请参考下面的演示。

```
#显示当前系统中磁盘设备分区的情况
[root@localhost ~]# fdisk -l
```

```
Disk /dev/sda: 21.5 GB, 21474836480 bytes, 41943040 sectors
Units = sectors of 1 * 512 = 512 bytes
Sector size (logical/physical): 512 bytes/512 bytes
I/O size (minimum/optimal): 512 bytes/512 bytes
Disk label type: dos
Disk identifier: 0x000dd7fb

   Device Boot   Start      End        Blocks     Id   System
/dev/sda1   *    2048       391167     194560     83   Linux
/dev/sda2        391168     4390911    1999872    82   Linux swap/Solaris
/dev/sda3        4390912    41943039   18776064   83   Linux

Disk /dev/sdb: 42.9 GB, 42949672960 bytes, 83886080 sectors
Units = sectors of 1 * 512 = 512 bytes
Sector size (logical/physical): 512 bytes/512 bytes
I/O size (minimum/optimal): 512 bytes/512 bytes
```

4.1.2　MBR 格式的磁盘分区

在对新磁盘进行分区规划时，也可以通过 fdisk 命令在交互式界面中进行操作。命令格式如下：

```
fdisk  磁盘设备名
```

在交互式界面下的分区操作指令如下：

- m：查看帮助信息。
- p：打印磁盘分区信息。
- n：创建磁盘分区。
- d：删除磁盘分区。
- t：修改磁盘分区文件系统类型。
- q：退出不保存。
- w：保存并退出。

这里我们将第 2 个 40GB 的磁盘/dev/sdb 分成 3 个主分区和 3 个逻辑分区。

1．查看分区

使用“fdisk /dev/sdb”命令进入交互式的分区管理界面，通过 p 指令打印出磁盘分区的详细信息，如果磁盘没有建立分区，显示的信息为空。

```
#选中/dev/sdb 进入 fdisk 磁盘管理工具的交互式界面，输入 m 查看帮助信息
[root@localhost ~]# fdisk /dev/sdb
Welcome to fdisk (util-Linux 2.23.2).

Changes will remain in memory only, until you decide to write them.
Be careful before using the write command.

Device does not contain a recognized partition table
```

```
Building a new DOS disklabel with disk identifier 0x6da9807a.

Command (m for help): m
Command action
   a   toggle a bootable flag
   b   edit bsd disklabel
   c   toggle the dos compatibility flag
   d   delete a partition
   g   create a new empty GPT partition table
   G   create an IRIX (SGI) partition table
   l   list known partition types
   m   print this menu
   n   add a new partition
   o   create a new empty DOS partition table
   p   print the partition table
   q   quit without saving changes
   s   create a new empty Sun disklabel
   t   change a partition's system id
   u   change display/entry units
   v   verify the partition table
   w   write table to disk and exit
   x   extra functionality (experts only)

Command (m for help):

#输入指令 p 打印当前磁盘的分区表，这里显示为空
Command (m for help): p

Disk /dev/sdb: 42.9 GB, 42949672960 bytes, 83886080 sectors
Units = sectors of 1 * 512 = 512 bytes
Sector size (logical/physical): 512 bytes/512 bytes
I/O size (minimum/optimal): 512 bytes/512 bytes
Disk label type: dos
Disk identifier: 0x6da9807a

   Device Boot      Start         End      Blocks   Id  System

Command (m for help):
```

2. 创建分区

通过 n 指令创建磁盘分区，磁盘分区分为主分区和扩展分区。输入指令 n 后会提示字母 p 表示创建主分区，字母 e 表示创建扩展分区。然后依次输入磁盘分区号、磁盘分区的起始柱面号、结束柱面号或分区大小。

主分区和扩展分区的磁盘分区号只能是数字 1～4，磁盘起始柱面号一般会有提示数字，可以直接按 Enter 键使用默认值，结束柱面号使用磁盘分区大小来表示，根据提示是以“+sizeK”“+sizeM”“+sizeG”等形式表示的，注意一定要在磁盘分区大小前面使用符号“+”，否则会设置失败。

在扩展分区创建逻辑分区时，如果已经设置了 3 个主分区，再次使用 n 指令时不会有

创建逻辑分区或主分区类型的选择提示，默认是创建逻辑分区。

```
#输入指令 n 创建第一个主分区，大小为 20GB
Command (m for help): n        #输入指令 n
Partition type:
   p   primary (0 primary, 0 extended, 4 free)    #主分区
   e   extended                #扩展分区
Select (default p): p          #输入字母 p 表示创建主分区
#输入磁盘分区序号，输入 1，也可以直接按 Enter 键
Partition number (1-4, default 1): 1
#输入磁盘柱面号，直接按 Enter 键使用默认的柱面号 2048
First sector (2048-83886079, default 2048):
Using default value 2048
Last sector, +sectors or +size{K, M, G} (2048-83886079, default 83886079): +20G
                               #输入磁盘大小
Partition 1 of type Linux and of size 20 GiB is set

Command (m for help): p        #打印分区

Disk /dev/sdb: 42.9 GB, 42949672960 bytes, 83886080 sectors
Units = sectors of 1 * 512 = 512 bytes
Sector size (logical/physical): 512 bytes/512 bytes
I/O size (minimum/optimal): 512 bytes/512 bytes
Disk label type: dos
Disk identifier: 0x6da9807a

   Device Boot   Start     End        Blocks     Id    System
 /dev/sdb1       2048      41945087   20971520   83    Linux

......                         #创建第 2 个和第 3 个主分区的过程省略
#依次创建第 2 个主分区/dev/sdb2 大小为 6GB，第 3 个主分区/dev/sdb3 大小为 4GB，然后
 开始创建扩展分区
Command (m for help): n        #输入指令 n 创建分区
Partition type:
   p   primary (3 primary, 0 extended, 1 free)
   e   extended
Select (default e): e          #输入字母 e 表示创建扩展分区
Selected partition 4           #扩展分区序号输入数字 4
#直接按 Enter 键使用默认的磁盘柱面号
First sector (62916608-83886079, default 62916608):
Using default value 62916608
Last sector, +sectors or +size{K, M, G} (62916608-83886079, default
83886079):
                               #直接按 Enter 键将剩余的所有空间分配给扩展分区
Using default value 83886079
Partition 4 of type Extended and of size 10 GiB is set

Command (m for help): p        #打印分区

Disk /dev/sdb: 42.9 GB, 42949672960 bytes, 83886080 sectors
Units = sectors of 1 * 512 = 512 bytes
```

```
Sector size (logical/physical): 512 bytes/512 bytes
I/O size (minimum/optimal): 512 bytes/512 bytes
Disk label type: dos
Disk identifier: 0x6da9807a

   Device Boot      Start         End      Blocks     Id  System
/dev/sdb1            2048    41945087    20971520     83  Linux
/dev/sdb2        41945088    54527999     6291456     83  Linux
/dev/sdb3        54528000    62916607     4194304     83  Linux
/dev/sdb4        62916608    83886079    10484736      5  Extended

#在扩展分区上创建第 1 个逻辑分区/dev/sdb5，大小为 5GB
Command (m for help): n                        #输入指令 n 创建分区
All primary partitions are in use              #主分区已经使用完，默认只能创建逻辑分区
Adding logical partition 5                     #输入第一个逻辑分区数字 5
#直接按 Enter 键选择默认的磁盘柱面号
First sector (62918656-83886079, default 62918656):
Using default value 62918656
Last sector, +sectors or +size{K, M, G} (62918656-83886079, default
83886079): +5G                                 #磁盘大小
Partition 5 of type Linux and of size 5 GiB is set
……

#省略创建第 2 个逻辑分区/dev/sdb6（大小为 3GB）的过程，创建第 3 个逻辑分区/dev/sdb7，
 将剩余磁盘空间大小全部分配给第 3 个逻辑分区
Command (m for help): n                        #输入指令 n 创建分区
All primary partitions are in use
Adding logical partition 7                     #默认逻辑分区数字
#直接按 Enter 键选择磁盘柱面号
First sector (79699968-83886079, default 79699968):
Using default value 79699968
Last sector, +sectors or +size{K, M, G} (79699968-83886079, default
83886079):
                                 #直接按 Enter 键将剩余空间全部分配给最后一个分区
Using default value 83886079
Partition 7 of type Linux and of size 2 GiB is set

Command (m for help): p

Disk /dev/sdb: 42.9 GB, 42949672960 bytes, 83886080 sectors
Units = sectors of 1 * 512 = 512 bytes
Sector size (logical/physical): 512 bytes/512 bytes
I/O size (minimum/optimal): 512 bytes/512 bytes
Disk label type: dos
Disk identifier: 0x6da9807a

   Device Boot    Start        End         Blocks      Id    System
  /dev/sdb1       2048         41945087    20971520    83    Linux
  /dev/sdb2       41945088     54527999    6291456     83    Linux
  /dev/sdb3       54528000     62916607    4194304     83    Linux
  /dev/sdb4       62916608     83886079    10484736    5     Extended
  /dev/sdb5       62918656     73404415    5242880     83    Linux
```

```
 /dev/sdb6        73406464     79697919     3145728      83      Linux
 /dev/sdb7        79699968     83886079     2093056      83      Linux
```

注意：判断磁盘空间是否已经分配完毕，可以查看最后一个分区 End 中的磁盘柱面号是否和总磁盘柱面号一致。

3．删除分区

分区创建错误时，可以使用d指令删除分区，输入指令d后系统会提示输入磁盘分区序号。删除扩展分区时，扩展分区上的逻辑分区也会一并删除。删除的时候最好是从最后一个分区开始，以防止磁盘分区序号出现混乱的情况。

```
#紧接上述步骤删除第3个逻辑分区，并使用p指令打印信息，查看是否删除成功
Command (m for help): d                         #输入指令d删除分区
Partition number (1-7, default 7): 7            #输入第3个逻辑分区序号7
Partition 7 is deleted                          #提示删除成功

Command (m for help): p                         #打印信息查看分区情况，已经成功删除

Disk /dev/sdb: 42.9 GB, 42949672960 bytes, 83886080 sectors
Units = sectors of 1 * 512 = 512 bytes
Sector size (logical/physical): 512 bytes/512 bytes
I/O size (minimum/optimal): 512 bytes/512 bytes
Disk label type: dos
Disk identifier: 0x6da9807a

   Device Boot  Start       End         Blocks      Id    System
 /dev/sdb1      2048        41945087    20971520    83    Linux
 /dev/sdb2      41945088    54527999    6291456     83    Linux
 /dev/sdb3      54528000    62916607    4194304     83    Linux
 /dev/sdb4      62916608    83886079    10484736    5     Extended
 /dev/sdb5      62918656    73404415    5242880     83    Linux
 /dev/sdb6      73406464    79697919    3145728     83    Linux

#直接删除整个扩展分区，查看删除后的分区情况
Command (m for help): d                         #输入指令d删除
Partition number (1-6, default 6): 4            #输入扩展分区的序号4
Partition 4 is deleted

Command (m for help): p                         #输入指令p，可以看到扩展分区已经删除

Disk /dev/sdb: 42.9 GB, 42949672960 bytes, 83886080 sectors
Units = sectors of 1 * 512 = 512 bytes
Sector size (logical/physical): 512 bytes/512 bytes
I/O size (minimum/optimal): 512 bytes/512 bytes
Disk label type: dos
Disk identifier: 0x6da9807a

   Device Boot  Start       End          Blocks      Id    System
 /dev/sdb1      2048        41945087     20971520    83    Linux
```

```
/dev/sdb2       41945088    54527999    6291456     83    Linux
/dev/sdb3       54528000    62916607    4194304     83    Linux
```

4. 保存和退出

分区创建完毕后，使用指令 w 保存分区并退出 fdisk 分区管理工具，使用指令 q 则是直接退出 fdisk 分区工具但是所做的分区操作将不会保存。如果确认分区操作无问题，建议使用指令 w 保存退出。

一般设置好分区后，建议重启系统让分区生效。也可以不重启，通过命令可以强制刷新内核读取分区表信息。如果是 CentOS 5，可以使用命令 partprobe 实现，如果是 CentOS 6/7，可以通过命令 partx/kpartx 实现。

CentOS 5 的 partprobe 命令格式如下：

```
partprobe  磁盘设备名
```

CentOS 6 的 partx 命令格式如下：

```
partx  -a  磁盘设备名
```

CentOS 7 的 kpartx 命令格式如下：

```
kpartx -af  磁盘设备名
```

详细示例如下：

```
#重新使用指令 n 创建 3 个逻辑分区后使用 w 保存退出
Command (m for help): w
The partition table has been altered!

Calling ioctl() to re-read partition table.
Syncing disks.

#使用 fdisk 命令查看指定磁盘分区的情况
[root@localhost ~]# fdisk -l /dev/sdb

Disk /dev/sdb: 42.9 GB, 42949672960 bytes, 83886080 sectors
Units = sectors of 1 * 512 = 512 bytes
Sector size (logical/physical): 512 bytes/512 bytes
I/O size (minimum/optimal): 512 bytes/512 bytes
Disk label type: dos
Disk identifier: 0x6da9807a

   Device Boot      Start       End         Blocks    Id   System
 /dev/sdb1           2048     41945087     20971520   83   Linux
 /dev/sdb2       41945088     54527999      6291456   83   Linux
 /dev/sdb3       54528000     62916607      4194304   83   Linux
 /dev/sdb4       62916608     83886079     10484736   5    Extended
 /dev/sdb5       62918656     73404415      5242880   83   Linux
 /dev/sdb6       73406464     79697919      3145728   83   Linux
 /dev/sdb7       79699968     83886079      2093056   83   Linux
```

5．修改分区的文件系统

CentOS 7 默认使用的文件系统类型是 XFS，一般是不需要变更的。但有时需要对已经设置好的分区文件系统进行修改，可以在 fdisk 的交互式界面中使用-t 指令，然后再依次输入需要变更的磁盘分区序号和文件系统 ID 即可。文件系统 ID 标记号是一个十六进制数，其中，82 表示 swap，83 表示 ext 或 xfs，8e 表示 LVM。这些 ID 标记号可以在 fdisk 的交互式界面中通过指令 L 查看。

```
#将第 1 个逻辑分区/dev/sdb5 的文件系统变更为 swap，变更完毕后记得保存退出
#使用 fdisk 命令选择指定的磁盘设备进入交互式界面。
[root@localhost ~]# fdisk /dev/sdb
Welcome to fdisk (util-Linux 2.23.2).

Changes will remain in memory only, until you decide to write them.
Be careful before using the write command.


Command (m for help): t                          #输入指令 t 变更文件系统类型
Partition number (1-7, default 7): 5             #输入需要变更的分区序号
#输入 ID 标记号，这里可以输入 L 查看帮助信息
Hex code (type L to list all codes): 82
Changed type of partition 'Linux' to 'Linux swap/Solaris'

Command (m for help): p

Disk /dev/sdb: 42.9 GB, 42949672960 bytes, 83886080 sectors
Units = sectors of 1 * 512 = 512 bytes
Sector size (logical/physical): 512 bytes/512 bytes
I/O size (minimum/optimal): 512 bytes/512 bytes
Disk label type: dos
Disk identifier: 0x6da9807a

   Device Boot      Start         End      Blocks   Id  System
 /dev/sdb1           2048    41945087    20971520   83  Linux
 /dev/sdb2       41945088    54527999     6291456   83  Linux
 /dev/sdb3       54528000    62916607     4194304   83  Linux
 /dev/sdb4       62916608    83886079    10484736    5  Extended
 /dev/sdb5       62918656    73404415     5242880   82  Linux swap/Solaris
 /dev/sdb6       73406464    79697919     3145728   83  Linux
 /dev/sdb7       79699968    83886079     2093056   83  Linux
```

4.2　gdisk 磁盘管理工具

gdisk 工具是可以说是 fdisk 的延伸，用于管理使用 GPT（GUID Partition Table，全局唯一标识磁盘分区表）格式且容量超过 2TB 的磁盘，当然也可以对 MBR 格式的磁盘进行管理。gdisk 常用指令的操作和 fdisk 是一样的。

4.2.1 查看磁盘设备

对于空间超过 2TB 的磁盘，可以使用 gdisk 命令进行磁盘分区管理，格式如下：

```
gdisk  磁盘设备名
```

在交互式界面下的分区操作指令如下：

- ?：查看帮助信息。
- c：修改磁盘分区名。
- p：打印磁盘分区信息。
- d：删除磁盘分区。
- i：显示分区的详细信息。
- l：列出已知的分区类型。
- n：创建磁盘分区。
- o：创建一个新的空白 GPT 分区表。
- t：修改磁盘分区文件系统类型。
- q：退出不保存。
- w：保存并退出。

分区操作指令的详细用法可以参考下面的示例。

```
#使用 gdisk 命令查看/dev/sdb 的磁盘分区信息，这里还是以之前使用 fdisk 命令创建的磁盘
 分区为例，所以此处显示的格式是 MBR
[root@localhost ~]# gdisk  /dev/sdb
GPT fdisk (gdisk) version 0.8.10

Partition table scan:
  MBR: MBR only
  BSD: not present
  APM: not present
  GPT: not present
***************************************************************
Found invalid GPT and valid MBR; converting MBR to GPT format
in memory. THIS OPERATION IS POTENTIALLY DESTRUCTIVE! Exit by
typing 'q' if you don't want to convert your MBR partitions
to GPT format!
***************************************************************
Warning! Secondary partition table overlaps the last partition by
33 blocks!
You will need to delete this partition or resize it in another utility.

Command (? for help) : ?                             #输入? 查看帮助信息
b       back up GPT data to a file
c       change a partition's name
d       delete a partition
i       show detailed information on a partition
l       list known partition types
```

```
n       add a new partition
o       create a new empty GUID partition table (GPT)
p       print the partition table
q       quit without saving changes
r       recovery and transformation options (experts only)
s       sort partitions
t       change a partition's type code
v       verify disk
w       write table to disk and exit
x       extra functionality (experts only)
?       print this menu

Command (? for help): p                          #输入指令 p 打印磁盘分区信息
Disk /dev/sdb: 83886080 sectors, 40.0 GiB
Logical sector size: 512 bytes
Disk identifier (GUID): A4FC886C-5EBB-48A8-A074-C0CF7C9974A1
Partition table holds up to 128 entries
First usable sector is 34, last usable sector is 83886046
Partitions will be aligned on 2048-sector boundaries
Total free space is 8158 sectors (4.0 MiB)

Number  Start (sector)  End (sector)  Size       Code  Name
   1    2048            41945087      20.0 GiB   8300  Linux filesystem
   2    41945088        54527999      6.0 GiB    8300  Linux filesystem
   3    54528000        62916607      4.0 GiB    8300  Linux filesystem
   5    62918656        73404415      5.0 GiB    8200  Linux swap
   6    73406464        79697919      3.0 GiB    8300  Linux filesystem
   7    79699968        83886079      2.0 GiB    8300  Linux filesystem

Command (? for help): o                          #输入指令 o 将磁盘分区修改为 GPT
This option deletes all partitions and creates a new protective MBR.
Proceed? (Y/N): y                                #输入 y 表示确认

Command (? for help): p
Disk /dev/sdb: 83886080 sectors, 40.0 GiB
Logical sector size: 512 bytes
Disk identifier (GUID): 02C17368-E7E9-429B-B8B7-34823534A93B
Partition table holds up to 128 entries
First usable sector is 34, last usable sector is 83886046
Partitions will be aligned on 2048-sector boundaries
Total free space is 83886013 sectors (40.0 GiB)

Number  Start (sector)    End (sector)  Size       Code  Name

Command (? for help):
```

4.2.2　GPT 格式的磁盘分区

在 4.2.1 节中我们讲述了 gdisk 命令的相关用法，对于 GPT 格式的磁盘该如何分区呢？下面针对这个问题进行详细介绍。

1．查看分区

使用“gdisk　/dev/sdb”命令进入交互式分区管理界面，通过 p 指令查看磁盘分区情况，然后使用 o 指令将磁盘格式修改为 GPT，注意，这样操作会删除磁盘中的数据。

```
#使用指令 p 查看磁盘分区情况，通过 o 指令修改磁盘分区格式为 GPT
Command (? for help): p                            #输入指令 p 打印磁盘分区信息
Disk /dev/sdb: 83886080 sectors, 40.0 GiB
Logical sector size: 512 bytes
Disk identifier (GUID): A4FC886C-5EBB-48A8-A074-C0CF7C9974A1
Partition table holds up to 128 entries
First usable sector is 34, last usable sector is 83886046
Partitions will be aligned on 2048-sector boundaries
Total free space is 8158 sectors (4.0 MiB)

Number  Start (sector)  End (sector)   Size       Code  Name
   1    2048            41945087       20.0 GiB   8300  Linux filesystem
   2    41945088        54527999       6.0 GiB    8300  Linux filesystem
   3    54528000        62916607       4.0 GiB    8300  Linux filesystem
   5    62918656        73404415       5.0 GiB    8200  Linux swap
   6    73406464        79697919       3.0 GiB    8300  Linux filesystem
   7    79699968        83886079       2.0 GiB    8300  Linux filesystem

Command (? for help): o                            #输入指令 o 将磁盘分区格式修改为 GPT
This option deletes all partitions and creates a new protective MBR.
Proceed? (Y/N): y                                  #输入 y 表示确认

Command (? for help): p
Disk /dev/sdb: 83886080 sectors, 40.0 GiB
Logical sector size: 512 bytes
Disk identifier (GUID): 02C17368-E7E9-429B-B8B7-34823534A93B
Partition table holds up to 128 entries
First usable sector is 34, last usable sector is 83886046
Partitions will be aligned on 2048-sector boundaries
Total free space is 83886013 sectors (40.0 GiB)

Number  Start (sector)    End (sector)  Size       Code  Name

Command (? for help):
```

2．查看磁盘分区的ID标记号

通过 l 指令可以查看常用分区类型的 ID 标记号，其中：8200 是 Linux swap，表示 swap，与 fdisk 中的 82 对应；8300 是 Linux　filesystem，表示 ext 或 xfs，与 fdisk 中的 83 对应；8e00 是 Linux LVM，表示 LVM，与 fdisk 中的 8e 对应。查看磁盘分区 ID 标记号的操作这里就不再演示了，可参考 4.1.2 节的内容。

3. 创建分区

通过 n 指令创建磁盘分区，这里需要注意的是 GPT 格式的磁盘的所有分区都是主分区，是不存在扩展分区的，理论上可以创建 128 个分区。

```
#使用指令 n 创建第 1 个主分区，大小为 20GB
Command (? for help): n                              #输入指令 n 创建分区
Partition number (1-128, default 1): 1               #输入磁盘分区序号 1
First sector (34-83886046, default = 2048) or {+-}size{KMGTP}:
                        #输入起始柱面号或大小，直接按 Enter 键使用默认大小
Last sector (2048-83886046, default = 83886046) or {+-}size{KMGTP}: +20G
                        #输入结束柱面号或大小，这里输入 20GB
Current type is 'Linux filesystem'
#磁盘分区文件系统，这里直接按 Enter 键使用默认大小
Hex code or GUID (L to show codes, Enter = 8300):
Changed type of partition to 'Linux filesystem'

Command (? for help): p
Disk /dev/sdb: 83886080 sectors, 40.0 GiB
Logical sector size: 512 bytes
Disk identifier (GUID): CCE01A00-5EC0-4936-B0D1-1F716042F9E4
Partition table holds up to 128 entries
First usable sector is 34, last usable sector is 83886046
Partitions will be aligned on 2048-sector boundaries
Total free space is 41942973 sectors (20.0 GiB)

Number  Start (sector)  End (sector)  Size      Code  Name
  1          2048       41945087     20.0 GiB   8300  Linux filesystem

#依次创建其他 3 个主分区，分区大小分别是 10GB、6GB、4GB。使用 p 打印分区信息
Command (? for help): n
Partition number (4-128, default 4):
First sector (34-83886046, default = 75499520) or {+-}size{KMGTP}:
                                        #直接按 Enter 键使用默认的柱面号
Last sector (75499520-83886046, default = 83886046) or {+-}size{KMGTP}:
                                        #直接按 Enter 键使用剩余的磁盘空间
Current type is 'Linux filesystem'
#直接按 Enter 键使用默认的文件系统
Hex code or GUID (L to show codes, Enter = 8300):
Changed type of partition to 'Linux filesystem'

Command (? for help): p                 #打印分区信息
Disk /dev/sdb: 83886080 sectors, 40.0 GiB
Logical sector size: 512 bytes
Disk identifier (GUID): CCE01A00-5EC0-4936-B0D1-1F716042F9E4
Partition table holds up to 128 entries
First usable sector is 34, last usable sector is 83886046
Partitions will be aligned on 2048-sector boundaries
Total free space is 2014 sectors (1007.0 KiB)
```

```
Number  Start (sector)  End (sector)  Size      Code  Name
   1    2048            41945087      20.0 GiB  8300  Linux filesystem
   2    41945088        62916607      10.0 GiB  8300  Linux filesystem
   3    62916608        75499519      6.0 GiB   8300  Linux filesystem
   4    75499520        83886046      4.0 GiB   8300  Linux filesystem
```

4．删除分区

通过指令 d 可以删除某个分区，和 fdisk 用法一样，同样是为了防止分区序号出现紊乱，最好从最后一个分区开始删除。

```
#使用指令 d 创建第 4 个分区，使用 p 查看，发现第 4 个分区删除成功
Command (? for help): d
Partition number (1-4): 4

Command (? for help): p
Disk /dev/sdb: 83886080 sectors, 40.0 GiB
Logical sector size: 512 bytes
Disk identifier (GUID): CCE01A00-5EC0-4936-B0D1-1F716042F9E4
Partition table holds up to 128 entries
First usable sector is 34, last usable sector is 83886046
Partitions will be aligned on 2048-sector boundaries
Total free space is 8388541 sectors (4.0 GiB)

Number  Start (sector)  End (sector)  Size      Code  Name
   1    2048            41945087      20.0 GiB  8300  Linux filesystem
   2    41945088        62916607      10.0 GiB  8300  Linux filesystem
   3    62916608        75499519      6.0 GiB   8300  Linux filesystem
```

5．保存退出

使用指令 w 是保存分区信息并退出，使用指令 q 是直接退出，不会保存所做的操作。

```
#使用指令 w 保存时还是分成 4 个区再保存退出
Command (? for help): w                           #输入 w 保存退出

Final checks complete. About to write GPT data. THIS WILL OVERWRITE EXISTING
PARTITIONS!!

Do you want to proceed? (Y/N): y                  #输入 y 确认保存
OK; writing new GUID partition table (GPT) to /dev/sdb.
The operation has completed successfully.
```

6．修改磁盘分区的文件系统类型

使用指令 t 可以修改磁盘分区的文件系统类型，文件系统 ID 标记号已经在前面详细介绍过了，这里就不说明了。

```
#将第 4 个分区的文件系统修改为 swap，使用指令 t 进行修改
[root@localhost ~]# gdisk /dev/sdb
```

```
GPT fdisk (gdisk) version 0.8.10

Partition table scan:
  MBR: protective
  BSD: not present
  APM: not present
  GPT: present

Found valid GPT with protective MBR; using GPT.

Command (? for help): t                          #输入 t 修改分区类型
Partition number (1-4): 4                        #输入需要修改分区的序号
Current type is 'Linux filesystem'
#输入 swap 文件系统的 ID 标记号
Hex code or GUID (L to show codes, Enter = 8300): 8200
Changed type of partition to 'Linux swap'

Command (? for help): p                          #打印分区信息查看是否修改成功
Disk /dev/sdb: 83886080 sectors, 40.0 GiB
Logical sector size: 512 bytes
Disk identifier (GUID): 8EA9A54F-F938-4880-BAED-C5F3BB52FBD2
Partition table holds up to 128 entries
First usable sector is 34, last usable sector is 83886046
Partitions will be aligned on 2048-sector boundaries
Total free space is 2014 sectors (1007.0 KiB)

Number  Start (sector)    End (sector)  Size       Code  Name
   1    2048              41945087      20.0 GiB   8300  Linux filesystem
   2    41945088          62916607      10.0 GiB   8300  Linux filesystem
   3    62916608          75499519      6.0 GiB    8300  Linux filesystem
   4    75499520          83886046      4.0 GiB    8200  Linux swap

Command (? for help):
```

4.3　使用 parted 管理 GPT 磁盘

parted 是由 GNU 组织开发的一款功能强大的磁盘管理和分区调整工具，与 fdisk 不同的是，它除了可以对磁盘进行分区外，还可以调整分区的大小。它可以处理最常见的分区格式，包括 ext2、ext3、fat16、fat32、NTFS、ReiserFS、JFS、XFS、UFS、HFS 及 Linux 交换分区。与 fdisk 和 gdisk 命令不同的是，fdisk 和 gdisk 命令需要保存后退出才生效，parted 命令则是执行后实时生效。

4.3.1　parted 命令简介

使用 parted 命令对磁盘进行分区主要分为交互式和非交互式两种操作方式。交互式命令就如同 fdisk 命令一样进入交互式界面，根据提示手动输入指令一步一步创建；非交互式命令相当于将交互式的命令全部写入脚本中，在每一条交互式的命令前添加“parted 设备名”，通过脚本一键执行，通常用于远程批量管理多台主机，需要借助 ansible 工具实现。本节将重点介绍交互式命令的使用方式。

4.3.2 parted 的交互式命令

parted 命令的交互式指令很多，这里只介绍常用交互式界面的指令操作。

- help：打印交互式指令的帮助信息。
- mklabel、mktable LABEL-TYPE：设置磁盘标签。
- mkpart PART-TYPE [FS-TYPE] START END：设置分区信息。
- rm num：删除分区。
- print：打印分区表。
- quit：保存退出。

1．选择磁盘

parted 命令后面应跟上需要分区的磁盘设备名，无法确定磁盘设备名时可以通过 parted -l 命令查看，格式如下：

```
parted  磁盘设备名
```

详细示例如下：

```
#继续以之前添加的第 2 个 40GB 的磁盘为例，使用 parted -l 查看系统中的磁盘设备，可以查
 看到第 2 个磁盘/dev/sdb 的分区情况，这里只显示了部分结果
[root@localhost ~]# parted -l
……
Model: VMware， VMware Virtual S (scsi)
Disk /dev/sdb: 42.9GB
Sector size (logical/physical): 512B/512B
Partition Table: gpt
Disk Flags:

Number  Start   End     Size    File system  Name              Flags
 1      1049kB  21.5GB  21.5GB               Linux filesystem
 2      21.5GB  32.2GB  10.7GB               Linux filesystem
 3      32.2GB  38.7GB  6442MB               Linux filesystem
 4      38.7GB  42.9GB  4294MB               Linux filesystem

#进入 parted 命令的交互式界面，输入指令 help 查看帮助信息，同样也是显示部分结果
[root@localhost ~]# parted /dev/sdb
GNU Parted 3.1
Using /dev/sdb
Welcome to GNU Parted! Type 'help' to view a list of commands.
(parted) help
```

```
  align-check TYPE N          check partition N for TYPE(min|opt) alignment
  help [COMMAND]              print general help, or help on COMMAND
  mklabel,mktable LABEL-TYPE    create a new disklabel (partition table)
……
```

2. 设置磁盘标签

进入交互式界面后，需要使用指令 mklabel 创建磁盘标签格式，因为 parted 命令一般是对 GPT 格式的磁盘进行操作，所以直接将磁盘的标签格式设置为 GPT 即可。命令格式如下：

```
mklabel  gpt
```

详细示例如下：

```
#使用 help mklabel 查看可以设置的磁盘格式
(parted) help mklabel
  mklabel，mktable LABEL-TYPE        create a new disklabel (partition table)
       LABEL-TYPE is one of: aix， amiga， bsd， dvh， gpt， mac， msdos，
pc98， sun， loop
(parted)

#输入指令 mklabel 或 mktable 将磁盘格式改为 GPT 格式
(parted) mklabel  gpt                               #设置磁盘标签为 gpt
Warning: The existing disk label on /dev/sdb will be destroyed and all data
on this disk will be lost. Do you want to continue?
Yes/No? yes                                         #输入 yes 表示确认修改
```

3. 设置分区信息

这一步需要设置分区的类型、分区的文件系统类型、磁盘起始柱面号和结束柱面号。命令格式如下：

```
mkpart  PART-TYPE   FS-TYPE    START   END
```

以上参数的详细解释如下：

- PART-TYPE：设置分区的类型，分区类型可以是主分区 primary、扩展分区 extended 和逻辑分区 logical。对于 GPT 格式的磁盘，只能使用主分区类型。
- FS-TYPE：设置分区的文件系统类型，常见的文件系统类型有 xfs、ext4、ext3 和 ext2 等。在 CentOS 7 以上系统中默认使用 xfs 文件系统。
- START：设置磁盘分区的起始点，可以使用 0、0%或具体的磁盘大小，如 1GB。当设置为 0 表示当前分区起始点为磁盘的第一个扇区，设置具体的磁盘大小如 1GB，表示当前分区起始点从磁盘的 1GB 处开始。
- END：设置磁盘分区的结束点，可以使用-1、100%或具体的磁盘大小如 10GB。当设置为-1 时，表示当前分区的结束点为磁盘的最后一个扇区，如果设置具体的磁盘大小如 10GB，表示结束点到磁盘的 10GB 处结束。

详细示例如下：

```
#使用 help mkpart 查看支持的分区类型和分区文件系统类型
(parted) help mkpart
  mkpart PART-TYPE [FS-TYPE] START END     make a partition

        PART-TYPE is one of: primary, logical, extended
        FS-TYPE is one of: btrfs, nilfs2, ext4, ext3, ext2, fat32, fat16,
hfsx, hfs+, hfs, jfs, swsusp, Linux-swap(v1), Linux-swap(v0), ntfs,
reiserfs,
        hp-ufs, sun-ufs, xfs, apfs2, apfs1, asfs, amufs5, amufs4, amufs3,
amufs2, amufs1, amufs0, amufs, affs7, affs6, affs5, affs4, affs3, affs2,
affs1,
        affs0, Linux-swap, Linux-swap(new), Linux-swap(old)
        START and END are disk locations, such as 4GB or 10%. Negative values
count from the end of the disk. For example, -1s specifies exactly the last
        sector.
        'mkpart' makes a partition without creating a new file system on the
partition. FS-TYPE may be specified to set an appropriate partition ID.
(parted)

#进行分区，第 1 个分区/dev/sdb1 大小为 20GB，文件系统为 xfs，第 2 个分区/dev/sdb2 大
 小为 10GB，文件系统为 ext4，第 3 个分区/dev/sdb3 大小为 6GB，文件系统为 xfs，第 4 个
 分区/dev/sdb4 使用剩下分区空间，文件系统为 ext4
(parted) mkpart                                  #输入指令 mkpart
Partition name? []? test                         #指定分区名
File system type? [ext2]? xfs                    #指定文件系统类型
Start? 0                                         #磁盘分区起始点
End? 20G                                         #磁盘分区结束点
Warning: The resulting partition is not properly aligned for best performance.
Ignore/Cancel? Ignore                            #忽略警告，也可以直接输入 i
(parted) mkpart primary xfs 20G 30G              #设置第 2 个分区
(parted) mkpart primary xfs 30G 36G              #设置第 3 个分区
(parted) mkpart primary xfs 36G -1               #设置第 4 个分区
Warning: You requested a partition from 30.0GB to 42.9GB (sectors 58593750..
83884127).
The closest location we can manage is 36.0GB to 42.9GB (sectors 70311936..
83884127).
Is this still acceptable to you?
Yes/No? yes                                      #输入 yes 确定
```

请注意查看显示结果。

4. 验证分区

设置完毕后，可以通过指令 p 或 print 查看创建的分区信息。

```
#将上述创建好的磁盘分区信息打印出来，使用 p 或 print 指令
(parted) p                                       #打印磁盘分区信息
Model: VMware, VMware Virtual S (scsi)
Disk /dev/sdb: 42.9GB
Sector size (logical/physical): 512B/512B
```

```
Partition Table: gpt
Disk Flags:

Number  Start   End     Size    File system  Name     Flags
 1      17.4kB  20.0GB  20.0GB               test
 2      20.0GB  30.0GB  9999MB               primary
 3      30.0GB  36.0GB  6000MB               primary
 4      36.0GB  42.9GB  6949MB               primary

(parted)
```

5. 删除分区

如果在创建分区信息时出现错误，可以通过指令 rm 将分区删除，在 rm 后面输入指定的分区序号即可。命令格式如下：

```
rm 序号
```

详细示例如下：

```
#删除第 4 个分区进行测试，并使用指令 print 查看是否删除成功
(parted) rm 4
(parted) print
Model: VMware, VMware Virtual S (scsi)
Disk /dev/sdb: 42.9GB
Sector size (logical/physical): 512B/512B
Partition Table: gpt
Disk Flags:

Number  Start   End     Size    File system  Name     Flags
 1      17.4kB  20.0GB  20.0GB               test
 2      20.0GB  30.0GB  9999MB               primary
 3      30.0GB  36.0GB  6000MB               primary
```

6. 保存退出

虽然 parted 命令是实时生效的，但是在交互式界面中设置完分区后也需要退出，可以使用指令 quit 或 q 退出。

```
#设置完分区后退出交互式界面，使用 parted 命令查看磁盘分区情况
(parted) q
Information: You may need to update/etc/fstab.

#只查看/dev/sdb 磁盘的分区情况
[root@localhost ~]# parted /dev/sdb print
Model: VMware, VMware Virtual S (scsi)
Disk /dev/sdb: 42.9GB
Sector size (logical/physical): 512B/512B
Partition Table: gpt
Disk Flags:

Number  Start   End     Size    File system  Name     Flags
 1      17.4kB  20.0GB  20.0GB               test
 2      20.0GB  30.0GB  9999MB               primary
```

```
3       30.0GB  36.0GB  6000MB                    primary
4       36.0GB  42.9GB  6949MB                    primary
```

总结下这 3 个磁盘分区管理工具：fdisk 只能用于 MBR 格式磁盘的分区，而 gdisk 和 parted 可以用于 GPT 格式磁盘的分区；parted 相对而言在创建和删除分区时较为方便，但功能不是很完善且操作相对复杂，而 gdisk 和 fdisk 的使用方式差不多，上手容易且功能强大，因此对于 GPT 格式的磁盘推荐使用 gdisk。

4.4 格式化磁盘分区

在 Linux 系统中，通过磁盘分区工具对磁盘设备分区后，还需要将每个分区进行格式化并挂载到根目录下才可以使用，否则无法直接存储数据。本节将学习对文件系统为 ext、xfs 及 swap 类型的磁盘分区进行格式化的命令。

4.4.1 mkfs 命令

文件系统为 ext 和 xfs 格式的磁盘分区可以通过 mkfs 命令进行格式化。一般对于新添加的磁盘需要格式化后再挂载到系统根分区下才可以进行数据存储。格式化前需要查看系统支持的文件系统有哪些，可以使用“ls /sbin/mkfs*”查看这个目录下所有以 mkfs 开头的文件，这样就能知道系统中默认支持的文件系统类型了。mkfs 命令格式如下：

```
mkfs  -t  文件系统      磁盘设备分区
mkfs.文件系统           磁盘设备分区
```

详细示例如下：

```
#通过 ls 模糊查询/sbin 目录支持的所有文件系统
[root@localhost ~]# ls /sbin/mkfs*
/sbin/mkfs       /sbin/mkfs.cramfs /sbin/mkfs.ext3 /sbin/mkfs.fat   /sbin/
mkfs.msdos /sbin/mkfs.xfs      /sbin/mkfs.btrfs /sbin/mkfs.ext2   /sbin/
mkfs.ext4 /sbin/mkfs.minix /sbin/mkfs.vfat

#使用 mkfs 将/dev/sdb1 格式化为 xfs 类型
[root@localhost ~]# mkfs -t xfs /dev/sdb1
meta-data= /dev/sdb1     isize=512    agcount=4,  agsize=1220702 blks
         =               sectsz=512   attr=2,  projid32bit=1
         =               crc=1        finobt=0,  sparse=0
data     =               bsize=4096   blocks=4882808,  imaxpct=25
         =               sunit=0      swidth=0 blks
naming   =version 2      bsize=4096   ascii-ci=0 ftype=1
log      =internal log   bsize=4096   blocks=2560,  version=2
         =               sectsz=512   sunit=0 blks,  lazy-count=1
realtime =none           extsz=4096   blocks=0,  rtextents=0
```

```
#使用 mkfs 将/dev/sdb2 格式化为 ext4 类型
[root@localhost ~]# mkfs.ext4 /dev/sdb2
mke2fs 1.42.9 (28-Dec-2013)
Filesystem label=
OS type: Linux
Block size=4096 (log=2)
Fragment size=4096 (log=2)
Stride=0 blocks, Stripe width=0 blocks
610800 inodes, 2441216 blocks
122060 blocks (5.00%) reserved for the super user
First data block=0
Maximum filesystem blocks=2151677952
75 block groups
32768 blocks per group, 32768 fragments per group
8144 inodes per group
Superblock backups stored on blocks:
        32768, 98304, 163840, 229376, 294912, 819200, 884736, 1605632

Allocating group tables: done
Writing inode tables: done
Creating journal (32768 blocks): done
Writing superblocks and filesystem accounting information: done

#使用 mkfs 将/dev/sdb3 格式化为 ext3 类型
[root@localhost ~]# mkfs -t ext3 /dev/sdb3
mke2fs 1.42.9 (28-Dec-2013)
Filesystem label=
OS type: Linux
Block size=4096 (log=2)
Fragment size=4096 (log=2)
Stride=0 blocks, Stripe width=0 blocks
366480 inodes, 1464832 blocks
73241 blocks (5.00%) reserved for the super user
First data block=0
Maximum filesystem blocks=1501560832
45 block groups
32768 blocks per group, 32768 fragments per group
8144 inodes per group
Superblock backups stored on blocks:
        32768, 98304, 163840, 229376, 294912, 819200, 884736

Allocating group tables: done
Writing inode tables: done
Creating journal (32768 blocks): done
Writing superblocks and filesystem accounting information: done

#使用 parted 命令可以查看文件系统类型是否格式化成功
[root@localhost ~]# parted /dev/sdb print
Model: VMware, VMware Virtual S (scsi)
Disk /dev/sdb: 42.9GB
Sector size (logical/physical): 512B/512B
Partition Table: gpt
```

```
Disk Flags:

Number  Start   End     Size    File system     Name    Flags
 1      17.4kB  20.0GB  20.0GB  xfs             test
 2      20.0GB  30.0GB  9999MB  ext4            primary
 3      30.0GB  36.0GB  6000MB  ext3            primary
 4      36.0GB  42.9GB  6949MB  Linux-swap (v1) primary
```

4.4.2 mkswap 命令

对于采用 swap 文件系统的 swap 分区，用户是无法访问的。若系统运行程序和服务较多出现物理内存不足的情况，可以适当增加交换分区来缓解，它的作用和 Windows 中的虚拟内存差不多。扩建的 swap 也需要格式化后才可以使用。

1. 格式化swap文件系统

使用 mkswap 命令对文件系统为 swap 的分区进行格式化，格式如下：

```
mkswap  磁盘设备分区名
```

2. free命令

使用 free 命令可以查看系统中内存和交换分区的使用情况，格式如下：

```
free  选项
```

常用的选项如下：

- -b/k/m/g：显示字节（B/KB/MB/GB）大小。
- -h：以人性化的方式显示，自动计算单位值并显示大小，最大为 3 位数。
- -s N：间隔多少秒查看内存和交换分区的使用情况。
- -t：显示总和信息。

详细示例如下：

```
#以人性化的方式自动计算单位值，并显示系统的内存和交换分区的使用情况
[root@localhost ~]# free -h
          total   used   free    shared    buff/cache   available
Mem:      750M    172M   454M    6.3M      123M         455M
Swap:     2.0G    0B     2.0G
```

其中：

- Mem：物理内存的使用情况。
- Swap：交换分区的使用情况。
- total：可用的总内存大小。
- used：已经使用的内存大小。
- free：除去 buff/cache 后剩余内存大小。
- shared：共享物理内存。

- buff/cache：缓存区占用的内存大小。buff 是 I/O 缓存，用于内存和磁盘之间的缓冲，可以理解为写入磁盘数据的缓存；cache 是高速缓存，用于 CPU 和内存之间的缓冲，可以理解为读取磁盘数据的缓存。
- availabel：表示应用程序可使用的物理内存，包含 buff/cache。

```
#以人性化的方式自动计算单位值，并显示系统的内存和交换分区的使用情况，每隔 3s 统计一次，
 可以通过组合键 Ctrl+C 终止
[root@localhost ~]# free -h -s 3
        total    used    free    shared  buff/cache  available
Mem:    750M     172M    454M    6.3M    123M      455M
Swap:   2.0G     0B  2.0G

        total    used       free      shared  buff/cache   available
Mem:    750M     172M      454M     6.3M     123M      455M
Swap:   2.0G     0B        2.0G
^C                                                  #按组合键 Ctrl+C 终止
```

3．启用和关闭交换分区

新增加的交换分区格式化为 swap 后可以通过 swapon 命令启用指定的交换分区，停用指定的交换分区可以使用命令 swapofff。

启用交换分区的命令格式如下：

```
swapon  交换分区名
```

停用交换分区的命令格式如下：

```
swapoff  交换分区名
```

查看所有交换分区信息的命令格式如下：

```
swapon  -s
```

详细示例如下：

```
#使用 gdisk 命令将第 4 个分区的文件系统修改为 swap
[root@localhost ~]# gdisk /dev/sdb
GPT fdisk (gdisk) version 0.8.10

Partition table scan:
  MBR: protective
  BSD: not present
  APM: not present
  GPT: present

Found valid GPT with protective MBR; using GPT.

Command (? for help) : t
Partition number (1-4) : 4
Current type is 'Microsoft basic data'
Hex code or GUID (L to show codes, Enter = 8300) : 8200
Changed type of partition to 'Linux swap'
```

```
Command (? for help) : p
Disk /dev/sdb: 83886080 sectors, 40.0 GiB
Logical sector size: 512 bytes
Disk identifier (GUID) : 63004A1E-31BE-4F4B-A46B-10526286B936
Partition table holds up to 128 entries
First usable sector is 34, last usable sector is 83886046
Partitions will be aligned on 2-sector boundaries
Total free space is 3066 sectors (1.5 MiB)

Number  Start (sector)     End (sector) Size  Code     Name
   1    34       39062500  18.6 GiB       0700  test
   2    39063552 58593279  9.3 GiB        0700  primary
   3    58593280 70311935  5.6 GiB        0700  primary
   4    70311936 83884031  6.5 GiB        8200  primary

Command (? for help) : w

Final checks complete. About to write GPT data. THIS WILL OVERWRITE EXISTING
PARTITIONS!!

Do you want to proceed? (Y/N) : y
OK; writing new GUID partition table (GPT) to /dev/sdb.
The operation has completed successfully.

#使用 free 命令查看原有的交换分区
[root@localhost ~]# free -h
        total  used  free   shared  buff/cache  available
Mem:    972M   267M  495M   8.1M    209M        542M
Swap:   1.9G   0B    1.9G

#使用 mkswap 命令将/dev/sdb4 格式化
[root@localhost ~]# mkswap /dev/sdb4
Setting up swapspace version 1, size = 6786044 KiB
no label, UUID=8109a24d-f7f6-4079-9919-165f8f15d1c9

#使用 swapon 命令开启交换分区
[root@localhost ~]# swapon /dev/sdb4

#使用 free 命令查看分区，发现交换分区扩大了 6GB
[root@localhost ~]# free -h
        total  used  free   shared  buff/cache  available
Mem:    972M   267M  495M   8.1M    209M        542M
Swap:   8.4G   0B    8.4G

#使用 swapoff 命令关闭交换分区/dev/sdb4
[root@localhost ~]# swapoff /dev/sdb4

#使用 swapon 命令查看分区，发现/dev/sdb4 这个交换分区已经不存在了
[root@localhost ~]# swapon -s
Filename       Type          Size       Used       Priority
 /dev/sda2     partition     1999868    0          -2
```

4.5　挂载和卸载文件系统

在 Linux 系统中是以目录树的结构存储文件的，任何一个分区都必须挂载到某个具体的目录下才能进行数据的存储和读写操作，而根目录是所有文件和目录的起始位置。而目录是指逻辑上的划分，分区是指物理上的分割，在系统安装过程中会自动将分区挂载到“/”“/boot”“/swap”下。

对于新添加的磁盘和其他移动存储设备（U 盘、光盘、移动磁盘）等都需要用户手动将其挂载到根目录才可以使用，一般默认将根目录下的/media 和/mnt 目录作为其他设备的挂载点目录。本节将介绍如何挂载新的磁盘分区、光盘和 U 盘，以及如何通过挂载识别 ISO 镜像文件。

4.5.1　挂载新添加的磁盘分区

在新添加的磁盘上创建好分区后，需要将挂载到系统分区的根目录下，挂载成功后可以通过 df 命令查看挂载前后磁盘分区的情况。

1．df命令

df 命令是 Disk Free 的缩写，用于统计系统中磁盘分区的使用情况，可以查看每个分区的总空间、磁盘使用率和剩余空间等信息。命令格式如下：

```
df 选项
```

常用的选项如下：

- -a：显示所有文件系统。
- -B：指定块大小，默认是 1KB。
- -h：以人性化的方式显示磁盘空间。
- -H：和-h 一样，只不过 1KB 是按 1000 计算，即 1KB=1000B。
- -T：显示文件系统类型。
- -k/m：以 KB/MB 方式显示分区空间。
- -i：显示磁盘分区的索引节点号信息。

详细示例如下：

```
#使用 df 命令以人性化方式显示磁盘空间并显示每个分区的文件系统类型
[root@localhost ~]# df -Th
Filesystem   Type      Size    Used    Avail    Use%   Mounted on
devtmpfs     devtmpfs  471M    0       471M     0%     /dev
tmpfs        tmpfs     487M    0       487M     0%     /dev/shm
tmpfs        tmpfs     487M    8.1M    479M     2%     /run
```

```
tmpfs          tmpfs      487M    0        487M    0%    /sys/fs/cgroup
/dev/sda3      xfs        18G     5.3G     13G     30%   /
/dev/sda1      xfs        187M    146M     42M     78%   /boot
tmpfs          tmpfs      98M     0        98M     0%    /run/user/0
```

下面对以上结果进行详细说明。

- Filesystem：磁盘设备分区名。
- Type：磁盘分区文件系统。
- Size：磁盘空间。
- Used：磁盘已使用空间。
- Acail：磁盘剩余空间。
- Use%：磁盘空间使用率。
- Mounted on：磁盘分区挂载点目录名。

2．mount命令

新添加的磁盘分区必须使用 mkfs 命令将其格式化为 ext 或 xfs 文件系统后才能使用 mount 命令挂载，格式如下：

```
mount  -t  文件系统类型   磁盘设备分区名   挂载点目录
```

详细示例如下：

```
#已经使用 mkfs 命令将/dev/sdb 的前 3 个分区分别格式化为 xfs、ext4 和 ext3 了，这里通过
 parted 命令查看并确认，只显示了部分结果
[root@localhost ~]# parted /dev/sdb print
……
Number   Start    End      Size     File system        Name       Flags
 1       17.4kB   20.0GB   20.0GB   xfs                test
 2       20.0GB   30.0GB   9999MB   ext4               primary
 3       30.0GB   36.0GB   6000MB   ext3               primary
 4       36.0GB   42.9GB   6949MB   Linux-swap (v1)    primary……
……

#为方便查看效果，在/mnt 目录下新建{a..f} 6 个目录进行实验
[root@localhost ~]# mkdir /mnt/{a..f}
[root@localhost ~]# ls /mnt
a  b  c  d  e  f  opt

#将 /dev/sdb1 磁盘分区挂载到/mnt/a 目录下进行数据存储操作，一定要注意文件系统需要匹
 配，并使用 df 命令查看是否已经成功挂载（只显示部分结果）
[root@localhost ~]# mount -t xfs /dev/sdb1 /mnt/a
[root@localhost ~]# df -Th
Filesystem    Type   Size   Used    Avail    Use%     Mounted on
……
/dev/sdb1     xfs    19G    33M     19G      1%       /mnt/a
……

#将 /dev/sdb3 磁盘分区挂载到/mnt/b 目录下，之前格式化使用的 ext3 文件系统这里采用
 ext4 的方式挂载，通过 mount 命令查看挂载是否成功
```

```
[root@localhost ~]# mount -t ext4 /dev/sdb3 /mnt/b
[root@localhost ~]# mount
……
 /dev/sdb3 on/mnt/b type ext4 (rw, relatime, seclabel, data=ordered)
……
```

对于 ext 系列的文件系统，挂载时采用文件系统 ext4 可以向下兼容，意思就是磁盘分区格式化如果采用的是 ext3，使用 mount 指定文件系统时可以指定 ext4。如果磁盘分区格式化采用的是 ext4，使用 mount 指定文件系统就无法使用 ext3，会直接报错。正常情况挂载时，文件系统和格式化的文件系统必须一致。

4.5.2　挂载光驱设备

在 Linux 系统中，光驱设备需要挂载到系统中的某个目录下才可以读取其中的光盘数据，光盘数据一般只有只读权限。在挂载前需要清楚系统中光驱设备的名称。光驱的名称一般都是比较明确的，可以通过查看/proc/sys/dev/cdrom/info 文件得到光驱的设备名。命令格式如下：

```
mount  光驱设备名   挂载点目录
```

详细示例如下：

```
#在使用 VMware 虚拟机软件安装系统时已经将系统的镜像文件加载到光驱设备中了，这里我们就
 不再演示如何将 ISO 文件添加到光驱中。通过直接查看 info 文件得到光驱设备名为 /dev/sr0，
 这里只显示部分信息
[root@localhost ~]# cat /proc/sys/dev/cdrom/info
CD-ROM information, Id: cdrom.c 3.20 2003/12/17

drive name:             sr0
drive speed:            1
……

#使用 mount 命令将光驱设备挂载到/mnt/c 目录下并查看挂载是否成功
[root@localhost ~]# mount /dev/sr0 /mnt/c
mount: /dev/sr0 is write-protected, mounting read-only

#使用 mount 命令查看到挂载已经成功，ro 表示只有只读权限，这里只显示了部分结果信息
[root@localhost ~]# mount
……
 /dev/sr0 on/mnt/c type iso9660 (ro, relatime)

#使用 ls 查看/mnt/c 目录中的文件，结果和镜像文件中的数据一致
[root@localhost ~]# ls /mnt/c
CentOS_BuildTag  EFI  EULA  GPL  LiveOS  Packages  RPM-GPG-KEY-CentOS-7
RPM-GPG-KEY-CentOS-Testing-7  TRANS.TBL  images  isoLinux  repodata
```

4.5.3　挂载移动设备

常见的移动设备有 U 盘和移动硬盘等，其文件系统类型一般是 Windows 中常见的 FAT32（File Allocation Table，文件分配表）和 NTFS（New Technology File System，新技术文件系统）这两种。

在 Linux 系统中也需要将这些文件系统类型的设备通过 mount 命令挂载到某个目录下，然后进行数据的读/写操作。默认 Linux 系统只支持 FAT 格式的文件系统，NTFS 格式的文件系统需要安装相应的支持软件。可以通过“ls /lib/modules/kernl-version/kernel/fs/”或者“ls /sbin/mkfs*”查看系统中默认支持哪些文件系统类型。

这里介绍如何挂载文件系统为 FAT 类型的移动设备，至于 NTFS 可以在后面学习完软件安装后再进行操作，这里就不演示了。

挂载 FAT 类型的移动设备的命令格式如下：

```
mount   -t   vfat    移动设备名    挂载点目录
```

挂载 NTFS 类型的移动设备的命令格式如下：

```
mount   -t   ntfs-3g  移动设备名    挂载点目录
```

4.5.4　挂载 ISO 镜像文件

在 Windows 系统中，读取 ISO 镜像文件可以通过安装虚拟光驱软件软碟通，或直接将该软件解压后再读取其中的文件。而在 Linux 中无须额外安装第三方软件，可以通过 mount 命令将该文件挂载后读取其中的数据，格式如下：

```
mount  -o  loop  ISO镜像文件名   挂载点目录
```

详细示例如下：

```
#使用dd命令将光驱中的光盘内容复制到/home下生成test.iso镜像文件。这里注意，因为光
 盘文件数据太大，所以制作过程中指定大小为100MB以方便测试，否则耗费时间太长
#dd中的count表示仅复制一块，bs表示块大小，简单来说就是制作一个100MB的镜像文件
[root@localhost ~]# dd if=/dev/cdrom of=/home/test.iso count=1 bs=100MB
1+0 records in
1+0 records out
100000000 bytes (100 MB) copied, 1.72991 s, 57.8 MB/s
#查看/home下是否生成了100MB的test.iso文件
[root@localhost ~]# ls /home
lisi  test.iso  user3  zhangsan
#使用mount命令将test.iso文件挂载到/mnt/f下，并使用ls命令直接查看挂载点目录中的
 数据，结果显示数据基本和原光盘中的数据一致，当然这些数据可能不完整，这里只是测试mount
 命令
[root@localhost ~]# mount -o loop /home/test.iso /mnt/f
mount: /dev/loop0 is write-protected, mounting read-only
[root@localhost ~]# ls /mnt/f
```

```
CentOS_BuildTag  EFI  EULA  GPL  LiveOS  Packages  RPM-GPG-KEY-CentOS-7
RPM-GPG-KEY-CentOS-Testing-7  TRANS.TBL  images  isoLinux  repodata
```

4.5.5　卸载文件系统

通过 mount 命令挂载并得到我们所需要的数据后，如果不需要再使用这些设备或文件，可以使用 umount 命令进行卸载。当然重启系统后所有手动挂载的目录都会失效。umount 命令后面可以直接接挂载设备名，也可以是使用挂载点目录进行卸载。命令格式如下：

```
umount   设备名
umount   挂载点目录
```

详细示例如下：

```
#通过 mount 命令查看之前手动挂载的目录，这里显示最后两个
[root@localhost ~]# mount
……
 /dev/sr0 on/mnt/c type iso9660 （ro，relatime）
/home/test.iso on/mnt/f type iso9660 （ro，relatime）

#将手动挂载的光驱设备卸载，再使用 mount 命令查看，发现已经卸载成功
[root@localhost ~]# umount /mnt/f
[root@localhost ~]# mount
……
 /dev/sr0 on/mnt/c type iso9660 （ro，relatime）
```

4.5.6　设置开机自动挂载

通过手动挂载磁盘分区、移动设备或镜像文件，都可以手动卸载，重启系统后所有的手动挂载点会全部失效。而新添加的磁盘分区和新增加的交换分区系统重启后也会失效，也需要重新挂载，比较烦琐，因此对于经常使用的设备和分区，可以设置开机后自动挂载。

1．etc/fstab文件

通过修改 mount 的配置文件/etc/fstab，当系统重启后读取这个文件的内容以实现自动挂载。文件内容如下：

```
#查看/etc/fstab 文件的内容
[root@localhost ~]# cat /etc/fstab

#
#/etc/fstab
# Created by anaconda on Sun Nov 29 17:12:37 2020
#
# Accessible filesystems， by reference， are maintained under ' /dev/disk'
# See man pages fstab (5) ， findfs (8) ， mount (8) and/or blkid (8) for more info
#
UUID=24d9e3e9-a8f1-4b30-ba5b-adc1743ff637   /     xfs    defaults   0 0
```

```
UUID=a328b6c5-015b-4df1-9a88-1a96c1a87bad   /boot  xfs    defaults   0 0
UUID=b1fcb9d5-8b39-479e-8313-9cbfdee75c86   swap   swap   defaults   0 0
```

在/etc/fstab 文件中，除了以#开始的表示注释行外，其他行的内容以空格或者制表符分割，共分为 6 列数据，下面对这 6 列数据进行详细说明。

- 第 1 列表示设备名或设备的 UUID。其中，UUID（Universally Unique Identifier，全局唯一标识符）为系统中的存储设备提供唯一的标识字符串。系统在启动时会自动区分设备名，这些设备名会根据启动时内核加载模块的顺序不同而发生变化。使用设备名挂载时，可能会出现找不到设备从而导致加载失败的情况，而使用 UUID 挂载就不会出现这种情况。
- 第 2 列表示挂载点的目录名。
- 第 3 列表示文件系统。
- 第 4 列表示 mount 命令后的挂载选项，defaults 表示默认的选项设置。
- 第 5 列表示是否需要 dump 命令进行备份。其中，数字 0 表示不需要，数字 1 表示需要每天备份，数字 2 表示不定期备份。默认使用 0。
- 第 6 列表示系统启动时检测磁盘的顺序。其中，数字 0 表示不检查，数字 1 表示优先检查（根目录应该设置为 1），数字 2 表示等待 1 检查完后再检查。

2．blkid命令

blkid 命令用于查询系统的块设备信息，包括交换分区的文件系统类型和 UUID 等。这里需要使用该命令重点查询不同磁盘设备分区的 UUID 号。命令格式如下：

```
blkid  选项  设备文件名
```

常用的选项如下：

- -L：通过卷标查找对应的分区。
- -U：通过 UUID 查找对应的分区。
- -s UUID：显示指定设备的 UUID（默认显示所有的设备）。
- -s LABEL：显示指定设备的 LABEL（默认显示所有设备）。
- -s TYPE：显示指定设备的文件系统（默认显示所有设备）。
- -o device：显示所有的设备名称。
- -o list：以列表形式查看详细信息（默认显示所有的设备）。

详细示例如下：

```
#使用 blkid 查看新添加的第二块磁盘分区的 UUID
[root@localhost ~]# blkid -s  UUID
 /dev/sda1: UUID="a328b6c5-015b-4df1-9a88-1a96c1a87bad"
 /dev/sda2: UUID="b1fcb9d5-8b39-479e-8313-9cbfdee75c86"
 /dev/sda3: UUID="24d9e3e9-a8f1-4b30-ba5b-adc1743ff637"
 /dev/sdb1: UUID="e8af1ae8-0b0f-4211-aa55-b6fa591edcfd"
 /dev/sdb2: UUID="0467c2e9-719a-4110-ae0c-b9b144315034"
 /dev/sdb3: UUID="7d9b109a-9cbc-4e7c-bdd4-6df27da6afed"
 /dev/sdb4: UUID="8109a24d-f7f6-4079-9919-165f8f15d1c9"
```

```
/dev/sr0: UUID="2019-09-11-18-50-31-00"

#将/dev/sdb1 开机自动挂载到/mnt/a 目录下，前提是该分区已经格式化为 xfs。使用 vi 编辑
 器修改/etc/fstab 文件，在最后添加一行代码
[root@localhost ~]# cat /etc/fstab
……
UUID=e8af1ae8-0b0f-4211-aa55-b6fa591edcfd  /mnt/a   xfs     defaults 0 0

#将/dev/sdb4 交换分区实现自动挂载，在/etc/fstab 文件中添加最后一行数据，然后保存并
 退出，重启系统查看是否成功
[root@localhost ~]# cat /etc/fstab
……
UUID=e8af1ae8-0b0f-4211-aa55-b6fa591edcfd  /mnt/a   xfs    defaults  0 0
UUID=8109a24d-f7f6-4079-9919-165f8f15d1c9    swap     swap  defaults 0 0
```

第 5 章　网 络 管 理

在互联网中，各设备进行数据传输时需要建立网络连接。计算机网络将多台计算机通过物理通信设备连接起来，通过网络通信协议实现数据传递。本章将介绍网络通信的原理及协议。

本章的主要内容如下：

- IP 地址；
- TCP/IP；
- 配置系统网络接口；
- 诊断网络故障命令。

🔔注意：本章需要读者重点掌握使用相关命令配置和管理网络。

5.1　IP 地址

本节首先介绍 IP 地址的概念。只有了解 IP 地址，才能调试网络的连接或排除网络故障。

5.1.1　IP 地址概述

IP 地址是互联网协议地址，其英文全称为 Internet Protocol Address。

IP 地址是网络中每台主机的唯一身份标识，是网络中的逻辑地址，它相当于日常生活中通信运营商为我们提供的手机号码，只有拥有 IP 地址，主机之间才能够进行通信。

IP 地址是一串网络编码，由计算机的常见进制数组成。按照版本，IP 地址分为 IPv4 和 IPv6。

1．IPv4地址

IPv4（Internet Protocol Version 4，互联网协议版本 4）是目前互联网中使用最广泛的协议版本，是整个互联网的核心。它在 1981 年 9 月由 IETF（Internet Engineering Task Force，Internet 工程任务组）在发布的 RFC 中提出，一直沿用至今。

IPv4 地址在计算机中由 32 个二进制位表示，每 8 位划分为一组，每组中间使用点号“.”隔开，格式如下：

```
11000000.10101000.00000001.00000110          计算机内部
192.168.1.6                                  便于记忆（二进制转十进制）
```

2．IPv6地址

IPv6（Internet Protocol Version 6，互联网协议版本 6）是网络层协议的第二代标准协议。随着互联网的高速发展，出现了 IP 地址空间不足、地址分配不均和安全问题，于是 IETF 设计了一套替换 IPv4 的下一代 IP 版本，即 IPv6。现阶段正在逐步从 IPv4 向 IPv6 过渡。

IPv6 和 IPv4 之间最显著的区别为：IPv6 地址长度从 32 位增加到了 128 位，其地址数量号称可以为地球上的每一粒沙子分配一个 IP 地址。

IPv6 是由 8 组十六进制位表示，其中每组十六进制位由 4 个十六进制数组成，其中十进制数是不区分大小写的，中间出现连续的零可以使用::代替（注意，::只能出现一次，否则无法确定到底有多少个省略的 0）。IPv6 的格式如下：

```
FEAB:14EB:4567:2102:AB78:9875:4332:1004

1010:0:0:0:3:5800:420C:123B        等价于 1010::3:5800:420C:123B

EB87:0:0:0:0:0:0:302               等价于 EB87::302

0:0:0:0:0:0:0:7                    等价于::7

34::3a5e::101                      错误格式
```

🔔注意：IPv6 只需要简单了解即可，本节所说的 IP 地址默认指的是 IPv4 地址。

5.1.2　IPv4 地址的组成

为了方便管理 IP 地址，IANA（Internet Assigned Numbers Authority，互联网编号分配机构）将 IP 地址分成两个部分进行管理，分别是网络部分和主机部分。

- 网络部分（NETWORK）：用来标识一个网络，区分 IP 地址类别，保证 IP 地址的唯一性，它是由 IANA 统一分配的。
- 主机部分（HOST）：用来区分网络内的不同主机，可以由此判断该网络中容纳的主机台数。

5.1.3　IPv4 地址的分类

为了方便管理，IP 地址分为 A、B、C、D、E 五类，每一类有不同的划分规则，其中 A、B、C 是基本的三大类，D 类用于组播通信，E 类为保留地址，主要用于实验室，如图

5.1 所示。目前网络中使用的是 A、B、C 三大类 IP 地址。

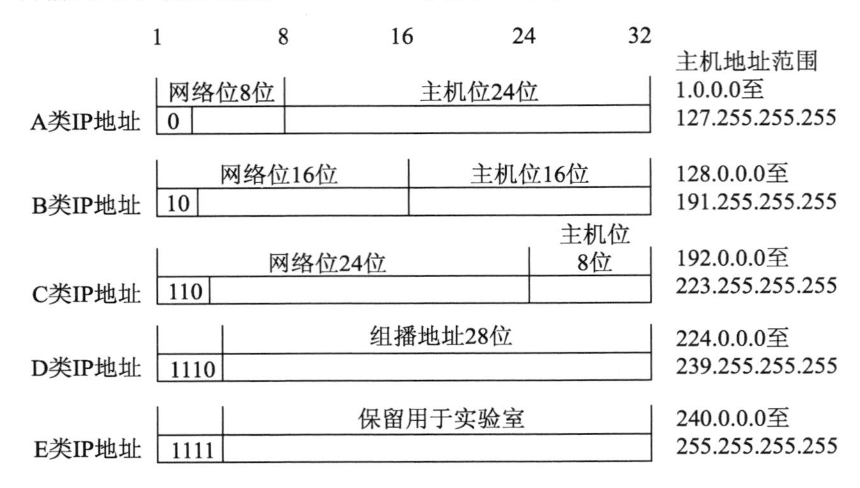

图 5.1　IP 地址的分类

1．A类IP地址

A 类 IP 地址由 8 个网络位（网络部分）和 24 个主机位（主机部分）组成，其中网络位的最高位固定为 0。A 类 IP 地址的网络部分的范围是 0～127，其中以 0 开头的是无效地址，以 127 开头的是特殊 IP 地址。A 类 IP 地址的最终有效范围是 1.0.0.0～126.255.255.255，一共有 126 个网络地址，其中主机部分全为 0 表示网络地址的范围，主机部分全为 255 表示广播地址，因此每个网络中容纳的最大主机台数是 $2^{24}-2$。

2．B类IP地址

B 类 IP 地址由 16 个网络位（网络部分）和 16 个主机位（主机部分）组成，其中网络部分的最高两位固定为 10。B 类 IP 地址的范围是 128.0.0.0～191.255.255.255，一共有 63 个网络地址，每个网络中容纳的最大主机台数是 $2^{16}-2$。

3．C类IP地址

C 类 IP 地址由 24 个网络位（网络部分）和 8 个主机位（主机部分）组成，其中网络部分的最高三位固定为 110。C 类 IP 地址的范围是 192.0.0.0～223.255.255.255，一共有 31 个网络地址，每个网络中容纳的最大主机台数是 $2^{8}-2$。

4．D类IP地址

D 类 IP 地址称为组播地址，它是不区分网络部分和主机部分的，它的第一组 8 位中最高的 4 位固定为 1110。D 类 IP 地址的范围是 224.0.0.0～239.255.255.255。

5. E类IP地址

E 类 IP 地址一般作为保留地址，主要用于实验室研发新的网络，它的第一组 8 位中最高的 4 位固定为 1111。E 类 IP 地址的范围是 240.0.0.0～255.255.255.255，其中 255.255.255.255 表示全网广播地址。

6. 私有IP地址和公有IP地址

IPv4 地址按用途分为私有地址和公有地址。下面简单介绍它们的区别，以方便读者理解。

公有 IP 地址（Public Address）由 Inter NIC（Internet Network Information Center，国际互联网络信息中心）负责，需要向 Inter NIC 申请注册后才能合法地出现在互联网上。通过公有 IP 地址可以直接访问互联网。

私有 IP 地址（Private Address）供组织机构内部使用，属于非注册地址，不可以直接出现在互联网上，必须通过 NAT（Network Address Translation，网络地址转换）将其转换为公有 IP 地址后才能出现在互联网上。正是因为 NAT 技术的存在，IPv4 才能勉强使用至今。A、B、C 三大类私有 IP 地址的范围如下：

- A 类私有 IP 地址范围：10.0.0.0～10.255.255.255。
- B 类私有 IP 地址范围：172.16.0.0～172.31.255.255。
- C 类私有 IP 地址范围：192.168.0.0～192.168.255.255。

除了以上私有 IP 地址不能出现在互联网上外，还有一些较为特殊的 IP 地址也不能用于主机通信。以 127 开头的所有 IP 地址都表示本机，比如 127.0.0.1 一般用于环路测试；主机部分全为 0 的 IP 地址表示的是一个 IP 地址范围，也就是常说的网络 ID；主机部分全为 1 的 IP 地址表示本网络的广播地址。

5.1.4 子网掩码

子网掩码（Subnet Mask）又叫网络掩码，它用来确定 IP 地址的网络地址，一般和 IP 地址结合使用。子网掩码由 32 个二进制位组成，其中对应 IP 地址的网络部分的二进制数使用 1 表示，对应 IP 地址的主机部分的二进制数使用 0 表示。A、B、C 三类 IP 地址默认的标准子网掩码如表 5.1 所示。

表 5.1 A、B、C三类IP地址的子网掩码

IP地址类别	子网掩码的二进制位	子网掩码的十进制位
A类IP地址	11111111 00000000 00000000 00000000	255.0.0.0
B类IP地址	11111111 11111111 00000000 00000000	255.255.0.0
C类IP地址	11111111 11111111 11111111 00000000	255.255.255.0

网络地址的计算方法：将二进制位的 IP 地址与子网掩码进行逻辑“与”运算。可以理解为乘法运算，其中 0 和任何数相与都等于 0，1 和任何数相与都等于任何数本身。

下面是根据 B 类 IP 地址 172.16.1.10 计算出网络地址 172.16.0.0 的运算示例。

```
1010 1100.0001 0000.0000 0001.0000 1010          IP 地址
                逻辑与
1111 1111.1111 1111.0000 0000.0000 0000          子网掩码

1010 1100.0001 0000.0000 0000.0000 0000          二进制数
  172   .      16   .    0    .    0             十进制数
```

5.1.5 网关

网关（Gateway）就是一个网络连接到另一个网络的“关口”，其实质上是一个网络通向其他网络的 IP 地址。网关主要用于在不同网络之间传输数据，例如我们需要访问互联网，那么必须在本机配置网关地址，内网服务器的数据通过网关把数据转发到其他网络的网关，直至找到对方的主机网络，然后返回数据。

5.1.6 MAC 地址

MAC（Media Access Control 或 Medium Access Control，媒体访问控制）地址一般称为物理地址或硬件地址，用来定义网络设备的位置。MAC 地址是每一张网卡出厂自带的身份标识且全球唯一，由 6 组十六进制位组成，每组十六进制位由 2 个十六进制数表示，中间使用符号“-”隔开，一共 48 位，占 6 字节，如 AB-E6-74-33-45-08。其中，前 24 位表示 OUI（Organizationally Unique Identifier，组织唯一标识符），是 IEEE 注册管理机构给不同厂家分配的代码，即表示网卡厂家，后面 24 位由厂家自行编号。

MAC 地址与 IP 地址不同，IP 地址表示的是逻辑地址，由 32 位二进制数表示，占 4 字节，位于 OSI（Open System Interconnection，开放系统互联）七层参考模型中的第三层网络层。MAC 地址表示的是物理地址，由 12 个十六进制数表示，一共是 48 位，占 6 字节，它位于 OSI 中的第二层数据链路层。

5.2 TCP/IP 概述

计算机通过 IP 地址进行数据传输。数据通信采用分层思想定义每一层的功能，下层为上层提供服务，从而把通信这个复杂的过程简单化，一旦数据传输出现问题，很容易定位是哪一层功能没有实现，并清晰地分析问题、排查问题，最终相互协助完成数据通信的复杂任务。

在网络中有两个著名的分层结构，分别是 OSI（Open System Interconnection，开放系统互联）七层参考模型和 TCP/IP（Transmission Control Protocol/Internet Protocol，传输控制协议/网际协议）五层协议族。在网络中应用最多的是 TCP/IP 五层协议族。TCP/IP 族从下至上的前四层与 OSI 参考模型的前四层对应，作用基本相同，而其第五层应用层则与 OSI 参考模型的后三层对应，如表 5.2 所示。

表 5.2　OSI和TCP/IP结构对比

OSI七层模型	TCP/IP五层协议族
应用层	应用层
表示层	
会话层	
传输层	传输层
网络层	网络层
数据链路层	数据链路层
物理层	物理层

注意：OSI 参考模型只是一个分层模型，而 TCP/IP 五层协议族在每一层定义了具体的协议。

5.2.1　OSI 七层参考模型

OSI 参考模型由 ISO（International Standardization Organization，国际标准化组织）在 1984 年颁布。OSI 参考模型是一个概念模型的开放式体系结构，它按照分层思想将网络从下至上依次分为七层，分别是物理层、数据链路层、网络层、传输层、会话层、表示层和应用层。

下面依次介绍 OSI 七层参考模型中每一层的功能。

- 物理层（Physical Layer）：建立、维护和断开物理连接，完成设备间比特率的传输，这就好比提供汽车运输的道路，而不管交通规则。网卡、COM 口和双绞线水晶头的 R45 接口都属于物理层。
- 数据链路层（Data Link Layer）：建立逻辑连接，进行硬件地址寻址并实现差错校验。将上层数据库封装成帧。这就好比填写信封上的发件人和收件人，并且负责从公司前台把信件邮寄给收信人。二层交换机工作在数据链路层。
- 网络层（Network Layer）：提供逻辑地址，进行逻辑地址寻址，实现不同网络之间的路径选择，实现数据从源端到目标端的传输。这就好比是提供寄件人和收件人的详细地址，把信件以最佳方式传递到收件人所在的地方。路由器工作在网络层。
- 传输层（Transport Layer）：实现不同主机的用户进程之间的数据通信，提供可靠或不可靠的传输，检查错误但不纠错，实现流量控制。这就好比用 QQ 发出消息，网络层和数据链路层负责将消息转发到接收方的主机，而接收方的主机选择用 QQ 程序来接收还是用 IE 浏览器来接收则在传输层进行识别。防火墙工作在传输层。

- 会话层（Session Layer）：允许不同主机上的用户之间建立会话关系，解决的问题是数据传输中的同步和管理，还包括建立连接、拆除连接和保证数据传输的条理性。比如，公司前台收到一大堆信件，这些信件如何分类、先转发哪些信件、转发给谁、什么时候转发、转发的先后顺序等规则就是由会话层决定的。
- 表示层（Presentation Layer）：对数据进行二次编码，如数据的加密、解密和解压缩等。这里要注意，表示层以下的层只关心比特流传输的可靠性，而不关心所传输信息的语法和语意，表示层则参与数据编码的工作，能够保证双方都能以明白的意思进行沟通。
- 应用层（Application Layer）：提供人机交互的接口，将下层的数据传入软件程序中并显示成人们可以理解并能操作的功能，如浏览器、远程登录的软件和文件传输工具等。

5.2.2 TCP/IP 五层协议族

TCP/IP 五层协议族在 OSI 七层模型的基础上简化为五层。早期的 TCP/IP 模型是一个四层模型，从上至下依次是应用层、传输层、网络层和网络接口层。但是在实际网络中将网络接口层分为物理层和数据链路层，从而演变出目前通用的五层模型，每一层都具体对应相应的协议，如表 5.3 所示。

表 5.3　TCP/IP对应的协议

TCP/IP四层模型	TCP/IP五层协议族	协　　议
应用层	应用层	HTTP、SMTP、SNMP、TFTP、FTP、RPC、NTP、DNS、TELNET、HTTPS、POP3
传输层	传输层	TCP、UDP
网络层	网络层	ICMP、IGMP、IP、ARP、RARP
网络接口层	数据链路层	没有定义任何特定协议，由底层网络定义
	物理层	

1．物理层和数据链路层

物理层和数据链路层并没有定义任何特定的协议，需要根据实际的网络情况来定义。也就是说，TCP/IP 一般是从网络层开始的。

2．网络层

网络层的 TCP/IP 定义了 IP（Internet Protocol，网际协议），而 ICMP、IGMP、ARP

和 RARP 这 4 个协议都是依附于 IP 而存在的。

- ICMP（Internet Control Message Protocol，网际控制报文协议）是 TCP/IP 族的一个子协议，用于在 IP 主机和路由器之间传递和控制消息。
- IGMP（Internet Group Management Protocol，网际组管理协议）是因特网协议家族中的一个组播协议，该协议运行在主机和组播路由器之间。
- ARP（Address Resolution Protocol，地址解析协议）是根据 IP 地址获取物理地址的一个协议。
- RARP（Reverse Address Resolution Protocol，反向地址转换协议）允许局域网中的物理机器从网关服务器的 ARP 表或者缓存上请求其 IP 地址。

3．传输层

传输层只有两个协议，分别是 TCP（传输控制协议）和 UDP（用户数据包协议）。这两个协议的区别如下：

- TCP（Transmission Control Protocol，传输控制协议）：面向连接，提供可靠传输（保证数据的正确性和顺序性），一般用于大量数据的传输，速度较慢，建立连接需要的开销较多。也就是说，采用 TCP 传输数据必须建立三次握手的连接才可以进行数据传输。其协议号是 6。
- UDP（User Datagram Protocol，用户数据报协议）：面向非连接，提供不可靠传输，一般用于少量数据的传输，速度较快。其协议号是 17。

4．应用层

因为应用层的应用程序比较多，所以只罗列了部分常见的协议。数据包从传输层过来后，通过协议号选择端口号运行相应的应用程序。

属于 TCP 的协议如下：

- FTP（File Transfer Protocol，文件传输协议）：提供的文件上传和下载服务，端口号为 20 和 21。
- SMTP（Simple Mail Transfer Protocol，简单邮件传输协议）：用于由源地址到目标地址传送邮件的规则，在邮件客户端提供邮件传输，端口号为 25。
- POP3（Post Office Protocol - Version 3，邮局协议版本 3）：用于邮件客户端软件从服务器上接收邮件，而在客户端上的操作不会同步到服务器，端口号为 110。
- IMAP（Internet Mail Access Protocol，交互邮件访问协议）：允许电子邮件客户端下载服务器上的邮件，电子邮件客户端收取的邮件仍然保留在服务器上，同时在客户端上的操作都会反馈到服务器上，端口号为 143。
- HTTP（Hyper Text Transfer Protocol，超文本传输协议）：从 Web 服务器传输超文本到本地浏览器的传输协议，端口号为 80。
- HTTPS（Hyper Text Transfer Protocol Over SecureSocket Layer，超文本传输安全协

议）：以安全为目标的 HTTP 通道，端口号为 443。

- SNMP（Simple Network Management Protocol，简单网络管理协议）：用于远程管理和监控网络上支持该协议的网络设备，端口号为 161。

属于 UDP 的协议如下：

- TFTP（Trivial File Transfer Protocol，简单文件传输协议）：提供文件上传和下载功能，传输的文件体积较小，端口号为 69。
- RPC（Remote Procedure Call，远程过程调用）：通过网络从远程计算机程序上请求服务，端口号为 111。
- NTP（Network Time Protocol，网络时间协议）：用来使计算机时间同步的一种协议，端口号为 123。

同时属于 TCP 和 UDP 的协议是 DNS（Domain Name System，域名系统），该协议用于将域名解析为 IP 地址，端口号为 53。

5.2.3 TCP/IP 五层协议族的数据传输过程

下面以两个实例来描述网络中的数据包在 TCP/IP 五层模型中传输数据的过程。一个是从服务器下载数据到客户端的过程，另外一个是从客户端上传数据到服务器的过程。整个数据传输的过程统称为 PDU（Protocol Data Unit，协议数据单元）。

1. 客户端下载数据——数据的封装

从服务器下载数据到客户端，数据发送端是服务器，数据接收端是客户端，因此发送端的数据传输过程是从 TCP/IP 五层模型的上层到下层，相当于是对数据进行封装的过程。简单来说就是依次增加每层协议的头部。

（1）应用层：因为该层的应用程序较多，所以我们将此层的数据统一称为原始数据。应用层将原始数据通过端口号传输至下层的传输层。

（2）传输层：该层只有 TCP 和 UDP，传输层接收到应用层的数据后，会为数据添加 TCP 头部或者 UDP 头部的控制信息，将上层数据封装成数据段传输至网络层。

（3）网络层：该层有个大的 IP，接收到传输层的数据段后，会添加 IP 头部并将其封装成数据包，然后将包传输到数据链路层。

（4）数据链路层：该层靠 MAC 地址识别数据，接收到网络层的数据包后，会添加 MAC 头部和尾部并将其封装成数据帧，然后传输到物理层。

（5）物理层：将接收到的数据帧最终转换为比特流，通过双绞线或光纤传送到终端计算机中。

2. 客户端上传数据——数据的解封装

从客户端上传数据到服务器，数据发送端是客户端，数据接收端是服务器，因此接收端的数据传输过程是从 TCP/IP 五层模型的下层到上层，相当于是对数据进行解封装的过程。和数据封装相反，就是把每一层增加相应协议的头部依次进行剔除。

（1）物理层：比特流通过网卡、网线传输数据至有交换机设备的数据链路层。

（2）数据链路层：该层接收到数据帧，刚好可以识别 MAC 的头部和尾部，然后将数据传输至网络层。

（3）网络层：将从数据链路层过来的数据剔除 IP 头部后传输到传输层。

（4）传输层：接收到数据段后，把 TCP 或 UDP 头部剔除，将原始数据传输至应用层。

以上介绍了两个数据传输过程，其中下载数据封装过程可以理解为寄快递的过程，地址是从街道到省份，即一级一级从小区域到大区域的扩大传送；上传数据解封装过程则可以理解为收快递，即从省份到某某街道逐步缩小范围进行派送。

5.3　查看主机名及网络接口信息

在介绍了 IP 地址和 TCP/IP 之后，下面介绍在 Linux 系统中如何查看 TCP/IP 的配置，以及如何正确地配置 TCP/IP 参数，以保证主机之间能够正常通信。

5.3.1　查看和修改主机名

系统的主机名就是计算机的名称，在网络中根据主机名区分不同的主机，相比 IP 地址更加容易记忆。

1．主机名信息

在 CentOS 6 中，可以通过 hostname 命令临时修改主机名，可以通过修改配置文件/etc/sysconfig/network 永久修改主机名。

在 CentOS 7 中，主机名分为静态主机名（Static hostname）、瞬态主机名（Transient hostname）和灵活主机名（Pretty hostname），当通过修改/etc/hostname 静态主机名后可以使用 hostname 命令直接读取主机名，如果/etc/hostname 无主机名，则内核将使用瞬态主机名。

- 静态主机名：也称为内核主机名，就是我们常说的主机名，配置文件是/etc/hostname，系统初始化时从该配置文件中读取主机名。
- 瞬态主机名：相当于临时主机名，是由内核动态维护的，系统初始化会从/etc/hostname 文件中读取。
- 灵活主机名：也称为“别名”，是使用特殊符号提供的非标准的主机名。CentOS 6 没有该功能。

在 CentOS 7 中，可以使用多种方式修改主机名，常用的有以下 4 种：

- 临时修改：可以使用 hostname 命令临时修改主机名，重启后失效。

- 修改配置文件：可以通过修改配置文件/etc/hostname 中的主机名信息修改主机名，修改完成后即时生效，重启系统也不会失效，即永久生效。
- 图形化交互界面：通过 nmtui 命令弹出图形化界面修改主机名，相当于直接修改配置文件，也是即时和永久生效的。
- hostnamectl：可以使用该命令查看和修改静态主机名、瞬态主机名及灵活主机名。如果修改静态主机名，则会直接写入配置文件/etc/hostname，也是即时和永久生效的。

2．hostnamectl命令

hostnamectl 命令用于查看或修改与主机名相关的配置。hostnamectl 命令的格式如下：

```
hostnamectl      选项      参数
```

常用的选项如下：

- status：查看主机状态。
- set-hostname：修改主机名。
- --transient：查看或修改临时主机名。
- --static：查看或修改静态主机名。
- --pretty：查看或修改别名。

下面的示例演示了查看主机名信息的方法。

```
#使用 hostnamectl 查看系统中的主机名
[root@localhost ~]# hostnamectl
   Static hostname: localhost.localdomain
         Icon name: computer-vm
           Chassis: vm
        Machine ID: 04b95bbe3a86413c9cc2b6da8b1a1199
           Boot ID: e7a1d56e6ec94565932d7d2031f89501
    Virtualization: vmware
  Operating System: CentOS Linux 7 (Core)
       CPE OS Name: cpe:/o:centos:centos:7
            Kernel: Linux 3.10.0-1062.el7.x86_64
      Architecture: x86-64

#查看临时主机名
[root@localhost ~]# hostnamectl --transient
localhost.localdomain

#查看静态机主机名，这才是真正的主机名
[root@localhost ~]# hostnamectl --static status
localhost.localdomain

#查看灵活主机名，这里显示为空
[root@localhost ~]# hostnamectl --pretty status
```

下面的示例演示了修改主机名信息的方法。

```
#使用 hostname 临时修改主机名，重启后失效
[root@localhost ~]# hostname test
```

```
#修改完毕后通过 hostnamectl 查看，可以发现临时主机名发生了变化
[root@localhost ~]# hostnamectl status
   Static hostname: localhost.localdomain
Transient hostname: test
         Icon name: computer-vm
           Chassis: vm
        Machine ID: 04b95bbe3a86413c9cc2b6da8b1a1199
           Boot ID: 90c62c3884294263b76397e9ea9fc820
    Virtualization: vmware
  Operating System: CentOS Linux 7 (Core)
       CPE OS Name: cpe:/o:centos:centos:7
            Kernel: Linux 3.10.0-1062.el7.x86_64
      Architecture: x86-64

#使用 hostnamectl 永久修改主机名，并查看主机名信息，可以看到静态主机名发生了变化
[root@localhost ~]# hostnamectl set-hostname test1
[root@localhost ~]# hostnamectl status
   Static hostname: test1
         Icon name: computer-vm
           Chassis: vm
        Machine ID: f2c943d88ca94883b71667f8885c9211
           Boot ID: d6bd5f1e402f4201b5d9618e0cf4b4a3
    Virtualization: vmware
  Operating System: CentOS Linux 7 (Core)
       CPE OS Name: cpe:/o:centos:centos:7
            Kernel: Linux 3.10.0-1062.el7.x86_64
      Architecture: x86-64

#使用 hostnamectl 修改瞬态（临时）主机名，可以看到临时主机名发生了变化，静态主机名无
 变化
[root@localhost ~]# hostnamectl --transient set-hostname test2
[root@localhost ~]# hostnamectl status
   Static hostname: test1
Transient hostname: test2
……

#使用 hostnamectl 修改静态主机名，可以看到静态主机名发生了变化，临时主机名变为 test1
[root@localhost ~]# hostnamectl --static set-hostname test3
[root@localhost ~]# hostnamectl status
   Static hostname: test3
Transient hostname: test1
……

#使用 hostnamectl 修改灵活（别名）主机名，可以看到别名变为 test4，并再次查看临时主
 机名，发现临时主机名和静态主机名一致
[root@localhost ~]# hostnamectl --pretty set-hostname test4
[root@localhost ~]# hostnamectl status
   Static hostname: test3
   Pretty hostname: test4
……
[root@localhost ~]# hostnamectl --transient status
test3
```

5.3.2 查看和修改网络配置

Linux 系统中的 ip 和 ifconfig 命令类似，但前者功能更强大，并旨在取代后者。早期都是使用 net-tools 命令行工具中的 ifconfig、route、arp 和 netstat 等命令来管理和配置网络的，但 2001 年后，该工具就停止维护和更新了，甚至有些 Linux 发行版中已经废弃了 net-tools 工具，而转向了另外一个取代其功能的网络配置工具 iproute2。iproute2 的用户界面比 net-tools 的用户界面更加直观。随着内核的更新，为了更好地使用最新的网络特性，推荐使用 iproute2 工具来管理网络。当然 ifconfig 也是可以使用的。这里我们对比 net-tools 和 iproute2 的命令，如表 5.4 所示。

表 5.4 对比net-tools和iproute2 命令

命令的作用	net-tools命令	iproute2 命令
查看arp缓存记录	arp -na	ip neigh
查看激活状态的网卡信息	ifconfig	ip addr show up
查看命令帮助信息	ifconfig -help	ip help
查看所有网卡信息（含未激活的）	ifconfig –a	ip addr show
查看简要网卡信息	ifconfig -s	ip -s link
激活网卡	ifconfig ens33 up	ip link set ens33 up
禁用网卡	ifconfig ens33 down	ip link set ens33 down
查看、添加和删除多播地址	ipmaddr	ip maddr
隧道配置	iptunnel	ip tunnel
查看TCP/IP连接状态	netstat	ss
查看网卡列表信息	netstat -i	ip -s link
查看组播组成员	netstat -g	ip maddr
查看监听状态连接	netstat -l	ss -l
打印路由表	netstat -r	ip route
添加路由条目	route add	ip route add
删除路由条目	route del	ip route del
打印路由表	route -n	ip route show

1. 查看所有的网络接口信息

为了实验的效果，本节在虚拟机中额外添加了一张网卡，系统自动识别该网卡名为 ens37，在演示过程中所有命令的执行结果只显示 ens33 和 ens37，其他结果忽略。

下面分别使用 net-tools 和 iproute2 工具中的命令查看系统中的网络接口信息，包括没有激活及禁用的网络接口信息。

net-tools 命令格式如下：

```
ifconfig  -a
```

详细示例如下：

```
#查看系统中所有的网络接口信息
[root@localhost ~]# ifconfig -a
ens33: flags=4163<UP, BROADCAST, RUNNING, MULTICAST>  mtu 1500
       inet 192.168.245.137  netmask 255.255.255.0  broadcast 192.168.245.255
       inet6 fe80::1995:8407:86e7:c8ca  prefixlen 64  scopeid 0x20<link>
       ether 00:0c:29:7f:b4:79  txqueuelen 1000  (Ethernet)
       RX packets 5169  bytes 424359  (414.4 KiB)
       RX errors 0  dropped 0  overruns 0  frame 0
       TX packets 12793  bytes 4494345  (4.2 MiB)
       TX errors 0  dropped 0 overruns 0  carrier 0  collisions 0

ens37: flags=4163<UP, BROADCAST, RUNNING, MULTICAST>  mtu 1500
       inet 192.168.245.141  netmask 255.255.255.0  broadcast 192.168.245.255
       inet6 fe80::b66e:27f5:8f5c:a7b2  prefixlen 64  scopeid 0x20<link>
       ether 00:0c:29:7f:b4:83  txqueuelen 1000  (Ethernet)
       RX packets 57  bytes 4451  (4.3 KiB)
       RX errors 0  dropped 0  overruns 0  frame 0
       TX packets 45  bytes 8227  (8.0 KiB)
       TX errors 0  dropped 0 overruns 0  carrier 0  collisions 0
……
```

iproute2 命令格式如下：

```
ip   addr  show
```

详细示例如下：

```
#查看系统中所有的网络接口信息
[root@localhost ~]# ip addr show
……
2: ens33: <BROADCAST, MULTICAST, UP, LOWER_UP> mtu 1500 qdisc pfifo_fast state
UP group default qlen 1000
    link/ether 00:0c:29:7f:b4:79 brd ff:ff:ff:ff:ff:ff
    inet 192.168.245.137/24 brd 192.168.245.255 scope global noprefixroute
dynamic ens33
       valid_lft 1752sec preferred_lft 1752sec
    inet6 fe80::1995:8407:86e7:c8ca/64 scope link noprefixroute
       valid_lft forever preferred_lft forever

5: ens37: <BROADCAST, MULTICAST, UP, LOWER_UP> mtu 1500 qdisc pfifo_fast state
UP group default qlen 1000
    link/ether 00:0c:29:7f:b4:83 brd ff:ff:ff:ff:ff:ff
    inet 192.168.245.141/24 brd 192.168.245.255 scope global noprefixroute
dynamic ens37
       valid_lft 1674sec preferred_lft 1674sec
    inet6 fe80::b66e:27f5:8f5c:a7b2/64 scope link noprefixroute
       valid_lft forever preferred_lft forever
……
```

2．查看所有激活状态的网络接口信息

下面介绍如何查看系统中处于活动状态的网络接口信息。系统默认有两个网络接口，即 ens33 和 lo。ens33 表示以太网类型的物理网卡；lo 表示回环地址的网卡，一般用于网络检测。

net-tools 命令格式如下：

```
ifconfig
```

详细示例如下：

```
#使用 ifconfig 命令先禁用 ens37 这个网络接口
[root@localhost ~]# ifconfig ens37 down
#使用 ifconfig 命令查看网络接口信息，发现禁用的 ens37 没有显示（这里只显示了部分结果）
[root@localhost ~]# ifconfig
ens33: flags=4163<UP，BROADCAST，RUNNING，MULTICAST>  mtu 1500
……
```

iproute2 命令格式如下：

```
ip  addr  show  up
```

详细示例如下：

```
#使用 iproute2 命令查看网络接口信息，也会发现 ens37 网络接口信息不显示
[root@localhost ~]# ip addr show up
……
2: ens33: <BROADCAST,MULTICAST,UP,LOWER_UP> mtu 1500 qdisc pfifo_fast state
UP group default qlen 1000
    link/ether 00:0c:29:7f:b4:79 brd ff:ff:ff:ff:ff:ff
    inet 192.168.245.137/24 brd 192.168.245.255 scope global noprefixroute
dynamic ens33
……
```

3．查看指定的网络接口信息

要查看指定的网络接口信息，只需要在命令后接上对应的网络接口设备名即可。无论该网络接口是否处于活动状态，都可以查看。

net-tools 命令格式如下：

```
ifconfig  网卡设备名
```

详细示例如下：

```
#查看激活状态的网络接口 ens33 的信息
[root@localhost ~]# ifconfig ens33
ens33:  flags=4163<UP，BROADCAST，RUNNING，MULTICAST>  mtu 1500
        inet 192.168.245.137  netmask 255.255.255.0  broadcast 192.168.245.255
        inet6 fe80::1995:8407:86e7:c8ca  prefixlen 64  scopeid 0x20<link>
        ether 00:0c:29:7f:b4:79  txqueuelen 1000  (Ethernet)
        RX packets 6095  bytes 500574  (488.8 KiB)
        RX errors 0  dropped 0  overruns 0  frame 0
```

```
        TX packets 16093  bytes 5703141 (5.4 MiB)
        TX errors 0  dropped 0 overruns 0  carrier 0  collisions 0
```

iproute2 命令格式如下：

```
ip  addr  show  dev  网卡设备名
```

详细示例如下：

```
#查看已经禁用的网络接口 ens37 的信息，发现无 IP 地址信息显示
[root@localhost ~]# ip add show dev ens37
5: ens37: <BROADCAST, MULTICAST> mtu 1500 qdisc pfifo_fast state DOWN group
default qlen 1000
    link/ether 00:0c:29:7f:b4:83 brd ff:ff:ff:ff:ff:ff
```

4．修改网络接口信息

修改网络接口的 TCP/IP 信息可以分为临时修改和永久修改两种，下面将分别介绍这两种修改方式。

（1）临时修改。

在某些特定情况下，需要临时使用不同的 IP 地址进行测试，此时可以临时修改 IP 地址，重启系统后直接失效。

net-tools 命令的格式有如下两种：

```
ifconfig  网卡设备名  IP 地址  netmask  子网掩码
ifconfig  网卡设备名  IP 地址/网络位
```

详细示例如下：

```
#先将 ens37 网卡启用，然后使用 ifconfig 临时修改 ens37 网卡的 IP 地址为 172.16.1.10
[root@localhost ~]# ifconfig ens37 up
[root@localhost ~]# ifconfig ens37 172.16.1.10 netmask 255.255.0.0
[root@localhost ~]# ifconfig ens37
ens37: flags=4163<UP, BROADCAST, RUNNING, MULTICAST>  mtu 1500
        inet 172.16.1.10  netmask 255.255.0.0  broadcast 172.16.255.255
        inet6 fe80::b66e:27f5:8f5c:a7b2  prefixlen 64  scopeid 0x20<link>
        ether 00:0c:29:7f:b4:83  txqueuelen 1000  (Ethernet)
        RX packets 107  bytes 7916 (7.7 KiB)
        RX errors 0  dropped 0  overruns 0  frame 0
        TX packets 78  bytes 14934 (14.5 KiB)
        TX errors 0  dropped 0 overruns 0  carrier 0  collisions 0
[root@localhost ~]# ifconfig  ens33 172.16.1.10  netmask  255.255.0.0

#使用第二种方式，即 IP 地址后面直接接网络位修改 ens37 网卡的 IP 地址为 192.168.1.10
[root@localhost ~]# ifconfig ens37 192.168.1.10/24
[root@localhost ~]# ifconfig ens37
ens37: flags=4163<UP, BROADCAST, RUNNING, MULTICAST>  mtu 1500
        inet 192.168.1.10  netmask 255.255.255.0  broadcast 192.168.1.255
        inet6 fe80::b66e:27f5:8f5c:a7b2  prefixlen 64  scopeid 0x20<link>
        ether 00:0c:29:7f:b4:83  txqueuelen 1000  (Ethernet)
        RX packets 123  bytes 8876 (8.6 KiB)
        RX errors 0  dropped 0  overruns 0  frame 0
```

```
        TX packets 89  bytes 17663  (17.2 KiB)
        TX errors 0  dropped 0 overruns 0  carrier 0  collisions 0
```

在 iproute2 命令中临时添加了一个 IP 地址，它和使用 net-tools 命令不同的是，原有的 IP 地址不会被覆盖。

添加临时 IP 地址的命令格式如下：

```
ip  addr    add   IP 地址/网络位   dev 网卡设备名
```

删除临时 IP 地址的命令格式如下：

```
ip  addr    del   IP 地址/网络位   dev 网卡设备名
```

详细示例如下：

```
#使用 iproute2 命令为 ens37 网卡临时添加一个 IP 地址 6.6.6.6
[root@localhost ~]# ip addr add 6.6.6.6/8 dev ens37
[root@localhost ~]# ip addr show ens37
5: ens37: <BROADCAST, MULTICAST, UP, LOWER_UP> mtu 1500 qdisc pfifo_fast state
UP group default qlen 1000
    link/ether 00:0c:29:7f:b4:83 brd ff:ff:ff:ff:ff:ff
    inet 192.168.1.10/24 brd 192.168.1.255 scope global noprefixroute ens37
       valid_lft forever preferred_lft forever
    inet 6.6.6.6/8 scope global ens37
       valid_lft forever preferred_lft forever
    inet6 fe80::b66e:27f5:8f5c:a7b2/64 scope link noprefixroute
       valid_lft forever preferred_lft forever

#删除临时添加的 IP 地址
root@localhost ~]# ip addr del  6.6.6.6/8 dev ens37
[root@localhost ~]# ip addr show ens37
[root@localhost ~]# ip addr show ens37
3: ens37: <BROADCAST, MULTICAST, UP, LOWER_UP> mtu 1500 qdisc pfifo_fast state
UP group default qlen 1000
    link/ether 00:0c:29:7f:b4:83 brd ff:ff:ff:ff:ff:ff
    inet 192.168.1.10/24 brd 192.168.1.255 scope global noprefixroute ens37
       valid_lft forever preferred_lft forever
    inet6 fe80::b66e:27f5:8f5c:a7b2/64 scope link noprefixroute
       valid_lft forever preferred_lft forever
```

（2）永久修改。

永久修改是直接修改/etc/sysconfig/network-scripts/ifcfg-ens*下对应的网络接口配置文件。先将获取 IP 地址的方式修改为静态，然后保存并退出，重启网络服务即可。重启之后 TCP/IP 配置也不会失效。

```
#修改配置文件，将网络接口 ens37 的 IP 地址修改为静态 IP 地址 172.16.1.10，让其永久生效
[root@localhost ~]# vim /etc/sysconfig/network-scripts/ifcfg-ens37
TYPE="Ethernet"
PROXY_METHOD="none"
BROWSER_ONLY="no"
BOOTPROTO="static"
DEFROUTE="yes"
IPv4_FAILURE_FATAL="no"
IPv6INIT="yes"
```

```
IPv6_AUTOCONF="yes"
IPv6_DEFROUTE="yes"
IPv6_FAILURE_FATAL="no"
IPv6_ADDR_GEN_MODE="stable-privacy"
NAME="ens37"
UUID="929441f6-4067-3526-a6b4-7109b78de352"
DEVICE="ens37"
ONBOOT="yes"
IPADDR="172.16.1.10"
NETMASK="255.255.0.0"
GATEWAY="172.16.1.1"
HWADDR="00:0c:29:7f:b4:83"

#重启网络服务
[root@localhost ~]# systemctl restart network.service

#使用 nmcli 查看网络设备的 UUID 号。后面会详细讲解
[root@localhost ~]# nmcli connection  show
NAME     UUID                                  TYPE      DEVICE
ens33    d6ab39d3-282d-43c3-9e12-b86087494c87  ethernet  ens33
ens37    929441f6-4067-3526-a6b4-7109b78de352  ethernet  ens37
virbr0   b81d2ab5-8f2b-4c6c-a622-1b63a631344b  bridge    virbr0
```

网络配置文件有多个参数，这里只对本节所需要的参数进行详细解释。

- TYPE：表示网络类型为以太网。
- ONBOOT：表示开机网卡是否激活，yes 表示激活，no 表示不激活。
- BOOTPROTO：表示获取 IP 地址的方式，dhcp 表示动态获取 IP 地址，static 或 none 表示静态指定 IP 地址，若为静态指定 IP 地址，则需要手动添加 IDADDR、NETMASK 和 GATEWAY 三个参数。
- NAME：表示网络设备的连接名称。
- DEVICE：表示网卡设备名。
- UUID：表示网卡的唯一识别码。
- IPADDR：表示 IP 地址，使用静态地址时必须填写该参数。
- NETMASK：表示子网掩码，使用静态地址时必须填写该参数。
- GATEWAY：表示默认网关，使用静态地址时必须填写该参数。
- HWADDR：表示 MAC 地址。

注意：在 CentOS 7 中新添加的网卡不存在配置文件，可以使用 nmcli 命令查看其 UUID 号，然后通过复制 ens33 的配置文件修改一份即可（需修改 UUID 和 MAC 地址）。

5. 添加和删除虚拟网络子接口

有些时候需要临时在网卡上使用一个新的 IP 地址，但是又不能覆盖原有的 IP 地址，这时就可以通过配置虚拟网络子接口的方式来实现，同时也不会影响物理网卡的使用。下面介绍如何添加和删除网络子接口。

使用 net-tools 命令添加网络子接口的格式如下：

```
ifconfig    网卡设备名:子接口 IP 地址/网络位
```

使用 net-tools 命令删除网络子接口的格式如下：

```
ifconfig    网卡设备名:子接口 down
```

详细示例如下：

```
#对网卡 ens37 添加一个子接口 ens37:0，IP 地址为 6.6.6.6/8，查看是否创建成功
[root@localhost ~]# ifconfig ens37:0 6.6.6.6/8
[root@localhost ~]# ifconfig
……
ens37: flags=4163<UP，BROADCAST，RUNNING，MULTICAST>  mtu 1500
        inet 192.168.245.141  netmask 255.255.255.0  broadcast 192.168.245.255
        inet6 fe80::b66e:27f5:8f5c:a7b2  prefixlen 64  scopeid 0x20<link>
        ether 00:0c:29:7f:b4:83  txqueuelen 1000  (Ethernet)
        RX packets 377  bytes 33652 (32.8 KiB)
        RX errors 0  dropped 0  overruns 0  frame 0
        TX packets 93  bytes 13904 (13.5 KiB)
        TX errors 0  dropped 0 overruns 0  carrier 0  collisions 0

ens37:0: flags=4163<UP，BROADCAST，RUNNING，MULTICAST>  mtu 1500
        inet 6.6.6.6  netmask 255.0.0.0  broadcast 6.255.255.255
        ether 00:0c:29:7f:b4:83  txqueuelen 1000  (Ethernet)
……

#删除刚才创建的子接口 ens37:0，并查看是否删除成功
[root@localhost ~]# ifconfig ens37:0 down
[root@localhost ~]# ifconfig
……
ens37: flags=4163<UP，BROADCAST，RUNNING，MULTICAST>  mtu 1500
        inet 192.168.245.141  netmask 255.255.255.0  broadcast 192.168.245.255
        inet6 fe80::b66e:27f5:8f5c:a7b2  prefixlen 64  scopeid 0x20<link>
        ether 00:0c:29:7f:b4:83  txqueuelen 1000  (Ethernet)
        RX packets 403  bytes 35212 (34.3 KiB)
        RX errors 0  dropped 0  overruns 0  frame 0
        TX packets 94  bytes 14019 (13.6 KiB)
        TX errors 0  dropped 0 overruns 0  carrier 0  collisions 0
……
```

使用 iproute2 命令添加网络子接口的格式如下：

```
ip  addr  add  IP 地址/网络位 dev 网卡设备名 label  网卡设备名:子接口
```

使用 iproute2 命令删除网络子接口的格式如下：

```
ip  addr  del  IP 地址/网络位 dev 网卡设备名 label  网卡设备名:子接口
```

详细示例如下：

```
#对网卡 ens37 添加子接口 ens37:1，IP 地址为 172.16.1.10，查看是否创建成功
[root@localhost ~]# ip addr add 172.16.1.10/16  dev ens37 label ens37:1
[root@localhost ~]# ip addr show ens37
```

```
3: ens37: <BROADCAST,MULTICAST,UP,LOWER_UP> mtu 1500 qdisc pfifo_fast state
UP group default qlen 1000
    link/ether 00:0c:29:7f:b4:83 brd ff:ff:ff:ff:ff:ff
    inet 192.168.245.141/24 brd 192.168.245.255 scope global noprefixroute
dynamic ens37
       valid_lft 1690sec preferred_lft 1690sec
    inet 172.16.1.10/16 scope global ens37:1
       valid_lft forever preferred_lft forever
    inet6 fe80::b66e:27f5:8f5c:a7b2/64 scope link noprefixroute
       valid_lft forever preferred_lft forever

#删除刚才添加的子接口 ens37:1 的信息
[root@localhost ~]# ip addr del 172.16.1.10/16 dev ens37 label ens37:1
[root@localhost ~]# ip addr show ens37
3: ens37: <BROADCAST,MULTICAST,UP,LOWER_UP> mtu 1500 qdisc pfifo_fast state
UP group default qlen 1000
    link/ether 00:0c:29:7f:b4:83 brd ff:ff:ff:ff:ff:ff
    inet 192.168.245.141/24 brd 192.168.245.255 scope global noprefixroute
dynamic ens37
       valid_lft 1569sec preferred_lft 1569sec
    inet6 fe80::b66e:27f5:8f5c:a7b2/64 scope link noprefixroute
       valid_lft forever preferred_lft forever
```

6. 禁用或启动网络接口

禁用某个网卡后表示该网卡处于非活动状态。

（1）禁用网络接口。

使用 net-tools 命令禁用网络接口的格式如下：

```
ifconfig    网卡设备名    down
ifdown      网卡设备名
```

详细示例如下：

```
#禁用 ens37 这张网卡，使用 ifconfig 命令可以发现无法查看该网卡的相关信息
[root@localhost ~]# ifconfig ens37 down
[root@localhost ~]# ifconfig
……
```

使用 iproute2 命令禁用网络接口的格式如下：

```
ip  link    set    网卡设备名    down
```

详细示例如下：

```
#禁用网卡 ens37，并使用 ip addr  show up 命令查看，发现 ens37 网卡信息没有显示，显示
 结果这里省略
[root@localhost ~]# ip link set ens37 down
[root@localhost ~]# ip addr show up
……
```

（2）启用网络接口。

使用 net-tools 命令启用网络接口的格式如下：

```
ifconfig    网卡设备名    up
ifup        网卡设备名
```

详细示例如下：

```
#启用网卡 ens337 设备
[root@localhost ~]# ifconfig ens37 up
```

使用 iproute2 命令启用网络接口的格式如下：

```
ip  link     set     网卡设备名    up
```

详细示例如下：

```
#启用网卡 ens37 设备
[root@localhost ~]# ip link set ens37 up
```

7．查看IP路由表信息

TCP/IP 通信的基础是路由表，系统中的 IP 路由表存储了本地计算机可以到达的网络目的地址范围和如何到达的路由信息。

net-tools 命令格式如下：

```
netstat  -rn
route   -n
```

详细示例如下：

```
#使用 netstat 命令查看主机网络的路由表信息
[root@localhost ~]# netstat -rn
Kernel IP routing table
Destination    Gateway        Genmask        Flags MSS Window irtt Iface
0.0.0.0        192.168.245.2 0.0.0.0        UG     0   0       0    ens33
0.0.0.0        192.168.245.2 0.0.0.0        UG     0   0       0    ens37
192.168.122.0 0.0.0.0         255.255.255.0 U      0   0       0    virbr0
192.168.245.0 0.0.0.0         255.255.255.0 U      0   0       0    ens33
192.168.245.0 0.0.0.0         255.255.255.0 U      0   0       0    ens37

#使用 route 命令查看路由表信息
[root@localhost ~]# route -n
Kernel IP routing table
Destination    Gateway        Genmask        Flags Metric Ref  Use  Iface
0.0.0.0        192.168.245.2 0.0.0.0        UG    100    0    0    ens33
0.0.0.0        192.168.245.2 0.0.0.0        UG    101    0    0    ens37
192.168.122.0 0.0.0.0         255.255.255.0 U     0      0    0    virbr0
192.168.245.0 0.0.0.0         255.255.255.0 U     100    0    0    ens33
192.168.245.0 0.0.0.0         255.255.255.0 U     101    0    0    ens37
```

iproute2 命令格式如下：

```
ip   route   show
```

详细示例如下：

```
#使用 ip route 命令查看路由表信息
[root@localhost ~]# ip route show
default via 192.168.245.2 dev ens33 proto dhcp metric 100
```

```
default via 192.168.245.2 dev ens37 proto dhcp metric 101
192.168.122.0/24 dev virbr0 proto kernel scope link src 192.168.122.1
192.168.245.0/24 dev ens33 proto kernel scope link src 192.168.245.137
metric 100
192.168.245.0/24 dev ens37 proto kernel scope link src 192.168.245.141
metric 101
```

8．添加或删除默认网关路由

添加默认路由时，要保证本地路由表中没有其他的默认路由记录，否则会出现主机网络连接故障，因此添加新的默认网关路由时必须先删除原有的默认路由记录。

使用 net-tools 命令添加默认路由的格式如下：

```
route  add  default   gw   下一跳的 IP 地址   网卡设备名
```

使用 net-tools 命令删除默认路由的格式如下：

```
route  del  default   gw   下一跳的 IP 地址   网卡设备名
```

详细示例如下：

```
#删除网卡设备 ens37 的默认网关路由记录 192.168.245.2，新增一个网关记录 192.168.245.200
[root@localhost ~]# route del default  gw 192.168.245.2  ens37
[root@localhost ~]# route -n
Kernel IP routing table
Destination     Gateway         Genmask         Flags Metric Ref Use Iface
0.0.0.0         192.168.245.2   0.0.0.0         UG    101    0   0   ens37
192.168.122.0   0.0.0.0         255.255.255.0   U     0      0   0   virbr0
192.168.245.0   0.0.0.0         255.255.255.0   U     100    0   0   ens33
192.168.245.0   0.0.0.0         255.255.255.0   U     101    0   0   ens37
[root@localhost ~]# route add default  gw 192.168.245.200 ens37
[root@localhost ~]# route -n
Kernel IP routing table
Destination     Gateway         Genmask         Flags etric Ref Use Iface
0.0.0.0         192.168.245.200 0.0.0.0         UG    0     0   0   ens33
0.0.0.0         192.168.245.2   0.0.0.0         UG    01    0   0   ens37
192.168.122.0   0.0.0.0         255.255.255.0   U     0     0   0   virbr0
192.168.245.0   0.0.0.0         255.255.255.0   U     100   0   0   ens33
192.168.245.0   0.0.0.0         255.255.255.0   U     101   0   0   ens37
```

使用 iproute2 命令添加默认路由的格式如下：

```
ip  route  add  default  via  下一跳的 IP 地址  dev  网卡设备名
```

使用 iproute2 命令删除默认路由的格式如下：

```
ip  route  del  default  via  下一跳的 IP 地址  dev  网卡设备名
```

使用 iproute2 命令替换默认路由的格式如下：

```
ip  route  replace  default  via  下一跳的 IP 地址  dev  网卡设备名
```

详细示例如下：

```
#删除 ens37 的默认网关路由记录 192.168.245.200，新增网关记录 192.168.245.2
[root@localhost ~]# ip route
default via 192.168.245.200 dev ens37
```

```
default via 192.168.245.2 dev ens33 proto dhcp metric 100
192.168.122.0/24 dev virbr0 proto kernel scope link src 192.168.122.1
192.168.245.0/24 dev ens33 proto kernel scope link src 192.168.245.137
metric 100
192.168.245.0/24 dev ens37 proto kernel scope link src 192.168.245.141
metric 101
[root@localhost ~]# ip route del default via 192.168.245.200 dev ens37
[root@localhost ~]# ip route
default via 192.168.245.2 dev ens33 proto dhcp metric 100
192.168.122.0/24 dev virbr0 proto kernel scope link src 192.168.122.1
192.168.245.0/24 dev ens33 proto kernel scope link src 192.168.245.137
metric 100
192.168.245.0/24 dev ens37 proto kernel scope link src 192.168.245.141
metric 101
[root@localhost ~]# ip route add default via 192.168.245.2 dev ens37
[root@localhost ~]# ip route
default via 192.168.245.2 dev ens37
default via 192.168.245.2 dev ens33 proto dhcp metric 100
192.168.122.0/24 dev virbr0 proto kernel scope link src 192.168.122.1
192.168.245.0/24 dev ens33 proto kernel scope link src 192.168.245.137
metric 100
192.168.245.0/24 dev ens37 proto kernel scope link src 192.168.245.141
metric 101
```

注意：添加默认网关记录时必须保证只有一条记录，否则主机的网络连接会出现故障。

9．添加或删除静态路由

静态路由是由管理员手动添加的到达目标网络的路由信息，它是固定的，就算网络状况发生变化也不会改变。下面介绍如何添加和删除静态路由。

使用 net-tools 命令添加静态路由的格式如下：

```
route add -net 网络地址/网络位 gw 下一跳路由器的 IP 地址 dev 网卡设备名
```

使用 net-tools 命令删除静态路由的格式如下：

```
route del -net 网络地址/网络位
```

详细示例如下：

```
#为网卡ens37添加静态路由记录网段192.168.8.0/24,下一跳路由器的IP地址为192.168.245.1
[root@localhost ~]# route add -net 192.168.8.0/24 gw 192.168.245.1 dev ens37
[root@localhost ~]# route -n
Kernel IP routing table
Destination     Gateway         Genmask         Flags Metric Ref Use Iface
0.0.0.0         192.168.245.2   0.0.0.0         UG    0      0   0   ens37
0.0.0.0         192.168.245.2   0.0.0.0         UG    100    0   0   ens33
0.0.0.0         192.168.245.2   0.0.0.0         UG    101    0   0   ens37
192.168.8.0     192.168.245.1   255.255.255.0   UG    0      0   0   ens37
192.168.122.0   0.0.0.0         255.255.255.0   U     0      0   0   virbr0
192.168.245.0   0.0.0.0         255.255.255.0   U     100    0   0   ens33
192.168.245.0   0.0.0.0         255.255.255.0   U     101    0   0   ens37
```

使用 iproute2 命令添加静态路由的格式如下：

```
ip route add 网络地址/网络位 via 下一跳路由器的 IP 地址 dev 网卡设备名
```

使用 iproute2 命令删除静态路由的格式如下：

```
ip route del 网络地址/网络位
```

详细示例如下：

```
#将网卡 ens37 新添加的静态路由记录 192.168.8.0/24 删除，重新添加网段 192.168.6.0/24
 的路由记录，下一跳路由器的 IP 地址为 192.168.245.1
[root@localhost ~]# ip route
default via 192.168.245.2 dev ens37
default via 192.168.245.2 dev ens33 proto dhcp metric 100
default via 192.168.245.2 dev ens37 proto dhcp metric 101
192.168.8.0/24 via 192.168.245.1 dev ens37
192.168.122.0/24 dev virbr0 proto kernel scope link src 192.168.122.1
192.168.245.0/24 dev ens33 proto kernel scope link src 192.168.245.137
metric 100
192.168.245.0/24 dev ens37 proto kernel scope link src 192.168.245.141
metric 101
[root@localhost ~]# ip route del 192.168.8.0/24
[root@localhost ~]# ip route
default via 192.168.245.2 dev ens37
default via 192.168.245.2 dev ens33 proto dhcp metric 100
default via 192.168.245.2 dev ens37 proto dhcp metric 101
192.168.122.0/24 dev virbr0 proto kernel scope link src 192.168.122.1
192.168.245.0/24 dev ens33 proto kernel scope link src 192.168.245.137
metric 100
192.168.245.0/24 dev ens37 proto kernel scope link src 192.168.245.141
metric 101
[root@localhost ~]# ip route add 192.168.6.0/24 via 192.168.245.1 dev ens37
[root@localhost ~]# ip route
default via 192.168.245.2 dev ens37
default via 192.168.245.2 dev ens33 proto dhcp metric 100
default via 192.168.245.2 dev ens37 proto dhcp metric 101
192.168.6.0/24 via 192.168.245.1 dev ens37
192.168.122.0/24 dev virbr0 proto kernel scope link src 192.168.122.1
192.168.245.0/24 dev ens33 proto kernel scope link src 192.168.245.137
metric 100
192.168.245.0/24 dev ens37 proto kernel scope link src 192.168.245.141
metric 101
```

10. 查看ARP记录

使用 net-tool 命令查看当前系统 ARP 表的格式如下：

```
arp -n
```

详细示例如下：

```
#查看系统中 APR 地址解析记录，使用“-n”表示以数字形式显示地址
[root@localhost ~]# arp -n
Address          HWtype  HWaddress           Flags Mask   Iface
192.168.245.2    ether   00:50:56:fd:49:97   C            ens37
192.168.245.200           (incomplete)                    ens33
192.168.245.1    ether   00:50:56:c0:00:08   C            ens33
```

```
192.168.245.2      ether       00:50:56:fd:49:97    C              ens33
192.168.245.254    ether       00:50:56:fc:ab:3b    C              ens37
192.168.245.254    ether       00:50:56:fc:ab:3b    C              ens33
```

使用 iproute2 命令查看当前系统 ARP 表的格式如下：

```
ip  neigh
```

详细示例如下：

```
#查看系统中 APR 地址的解析记录
[root@localhost ~]# ip neigh
192.168.245.2 dev ens37 lladdr 00:50:56:fd:49:97 STALE
192.168.245.200 dev ens33  FAILED
192.168.245.1 dev ens33 lladdr 00:50:56:c0:00:08 REACHABLE
192.168.245.2 dev ens33 lladdr 00:50:56:fd:49:97 STALE
192.168.245.254 dev ens37 lladdr 00:50:56:fc:ab:3b STALE
192.168.245.254 dev ens33 lladdr 00:50:56:fc:ab:3b STALE
```

11. 添加或删除静态ARP记录

当局域网遭受 ARP 攻击时，会出现无法与局域网内其他主机正常通信的情况，此时需要将本地计算机的 IP 地址和 MAC 地址进行绑定，同时也将目标 IP 地址（路由器地址）和 MAC 地址绑定，并且不允许动态更新 ARP 地址表来保证正常的通信。当然这只是一种临时解决故障的方法，重启后就会失效。

net-tools 命令使用方式如下：

使用 net-tools 命令添加 ARP 记录的格式如下：

```
arp  -i  网卡设备名   -s   IP 地址  MAC 地址
```

使用 net-tools 命令删除 ARP 记录的格式如下：

```
arp  -d   IP 地址   dev   网卡设备名
```

详细示例如下：

```
#添加 ens37 网关服务器的静态 ARP 记录
[root@localhost ~]# arp -i ens37 -s 192.168.245.2 00:50:56:fd:49:97
[root@localhost ~]# arp -n
Address            HWtype      HWaddress            Flags Mask     Iface
192.168.245.2      ether       00:50:56:fd:49:97    CM             ens37
192.168.245.200                 (incomplete)                       ens33
192.168.245.1      ether       00:50:56:c0:00:08    C              ens33
192.168.245.254    ether       00:50:56:fc:ab:3b    C              ens37
192.168.245.254    ether       00:50:56:fc:ab:3b    C              ens33

#删除 ens37 网关服务器的静态 ARP 记录
[root@localhost ~]# arp -d 192.168.245.2  dev ens37
[root@localhost ~]# arp -n
Address            HWtype      HWaddress            Flags Mask     Iface
192.168.245.200                 (incomplete)                       ens33
192.168.245.1      ether       00:50:56:c0:00:08    C              ens33
192.168.245.254    ether       00:50:56:fc:ab:3b    C              ens37
192.168.245.254    ether       00:50:56:fc:ab:3b    C              ens33
```

iproute2 命令的使用方式如下：

使用 iproute2 命令添加 ARP 记录的格式如下：

```
ip neigh add IP地址 lladdr MAC地址 dev 网卡设备名
```

使用 iproute2 命令删除 ARP 记录的格式如下：

```
ip neigh del IP地址 dev 网卡设备名
```

详细示例如下：

```
#添加 ens37 网关服务器的静态 ARP 记录
[root@localhost ~]# ip neigh add 192.168.245.2 lladdr 00:50:56:fd:49:97 dev
ens37
[root@localhost ~]# ip neigh
192.168.245.2 dev ens37 lladdr 00:50:56:fd:49:97 PERMANENT
192.168.245.200 dev ens33  FAILED
192.168.245.1 dev ens33 lladdr 00:50:56:c0:00:08 REACHABLE
192.168.245.2 dev ens33 lladdr 00:50:56:fd:49:97 STALE
192.168.245.254 dev ens37 lladdr 00:50:56:fc:ab:3b STALE
192.168.245.254 dev ens33 lladdr 00:50:56:fc:ab:3b STALE

#删除 ens37 网关服务器的静态 ARP 记录
[root@localhost ~]# ip neigh del 192.168.245.2 dev ens37
[root@localhost ~]# ip neigh
192.168.245.200 dev ens33  FAILED
192.168.245.1 dev ens33 lladdr 00:50:56:c0:00:08 REACHABLE
192.168.245.2 dev ens33 lladdr 00:50:56:fd:49:97 STALE
192.168.245.254 dev ens37 lladdr 00:50:56:fc:ab:3b STALE
192.168.245.254 dev ens33 lladdr 00:50:56:fc:ab:3b STALE
```

5.3.3　查看和测试网络连接

查看系统中网络的 TCP/IP 连接状态、路由表以及接口统计信息，可以及时了解网络状态是否正常，以及排查网络故障问题。其中 ss 命令比 netstat 命令的查询速度更快，显示的信息更加详细。

1. 查看网络连接状态

可以使用 net-tools 工具中的 netstat 命令查看网络连接状态，格式如下：

```
netstat 选项
```

netstat 命令的选项较多，下面是常用的选项说明。

- -a：显示当前系统中所有活动的网络连接信息。
- -n：以数字形式显示相关的主机地址和端口信息。
- -r：显示路由表信息。
- -l：只显示处于监听（Listening）状态的网络连接和端口信息。
- -t：显示 TCP 的相关信息。

- -u：显示 UDP 的相关信息。
- -p：显示进程号和进程名信息。

使用 iproute2 工具中的 ss 命令也可以查看网络连接状态，格式如下：

```
ss  选项
```

ss 命令的选项也比较多，下面是常用的选项说明。

- -a：显示所有套接字。
- -l：显示处于监听状态的套接字。
- -n：以数字形式显示 IP 地址和端口，不显示域名服务名称。
- -p：显示进程号和进程名。
- -t：显示 TCP 套接字。
- -u：显示 UDP 套接字。
- -r：解析主机名。
- -s：统计总信息。

详细示例如下：

```
#使用 netstat 命令查看系统中所有的 TCP 连接
[root@localhost ~]# netstat -t
Active Internet connections (w/o servers)
Proto  Recv-Q  Send-Q  Local Address   Foreign Address       State
tcp    0       0       localhost:ssh   192.168.245.1:49875   ESTABLISHED
tcp    0       64      localhost:ssh   192.168.245.1:49874   ESTABLISHED

#使用 ss 命令查看系统中所有的 TCP 连接
[root@localhost ~]#ss
State  Recv-Q  Send-Q  Local Address:Port     Peer Address:Port
ESTAB  0       0       192.168.245.137:ssh    192.168.245.1:49875
ESTAB  0       64      192.168.245.137:ssh    192.168.245.1:49874
```

2．测试网络连接状态

使用 ping 命令测试网络连接，用于判断局域网内两台主机之间是否可以正常通信。Windows 中的 ping 命令默认只发 4 个包进行测试，而 Linux 中的 ping 命令向目标主机持续发送测试数据包，可以通过 Ctrl+C 组合键来终止测试。命令格式如下：

```
ping  选项 目标主机 IP 地址
```

常用选项如下：

- -c：指定发送测试数据包的个数。
- -s：指定发送测试数据包的大小。
- -i：指定发送测试数据包的间隔时间，默认间隔时间是 1 秒。

详细示例如下：

```
#测试网关地址 192.168.245.2 的连接状态，默认会持续 ping，通过 Crtl+C 组合键终止执行
[root@localhost ~]# ping 192.168.245.2
PING 192.168.245.2 (192.168.245.2) 56(84) bytes of data.
```

```
64 bytes from 192.168.245.2: icmp_seq=1 ttl=128 time=0.489 ms
64 bytes from 192.168.245.2: icmp_seq=2 ttl=128 time=0.301 ms
64 bytes from 192.168.245.2: icmp_seq=3 ttl=128 time=0.339 ms
^C

#测试网关 192.168.245.2 的连接状态，指定发送数据包的个数为 2，数据包的大小为 32B（会
 添加 8 个字节的 ICMP 头部）
[root@localhost ~]# ping -c 2 -s 32 192.168.245.2
PING 192.168.245.2 (192.168.245.2) 32(60) bytes of data.
40 bytes from 192.168.245.2: icmp_seq=1 ttl=128 time=0.342 ms
40 bytes from 192.168.245.2: icmp_seq=2 ttl=128 time=0.213 ms

--- 192.168.245.2 ping statistics ---
2 packets transmitted, 2 received, 0% packet loss, time 1010ms
rtt min/avg/max/mdev = 0.213/0.277/0.342/0.066 ms
```

5.3.4　域名服务器地址

1. 查看和修改DNS地址

在 Linux 系统中通过域名的形式访问其他主机时，需要使用 DNS（Domain Name System，域名系统）将域名解析为对应的 IP 地址后进行访问。可以通过在本地主机的/etc/hosts 文件中添加对应的域名和 IP 地址进行解析，也可以直接配置 DNS 服务器进行解析。虽然 hosts 文件解析速度快，但是无法作用于整个网络，只能针对当前主机时才生效，因此在网络中还是推荐使用 DNS 服务器完成解析工作。

在 Windows 系统中最多只能添加两个 DNS 服务器地址，而在 Linux 系统中最多可以存在三个 DNS 服务器地址，解析时会优先使用靠前的 DNS 服务器地址。

查看或者修改配置文件/etc/resolv.conf 中的 nameserver 参数，当系统中存在多张网卡时，表示将所有网卡的 DNS 地址统一修改。命令格式如下：

```
nameserver  IP地址
```

详细示例如下：

```
#在原有的DNS配置文件中添加两个公网的DNS服务器地址，即114.114.114.114和8.8.8.8，
 通过vi编辑器修改/etc/resolv.conf配置文件，结果如下
[root@localhost ~]# cat /etc/resolv.conf
# Generated by NetworkManager
search localdomain
nameserver 192.168.245.2
nameserver 114.114.114.114
nameserver 8.8.8.8
```

当存在多张网卡时，需要对不同的网卡设置不同的 DNS 服务器。可以修改每个网卡设备的配置文件/etc/sysconfig/network-scripts/ifcfg-ens*，只需要添加 DNS1 和 DNS2 参数即可，格式如下：

```
DNS1  IP 地址
DNS2  IP 地址
```

详细示例如下：

```
#在网卡设备 ens37 的配置文件/etc/sysconfig/network-scripts/ifcfg-ens37 中单独
 添加两个 DNS 服务器地址，修改完毕后一定要重启服务使配置文件生效
[root@localhost ~]# vim /etc/sysconfig/network-scripts/ifcfg-ens37
TYPE="Ethernet"
PROXY_METHOD="none"
BROWSER_ONLY="no"
BOOTPROTO="static"
DEFROUTE="yes"
IPv4_FAILURE_FATAL="no"
IPv6INIT="yes"
IPv6_AUTOCONF="yes"
IPv6_DEFROUTE="yes"
IPv6_FAILURE_FATAL="no"
IPv6_ADDR_GEN_MODE="stable-privacy"
NAME="ens37"
UUID="929441f6-4067-3526-a6b4-7109b78de352"
DEVICE="ens37"
ONBOOT="yes"
IPADDR="172.16.1.10"
NETMASK="255.255.0.0"
GATEWAY="172.16.1.1"
HWADDR="00:0c:29:7f:b4:83"
DNS1=114.114.114.114
DNS2=8.8.8.8

#重启网络服务。
[root@localhost ~]# systemctl restart network.service
```

2. 测试域名解析

在 Linux 系统中可以使用三条命令进行正向解析（域名解析 IP 地址）和反向解析（IP 地址解析域名），下面分别进行介绍。

（1）nslookup 命令

nslookup 命令是以交互式界面进行解析，退出交互式界面可以使用 exit 命令。

```
#使用 nslookup 命令解析百度的域名，查看是否解析到 IP 地址
[root@localhost ~]# nslookup
> www.baidu.com                                    #输入百度域名
Server:        192.168.245.2
Address:       192.168.245.2#53

Non-authoritative answer:
www.baidu.com   canonical name = www.a.shifen.com.
Name:   www.a.shifen.com
Address: 183.232.231.172                           #解析到百度服务器的 IP 地址
Name:   www.a.shifen.com
Address: 183.232.231.174
> exit                                             #退出交互式界面
```

（2）host 命令

host 命令显示的结果相对较为简洁。

```
#解析百度服务器的 IP 地址，显示结果非常简洁
[root@localhost ~]# host www.baidu.com
www.baidu.com is an alias for www.a.shifen.com.
www.a.shifen.com has address 183.232.231.174
www.a.shifen.com has address 183.232.231.172
```

（3）dig 命令

使用 dig 命令解析时不会查询/etc/hosts 文件的记录，解析的记录更加详细。

```
#解析百度服务器的 IP 地址，这里显示部分结果，结果较为详细
[root@localhost ~]# dig www.baidu.com

; <<>> DiG 9.11.4-P2-RedHat-9.11.4-9.P2.el7 <<>> www.baidu.com
;; global options: +cmd
;; Got answer:
;; ->>HEADER<<- opcode: QUERY, status: NOERROR, id: 23777
;; flags: qr rd ra; QUERY: 1, ANSWER: 3, AUTHORITY: 5, ADDITIONAL: 5

;; QUESTION SECTION:
;www.baidu.com.                 IN      A

;; ANSWER SECTION:
www.baidu.com.       5   IN      CNAME   www.a.shifen.com.
www.a.shifen.com.    5   IN      A       183.232.231.174
www.a.shifen.com.    5   IN      A       183.232.231.172
……
```

5.3.5　nmcli 命令

nmcli 是 CentOS 7 以上系统中的命令，相当于直接修改网络接口的配置文件信息，修改结果是永久生效的。相对于 net-tools 和 iproute2 命令行工具，nmcli 命令的功能更加强大，但是该命令比较复杂。本节只是简单介绍一些常用的命令供读者学习和参考。

使用 nmcli 命令的前提是必须启动 NetworkMansge 服务。查看和启动该服务的命令如下：

```
#查看 NetWorkMansge 服务的状态
[root@localhost ~]# systemctl status NetworkManager.service
● NetworkManager.service - Network Manager
   Loaded: loaded (/usr/lib/systemd/system/NetworkManager.service; enabled;
vendor preset: enabled)
   Active: active (running) since Tue 2020-12-29 20:27:30 CST; 50min ago
……

#启动 NetWorkMansge 服务
[root@localhost ~]# systemctl start NetworkManager.service
```

1．查看和修改主机名

通过 nmcli 命令也可以查看和修改主机名。修改主机名相当于直接修改/etc/hostname配置文件，修改结果永久生效。使用该命令时如果后面不接主机名表示查看系统主机名，接主机名则表示修改系统主机名。命令格式如下：

```
nmcli   general    hostname         主机名
```

详细示例如下：

```
#查看主机名
[root@localhost ~]# nmcli general hostname
localhost

#修改主机名
[root@localhost ~]# nmcli general hostname test
[root@localhost ~]# cat /etc/hostname
test
```

2．查看网络连接状态

查看系统中的网络接口连接状态可以通过物理设备和逻辑连接两种方式。

通过物理设备直接查看网络接口状态的命令格式如下：

```
nmcli   device  status
```

详细示例如下：

```
#查看系统中所有网络连接状态
[root@localhost ~]# nmcli device  status
DEVICE       TYPE       STATE       CONNECTION
ens33        ethernet   connected   ens33
ens37        ethernet   connected   ens37
virbr0       bridge     connected   virbr0
lo           loopback   unmanaged   --
virbr0-nic   tun        unmanaged   --
```

通过逻辑连接查看网络接口状态的命令格式如下：

```
nmcli   connection  show
```

详细示例如下：

```
#查看所有连接状态，可以查看每个网络接口的 UUID
[root@localhost ~]# nmcli connection show
NAME    UUID                                  TYPE       DEVICE
ens33   d6ab39d3-282d-43c3-9e12-b86087494c87  ethernet   ens33
ens37   929441f6-4067-3526-a6b4-7109b78de352  ethernet   ens37
virbr0  ee658f9b-ddd0-447b-a201-7d0306892641  bridge     virbr0

#查看已激活的连接状态
[root@localhost ~]# nmcli connection show --active
NAME    UUID                                  TYPE       DEVICE
ens33   d6ab39d3-282d-43c3-9e12-b86087494c87  ethernet   ens33
ens37   929441f6-4067-3526-a6b4-7109b78de352  ethernet   ens37
virbr0  ee658f9b-ddd0-447b-a201-7d0306892641  bridge     virbr0
```

3. 查看网络接口设备的详细信息

查看网络接口设备的详细信息时，后面不接指定设备名就会显示所有网络接口的信息，接上指定设备名则表示查看某个网络接口设备的信息。命令格式如下：

```
nmcli   device      show    网卡设备名
nmcli   connection  show    连接名
```

详细示例如下：

```
#查看网络接口设备 ens37 的详细信息，这里演示通过 device 物理设备查看
[root@localhost ~]# nmcli device show ens37
GENERAL.DEVICE:                 ens37
GENERAL.TYPE:                   ethernet
GENERAL.HWADDR:                 00:0C:29:7F:B4:83
GENERAL.MTU:                    1500
GENERAL.STATE:                  100 (connected)
GENERAL.CONNECTION:             ens37
GENERAL.CON-PATH:               /org/freedesktop/NetworkManager/
                                ActiveConnection/2
WIRED-PROPERTIES.CARRIER:       on
IP4.ADDRESS[1]:                 192.168.245.141/24
IP4.GATEWAY:                    192.168.245.2
IP4.ROUTE[1]:                   dst = 0.0.0.0/0, nh = 192.168.245.2, mt = 101
IP4.ROUTE[2]:                   dst = 192.168.245.0/24, nh = 0.0.0.0, mt = 101
IP4.DNS[1]:                     192.168.245.2
IP4.DOMAIN[1]:                  localdomain
IP6.ADDRESS[1]:                 fe80::b66e:27f5:8f5c:a7b2/64
IP6.GATEWAY:                    --
IP6.ROUTE[1]:                   dst = fe80::/64, nh = ::, mt = 101
IP6.ROUTE[2]:                   dst = ff00::/8, nh = ::, mt = 256, table=255
```

4. 禁用和启用网络接口设备

nmcli 命令可以通过网卡设备名和网络连接名禁用和启用网络接口设备。

通过网卡设备名启用和禁用网卡设备的命令格式如下：

```
#通过网卡设备名启用网卡
nmcli   device  connect     网卡设备名

#通过网卡设备名禁用网卡
nmcli   device  disconnect  网卡设备名
```

其中，device 是物理设备。

详细示例如下：

```
#禁用网卡 ens37
[root@localhost ~]# nmcli device disconnect ens37
Device 'ens37' successfully disconnected.

#查看网卡状态
[root@localhost ~]# nmcli device status
```

```
DEVICE  TYPE       STATE          CONNECTION
ens33   ethernet   connected      ens33
virbr0  bridge     connected      virbr0
ens37   ethernet   disconnected   --

#启用网卡 ens37
[root@localhost ~]# nmcli device connect ens37
Device 'ens37' successfully activated with '929441f6-4067-3526-a6b4-
7109b78de352'.
```

通过网络连接名或者 UUID 激活和断开网卡设备的命令格式如下：

```
#通过网络连接名启用网卡
nmcli  connection  up     连接名

#通过网络连接名禁用网卡
nmcli  connection  down   连接名
```

其中，connection 是逻辑连接。

详细示例如下：

```
#查看网络接口的连接名
[root@localhost ~]# nmcli connection show
NAME    UUID                                  TYPE      DEVICE
ens33   d6ab39d3-282d-43c3-9e12-b86087494c87  ethernet  ens33
ens37   929441f6-4067-3526-a6b4-7109b78de352  ethernet  ens37
virbr0  176a9f67-7b05-42f1-a581-0f7ee999f858  bridge    virbr0

#断开网卡 ens37 的连接
[root@localhost ~]# nmcli connection down ens37
Connection 'ens37' successfully deactivated (D-Bus active path:/org/
freedesktop/NetworkManager/ActiveConnection/2)
[root@localhost ~]# nmcli connection show
NAME    UUID                                  TYPE      DEVICE
ens33   d6ab39d3-282d-43c3-9e12-b86087494c87  ethernet  ens33
virbr0  176a9f67-7b05-42f1-a581-0f7ee999f858  bridge    virbr0
ens37   929441f6-4067-3526-a6b4-7109b78de352  ethernet  --

#重新激活网卡 ens37 的连接
[root@localhost ~]# nmcli connection up ens37
Connection successfully activated (D-Bus active path:/org/freedesktop/
NetworkManager/ActiveConnection/5)
```

5. 重新加载网络配置文件

使用 nmcli 命令可以重新加载网络配置文件，相当于重启网络服务。命令格式如下：

```
nmcli  connection  reload
```

6. 添加新的网络连接

使用 nmcli 命令添加新的网络连接就是添加网络接口设备配置文件，执行后会生成对应网卡设备的配置文件，因为在虚拟机中 CentOS 7 默认新添加的网卡设备是不存在配置文件的。

（1）创建新的连接，IP 地址通过 DHCP 自动获取，格式如下：

```
nmcli connection add type ethernet con-name 连接名 ifname 网卡设备名 autoconnect yes
```

其中：type 表示网络类型，一般是 ethernet；con-name 表示连接名称，可以自定义；autoconnect 表示开机是否启动；ifname 表示需要连接的网卡设备名。

详细示例如下：

```
#在虚拟机中新添加一个网卡设备，通过查看发现网卡设备名为 ens38
[root@localhost ~]# nmcli device status
DEVICE  TYPE      STATE                                   CONNECTION
ens33   ethernet  connected                               ens33
ens37   ethernet  connected                               ens37
virbr0  bridge    connected                               virbr0
ens38   ethernet  connecting (getting IP configuration)  ???? 1
#查看配置文件，发现没有 ens38 这张网卡的配置文件
[root@localhost ~]# ls /etc/sysconfig/network-scripts/ifcfg-*
/etc/sysconfig/network-scripts/ifcfg-ens33 /etc/sysconfig/network-scripts/
ifcfg-ens37 /etc/sysconfig/network-scripts/ifcfg-lo
#使用 nmcli 命令创建一个连接名 ens38，自动获取 IP 地址
[root@localhost ~]# nmcli connection add type ethernet con-name ens38 ifname
ens38 autoconnect yes
Connection 'ens38' (83222b2f-e0ba-41d6-8dfd-854ddf0adfd9) successfully
added.
[root@localhost ~]# nmcli connection  show
NAME    UUID                                  TYPE      DEVICE
ens33   d6ab39d3-282d-43c3-9e12-b86087494c87  ethernet  ens33
ens37   929441f6-4067-3526-a6b4-7109b78de352  ethernet  ens37
ens38   83222b2f-e0ba-41d6-8dfd-854ddf0adfd9  ethernet  ens38
virbr0  fe89517e-021a-4ce0-a54f-99eab4ec6e1b  bridge    virbr0
[root@localhost ~]# ls /etc/sysconfig/network-scripts/ifcfg-ens*
/etc/sysconfig/network-scripts/ifcfg-ens33 /etc/sysconfig/network-scripts/
ifcfg-ens37 /etc/sysconfig/network-scripts/ifcfg-ens38
```

（2）创建新的连接，使用静态 IP 地址，格式如下：

```
nmcli connection add type ethernet con-name 连接名
ifname 网卡设备名
autoconnect yes ip4 IP 地址/网络位 gw4 默认网关 ipv4.dns DNS 服务器
```

详细示例如下：

```
#通过网络接口的 UUID 删除新添加的连接
[root@localhost ~]# nmcli connection delete 83222b2f-e0ba-41d6-8dfd-
854ddf0adfd9
Connection 'ens38' (83222b2f-e0ba-41d6-8dfd-854ddf0adfd9) successfully
deleted.
#添加新的连接 ens38，使用 nmcli 命令让网卡手动静态配置 IP 地址，相关参数如下：
 IP 地址为 172.16.1.10，默认网关为 172.16.1.254，DNS 服务器地址指定为 8.8.8.8
[root@localhost ~]# nmcli connection add type ethernet con-name ens38 ifname
ens38 autoconnect yes ip4 172.16.1.10/16 gw4 172.16.1.254 ipv4.dns 8.8.8.8
```

```
Connection 'ens38' (653e885e-1771-4de2-a08e-f77a07fca223) successfully
added.
[root@localhost ~]# nmcli connection  show
NAME    UUID                                  TYPE       DEVICE
ens33   d6ab39d3-282d-43c3-9e12-b86087494c87  ethernet   ens33
ens37   929441f6-4067-3526-a6b4-7109b78de352  ethernet   ens37
ens38   653e885e-1771-4de2-a08e-f77a07fca223  ethernet   ens38
virbr0  fe89517e-021a-4ce0-a54f-99eab4ec6e1b  bridge     virbr0
#通过查看添加新连接生成的配置文件，可以看到 IP 地址是静态配置的
[root@localhost ~]# cat /etc/sysconfig/network-scripts/ifcfg-ens38
TYPE=Ethernet
PROXY_METHOD=none
BROWSER_ONLY=no
BOOTPROTO=none
IPADDR=172.16.1.10
PREFIX=16
GATEWAY=172.16.1.254
DNS1=8.8.8.8
DEFROUTE=yes
IPv4_FAILURE_FATAL=no
IPv6INIT=yes
IPv6_AUTOCONF=yes
IPv6_DEFROUTE=yes
IPv6_FAILURE_FATAL=no
IPv6_ADDR_GEN_MODE=stable-privacy
NAME=ens38
UUID=653e885e-1771-4de2-a08e-f77a07fca223
DEVICE=ens38
ONBOOT=yes
```

7. 删除网络连接

新添加的网络连接是可以删除的。一般直接通过删除网络接口的 UUID 号，将网络连接以及生成的配置文件一并删除。命令格式如下：

```
nmcli  connection  delete  UUID
```

详细示例如下：

```
#通过删除网络接口的 UUID 号删除新添加的连接，会连同配置文件一并删除
[root@localhost ~]# nmcli connection delete 83222b2f-e0ba-41d6-8dfd-
854ddf0adfd9
Connection 'ens38' (83222b2f-e0ba-41d6-8dfd-854ddf0adfd9) successfully
deleted.
root@localhost ~]# nmcli connection  show
NAME    UUID                                  TYPE       DEVICE
ens33   d6ab39d3-282d-43c3-9e12-b86087494c87  ethernet   ens33
ens37   929441f6-4067-3526-a6b4-7109b78de352  ethernet   ens37
virbr0  fe89517e-021a-4ce0-a54f-99eab4ec6e1b  bridge     virbr0
[root@localhost ~]# ls /etc/sysconfig/network-scripts/ifcfg-ens*
/etc/sysconfig/network-scripts/ifcfg-ens33 /etc/sysconfig/network-scripts/
ifcfg-ens37
```

第 6 章　进程管理和任务计划

前面我们学习了文件和目录操作、网络配置等基本操作。在系统中还会运行大量的系统服务和应用程序，对这些服务和应用程序我们又将如何进行管理和维护呢？本章将学习 Linux 系统开机启动顺序、进程管理和任务计划的管理。

本章的主要内容如下：

- Linux 操作系统的引导流程；
- 系统服务自启动和手动管理；
- 进程的查看和管理；
- 任务计划的管理。

注意：本章将从 CentOS 6 和 CentOS 7 的不同，以对比的形式介绍以上知识点。

6.1　Linux 的引导流程

系统的引导流程简单来说就是从打开电源开关到用户进入系统前将操作系统内核装载和启动这一系列的初始化过程。了解启动的顺序可以方便分析和排查系统故障。本章将介绍系统启动流程、进程管理和任务计划等知识点。

6.1.1　启动流程对比

发行版 CentOS 6 以下版本和 CentOS 7 以上版本，系统的启动顺序在启动进程之前都基本相同，而在启动进程时，CentOS 6 以下系统是使用 systemv init，CentOS 7 以上系统是使用 systemd。具体启动顺序如表 6.1 所示。

表 6.1　启动流程对比

CentOS 6	CentOS 7
第一步：POST加电自检 BIOS或UEFI检查服务器硬件是否正常	第一步：POST加电自检 BIOS或UEFI检查服务器硬件是否正常

（续）

CentOS 6	CentOS 7
第二步：MBR引导 读取磁盘第一个扇区的MBR存储记录，引导系统启动调用GRUP菜单	第二步：MBR引导 读取磁盘第一个扇区的MBR存储记录，引导系统启动调用GRUP2菜单
第三步：GRUP菜单 选择不同模式启动内核，比如进入单用户模式重置密码	第三步：GRUP2菜单 选择不同模式启动内核，比如进入救援模式恢复系统
第四步：加载系统内核信息 使用内核驱动所有硬件	第四步：加载系统内核信息 使用内核驱动所有硬件
第五步：运行init进程	第五步：运行systemd进程
第六步：加载系统运行级别文件 读取/etc/inittab文件中设定的运行级别	第六步：加载系统运行级别文件 读取/etc/systemd/system/default.target文件中设定的运行级别
第七步：读取系统初始化文件 读取/etc/rc.inittab文件初始化系统	第七步：读取系统初始化文件 读取/usr/lib/systemd/system/sysinit.target文件初始化系统
第八步：运行系统特殊的脚本 /etc/rc.d/rc文件启动服务和程序	第八步：使服务可以开机自启动 加载/etc/systemd/system目录中的信息，实现服务开机自动启动
第九步：运行mingetty进程 显示用户登录界面	第九步：运行getty进程 显示用户登录界面

6.1.2 systemv init 与 systemd 的区别

1. init进程

在 CentOS 6 以下的发行版本中都是采用 init 进程作为守护进程。init 进程采用 systemv 风格，是系统启动的第一个进程，进程识别号（PID）是 1，其他进程都依附于该进程而存在，可以将其理解为是其他进程的祖宗进程。

init 进程的缺点有两个：一是启动时间较长，它以串行方式控制服务或程序的启动，即进程启动时是一个接一个启动，后一个进程必须等待前一个进程启动完毕后才能启动；二是启动脚本过于复杂，init 启动执行脚本，每个脚本都是各自启动处理自己的，脚本过多时就会很复杂。

2. systemd进程

在 CentOS 7 以上的版本中都是使用 systemd 进程初始化系统，它是系统中的第一个进程，PID 也是 1。相对 init 进程而言，systemd 进程的优点在于：一是启动时间短，其将多个进程并行启动，减少了系统启动的等待时间；二是按需启动，需要使用某个服务时才会启动，节省了系统资源；三是具备日志管理、快照备份和恢复等功能。

3．init和systemd配置文件的区别

（1）systemd 默认的运行级别配置文件为/etc/systemd/system/default.target，一般都是符号链接到 graphical.target（图形界面）或者 multi-user.target（文本字符模式）。init 默认的运行级别配置文件是/etc/inittab。

（2）systemd 的启动脚本文件存放在/usr/lib/systemd/system 和/etc/systemd/system 目录。init 的启动脚本文件存放在/etc/init.d 目录，然后符号链接到/etc/rc*.d 中。

（3）systemd 的服务配置文件存放在/lib/systemd 和/etc/systemd 目录下。init 的服务配置文件存放在/etc/sysconfig 目录下。

4．运行级别对比

运行级别指的是当前系统所运行的模式，在 CentoOS 7 中为了兼容之前的系统，systemd 进程也将 init 进程中所谓的运行级别做了对应的软链接指向，可以在/usr/lib/systemd/system/目录下查看到。init 和 systemd 进程的运行级别如表 6.2 所示。

表 6.2　init进程和systemd进程的运行级别对比

systemd进程运行级别	init进程运行级别	说　　明
runlevel0.target->poweroff.target	0	关机模式
runlevel1.target -> rescue.target	1	单用户救援模式
runlevel2.target -> multi-user.target	2	多用户不带网络模式
runlevel3.target -> multi-user.target	3	文本字符模式
runlevel4.target -> multi-user.target	4	保留未使用
runlevel5.target -> graphical.target	5	图形化界面
runlevel6.target -> reboot.target	6	重启模式

5．查看运行级别

在 CentOS 7 以上版本的系统中，可以使用 init 进程中的命令来查看当前系统的运行级别。

systemv init 下的命令格式如下：

```
runlevel
```

详细示例如下：

```
#显示当前系统 CentOS 6.8 默认的运行级别，第一个数字表示上一个运行级别，若为 N 表示从来
 就没有切换过运行级别；第二个数字表示当前运行级别，显示为 3 说明是文本字符模式
[[root@localhost ~]# runlevel
N 3
```

systemd 下的命令格式如下：

```
systemctl  get-default
```

详细示例如下：

```
#查看当前系统 CentOS 7.7 默认的运行级别，显示结果为文本字符模式
[root@localhost ~]# systemctl get-default
multi-user.target
```

6. 切换运行级别

在系统使用过程中需要切换不同的运行级别，比如从图形化界面切换到文本字符模式等，下面是 init 和 systemd 进程切换的方式。

systemv init 下的命令格式如下：

```
init  运行级别
```

详细示例如下：

```
#切换运行级别为 5，即进入图形化界面，可以在虚拟机中发现系统会切换到图形化界面
[root@localhost ~]# init 5
```

systemd 下的命令格式如下：

```
systemctl  isolate 运行级别
```

详细示例如下：

```
#从文本字符模式切换到图形化界面，若系统没有安装桌面环境则无法切换，可以看到虚拟机中已
 经切换到图形化的用户登录界面
[root@localhost ~]# systemctl isolate graphical.target
```

7. 永久修改运行级别

systemv init 下是直接修改配置文件/etc/inittab 中的默认运行级别。详细的文件修改如下面示例显示。

```
#将 inittab 中 initdefault 前面的数字修改为对应的运行级别数字即可，发现默认显示的是 3，
 也就是文本字符模式，这里显示了部分数据
[root@localhost ~]# vi /etc/inittab
……
# Default runlevel. The runlevels used by RHS are:
#   0 - halt (Do NOT set initdefault to this)
#   1 - Single user mode
#   2 - Multiuser, without NFS (The same as 3, if you do not have networking)
#   3 - Full multiuser mode
#   4 - unused
#   5 - X11
#   6 - reboot (Do NOT set initdefault to this)
#
id:3:initdefault:
……
```

systemd 下的命令格式如下：

```
systemctl  set-default  运行级别
```

下面的示例是将默认的文本字符模式修改为图形化界面。

```
#将系统默认的文本字符模式修改为图形化界面，通过结果可以看到将 default.target 软链接
 指向 graphical.target 图形化的运行级别，重启之后就会进入图形化界面
[root@localhost ~]# systemctl set-default graphical.target
Removed symlink/etc/systemd/system/default.target.
Created symlink from/etc/systemd/system/default.target to/usr/lib/systemd/
system/graphical.target.
```

6.1.3　服务管理

对于服务的管理，CentOS 6 以下的系统和 CentOS 7 以上的系统使用的命令是不同的，在 CentOS 6 以下的系统中，使用的是 chkconfig 和 service 命令，在 CentOS 7 以上的系统中使用的是 systemctl 命令。表 6.3 给出了这两种命令的区别，这里重点演示 CentOS 7 中的命令，CentOS 6 中的命令可以参照表中说明。

表 6.3　CentOS 6 和CentOS 7 服务管理命令对比

命令执行说明	CentOS 6	CentOS 7
查看所有服务自启动状态	chkconfig --list	systemctl list-unit-files
查看指定服务自启动状态	chkconfig --list　服务名	systemctl is-enabled　服务名
设置服务开机自启动	chkconfig --level　运行级别　on	systemctl enable　服务名
设置服务开机不启动	chkconfig --level　运行级别　off	systemctl disable　服务名
启动系统服务器	service　服务名　start	systemctl start　服务名
停止系统服务	service　服务名　stop	systemctl stop　服务名
重启系统服务	service　服务名　restart/reload	systemctl restart/reload　服务名
查看指定系统服务状态	service　服务名　status	systemctl status　服务名

1．查看所有系统服务开机自启动状态

通过 list-unit-files 列出所有可用单元，除了系统服务还有其他程序显示为开机自启动状态，其中“enabled”表示开机自启动，“disabled”表示开机不启动，“static”表示对应的/lib/systemd/system 目录服务启动脚本中的 unit 没有定义[Install]区域，无法配置开机自启动服务。可以通过组合键 Ctrl+C 或 q 退出。

```
#显示系统中所有服务的状态，不仅仅有服务，其他所有可用单元都可显示
[root@localhost ~]# systemctl list-unit-files
UNIT FILE                               STATE
sys-kernel-debug.mount                  static
tmp.mount                               disabled
var-lib-nfs-rpc_pipefs.mount            static
brandbot.path                           disabled
cups.path                               enabled
```

```
systemd-ask-password-console.path           static
systemd-ask-password-plymouth.path          static
systemd-ask-password-wall.path              static
session-1.scope                             static
session-2.scope                             static
abrt-ccpp.service                           enabled
abrt-oops.service                           enabled
……

#如果想只显示系统服务，可以在后面添加选项--type  service 实现
[root@localhost ~]# systemctl list-unit-files  --type service
UNIT FILE                                   STATE
abrt-ccpp.service                           enabled
abrt-oops.service                           enabled
abrt-pstoreoops.service                     disabled
……

#显示所有开机自启动的服务
[root@localhost ~]# systemctl list-unit-files  --type service --state enabled
UNIT FILE                                   STATE
abrt-ccpp.service                           enabled
abrt-oops.service                           enabled
abrt-vmcore.service                         enabled
abrt-xorg.service                           enabled
……
```

2．查看指定服务的自启动状态

如果想查看系统中某个服务开机是否启动，可以通过以下命令实现：

```
#查看 sshd 服务的开机自启动状态，结果显示为开机自启动
[root@localhost ~]# systemctl is-enabled sshd
enabled

#查看 nfs 服务的开机自启动状态，结果显示为开机不启动
[root@localhost ~]# systemctl is-enabled nfs.service
disabled
```

3．设置指定服务的开机自启动

如果系统服务或自定义的服务需要设置为开机自启动，可以使用以下方法实现。

```
#将 nfs 服务设置为开机自启动，并查看是否设置成功
[root@localhost ~]# systemctl is-enabled nfs.service
disabled
[root@localhost ~]# systemctl enable nfs.service
Created symlink from/etc/systemd/system/multi-user.target.wants/nfs-server.
service to/usr/lib/systemd/system/nfs-server.service.
[root@localhost ~]# systemctl is-enabled nfs.service
enabled
```

4．设置指定服务的开机不启动

如果服务无须开机自启动，可以使用以下命令关闭自启动状态：

```
#设置 nfs 服务开机不自启动
[root@localhost ~]# systemctl disable nfs.service
Removed symlink/etc/systemd/system/multi-user.target.wants/nfs-server.
service.
[root@localhost ~]# systemctl is-enabled nfs.service
disabled
```

5．查看指定服务是否为运行状态

如果想查看系统中指定服务是否在运行，可以通过以下命令查看：

```
#通过 status 可以查看 nfs 服务当前的运行状态，显示结果较为详细，显示 inactive 表示此刻
 在系统中该服务没有运行
[root@localhost ~]# systemctl status nfs.service
● nfs-server.service - NFS server and services
   Loaded: loaded （/usr/lib/systemd/system/nfs-server.service; disabled;
vendor preset: disabled）
   Active: inactive （dead）


#查看 sshd 服务当前的运行状态，显示 active 表示此刻在系统中该服务处于运行状态
[root@localhost ~]# systemctl status sshd.service
● sshd.service - OpenSSH server daemon
   Loaded: loaded （/usr/lib/systemd/system/sshd.service; enabled; vendor
preset: enabled）
   Active: active （running） since Sat 2021-01-02 13:51:08 CST; 1h 1min ago
     Docs: man:sshd（8）
           man:sshd_config（5）
 Main PID: 1255 （sshd）
   CGroup:/system.slice/sshd.service
          └─1255/usr/sbin/sshd -D
……

#使用 is-active 可以只查看 Active（启动状态）这一行的显示，显示信息较少
[root@localhost ~]# systemctl is-active nfs.service
active
```

6．手动启动/停止/重启服务

在系统中若某个服务开机没有启动，我们可以通过手动的方式将其启动，不使用时可以手动停止或重启。

启动服务的命令格式如下：

```
systemctl  start  服务名
```

停止服务的命令格式如下：

```
systemctl  stop  服务名
```

重启服务的命令格式如下：

```
systemctl  restart 服务名
```

详细示例如下：

```
#手动启动 nfs 服务，并查看是否启动成功
[root@localhost ~]# systemctl status  nfs.service
● nfs-server.service - NFS server and services
   Loaded: loaded （/usr/lib/systemd/system/nfs-server.service; disabled;
vendor preset: disabled）
   Active: active （exited） since Sat 2021-01-02 15:06:21 CST; 12s ago
  Process: 27573 ExecStartPost=/bin/sh -c if systemctl -q is-active
gssproxy; then systemctl reload gssproxy ; fi （code=exited， status=0/SUCCESS
……

#手动停止 nfs 服务
[root@localhost ~]# systemctl stop nfs.service
[root@localhost ~]# systemctl status  nfs.service
● nfs-server.service - NFS server and services
   Loaded: loaded （/usr/lib/systemd/system/nfs-server.service; disabled;
vendor preset: disabled）
   Active: inactive （dead） since Sat 2021-01-02 15:07:24 CST; 1s ago
  Process: 27981 ExecStopPost=/usr/sbin/exportfs -f （code=exited， status=
0/SUCCESS）
……

#手动重启 nfs 服务
[root@localhost ~]# systemctl restart  nfs.service
```

7. 修改配置文件后重启

修改指定服务或程序的配置文件后，需要重新加载配置文件，然后再重启服务，否则修改的配置文件不会生效。这里不推荐使用 systemctl reload 命令重新加载配置文件，因为某些服务是不提供 reload 功能的。

重载配置文件并重启服务的命令格式如下：

```
systemctl   daemon-reload
systemctl   restart      服务名
```

详细示例如下：

```
#重新加载 nfs 的配置文件并重启服务
[root@localhost ~]# systemctl daemon-reload
[root@localhost ~]# systemctl restart nfs.service
```

8. 屏蔽和取消屏蔽服务

使用 disable 设置服务开机不启动只是将服务对应的软链接从/etc/systemd/system 中删除，而使用 mask 会直接建立一个/dev/null 的符号链接，执行 mask 后服务将无法手动启动，

必须先使用 unmask 取消屏蔽后才可以手动启用。

屏蔽服务的命令格式如下：

```
systemctl  mask    服务名
```

取消屏蔽服务的命令格式如下：

```
systemctl  unmask  服务名
```

详细示例如下：

```
#将 nfs 服务屏蔽，可以看到创建了一个 /dev/null 的软链接
[root@localhost ~]# systemctl mask nfs.service
Created symlink from/etc/systemd/system/nfs.service to /dev/null.

#尝试手动启动，可以看到提示服务被屏蔽，无法手动启动
[root@localhost ~]# systemctl start nfs.service
Failed to start nfs.service: Unit is masked.

#将 nfs 服务取消屏蔽状态，然后再手动启动
[root@localhost ~]# systemctl unmask nfs.service
Removed symlink/etc/systemd/system/nfs.service.
[root@localhost ~]# systemctl start nfs.service
```

6.2　进 程 管 理

对进程进行管理，首先要知道何为进程、程序、线程，以及这三者之间的关系。程序是静态保存在磁盘、光盘等存储介质中的可执行代码和数据；进程是在 CPU 和内存中动态执行程序代码产生的，父进程可以管理多个子进程；而线程则是进程的最小执行单元，属于轻量级的进程。它们之间的关系可简单表述为：运行程序后就会产生进程，一个进程由多个线程构成。

6.2.1　静态进程

静态进程统计的是在某一个时间点下所有进程的状态，只能代表某一时间点下的进程信息。可以通过 ps（Process Status）命令统计静态进程信息，格式如下：

```
ps   选项
```

常用选项如下：

- -a：显示当前终端下所有进程的信息。
- -u：显示进程所属用户名。
- -x：显示当前用户在所有终端下的进程信息。

- -e：和-a 一样，显示系统中所有进程的信息。
- -l：以长格式详细显示进程信息。
- -f：以完整格式显示进程间的关系。

详细示例如下：

```
#使用-aux 选项显示系统中所有进程的信息，这里只显示了部分结果
[root@localhost ~]# ps -aux
USER  PID  %CPU  %MEM  VSZ  RSS  TTY  STAT  START   TIME   COMMAND
root  2    0.0   0.0   0    0    ?    S     16:37   0:00   [kthreadd]
root  4    0.0   0.0   0    0    ?    S<    16:37   0:00   [kworker/0:0H]
root  6    0.0   0.0   0    0    ?    S     16:37   0:00   [ksoftirqd/0]
root  7    0.0   0.0   0    0    ?    S     16:37   0:00   [migration/0]
……

#使用-ef 选项显示进程信息，这里只显示了部分结果
[root@localhost ~]# ps -ef | head
UID   PID  PPID  C   STIME  TTY  TIME      CMD
root  2    0     0   13:50  ?    00:00:00  [kthreadd]
root  4    2     0   13:50  ?    00:00:00  [kworker/0:0H]
root  6    2     0   13:50  ?    00:00:00  [ksoftirqd/0]
root  7    2     0   13:50  ?    00:00:00  [migration/0]
……
```

下面对执行“ps -aux”命令后所显示结果中的各个参数进行说明：

- USER：表示启动该进程的用户账户名称。
- PID：表示子进程唯一标识号，在当前系统中是唯一的。
- %CPU：表示 CPU 占用百分比。
- %MEM：表示内存占用百分比。
- VSZ：表示占用虚拟内存（SWAP 空间）的大小。
- RSS：表示占用常驻内存（物理内存）的大小。
- TTY：表示进程运行的终端名，TTY1~TTY6 表示虚拟终端，pts/0~pts/n 表示远程终端，“?”表示未知或不需要终端。
- STAT：表示进程状态，字符 S（休眠）、R（运行）、Z（僵死）、T（停止）、<（高优先级）、N（低优先级）、s（父进程）、+（前台进程）、D（不可中断的睡眠状态）。
- START：表示进程启动时间。
- TIME：表示进程占用的 CPU 时间。
- COMMAND：表示进程名称。
- PPID：表示父进程的 PID。

6.2.2 动态进程

动态进程是指可实时查看进程在系统中的状态信息，动态刷新进程运行状态。可以通过 top 命令查看动态进程信息，默认是每隔三秒刷新一次，格式如下：

```
top 选项
```

详细示例如下：

```
#使用 top 命令实时监控系统中进程的状态，这里同样也只是显示部分结果
[root@localhost ~]# top
top - 21:29:11 up  4:52,   2 users,   load average: 0.06,  0.03,  0.05
Tasks: 134 total,    1 running,  133 sleeping,    0 stopped,    0 zombie
%Cpu（s）:  0.3 us,   0.0 sy,   0.0 ni,  99.7 id,   0.0 wa,   0.0 hi,   0.0 si,
0.0 st
KiB Mem :   995748 total,    478472 free,    285880 used,    231396 buff/cache
KiB Swap:  8785912 total,   8785912 free,          0 used.   543036 avail Mem

   PID USER PR NI   VIRT   RES  SHR  S  %CPU %MEM  TIME+     COMMAND
    11 root rt 0    0      0    0    S  0.3  0.0   0:00.42   watchdog/0
  5453 root 20 0    0      0    0    S  0.3  0.0   0:01.38   kworker/0:0
     1 root 20 0    128412 7156 4224 S  0.0  0.7   0:05.58   systemd
     2 root 20 0    0      0    0    S  0.0  0.0   0:00.01   kthreadd
     4 root 0  -20  0      0    0    S  0.0  0.0   0:00.00   kworker/0:0H
……
```

1．动态进程参数解释

执行 top 命令后，显示结果中各参数的说明如下：

（1）第 1 行 top：分别表示当前系统时间，目前系统的截止运行时间，系统中当前登录用户数，以及平均负载统计 CPU 在 1 分、5 分和 15 分三个时间段的平均使用率。

（2）第 2 行 Tasks：total 表示总进程数，running 表示正在运行的进程数，sleeping 表示处于休眠的进程数，stopped 表示停止的进程数，zombie 表示僵死进程数。

（3）第 3 行%Cpu：us 表示用户空间占用 CPU 百分比，sy 表示内核空间占用 CPU 百分比，ni 表示用户空间内改变过优先级的进程占用 CPU 百分比，id 表示空闲 CPU 百分比，wa 表示等待输入输出设备占用 CPU 时间百分比，hi 表示硬中断占用 CPU 百分比，si 表示软中断占用 CPU 百分比，st 表示系统中虚拟机占用 CPU 百分比。

（4）第 4 行 Mem：total 表示物理内存总大小，used 表示使用的物理内存大小，free 表示剩余物理内存大小，buff 表示文件写入磁盘（内存与磁盘间）的缓存的大小，cach 表示从磁盘读取数据（CPU 与内存间）的缓存大小。

（5）第 5 行 Swap：total 表示总交换分区大小，free 表示剩余交换分区大小，used 表示使用的交换分区大小，avail 表示可用的交换分区大小。

（6）第 6 行：PID 表示进程的 PID 号，USER 表示进程所属用户名，PR 表示进程调度优先级（数字越小优先级越高），NI 表示进程的 nice 值（数字越小优先级越高），VIRT 表示进程使用的虚拟内存，RES 表示进程使用的物理内存（不包括共享内存），SHR 表示进程使用的共享内存，S 表示进程状态，%CPU 表示进程占用的 CPU 百分比，%MEM 表示进程占用的内存百分比，TIME+表示进程运行占用的 CPU 时间，COMMAND 表示进程名。

2．动态进程界面的交互式操作

在执行 top 命令后显示的动态界面中，按数字 1 可以查看 CPU 的状况，按字母 P 根据 CPU 占用百分比排序，按字母 M 根据内存占用百分比排序，按字母 N 根据进程启动时间排序，按组合键 Shift+>向下翻查，按组合键 Shift+<向上翻查，按字母 h 进入帮助信息界面，按字母 q 或组合键 Ctrl+C 退出。

6.2.3 查看进程识别号

pgrep 命令可以查询指定进程的进程识别号（Process Identification，PID），不接任何选项只是查看该程序或服务的所有进程的 PID。命令格式如下：

```
pgrep  选项  服务或程序名
```

常用选项如下：

- -l：查看 PID，同时显示进程名。
- -u：通过进程所属用户名查找。
- -t：通过进程所属终端名查找。

详细示例如下：

```
#查看 sshd 服务的 PID 并显示进程的名称
[root@localhost ~]# pgrep -l sshd
1255 sshd
1638 sshd
1658 sshd

#查看进程所属用户名为 psostfix 的所有进程的 PID 和进程名
[root@localhost ~]# pgrep -l -u postfix
1466 qmgr
37110 pickup

#查找系统中进程所在终端为 tty1 的所有进程的 PID 和进程名
[root@localhost ~]# pgrep -l -t tty1
4608 agetty
```

6.2.4 后台进程

进程分为前台进程和后台进程。例如我们在 Windows 系统中打开某个应用窗口并在其中操作，该进程就属于前台进程；如果我们需要打开另外的应用程序，则可以将该应用窗口最小化，此时该进程变为后台进程。在 Linux 系统中，我们执行某条命令都必须等待该命令执行完毕后才可以继续输入其他命令操作，这样的进程都属于前台进程。但是某些时候，比如在使用 cp 命令复制某些大文件时或使用 tar 命令打包压缩一些体积较大的文件时，我们需要一直等待复制或压缩结束后才可进行其他操作，这样等待就比较浪费时间，此时我们可以将这些需要时间执行的操作命令放到后台执行，让该命令在后台执行就会产生后台进程。

1. 创建后台进程

启动后台进程只需要在执行的命令后面接上操作符号“&”，就能将命令放入后台执行，这样就可以不占用前台的命令操作界面而继续使用其他命令。

```
#使用 ping 命令将执行结果写入黑洞文件 /dev/null，这样不会占用磁盘空间，会持续 ping
 所以可以将其放到后台执行。注意不使用“&”就会一直卡在执行界面。这里创建两个后台进程
[root@localhost ~]# ping 127.0.0.1 > /dev/null  &
[1] 54604
[root@localhost ~]# ping 127.0.0.1 > /dev/null  &
[2] 54967
```

2. 查看后台进程

可以使用 jobs 查看后台的所有进程，没有后台进程就显示为空。数字表示后台进程的序号，数字后面的符号中“+”表示高优先级，“-”表示低优先级，没有任何符号表示优先级最低。如果知道后台进程的序号，也可以在 jobs 后面接序号以查看指定的后台进程。

```
#查看刚才创建的两个后台进程，可以看到有两个后台进程正处于运行状态
[root@localhost ~]# jobs
[1]-  Running                    ping 127.0.0.1 > /dev/null &
[2]+  Running                    ping 127.0.0.1 > /dev/null &

#查看第一个后台进程
[root@localhost ~]# jobs 1
[1]-  Running                    ping 127.0.0.1 > /dev/null &
```

3. 将后台进程重新调度到前台

可以使用 fg 命令加上对应的后台进程序号，将后台进程重新调度到前台。如果不接序号则默认是将高优先级的，也就是带有“+”的后台进程重新调度到前台，调度到前台后可以使用组合键 Ctrl+C 终止命令执行。命令格式如下：

```
fg  序号
```

详细示例如下：

```
#再创建两个后台进程，此时有 4 个后台进程，直接使用 fg 命令可以发现带有“+”的后台进程被
 调度到前台，使用 Ctrl+C 组合键中断命令执行
[root@localhost ~]# jobs
[1]   Running                    ping 127.0.0.1 > /dev/null &
[2]   Running                    ping 127.0.0.1 > /dev/null &
[3]-  Running                    ping 127.0.0.1 > /dev/null &
[4]+  Running                    ping 127.0.0.1 > /dev/null &
[root@localhost ~]# fg
ping 127.0.0.1 > /dev/null
^C[root@localhost ~]# jobs
[1]   Running                    ping 127.0.0.1 > /dev/null &
```

```
[2]-  Running                 ping 127.0.0.1 > /dev/null &
[3]+  Running                 ping 127.0.0.1 > /dev/null &

#将序号为 2 的后台进程重新调度到前台并终止执行
[root@localhost ~]# fg 2
ping 127.0.0.1 > /dev/null
^C[root@localhost ~]# jobs
[1]-  Running                 ping 127.0.0.1 > /dev/null &
[3]+  Running                 ping 127.0.0.1 > /dev/null &
```

4．停止后台进程

这里的停止不是将后台进程结束，只是让后台进程处于停止状态。停止状态的进程显示为 Stopped。可以使用组合键 Ctrl+Z 将运行状态的后台进程变为停止状态。

详细示例如下：

```
#将第三个后台进程重新调度到前台，使用组合键 Ctrl+Z 让进程停止运行
[root@localhost ~]# fg 3
ping 127.0.0.1 > /dev/null
^Z
[3]+  Stopped                 ping 127.0.0.1 > /dev/null
[root@localhost ~]# jobs
[1]-  Running                 ping 127.0.0.1 > /dev/null &
[3]+  Stopped                 ping 127.0.0.1 > /dev/null
```

6.2.5　终止进程

无论是前台进程还是后台进程，都可以使用组合键 Ctrl+C 中断进程，但是在程序无响应时则无法通过组合键实现终止，此时可以采用杀进程的方式来终止进程，即可以通过 kill、killall 和 pkill 命令来终止进程。

1．kill命令

kill 命令是通过进程的 PID 来终止进程的，因此在终止进程时需要通过 pgrep 命令来查看进程的 PID。其中选项“-9”表示强制终止进程，一般情况下不推荐使用，使用后可能会造成程序部分数据的丢失。命令格式如下：

```
kill  [-9]  PID
```

详细示例如下：

```
#使用 systemctl 命令重启 ntpd 服务，保证该服务进程存在。然后使用 pgrep 命令查看进程的
 PID 的同时显示进程的名称
[root@localhost ~]# systemctl restart ntpd
[root@localhost ~]# systemctl is-active  ntpd
active
[root@localhost ~]# pgrep -l ntpd
71530 ntpd

#使用 kill 命令终止进程 ntpd，然后查看 PID 时发现进程已经不存在，查看其服务状态时发现
```

```
 其处于非活动状态
[root@localhost ~]# kill 71530
[root@localhost ~]# pgrep -l ntpd
[root@localhost ~]# systemctl is-active  ntpd
inactive
```

2．killall命令

killall 命令是通过进程的名称和进程所属的用户名来终止进程的。当一个进程存在多个 PID 时，通过 kill 命令来终止进程时还必须先找到该进程的父进程号，这比较麻烦。此时可利用这些进程的名称都一样的特点，使用 killall 来终止进程，格式如下：

```
killall  选项  参数
```

常用选项如下：

- -9：强制终止进程。
- -u：通过进程所属用户名终止进程。
- -i：终止进程时提醒。

详细示例如下：

```
#将 nfs 服务重启，发现该服务存在多个 PID，使用 killall 命令终止进程，并且终止进程时提
 示是否终止
[root@localh ost ~]# systemctl restart nfs.service
[root@localhost ~]# pgrep -l nfsd
75054 nfsd4_callbacks
75060 nfsd
75061 nfsd
75062 nfsd
75063 nfsd
75064 nfsd
75065 nfsd
75066 nfsd
75067 nfsd
[root@localhost ~]# killall -i nfsd
Kill nfsd(75060) ? (y/N) y   #会提示多次，如果不想被提示可以不使用选项“-i”

#终止系统中进程所属用户名为 postfix 的所有进程，再次查看时发现没有该用户名的进程了
[root@localhost ~]# pgrep -l -u postfix
1466 qmgr
74441 pickup
[root@localhost ~]# killall -u postfix
[root@localhost ~]# pgrep -l -u postfix
```

3．pkill命令

pkill 命令可以通过进程名、进程所在的终端名以及进程所属的用户名来终止进程，参数为进程名、终端名或用户名。命令格式如下：

```
pkill   选项   参数
```

常用选项如下：

- -9：强制终止进程。
- -t：通过进程所属终端名终止进程。
- -u：通过进程所属用户名终止进程。

详细示例如下：

```
#通过进程名终止 ntpd 进程
[root@localhost ~]# systemctl restart ntpd
[root@localhost ~]# pgrep -l ntpd
78261 ntpd
[root@localhost ~]# pkill ntpd
[root@localhost ~]# pgrep -l ntpd

#使用 w 命令查看当前系统中登录的用户名，有两个通过虚拟终端登录，一个通过远程终端登录
[root@localhost ~]# w
 17:24:24 up  3:33,   3 users,   load average: 0.00,  0.01,  0.05
USER  TTY     FROM            LOGIN@  IDLE    JCPU    PCPU    WHAT
root  tty1                    17:24   16.00s  0.02s   0.02s   -bash
root  pts/0   192.168.245.1   13:52   0.00s   1.68s   0.01s   w
root  tty2                    17:23   40.00s  0.02s   0.02s   -bash

#将通过虚拟终端 tty2 登录的 root 踢下线，可以使用 pkill 命令+终端名来终止该进程，这里
 必须使用选项“-9”强制操作才可以将该用户踢下线
[root@localhost ~]# pkill -9 -t tty2
[root@localhost ~]# w
 17:27:07 up  3:36,   2 users,   load average: 0.03,  0.03,  0.05
USER   TTY    FROM            LOGIN@  IDLE    JCPU    PCPU    WHAT
root   tty1                   17:24   2:59    0.02s   0.02s   -bash
root   pts/0  192.168.245.1   13:52   3.00s   1.71s   0.01s   w
```

6.3 任务计划

任务计划是指在指定的日期执行预先编译好的系统任务以完成某些复杂的功能。较为简单的系统任务可以通过命令的方式实现，复杂的系统任务则需要通过编写 Shell 脚本来实现。任务计划分为一次性任务计划和周期性任务计划两种。本节将通过 at 和 crontab 命令实现一些简单的任务计划。

6.3.1 日历和时间命令

在编写任务计划前，我们先学习下关于查看和修改系统日期和时间的命令。

1. cal命令

cal 命令用于查看系统中的日历信息。

（1）查看系统当前日历。

查看当前系统中的具体年月日可以直接使用 cal 命令，无须接任何选项，例如：

```
#查看系统目前的日历信息
[root@localhost ~]# cal
    January 2021
Su Mo Tu We Th Fr Sa
                1  2
 3  4  5  6  7  8  9
10 11 12  13 14 15 16
17 18 19  20 21 22 23
24 25 26  27 28 29 30
31
```

（2）查看指定年份的整年日历。

查看某一个年份中 12 个月的日历信息，可以在 cal 命令后接上具体年份（用阿拉伯数字表示），格式如下：

```
cal   年份
```

详细示例如下：

```
#查看 2020 年整年的日历信息，显示部分结果
[root@localhost ~]# cal 2020
                              2020
        January                   February                   March
Su   Mo Tu   We Th Fr Sa     Su Mo  Tu We Th Fr Sa     Su Mo Tu We Th Fr Sa
                1  2  3  4                         1      1  2  3  4  5  6  7
 5    6  7    8  9 10 11      2  3   4  5  6  7  8      8  9 10 11 12 13 14
12   13 14   15 16 17 18      9 10  11 12 13 14 15     15 16 17 18 19 20 21
19   20 21   22 23 24 25     16 17  18 19 20 21 22     22 23 24 25 26 27 28
26   27 28   29 30 31 23     24 25  26 27 28 29 29     30 31
……
```

（3）查看指定月份的日历。

如果要查看某年某月的日历信息，可以使用以下格式：

```
cal   月份  年份
```

上述是较为常见的一种格式，也可以使用其他格式。

```
#查看 2020 年 12 月的日历信息
[root@localhost ~]# cal 12 2020
        December 2020
Su  Mo  Tu  We  Th  Fr  Sa
         1   2   3   4   5
 6   7   8   9  10  11  12
13  14  15  16  17  18  19
20  21  22  23  24  25  26
27  28  29  30  31
```

2．date命令

date 命令用于查看和修改系统时间。系统时间也可以称为软件时间，指的是当前内核时钟。

（1）查看当前系统时间。

直接使用 date 命令不接任何选项，表示查看系统日期和时间。

```
#查看当前系统的日期和时间
[root@localhost ~]# date
Sat Jan  2 18:19:29 CST 2021
```

（2）修改系统时间。

常用的命令格式如下：

```
date  -s  "年-月-日 时：分：秒"
```

使用选项“-s”接指定日期和时间进行修改，上面的格式是我们最易接受的。

```
#修改系统时间为 2020 年 8 月 8 日 8 时 8 分 8 秒
[root@localhost ~]# date -s "2020-8-8 8:8:8"
Sat Aug  8 08:08:08 CST 2020
[root@localhost ~]# date
Sat Aug  8 08:08:08 CST 2020
```

3．hwclock命令

hwclock 命令用于查看和修改硬件时间。硬件时间相当于 BIOS 时间，是由主板电池供电的时钟。

（1）查看硬件时间。

直接使用 hwclock 命令就是查看 RTC（Real Time，硬件时间）。注意，命令后面不使用任何选项。

```
#查看系统硬件时间
[root@localhost ~]# hwclock
Sat 02 Jan 2021 06:25:12 PM CST  -0.787928 seconds
```

（2）修改硬件时间。

命令格式如下：

```
hwclock --set  --date  "年-月-日 时：分：秒"
```

hwclock 命令使用长格式选项“set”和“date”修改硬件日期和时间。

```
#将硬件时间修改为 2019 年 9 月 9 日 9 时 9 分 9 秒
[root@localhost ~]# hwclock --set --date "2019-9-9 9:9:9"
[root@localhost ~]# hwclock
Mon 09 Sep 2019 09:09:15 AM CST  -0.850214 seconds
```

（3）将系统时间同步到硬件时间。

命令格式如下：

```
hwclock --systohc
```

长格式选项使用两个“-”，详细的示例可以参考下面的演示，请注意查看显示结果。

```
#先分别查看系统时间和硬件时间
[root@localhost ~]# hwclock
Mon 09 Sep 2019 09:09:15 AM CST  -0.850214 seconds
[root@localhost ~]# date
Sat Aug  8 08:21:54 CST 2020
#将系统时间同步到硬件时间，也就是说硬件时间变成和系统时间一样
[root@localhost ~]# hwclock --systohc
[root@localhost ~]# date
Sat Aug  8 08:23:34 CST 2020
[root@localhost ~]# hwclock
Sat 08 Aug 2020 08:23:43 AM CST  -0.382073 seconds
```

（4）将硬件时间同步到系统时间。

命令格式如下：

```
hwclock --hctosys
```

详细示例如下：

```
#将硬件时间修改下，再同步到系统时间，让系统时间变成和硬件时间一样
[root@localhost ~]# hwclock --set --date "2010-10-10 10:10:10"
[root@localhost ~]# date
Sat Aug  8 08:26:49 CST 2020
[root@localhost ~]# hwclock --hctosys
[root@localhost ~]# date
Sun Oct 10 10:10:48 CST 2010
```

请注意查看显示结果。

4．timedatectl命令

使用 timedatectl 命令可以查看和修改时区、系统时间和硬件时间。命令格式如下：

```
timedatectl  选项  命令
```

选项就不过多说明，下面主要对命令进行详解：

- status：查看系统中时区和时间信息。
- set-time TIME：修改系统时间。
- set-timezone ZONE：修改系统时区。
- list-timezones：查看所有时区。
- set-local-rtc BOOL：修改硬件时间。

详细示例如下：

```
#查看系统中的日期、时间以及时区信息
[root@localhost ~]# timedatectl status
      Local time: 日 2010-10-10 10:24:43 CST
  Universal time: 日 2010-10-10 02:24:43 UTC
        RTC time: 日 2010-10-10 02:24:43
       Time zone: Asia/Shanghai (CST, +0800)
     NTP enabled: yes
```

```
NTP synchronized: no
 RTC in local TZ: no
      DST active: n/a

#查看系统支持的所有时区
[root@localhost ~]# timedatectl list-timezones
Africa/Abidjan
Africa/Accra
Africa/Addis_Ababa
Africa/Algiers
Africa/Asmara
Africa/Bamako
Africa/Bangui

#修改时区为 Asia/Hong_Kong
[root@localhost ~]# timedatectl set-timezone  Asia/Hong_Kong

#修改系统时间时必须关闭时间同步，否则是无法修改成功的
[root@localhost ~]# timedatectl set-ntp false
[root@localhost ~]# timedatectl set-time '2020-08-08 08:08:08'
[root@localhost ~]# timedatectl
      Local time: Sat 2020-08-08 08:08:11 HKT
  Universal time: Sat 2020-08-08 00:08:11 UTC
        RTC time: Sat 2020-08-08 00:08:12
       Time zone: Asia/Hong_Kong (HKT, +0800)
     NTP enabled: no
NTP synchronized: no
 RTC in local TZ: no
      DST active: n/a
```

6.3.2 一次性任务计划

一次性任务计划是指在指定的日期和时间自动执行预先设置好的命令操作，执行一次后不会再次执行。前提是一次性任务计划的 atd 服务必须是启动的，否则执行失败。

1. 设置一次性任务计划

使用 at 命令设置任务计划时，计划执行的日期和时间必须在当前系统时间之后。方法是使用 at 命令指定具体日期和时间后直接按 Enter 键进入“at>”交互式界面，然后依次编写需要执行的命令，最后按组合键 Ctrl+D 提交任务计划。命令格式如下：

```
#指定具体日期和时间
at  HH:MM  YYYY-MM-DD

#指定当前时间后的多少分钟（minutes）、小时（hours）、天（days）和月（months）时执
 行计划任务
at  now    +minutes/hours/days/months
```

详细示例如下：

```
#查看系统时间以及一次性任务计划服务启动状态
[root@localhost ~]# date
```

```
Sat Jan  2 20:33:10 CST 2021
[root@localhost ~]# systemctl is-active atd
active

#创建任务计划：在 2021 年 1 月 3 日 15:30 在/opt/目录下新建目录 test2021
[root@localhost ~]# at 15:30 2021-1-3
at> mkdir -p /opt/test2021
at> <EOT>
job 1 at Sun Jan  3 15:30:00 2021

#创建任务计划：第二天早上 10:30 将/opt/目录打包备份到/home/opt.tar.gz
[root@localhost ~]# at 10:30 tomorrow
at> tar -zcvf /home/opt.tar.gz /opt
at> <EOT>
job 2 at Sun Jan  3 10:30:00 2021

#创建任务计划：4 天后和此时系统时间一样的时间在/opt/目录下新建文件 test4.txt
[root@localhost ~]# at now +4 days
at> touch /opt/test4.txt
at> <EOT>
job 3 at Wed Jan  6 20:52:00 2021
```

请注意查看显示结果。

2．查询一次性任务计划

可以使用 at 命令查询创建的一次性任务计划，格式如下：

```
at  -l
```

可以使用 at 命令查询一次性任务计划的内容，格式如下：

```
at  -c   计划任务号
```

也可以使用 atq 命令查询创建的一次性任务计划，格式如下：

```
atq
```

详细的示例可以参考下面的演示，请注意查看显示结果。

```
#查看系统中所有的一次性任务计划
[root@localhost ~]# atq
1       Sun Jan  3 15:30:00 2021 a root
2       Sun Jan  3 10:30:00 2021 a root
3       Wed Jan  6 20:52:00 2021 a root
```

3．删除一次性任务计划

可以使用 atrm 命令加上对应任务计划号删除一次性任务计划，格式如下：

```
atrm          任务计划号
```

也可以使用 at 命令接-d 选项及任务计划号删除指定的一次性任务计划，格式如下：

```
at  -d  任务计划号
```

详细的示例可以参考下面的演示，请注意查看显示结果。

```
#删除序号为 3 的一次性任务计划
[root@localhost ~]# at -d 3
```

6.3.3 周期性任务计划

周期性任务计划是指在指定日期重复执行预先编译好的命令操作，运行成功的前提条件是周期性任务计划服务 crond 是启动状态。

1．配置文件

在周期性任务计划中，主要分为系统配置文件、用户配置文件和其他配置文件。需要了解各个配置文件中参数的含义才能更好地编写任务计划，以下是这三种文件的详细说明。

（1）系统配置文件。

/etc/crontab 是系统任务调度的配置文件，根据文件中的设定，crond 将按照不同的周期重复执行对应目录中的任务脚本文件。

```
#查看/etc/crontab 配置文件内容
[root@localhost ~]# cat /etc/crontab
SHELL=/bin/bash                              #设置执行任务计划的 Shell 环境
PATH=/sbin:/bin:/usr/sbin:/usr/bin #使用 PATH 环境变量设置执行命令的路径
MAILTO=root                                  #将任务执行信息发送到指定用户的邮箱

# For details see man 4 crontabs

# Example of job definition:
# .---------------- minute （0 - 59）                                  #分钟
# |  .------------- hour （0 - 23）                                    #小时
# |  |  .---------- day of month （1 - 31）                            #日期
# |  |  |  .------- month （1 - 12） OR jan，feb，mar，apr ...         #月份
# |  |  |  |  .---- day of week （0 - 6） （Sunday=0 or 7） OR sun，mon，tue，
wed，thu，fri，sat                                                     #星期
# |  |  |  |  |
# *  *  *  *  * user-name  command to be executed                    #执行的命令
```

（2）用户配置文件。

/var/spool/cron/是每个用户存放设置的周期性任务计划文件的目录，每个用户的文件名与对应的用户账户名相同。

```
#查看用户配置文件目录信息
[root@localhost ~]# ls /var/spool/cron/
root  zhangsan
```

（3）其他文件。

/etc/cron.allow 和/etc/cron.deny 文件用来限制用户使用 crontab 命令。如果 cron.allow 文件存在，那么在文件中列出的用户都可以使用 crontab 命令并且忽略 cron.deny 文件；如果 cron.allow 文件不存在，那么在 cron.deny 文件中列出的用户都禁止使用 crontab 命令。

/etc/cron.daily 用来存放每天运行的任务脚本；/etc/cron.hourly 用来存放每小时运行的任务脚本；/etc/cron.monthly 用来存放每月运行的任务脚本；/etc/cron.weekly 用来存放每周运行的任务脚本。/etc/cron.d 目录中文件的作用其实和/etc/crontab 一样，当需要分项目设定任务计划时可以在该目录下新建文件，简单来说就是对设定的任务计划使用一个单独的文件编写，格式和 crontab 一致，只需要在命令前面接上用户名，否则是无法执行的。

crond 服务会每分钟检查一次/etc/crontab 文件、/etc/cron.d/目录、/var/spool/cron 目录的变化。如果发现变化，就会下载到存储器中。不需要重新启动就可以使设置生效。

```
#独立任务计划的配置文件目录信息
[root@localhost ~]# ls /etc/cron*
/etc/cron.deny /etc/crontab
/etc/cron.d:
0hourly  raid-check  sysstat
/etc/cron.daily:
logrotate  man-db.cron  mlocate
/etc/cron.hourly:
0anacron
/etc/cron.monthly:
/etc/cron.weekly:
```

2. 使用crontab命令管理任务计划

当 crond 服务是启动状态时，设置周期性任务计划时可以通过 crontab 命令来实现，结合不同的选项完成不同的任务计划功能。如果不使用“-u”选项接用户名，默认就是以当前登录用户管理任务计划。命令格式如下：

```
crontab    选项
```

常用选项如下：

- -e：创建和编辑任务计划列表。
- -l：显示任务计划列表。
- -r：删除任务计划列表。
- -u：指定用户管理任务计划，一般只有 root 用户有权限。

3. 任务计划列表格式

使用 crontab 命令结合选项“-e”进入编辑任务计划列表界面，命令的格式如下：

```
分  时  日  月  周  命令
```

- 分：表示设置分钟，可取 0～59 间的任意整数值。
- 时：表示设置小时，可取 0～23 间的任意整数值。
- 日：表示设置日期，可取 1～31 间的任意整数值。
- 月：表示设置月份，可取 1～12 间的任意整数值。
- 周：表示设置星期，可取 0～7 间的任意整数值，其中 0 或 7 表示星期日。
- 命令：要执行的命令，也可以是 Shell 脚本。

使用 crontab 命令时，还会用到一些特殊符号。其中“*”表示取值范围中的任意值；“-”表示一个连续的时间范围，比如星期中的“1-3”表示周一至周三；“，”表示间隔的不连续时间，比如日期“1，3，6”表示每月的 1 号、3 号、6 号；“/”表示间隔频率，比如小时中“*/2”表示每过 2 小时。

为方便理解，下面用几个示例进行说明。

```
#周一至周四的早上 10 点 20 执行任务计划
20  10  *   *   1-4     命令

#每周三、周五、周日下午 5 点执行任务计划
0   17  *   *   3，5，7  命令

#每隔 2 天执行任务计划，分钟的 0 表示间隔两天后的凌晨 0 点整开始执行
0   *   */2 *   *       命令

#每天早上 9 点至晚上 19 点时间段内每隔 2 小时执行任务计划
0   9-19/2  *   *   *   命令

#每 1 分钟执行任务计划，分钟字段不填写具体时间数字，使用“*”表示每分钟执行
*   *   *   *   *       命令
```

4．创建周期性任务计划

使用 crontab 命令结合选项“-e”进入编辑任务计划列表的操作界面，然后就像使用 vi 编辑器那样进行操作。编写任务计划需要使用快捷键 a/i/o 进入输入模式，编写完毕后保存需要回退到末行模式时使用 wq。命令模式、输入模式、末行模式的切换可以参考第 2 章中 vi 编辑器的介绍。

（1）以当前用户创建任务计划。

为避免创建任务计划前执行失败，最好将周期性任务计划的服务 crond 重启后进行测试，详细的示例可以参考下面的演示，请注意查看显示结果。

```
#查看系统中 crond 服务是否启动正常
[root@localhost ~]# systemctl status crond.service
● crond.service - Command Scheduler
   Loaded: loaded (/usr/lib/systemd/system/crond.service; enabled; vendor
preset: enabled)
   Active: active (running) since Sun 2021-01-03 16:43:14 CST; 7min ago
 Main PID: 1287 (crond)
    Tasks: 1
   CGroup:/system.slice/crond.service
          └─1287/usr/sbin/crond -n

Jan 03 16:43:14 localhost systemd[1]: Started Command Scheduler.
Jan 03 16:43:14 localhost crond[1287]: (CRON) INFO (RANDOM_DELAY will be
scaled with factor 11% if used.)
Jan 03 16:43:14 localhost crond[1287]: (CRON) INFO (running with inotify
support)
```

```
[root@localhost ~]# systemctl restart crond.service

#每天早上 6 点启动 nfs 服务，晚上 23 点关闭 nfs 服务，使用 vi 编辑器方式
#每隔 2 天的凌晨 3 点整将/opt 目录打包备份到/homt/opt.tar.bz2
[root@localhost ~]# crontab -e
0      6      *      *      *      systemctl start nfs.service
0      23     *      *      *      systemctl stop nfs.service
0      3      */2    *      *      tar -jcvf /home/opt.tar.bz2 /opt

#这里只演示第三条任务计划，可以直接修改系统来实现，操作步骤如下：
#通过 date 命令查看当前日期，可以看到要执行第三条任务计划的时间是 2021 年 1 月 5 日
[root@localhost ~]# date
Sun Jan  3 17:33:35 CST 2021
#将系统时间修改为 2021 年 1 月 5 日 2 时 59 分 50 秒，为防止执行不成功，修改时间后可以将
 crond 服务重新启动，可以根据需求设置预留时间
[[root@localhost ~]# date -s "2021-1-5 2:59:50"
Tue Jan  5 02:59:50 CST 2021
[root@localhost ~]# systemctl restart crond.service
#等待时间到了后使用 ls -lh 命令可以查看到生成压缩文件包的时间为 3 点整，执行成功
[root@localhost ~]# date
Tue Jan  5 03:00:18 CST 2021
[root@localhost ~]# ls -lh /home
total 96M
……
-rw-r--r--. 1 root    root     275 Jan  5 03:00 opt.tar.bz2
……
```

（2）以指定用户创建任务计划。

指定一个用户创建任务计划使用选项“-u”，详细的示例可以参考下面的演示，请注意查看显示结果。

```
#为 zhangsan 用户创建任务计划，每周三、周五和周日晚上 22 点 30 分将/etc/hosts 复制到
 自己的宿主目录下，保存文件名为 hosts.txt。这里需要注意 zhangsan 用户必须存在
[root@localhost ~]# crontab -e -u zhangsan
30     22     *      *      0，3，5   cp -f /etc/hosts /home/zhangsan/
host.txt
```

5. 查看周期性任务计划

创建完计划任务后，需要查看是否创建成功。查看当前用户和其他用户的任务计划的命令格式如下：

```
#查看当前 root 用户下创建的任务计划列表
[root@localhost ~]# crontab -l
0      6      *      *      *      systemctl start nfs.service
0      23     *      *      *      systemctl stop nfs.service
0      3      */2    *      *      tar -jcvf /home/opt.tar.bz2 /opt

#查看 zhangsan 用户的任务计划列表
[root@localhost ~]# crontab -l -u zhangsan
30     22     *      *      0，3，5   cp -f /etc/hosts /home/zhangsan/
host.txt
```

6．删除周期性任务计划

使用 crontab 结合选项“-r”可以直接将创建的所有任务计划列表删除，如果需要删除某条任务计划列表，可以使用“crontab -e”进入任务计划列表编辑界面，使用 vi 编辑器的方式删除特定的数据即可。

```
#删除当前 root 用户下的第二条任务计划，即停止 nfs 服务，可以使用 crontab -e 命令，然后
 直接将光标跳转到第二行，使用快捷键 dd 删除整行数据，然后进入末行模式使用“:wq”保存退出
[root@localhost ~]# crontab -e
0	6	*	*	*	systemctl start nfs.service
0	23	*	*	*	systemctl stop nfs.service
0	3	*/2	*	*	tar -jcvf /home/opt.tar.bz2 /opt
[root@localhost ~]# crontab -l
0	6	*	*	*	systemctl start nfs.service
0	3	*/2	*	*	tar -jcvf /home/opt.tar.bz2 /opt
```

第 7 章　软件包的安装

经过前面几章的讲解，相信大家对于 Linux 系统的基本操作都已经非常熟练了。除了这些基本技能外，还需要根据实际的生产环境安装各种不同的程序和服务。本章将继续介绍在系统中安装应用程序和必备服务的方法，这是一个系统管理员必备的技能。

本章的主要内容如下：

- RPM 包管理工具；
- 源码包安装方式；
- yum 管理工具；
- Java 运行时环境 JDK 的部署；
- RAR 和 NTFS-3G 软件包的安装。

注意：本章的难点在于使用源码包部署软件和服务。

7.1　软件包的分类

在第 2 章中介绍过 Linux 系统的命令分为内部命令和外部命令，但无论哪种命令都是通过安装软件包之后产生的。当系统安装完成后，一些必备的软件包都是已经安装好的，但是有些较为复杂的功能还需要通过额外安装其他应用程序软件包来实现。在 Linux 系统中，常用的软件包类型有 RPM 包、源码包、绿色免安装软件包和 DEB 包，下面分别进行介绍。

7.1.1　RPM 软件包

RPM 软件包是以.rpm 结尾的文件，属于 RHEL/CentOS 等发行版下的专属安装包。安装包的命名格式是“包名-主版本号.次版本号.修订版本号-发布次数.发行版本号.硬件平台.rpm”。其中对应的发行版本号表示适合哪些发行版系统，硬件平台较为常见的有 i386、i586、i686 和 x86，表示软件包适用于 32 位系统，而 x86_64 表示软件包适用于 64 位系统。例如提供 Web 服务的软件包便命名为 httpd-2.4.6-90.el7.centos.x86_64.rpm。

RPM 软件包安装速度较快，管理简单，但是软件包之间的依赖性较强。一般常用的软件包都可以从系统的镜像文件中查找到，缺点是版本都不是最新的。可以通过 RPM 包管理工具和 yum 管理工具对软件包进行安装、升级和卸载等操作。

7.1.2 源代码软件包

源代码软件包是开发人员编写的原始代码文件，一般都是归档文件.tar、.gz 或.tar.bz2 等格式，因此源码包也称为 Tarball。在系统中安装新版本的软件包时都采用这种格式的包安装，需要经过 GCC 或 C++等编译器环境才能安装。这种软件包的安装步骤较为烦琐，编译时间较长，对于新手而言不是很友好，但是卸载比较方便。绝大部分的软件包官网都提供源代码软件包。

7.1.3 绿色免安装软件包

绿色软件包是已经编译好的可执行文件，只需要将文件解压后就可以直接使用，常见的格式有以“.bin”结尾的文件和归档文件，其中以“.bin”结尾的文件直接使用“/*.bin”就可以解压，归档文件可以使用 tar 命令解压。

7.1.4 DEB 软件包

DEB 软件包是以“.deb”结尾的文件，属于 Debian 系统（含 Debian 和 Ubuntu）的专属软件包，它和 RPM 包非常类似，二者可以通过工具相互转换。DEB 软件包通过 dkpg（Debian Package，Debian 包管理器）或 apt-get 命令进行管理和维护。

注意： 本章重点介绍 RPM 包和源码包的安装方式。

7.2 RPM 包管理工具

RPM（Red Hat Package Manager，RPM 软件包管理器）是由 Red Hat 公司推出的专门用于管理 Linux 软件包的工具，用于查询、安装、升级、卸载和校验 Linux 系统中的 RPM 包，由于它遵循 GPL 协议，功能强大且使用方便，所以被众多 Linux 发行版所采用。

7.2.1 查询 RPM 软件包信息

可以通过 rpm 命令中的选项“-q”查询系统中已经安装的软件包信息，也可以通过“-qp”选项查询未安装的软件包的相关信息，需要根据不同的查询功能指定不同的选项。下面将分别从这两个方面介绍常用选项的使用方法。

1. 查询已安装RPM软件包信息

要查询系统中已经安装的软件包信息可以直接使用“-q”选项，但有些时候需要结合不同的子选项查询已安装包的具体信息，命令格式如下：

```
rpm  -q[子选项]  软件包名
```

常用子选项如下：

- -a：查看系统中已安装的所有 RPM 软件包列表。
- -i：查看指定软件的详细信息。
- -l：查询指定软件包所安装的目录、配置文件、帮助文件和其他文件信息。
- -c：显示指定软件包安装的配置文件信息。
- -d：显示指定软件包安装的目录信息。
- -f：查询命令或文件属于哪个 RPM 软件包，后面必须接命令的绝对路径。
- -R：查询已安装软件包的依赖包。

详细示例可以参考下面的演示，请注意查看显示结果。

```
#查询系统中某个软件包是否安装，如果软件包名和命令名称一样，可以直接查询出该软件包，否
 则无法查询出软件包是否安装，比如 at 命令就可以，而 crontab 命令就不行
[root@localhost ~]# rpm -q at
at-3.1.13-24.el7.x86_64
[root@localhost ~]# rpm -q crontab
package crontab is not installed

#查询系统中安装的所有 RPM 软件包，这里只显示部分结果
[root@localhost ~]# rpm -qa
libblockdev-nvdimm-2.18-4.el7.x86_64
sysvinit-tools-2.88-14.dsf.el7.x86_64
pulseaudio-module-bluetooth-10.0-5.el7.x86_64
ldns-1.6.16-10.el7.x86_64
xdg-user-dirs-gtk-0.10-4.el7.x86_64
telepathy-filesystem-0.0.2-6.el7.noarch
libblockdev-mdraid-2.18-4.el7.x86_64
……

#可以通过 grep 命令查询某个软件包是否安装，前提是要知道软件包名。下面查询系统中软件包
 名称中带有“cron”字符的所有软件包
[root@localhost ~]# rpm -qa | grep "cron"
cronie-anacron-1.4.11-23.el7.x86_64
crontabs-1.11-6.20121102git.el7.noarch
cronie-1.4.11-23.el7.x86_64

#查询外部命令是通过哪个软件包安装产生的，可以使用“-f”选项，前提是必须使用 which 命令
 查询到该命令的绝对路径。这里查询 crontab 命令的软件包名
[root@localhost ~]# which crontab
/usr/bin/crontab
[root@localhost ~]# rpm -qf /usr/bin/crontab
```

```
cronie-1.4.11-23.el7.x86_64                        #这才是 crontab 的软件包名

#查询 crontab 命令的软件包的详细信息，使用“-i”选项，可以查看到软件包的名称、版本号、
 许可证协议、安装时间及其他描述信息等
[root@localhost ~]# rpm -qi cronie-1.4.11-23.el7.x86_64
Name        : cronie                               #软件包的名称
Version     : 1.4.11                               #版本号
Release     : 23.el7                               #发行版本号
Architecture: x86_64                               #硬件平台及软件包位数
Install Date: Sun 29 Nov 2020 05:14:59 PM CST      #软件包的安装时间
Group       : System Environment/Base
Size        : 220592                               #软件包的大小
License     : MIT and BSD and ISC and GPLv2+       #许可证
Signature   : RSA/SHA256， Fri 23 Aug 2019 05:21:40 AM CST， Key ID
24c6a8a7f4a80eb5
                                                   #软件包的 hash 值
Source RPM  : cronie-1.4.11-23.el7.src.rpm
Build Date  : Fri 09 Aug 2019 07:07:25 AM CST      #软件包的安装时间
Build Host  : x86-02.bsys.centos.org
……

#查询 crontab 命令的软件包在系统中的安装目录、帮助文件目录和可执行文件目录等相关信息。
 以下只显示部分结果
[root@localhost ~]# rpm -ql cronie-1.4.11-23.el7.x86_64
/etc/cron.d                                        #配置文件信息
……
/usr/bin/crontab                                   #可执行文件目录
/usr/lib/systemd/system/crond.service
/usr/sbin/crond
/usr/share/doc/cronie-1.4.11                       #安装目录信息
/usr/share/doc/cronie-1.4.11/AUTHORS
……
/usr/share/man/man1/crontab.1.gz                   #帮助文件
……
/var/spool/cron                                    #日志文件

#只查询 crontab 命令的软件包在系统中的安装路径和帮助文件信息
[root@localhost ~]# rpm -qd cronie-1.4.11-23.el7.x86_64
/usr/share/doc/cronie-1.4.11/AUTHORS
/usr/share/doc/cronie-1.4.11/COPYING
……
/usr/share/man/man1/crontab.1.gz
/usr/share/man/man5/crontab.5.gz
……

#只显示 crontab 命令的软件包的配置文件的相关信息
[root@localhost ~]# rpm -qc cronie-1.4.11-23.el7.x86_64
/etc/cron.d/0hourly
/etc/cron.deny
/etc/pam.d/crond
```

```
/etc/sysconfig/crond
```

2. 查询未安装的RPM软件包信息

在 CentOS 系统中，常用的命令、文件和程序的软件包基本上都可以在系统的 ISO 镜像文件中直接查询到。在 CentOS 5 系统中，软件包默认存放在镜像文件的 Server 目录下，在 CentOS 6/7 系统中，软件包默认存放在 Packages 目录下，所以寻找一些常用的未安装的软件包时无须额外下载，可以直接将系统的 ISO 镜像文件加载到虚拟机的光驱中，然后使用 mount 命令挂载后读取文件即可。

查询未安装的软件包信息可以通过“-qp”选项结合不同的子选项实现不同的查询功能，命令格式如下：

```
rpm     -qp[子选项]  软件包名
```

常用子选项如下：

- -i：查看未安装软件包的详细信息。
- -l：查看未安装软件包的相关文件信息，包括安装目录和配置文件等。
- -c：查看未安装软件包的配置文件列表。
- -d：查看未安装软件包的安装目录列表。
- -R：查看未安装软件包的依赖包列表。

详细示例如下：

```
#将 ISO 镜像文件加载到光驱设备中，使用 mount 命令将光驱设备挂载到/mnt/a 中，mnt 下的 a
 目录是提前创建好的
[root@localhost ~]# mount /dev/cdrom /mnt/a
mount: /dev/sr0 is write-protected, mounting read-only
#进入镜像文件中的 Packages，查找以 httpd 开头的软件包名
[root@localhost /]# cd /mnt/a
[root@localhost a]# dir
CentOS_BuildTag  EFI  EULA  GPL  images  isolinux  LiveOS  Packages
repodata  RPM-GPG-KEY-CentOS-7  RPM-GPG-KEY-CentOS-Testing-7  TRANS.TBL
[root@localhost a]# cd Packages/
[root@localhost Packages]# ls httpd*
httpd-2.4.6-90.el7.centos.x86_64.rpm      httpd-manual-2.4.6-90.el7.
centos.noarch.rpm
httpd-devel-2.4.6-90.el7.centos.x86_64.rpm  httpd-tools-2.4.6-90.el7.
centos.x86_64.rpm
#查看 httpd 软件包的相关信息，系统默认没有安装这个软件包
[root@localhost Packages]# rpm -qpi httpd-2.4.6-90.el7.centos.x86_64.rpm
Name        : httpd
Version     : 2.4.6
Release     : 90.el7.centos
Architecture: x86_64
Install Date: (not installed)
Group       : System Environment/Daemons
Size        : 9817301
License     : ASL 2.0
Signature   : RSA/SHA256, Fri 23 Aug 2019 05:25:32 AM CST, Key ID
```

```
24c6a8a7f4a80eb5
Source RPM  : httpd-2.4.6-90.el7.centos.src.rpm
……

#虽然 httpd 软件包未安装，但可以通过“-pql”选项查看安装后所有文件的目录，中间部分省
 略，只显示开头和结尾部分的内容
[root@localhost Packages]# rpm -qpl httpd-2.4.6-90.el7.centos.x86_64.rpm
/etc/httpd
/etc/httpd/conf
/etc/httpd/conf.d
……
/var/www
/var/www/cgi-bin
/var/www/html
```

7.2.2 卸载 RPM 软件包

卸载软件包只需要指定软件包名即可，而且不需要完整的软件包名。卸载时如果出现软件包之间存在依赖关系的情况，可以强制忽略依赖包而只卸载指定的主程序软件包。卸载软件包的命令格式如下：

```
rpm  选项  软件包名
```

常用选项如下：

- -e：卸载指定的软件包。
- --nodeps：忽略依赖关系，一般只在卸载时使用。

详细示例如下：

```
#卸载系统中 crontab 命令的安装程序包 cronie，不接选项—nopdes 时会提示存在依赖包，后
 面会重新安装，这里直接忽略依赖包卸载 cronie 软件包，卸载成功后可以看到 crontab 命令
 无法使用
[root@localhost /]# which crontab
/usr/bin/crontab
[root@localhost /]# rpm -qf /usr/bin/crontab
cronie-1.4.11-23.el7.x86_64
[root@localhost /]# rpm -e cronie-1.4.11-23.el7.x86_64
error: Failed dependencies:
        cronie = 1.4.11-23.el7 is needed by (installed) cronie-anacron-
1.4.11-23.el7.x86_64
       /etc/cron.d is needed by (installed) crontabs-1.11-6.20121102git.
el7.noarch
       /etc/cron.d is needed by (installed) sysstat-10.1.5-18.el7.x86_64
[root@localhost /]# rpm -e cronie-1.4.11-23.el7.x86_64 --nodeps
[root@localhost /]# which crontab
/usr/bin/which: no crontab in (/usr/local/sbin:/usr/local/bin:/usr/sbin:/
usr/bin:/root/bin)
```

7.2.3　安装 RPM 软件包

安装软件包时必须使用完整的软件包名，包名必须包含主版本号等信息。当安装多个软件包时可以使用通配符“*”，对于存在依赖关系的多个软件包，系统会自动检查依赖关系并按照顺序安装。命令格式如下：

```
rpm  选项  完整的软件包名
```

常用选项如下：

- -i：安装一个新的 RPM 软件包。
- -h：以“#”号显示安装的进度。
- -v：显示安装过程中的详细信息。
- -U：升级某个 RPM 软件，无论旧版本的软件包是否安装，都会安装新版本的软件包。
- -F：更新某个 RPM 软件，若旧版本的软件包没有安装，则放弃安装新版本的软件包。

几个辅助安装软件的命令选项如下：

- --replacepkgs：当已经安装软件包时，覆盖原软件包而重新安装。
- --replacesfiles：当发现软件包和已安装的软件包中的文件名相同但内容不同时，即存在文件冲突的错误时，可以使用此选项而忽略该错误。
- --force：强制安装软件包，替换或者安装比当前软件包版本低的软件。

详细示例如下：

```
#将卸载的 crontab 命令的软件包 cronie 重新安装，先挂载光驱设备中的镜像文件以寻找该软件包的完整名称
[root@localhost /]# cd /mnt/a/Packages/
[root@localhost Packages]# ls cron*
cronie-1.4.11-23.el7.x86_64.rpm
cronie-anacron-1.4.11-23.el7.x86_64.rpm
crontabs-1.11-6.20121102git.el7.noarch.rpm
#安装时一般都和选项“-ivh”一起使用，通过 tab 快速自动识别完整的软件包名，可以看到提示安装成功，并使用 which 命令查看 crontab 命令是否存在，当然也可以使用选项“-qi”查询安装的详细信息
[root@localhost Packages]# rpm -ivh cronie-1.4.11-23.el7.x86_64.rpm
Preparing...                          ################################# [100%]
Updating/installing...
   1:cronie-1.4.11-23.el7             ################################# [100%]
[root@localhost Packages]# which crontab
/usr/bin/crontab
[root@localhost Packages]# rpm -qi cronie
Name        : cronie
Version     : 1.4.11
Release     : 23.el7
Architecture: x86_64
Install Date: Wed 06 Jan 2021 09:21:18 PM CST       #注意看安装时间
……
```

```
#使用选项“--replacepkgs”覆盖安装 cronie 软件包，如果不使用该选项，会提示软件包已
 经安装而无法再次安装
[root@localhost Packages]# rpm -ivh cronie-1.4.11-23.el7.x86_64.rpm
Preparing...                ################################# [100%]
        package cronie-1.4.11-23.el7.x86_64 is already installed
[root@localhost Packages]# rpm -ivh cronie-1.4.11-23.el7.x86_64.rpm
--replacepkgs
Preparing...                ################################# [100%]
Updating/installing...
   1:cronie-1.4.11-23.el7   ################################# [100%]

#“-U”和“-F”演示，这里先提前卸载 cronie 包再去测试，可以发现使用“-F”选项是无法成
 功安装的，使用“-U”选项可以成功安装
[root@localhost Packages]# rpm -e cronie-1.4.11-23.el7.x86_64 --nodeps
[root@localhost Packages]# rpm -Fvh cronie-1.4.11-23.el7.x86_64.rpm
[root@localhost Packages]# which crontab
/usr/bin/which: no crontab in (/usr/local/sbin:/usr/local/bin:/usr/sbin:/
usr/bin:/root/bin)
[root@localhost Packages]# rpm -Uvh cronie-1.4.11-23.el7.x86_64.rpm
Preparing...                ################################# [100%]
Updating/installing...
   1:cronie-1.4.11-23.el7   ################################# [100%]
[root@localhost Packages]# which crontab
/usr/bin/crontab
```

7.2.4 重建 RPM 数据库

RPM 数据库用于记录 Linux 系统软件包的安装、卸载和升级等信息，一般是由 RPM 包管理工具自动维护的，无须人为干预，相关信息存放在/var/lib/rpm 目录下。如果 RPM 数据库出现错误而损坏，且 Linux 系统又无法自动修复时，可以使用以下选项手动重新构建和修复 RPM 数据库。

- --initdb：初始化 RPM 数据库，若之前无数据库会新建一个，若之前存在则不新建。
- --rebuilddb：重建数据库，直接重新构建并且覆盖原有的数据库。

7.3 源代码包的安装

虽然二进制的 RPM 包大大缩短和简化了软件包安装的时间和难度，但是如果系统中当前的应用程序无法满足生产需求、需要添加新的软件服务包而系统镜像文件中又不存在，或者需要安装新版本的软件包时，我们还是需要使用开放式的源代码文件通过编译安装软件包。使用源代码编译安装需要提供对应的开发环境，建议在系统中安装时一并将 GCC 和 GCC-C++的编译工具安装好。

本节以编译安装 NTFS-3G 的源代码软件为例演示源码包的安装步骤，软件包的下载

地址为 https://tuxera.com/opensource/ntfs-3g_ntfsprogs-2017.3.23.tgz。安装完成后 Linux 系统就可以支持读取 NTFS 文件系统的存储设备。

```
#查看系统中 GCC 和 GCC-C++的编译环境
[root@localhost Packages]# gcc --version
gcc (GCC) 4.8.5 20150623 (Red Hat 4.8.5-39)
Copyright (C) 2015 Free Software Foundation, Inc.
This is free software; see the source for copying conditions.  There is NO
warranty; not even for MERCHANTABILITY or FITNESS FOR A PARTICULAR PURPOSE.

[root@localhost Packages]# g++ --version
g++ (GCC) 4.8.5 20150623 (Red Hat 4.8.5-39)
Copyright (C) 2015 Free Software Foundation, Inc.
This is free software; see the source for copying conditions.  There is NO
warranty; not even for MERCHANTABILITY or FITNESS FOR A PARTICULAR PURPOSE.
```

7.3.1　解包释放源代码文件

源代码软件包一般都是以归档文件形式存在，常见的都是以“*.tar.gz/*.tgz”或者“*.tar.bz2/*.tbz2”为后缀名，需要使用 tar 命令进行解压释放出源代码文件。在 Linux 系统中，默认都是将源码包的解压路径指定在/usr/local/src 目录中，当然这不是硬性规定，也可以放在其他目录下。

```
#虚拟机如果可以访问互联网，可以通过 wget 命令将软件直接下载到系统中，没有外网的话也可
 以使用真实机下载后复制到虚拟机中（通过软碟通工具制成 ISO 镜像文件后使用 mount 挂载方
 式实现），这里直接使用 wget 命令下载的方式实现
[root@localhost home]# wget https://tuxera.com/opensource/ntfs-3g_ntfsprogs-
2017.3.23.tgz
--2021-01-07 19:51:53--  https://tuxera.com/opensource/ntfs-3g_ntfsprogs-
2017.3.23.tgz
Resolving tuxera.com (tuxera.com)... 77.86.224.47
Connecting to tuxera.com (tuxera.com)|77.86.224.47|:443... connected.
HTTP request sent, awaiting response... 200 OK
Length: 1259054 (1.2M) [application/x-gzip]
Saving to: 'ntfs-3g_ntfsprogs-2017.3.23.tgz'

100%[=================================================================
============>] 1,259,054   16.3KB/s   in 67s

2021-01-07 19:53:01 (18.4 KB/s) - 'ntfs-3g_ntfsprogs-2017.3.23.tgz' saved
[1259054/1259054]
[root@localhost home]# ls
a.txt  lisi  ntfs-3g_ntfsprogs-2017.3.23.tgz  opt.tar.bz2  test.iso  user3
zhangsan

#解压源码包到/usr/local/src 目录下，并查看是否解压成功
[root@localhost home]# tar -zxvf ntfs-3g_ntfsprogs-2017.3.23.tgz  -C /usr/
local/src/
ntfs-3g_ntfsprogs-2017.3.23/
```

```
ntfs-3g_ntfsprogs-2017.3.23/depcomp
……
[root@localhost home]# ls /usr/local/src/
ntfs-3g_ntfsprogs-2017.3.23
```

7.3.2 配置安装参数

解压释放源代码文件后，进入解压目录中，针对当前系统环境和软件环境进行参数配置，一般通过源代码文件中的 configure 脚本配置参数，根据系统和软件环境不同，每个软件配置的参数也不相同，可以使用./configure –help 命令查看详细的配置参数。

当然也可以通过互联网最好是官网文档去查看需要配置的具体参数，但是针对不同的软件有一个参数是可以统一的，就是使用“--prefix”指定软件的安装目录，一般都是默认安装在/usr/local/目录下并指定一个和软件包同名的目录以方便管理。在配置过程中如果出现错误，大部分都是因为缺少相应的依赖包，根据提示安装对应的软件包即可。

```
#进入源码包解压到的目录，使用 configure 配置参数，这里指定安装到
/usr/local/ntfs 目录下。最后可以使用“echo $?”命令查看是否有出错
[root@localhost ntfs-3g_ntfsprogs-2017.3.23]# ./configure  --prefix=/usr/
local/ntfs
checking build system type... x86_64-unknown-linux-gnu
checking host system type... x86_64-unknown-linux-gnu
……
config.status: executing libtool commands
/usr/bin/rm: cannot remove 'libtoolT': No such file or directory
You can type now 'make' to build ntfs-3g.
[root@localhost ntfs-3g_ntfsprogs-2017.3.23]# echo  $?
0                                                   #返回码为 0 表示上述结果正确
```

7.3.3 编译二进制可执行文件

配置完参数后，根据 makefile 文件中的配置信息将源代码文件编译成可执行的二进制程序，可以使用 make 命令完成编译步骤。编译时间一般都比较长，需要耐心等待，编译过程中要注意观察是否出现报错信息，如无法直接看出错误信息，可以通过“echo $?”命令查看，返回结果为 0 就表示编译过程无问题。

```
#使用 make 命令将源码文件编译成可执行的二进制程序
[root@localhost ntfs-3g_ntfsprogs-2017.3.23]# make
make  all-recursive
make[1]: Entering directory `/usr/local/src/ntfs-3g_ntfsprogs-2017.3.23'
Making all in include
……
[root@localhost ntfs-3g_ntfsprogs-2017.3.23]# echo $?
0
```

7.3.4　复制安装

等待编译结束后，使用 make install 命令将软件的执行程序、配置文件和帮助文件等相关文件复制安装到系统中，如果需要卸载也可以使用 make uninstall 命令来实现，同样也可以通过“echo　$?”命令查看此步骤是否成功。

```
#将二进制可执行程序安装到系统中
[root@localhost ntfs-3g_ntfsprogs-2017.3.23]# make install
Making install in include
make[1]: Entering directory `/usr/local/src/ntfs-3g_ntfsprogs-2017.3.23/
include'
Making install in ntfs-3g
……
[root@localhost ntfs-3g_ntfsprogs-2017.3.23]# echo $?
0

#查看/sbin目录，可以看到存在mkfs.ntfs文件，表示系统已经可以支持NTFS格式
[root@localhost ntfs-3g_ntfsprogs-2017.3.23]# ls /sbin/mkfs*
/sbin/mkfs       /sbin/mkfs.cramfs /sbin/mkfs.ext3 /sbin/mkfs.fat   /sbin/
mkfs.msdos /sbin/mkfs.vfat    /sbin/mkfs.btrfs  /sbin/mkfs.ext2 /sbin/
mkfs.ext4 /sbin/mkfs.minix /sbin/mkfs.ntfs     /sbin/mkfs.xfs

#挂载NTFS文件系统的U盘，通过fdisk命令查看到U盘或移动设备名为/dev/sdc1，将设备
 挂载到/mnt/f目录下
[root@localhost /]# fdisk -l
[root@localhost /]# mount -t ntfs-3g  /dev/sdc1  /mnt/f
```

注意：有时候会将编译二进制可执行文件和复制安装两个步骤直接写成 make && make install 命令一并执行。

7.4　yum 管理工具

7.4.1　yum 概述

YUM（Yellow dog Updater，Modified）是一个在 Fedora、RedHat 以及 CentOS 中使用的 Shell 前端软件包管理器。其基于 RPM 包管理，能够从指定的服务器自动下载 RPM 包并且安装，可以自动处理依赖性关系，并且一次安装所有依赖的软件包，无须烦琐地一次次下载、安装。

7.4.2　yum 的配置文件

在执行 yum 命令时需要查看下 yum 源中的仓库地址是否可用，仓库地址可以是目录

也可以是链接地址，存放着软件包和索引文件。仓库可以分为本地仓库和在线仓库，本地仓库就是将所有软件包存放到本地或局域网内的服务器上，不需要外网权限，一般可以通过镜像文件中的软件包制作本地 yum 源仓库；在线仓库就是直接通过一个网络链接地址在互联网中搜索并下载软件包，网络上有很多开源的镜像网站可以作为在线的 yum 源仓库地址。CentOS 系统中默认的在线软件仓库是可以直接使用的。查询仓库地址有哪些的命令格式如下：

```
yum  repolist  all
```

详细示例如下：

```
#查看系统中所有的仓库地址
[root@localhost /]# yum repolist all
Loaded plugins: fastestmirror, langpacks
Repodata is over 2 weeks old. Install yum-cron? Or run: yum makecache fast
Loading mirror speeds from cached hostfile
 * base: mirrors.aliyun.com
 * extras: mirrors.aliyun.com
 * updates: mirrors.163.com
repo id                       repo name                     status
C7.0.1406-base/x86_64         CentOS-7.0.1406 - Base        disabled
C7.0.1406-centosplus/x86_64 CentOS-7.0.1406 - CentOSPlus disabled
C7.0.1406-extras/x86_64       CentOS-7.0.1406 - Extras      disabled
!base/7/x86_64                CentOS-7 - Base               enabled:10,072
……

#查看处于启用状态的仓库地址
[root@localhost yum.repos.d]# yum repolist enabled
Loaded plugins: fastestmirror, langpacks
Repodata is over 2 weeks old. Install yum-cron? Or run: yum makecache fast
Loading mirror speeds from cached hostfile
 * base: mirrors.aliyun.com
 * extras: mirrors.aliyun.com
 * updates: mirrors.163.com
repo id                          repo name                          status
!base/7/x86_64                   CentOS-7 - Base                    10,072
!extras/7/x86_64                 CentOS-7 - Extras                  448
!updates/7/x86_64                CentOS-7 - Updates                 778
```

注意：当 status 列显示为 enabled 时，就表示该仓库处于激活状态。

1. 配置文件说明

yum 配置文件主要分为两部分：main 和 repository。其中 main 部分定义了全局配置选项，这些选项针对每一个 repository 都生效，位于/etc/yum.conf 文件中，整个 YUM 配置文件只能有一个 main。repository 部分定义每个 repo 源（可以理解为软件包的仓库地址）的具体配置，可以存在一个或多个，文件都是以“.repo”为后缀名，位于/etc/yum.repos.d/目录下，yum 命令会从该目录逐步查询可用的软件仓库。

（1）查看/etc/yum.conf 配置文件，main 部分定义了全局配置选项。

```
#查看/etc/yum.conf 配置文件
[root@localhost /]# cat /etc/yum.conf
[main]
cachedir=/var/cache/yum/$basearch/$releasever
keepcache=0
debuglevel=2
logfile=/var/log/yum.log
exactarch=1
obsoletes=1
gpgcheck=1
plugins=1
installonly_limit=5
bugtracker_url=http://bugs.centos.org/set_project.php?project_id=23&ref
=http://bugs.centos.org/bug_report_page.php?category=yum
distroverpkg=centos-release
```

配置文件中参数的详细说明如下：

- [main]：定义全局配置选项。
- cachedir：yum 下载 RPM 包的缓存目录，$basearch 表示系统架构的硬件平台，比如 i386、x86_64 等；$releasever 定义发行版本，比如 6、7、8 等数字。
- keepcache：是否缓存目录下的 RPM 包，0 表示不保存，安装完成后直接删除（默认）；1 表示保存，安装完成后保留。
- debuglevel：错误日志级别（0～10），默认值为 2，表示只保留安装和删除日志。
- logfile：yum 日志文件目录。
- exactarch：是否允许更新不同硬件（CPU 体系）平台的 RPM 包。1 表示不允许（默认），意思就是 i386 不允许更新 i686 的 RPM 包；0 表示允许。
- obsoletes：是否允许更新旧版本的 RPM 包，1 表示允许（默认），0 表示不允许。
- gpgcheck：是否校验 GPG（GNU Private Guard）密钥签名方式，确定 RPM 包来源的安全性。1 表示校验（默认），无该参数也表示校验；0 表示不校验。
- plugins：是否启用插件，1 表示启用（默认），0 表示不启用。
- installonly_limit：允许保留内核包的个数。
- bugtracker_url：追踪 bug 路径。
- distroverpkg：执行软件包的发行版本。

除上述参数外，也可以添加一些其他参数，具体如下：

- pkgpolicy：软件包策略，对应两个值 newest 和 last。其中 newest 表示存在多个 yum 源时选择最新版本的 yum 源；last 表示将以 yum 源服务器 ID 的字母表排序，选择在名次排在最后面的服务器上安装软件包。
- tolerent：yum 是否显示命令行执行时发生的软件包相关的错误，对应两个值 0 和 1。其中 1 表示不显示出现的错误信息，0 表示显示错误信息。
- retries：网络连接错误后的重试次数，0 表示无限重试。

- exclude：排除指定软件包，多个 RPM 包之间使用空格分离，也可以使用通配符。
- reposdir：指定 repo 源的文件位置。

（2）查看/etc/yum.repos.d 目录下的.repo 源配置文件，相关信息如下：

```
#查看/etc/yum.repos.d/目录下的所有文件
[root@localhost /]# ls /etc/yum.repos.d/
CentOS-Base.repo  CentOS-CR.repo  CentOS-Debuginfo.repo  CentOS-fasttrack.
repo  CentOS-Media.repo  CentOS-Sources.repo  CentOS-Vault.repo
#查看 CentOS-Base.repo 文件的内容
[root@localhost ~]# cat /etc/yum.repos.d/CentOS-Base.repo
......
#additional packages that extend functionality of existing packages
[centosplus]
name=CentOS-$releasever - Plus
mirrorlist=http://mirrorlist.centos.org/?release=$releasever&arch=$base
arch&repo=centosplus&infra=$infra
#baseurl=http://mirror.centos.org/centos/$releasever/centosplus/$basearch/
gpgcheck=1
enabled=0
gpgkey=file:///etc/pki/rpm-gpg/RPM-GPG-KEY-CentOS-7
#
```

*.repo 配置文件中参数的详细说明如下：

- [centosplus]：代表容器的名字。中括号一定要存在，里面的名称可以随意起，但不能有两个相同的容器名称，否则 yum 会不知道去哪里寻找容器的相关软件列表文件。
- name：只是说明一下这个容器的意义而已，描述语，可有可无。
- mirrorlist：列出这个容器可以使用的镜像站点，如果不想使用可以注释掉这一行。
- baseurl：这个最重要，因为后面接的就是容器的实际网址。mirrorlist 是由 yum 程序自行去找镜像站点，baseurl 则是指定固定的一个容器网址。
- gpgcheck：指定是否需要查阅 RPM 文件内的数字证书。
- enabled：是否启动容器仓库，默认值为 1，要关闭这个容器可以设置 enable=0。默认情况下该参数是省略的，代表整个容器仓库是启用状态。
- gpgkey：数字证书的公钥文件所在位置，使用默认值即可。

2．yum仓库地址格式

一般来讲在配置文件中 baseurl 参数用来填写仓库地址，手动添加 yum 源时仓库地址可以通过以下几种方式填写。

（1）使用 ftp 服务器地址，写法是 ftp://域名或 IP 地址。

（2）使用网络域名地址，写法是 http://域名或者 https://域名。

（3）使用网络文件系统，写法是 nfs://域名或 IP 地址。

（4）使用本地目录地址，写法是 file:///路径名。一般用于将本地镜像文件的软件包制作成本地仓库时使用。

```
#将镜像文件中的软件包制作成本地仓库
#在光驱中添加镜像文件，然后将光驱设备挂载到/mnt/a 下
[root@localhost /]# mount /dev/cdrom /mnt/a
mount: /dev/sr0 is write-protected, mounting read-only
[root@localhost /]# cd /mnt/a
[root@localhost a]# ls
CentOS_BuildTag  EFI  EULA  GPL  images  isolinux  LiveOS  Packages
repodata  RPM-GPG-KEY-CentOS-7  RPM-GPG-KEY-CentOS-Testing-7  TRANS.TBL
#为方便直观地查看效果，可以先将/etc/yum.repos.d 目录下的所有 yum 源剪切备份到一个目
 录中
[root@localhost /]# cd /etc/yum.repos.d/
[root@localhost yum.repos.d]# mkdir bak
[root@localhost yum.repos.d]# ls
bak CentOS-Base.repo CentOS-CR.repo CentOS-Debuginfo.repo CentOS-fasttrack.
repo  CentOS-Media.repo  CentOS-Sources.repo  CentOS-Vault.repo
[root@localhost yum.repos.d]# mv *.repo bak
[root@localhost yum.repos.d]# ls
bak
#使用 vi 编辑器编写一个本地 yum 源的配置文件 local.repo，内容如下
[root@localhost yum.repos.d]# cat local.repo
[local]                             #仓库名称
name=CentOS7.7-ISO                  #描述语
baseurl=file:///mnt/a               #仓库地址
gpgcheck=0                          #不用检查数字证书
[root@localhost yum.repos.d]# yum repolist all
Loaded plugins: fastestmirror, langpacks
Loading mirror speeds from cached hostfile
repo id                       repo name                     status
local                         CentOS7.7-ISO                 enabled: 4, 067
repolist: 4, 067
```

7.4.3　yum 管理软件包

下面分别从查询、安装、删除、升级一一介绍 yum 管理软件包的方法。

1．查询

（1）查询所有可安装和已经安装的软件包列表，命令格式如下：

```
yum  list
```

（2）查询指定软件包是否安装，可以使用 showduplicates 列出软件包支持的所有版本，命令格式如下：

```
yum  list  软件包名  [--showduplicates]
```

（3）查询所有可更新的软件包，命令格式如下：

```
yum  list  updates
yum  check-update
```

（4）查询所有已安装的软件包，命令格式如下：

```
yum list installed
```

（5）查询所有可安装的软件包，命令格式如下：

```
yum list available
```

（6）查询所有软件包的详细信息，命令格式如下：

```
yum info
```

（7）查询指定软件包的详细信息，命令格式如下：

```
yum info 软件包名
```

（8）查询所有可更新软件包的详细信息，命令格式如下：

```
yum info updates
```

（9）查询所有已安装软件包的详细信息，命令格式如下：

```
yum info installed
```

（10）查找软件包，属于模糊查询，命令格式如下：

```
yum search
```

（11）查询命令是来自哪个软件包，命令格式如下：

```
yum provides 命令
```

（12）查询软件包的依赖关系，命令格式如下：

```
yum deplist 软件包名
```

详细示例如下：

```
#列出 vim 命令安装包的所有可用版本
[root@localhost Packages]# yum provides vim
……
2:vim-enhanced-7.4.629-7.el7.x86_64 : A version of the VIM editor which
includes recent enhancements
……
[root@localhost Packages]# yum list vim-enhanced --showduplicates
……
Installed Packages
vim-enhanced.x86_64             2:7.4.629-6.el7          installed
Available Packages
vim-enhanced.x86_64             2:7.4.629-7.el7          base
vim-enhanced.x86_64             2:7.4.629-8.el7_9        updates

#查询指定软件是否安装，这里分别以未安装的 httpd 和已经安装的 at 包为例
[root@localhost ~]# yum list httpd
Loaded plugins: fastestmirror, langpacks
Loading mirror speeds from cached hostfile
 * base: mirrors.aliyun.com
 * extras: mirrors.aliyun.com
 * updates: mirrors.aliyun.com
Available Packages                                    #可安装，表示未安装
httpd.x86_64               2.4.6-97.el7.centos             updates
[root@localhost ~]# yum list at
```

```
Loaded plugins: fastestmirror, langpacks
Loading mirror speeds from cached hostfile
 * base: mirrors.aliyun.com
 * extras: mirrors.aliyun.com
 * updates: mirrors.aliyun.com
Installed Packages                                    #已安装
at.x86_64

#查询已安装的 at 包的详细信息
[root@localhost ~]# yum info at
Loaded plugins: fastestmirror, langpacks
Loading mirror speeds from cached hostfile
 * base: mirrors.aliyun.com
 * extras: mirrors.aliyun.com
 * updates: mirrors.aliyun.com
Installed Packages
Name         : at
Arch         : x86_64
Version      : 3.1.13
Release      : 24.el7
Size         : 95 k
Repo         : installed
From repo    : anaconda
Summary      : Job spooling tools
URL          : http://ftp.debian.org/debian/pool/main/a/at
License      : GPLv3+ and GPLv2+ and ISC and MIT and Public Domain
……

#查找带有 httpd 关键字的所有安装包
[root@localhost ~]# yum search httpd
……
keycloak-httpd-client-install.noarch : Tools to configure Apache HTTPD as
Keycloak client
libmicrohttpd-devel.i686 : Development files for libmicrohttpd
libmicrohttpd-devel.x86_64 : Development files for libmicrohttpd
libmicrohttpd-doc.noarch : Documentation for libmicrohttpd
python2-keycloak-httpd-client-install.noarch : Tools to configure Apache
HTTPD as Keycloak client
httpd.x86_64 : Apache HTTP Server
httpd-devel.x86_64 : Development interfaces for the Apache HTTP server
……

#查询 ifconfig 命令是由哪个软件包安装的
[root@localhost ~]# yum provides ifconfig
Loaded plugins: fastestmirror, langpacks
Loading mirror speeds from cached hostfile
 * base: mirrors.aliyun.com
 * extras: mirrors.aliyun.com
 * updates: mirrors.aliyun.com
net-tools-2.0-0.25.20131004git.el7.x86_64 : Basic networking tools
Repo        : @anaconda
Matched from:
Filename    :/usr/sbin/ifconfig
```

```
#查询 at 软件包的依赖关系包
[root@localhost ~]# yum deplist at
……
package: at.x86_64 3.1.13-24.el7
  dependency:/bin/sh
   provider: bash.x86_64 4.2.46-34.el7
  dependency: libc.so.6 (GLIBC_2.14) (64bit)
   provider: glibc.x86_64 2.17-317.el7
  dependency: libpam.so.0 () (64bit)
   provider: pam.x86_64 1.1.8-23.el7
  dependency: libpam.so.0 (LIBPAM_1.0) (64bit)
   provider: pam.x86_64 1.1.8-23.el7
  dependency: libpam_misc.so.0 () (64bit)
   provider: pam.x86_64 1.1.8-23.el7
……
```

注意：yum 命令本节都是在可以访问互联网的情况下操作的。

2．安装与升级

使用 yum 工具可以直接获取仓库中的软件包并自动安装所有的依赖关系包，还可以升级软件包。

（1）安装软件包，命令格式如下：

```
yum  install  软件包名
```

详细示例如下：

```
#安装 httpd 软件包，只安装 httpd 这一个包
[root@localhost ~]# yum install httpd
Loaded plugins: fastestmirror, langpacks
Loading mirror speeds from cached hostfile
 * base: mirrors.aliyun.com
 * extras: mirrors.aliyun.com
 * updates: mirrors.aliyun.com
Resolving Dependencies
--> Running transaction check
---> Package httpd.x86_64 0:2.4.6-97.el7.centos will be installed
--> Finished Dependency Resolution
……
Total download size: 2.7 M
Installed size: 9.4 M
Is this ok [y/d/N]:y
……

#使用通配符安装所有以 httpd 开头的包，输入 y 开始安装
[root@localhost ~]# yum install httpd*
……
Install  2 Packages (+6 Dependent packages)
Upgrade            ( 3 Dependent packages)

Total size: 3.5 M
```

```
Total download size: 3.0 M
Is this ok [y/d/N]:y
......
```

（2）覆盖重新安装，命令格式如下：

```
yum  reinstall  软件包名
```

详细示例如下：

```
#如果直接使用 install 再次安装 httpd 会提示“nothing to do”，而使用 reinstall 则
 会重新将已安装的 httpd 再次覆盖安装
[root@localhost ~]# yum reinstall httpd
......
```

（3）升级软件包和系统内核。

命令后面不指定软件包，表示升级所有软件包和系统内核。命令格式如下：

```
yum  update  [软件包名]
yum  upgrade  [软件包名]
```

详细示例如下：

```
#将 vim 编辑器的安装包 vim-enhanced 升级，可以使用 yum list 查看 vim-enhanced 的所
 有版本，目前系统中使用的版本是发布了 6 次的，还有发布次数为 7 次和 8 次的版本可用。升级
 后发现发布次数的数字变成了 8
[root@localhost Packages]# yum list vim-enhanced --showduplicates
......
Installed Packages
vim-enhanced.x86_64               2:7.4.629-6.el7              installed
Available Packages
vim-enhanced.x86_64               2:7.4.629-7.el7              base
vim-enhanced.x86_64               2:7.4.629-8.el7_9            updates
[root@localhost Packages]# yum update vim-enhanced
......
Updated:
  vim-enhanced.x86_64 2:7.4.629-8.el7_9

Dependency Updated:
  vim-common.x86_64 2:7.4.629-8.el7_9

Complete!
[root@localhost Packages]# yum list vim-enhanced --showduplicates
......
Installed Packages
vim-enhanced.x86_64               2:7.4.629-8.el7_9            installed
Available Packages
vim-enhanced.x86_64               2:7.4.629-7.el7              base
vim-enhanced.x86_64               2:7.4.629-8.el7_9            updates
```

在生产环境中升级软件包是存在风险的，需要在升级前做好备份。如果只是需要升级软件包版本而不升级内核，可以使用以下两种方法：

方法 1：在/etc/yum.conf 中添加选项 exclude=kernel* centos-release 即可。

方法 2：使用 yum --exclude="kernel* centos-release" update 排除内核升级。

3．卸载

卸载软件包会连同软件包所有的依赖包一并删除，命令格式如下：

```
yum  remove 软件包名
yum  erase  软件包
```

详细示例如下：

```
#卸载之前安装的 httpd 包
[root@localhost ~]# yum remove httpd
Loaded plugins: fastestmirror,  langpacks
Resolving Dependencies
--> Running transaction check
---> Package httpd.x86_64 0:2.4.6-97.el7.centos will be erased
--> Finished Dependency Resolution

Dependencies Resolved
……
Removed:
  httpd.x86_64 0:2.4.6-97.el7.centos

Complete!

#再次查询 httpd 显示为可安装，表示已经卸载
[root@localhost ~]# yum list httpd
……
Available Packages
httpd.x86_64                      2.4.6-97.el7.centos          updates
```

4．软件组管理

软件组管理就是安装一组软件包的集合。

（1）列出所有可用的软件组列表，命令格式如下：

```
yum  grouplist
```

（2）查看指定软件组的信息，命令格式如下：

```
yum  groupinfo  软件组名
```

（3）安装整个软件组，命令格式如下：

```
yum  groupinstall 软件组名
```

（4）删除软件组，命令格式如下：

```
yum  groupremove  软件组名
```

详细示例如下：

```
#显示所有可安装的软件组
[root@localhost ~]# yum grouplist
Loaded plugins: fastestmirror,  langpacks
There is no installed groups file.
```

```
Maybe run: yum groups mark convert (see man yum)
Loading mirror speeds from cached hostfile
 * base: mirrors.aliyun.com
 * extras: mirrors.aliyun.com
 * updates: mirrors.aliyun.com
Available Environment Groups:
   Minimal Install
   Compute Node
   Infrastructure Server
   File and Print Server
   Basic Web Server
   Virtualization Host
   Server with GUI
   GNOME Desktop
   KDE Plasma Workspaces
   Development and Creative Workstation
Available Groups:
   Compatibility Libraries
   Console Internet Tools
   Development Tools
   Graphical Administration Tools
   Legacy UNIX Compatibility
   Scientific Support
   Security Tools
   Smart Card Support
   System Administration Tools
   Sys……
```

5．清除yum缓存

yum 缓存就是在成功下载和安装软件包后产生的缓存文件，它们不会自动删除。如果需要清除这些缓存文件以减少磁盘占用空间，可以使用 yum clean 命令。

（1）清除缓存目录/var/cache/yum 下的软件包，命令格式如下：

```
yum  clean  packages
```

（2）清除缓存目录/var/cache/yum 下的 headers，命令格式如下：

```
yum  clean  headers
```

（3）清除缓存目录（/var/cache/yum）下旧的 headers，命令格式如下：

```
yum  clean  oldheaders
```

（4）清除缓存目录/var/cache/yum 下的所有文件，命令格式如下：

```
yum  clean
yum  clean  all
```

（5）生成本地缓存，命令格式如下：

```
yum   makecache
```

6．yum其他选项

在使用 yum 时还可以使用一些其他的辅助选项快速地安装软件，下面将一些比较常见的选项罗列说明。

- -y：自动应答，安装时无须确认直接安装即可。
- -q：静默模式。
- -R [分钟]：设置等待时间。
- --skip-broken：忽略依赖关系。
- --nogpgcheck：忽略 GPG 验证。
- --disablerepo=[repo]：临时禁用指定的容器仓库。
- --enablerepo=[repo]：临时启用指定的容器仓库。

7．保存软件包到本地

某些时候通过互联网仓库安装软件包的时候，需要将软件包下载到本地，搭建内网软件仓库供其他主机使用，可以通过以下三种方式实现。

（1）修改配置文件/etc/yum.conf 中的两个参数，将参数 cachedir 改为软件保存位置（根据系统版本可能有所不同），将参数 keepcache 的值改为 1，表示将网络 yum 源使用过的软件包保存下来。

```
#使用 vi 编辑修改/etc/yum.conf 文件中的参数 cachedir 和 keepcache
[root@localhost ~]# vim /etc/yum.conf
......
cachedir=/var/cache/yum/$basearch/$releasever
keepcache=1
......

#清除缓存目录下的所有文件
[root@localhost ~]# yum clean all
Loaded plugins: fastestmirror, langpacks
Cleaning repos: base extras updates
Cleaning up list of fastest mirrors
Other repos take up 20 M of disk space (use --verbose for details)

#安装 httpd 包并查看该包是否已经下载到/var/cache/yumx86_64/7/目录下，安装时注意查
 看容器仓库名称
[root@localhost ~]# yum -y install  httpd
Dependencies Resolved
=================================================================
 Package         Arch       Version                Repository     Size
=================================================================
Installing:
 httpd          x86_64     2.4.6-97.el7.centos    updates        2.7 M
Transaction Summary
=================================================================
Install  1 Package
[root@localhost ~]# ls /var/cache/yum/x86_64/7/updates/packages/
httpd-2.4.6-97.el7.centos.x86_64.rpm
```

（2）使用 yumdownloader 命令，可以将软件包以及与其相关的所有依赖包全部下载到

指定目录中，选项“--resolve”表示下载依赖包，选项“--destdir”表示指定软件包下载后的存放路径。命令格式如下：

```
yumdownloader  --resolve  --destdir=指定目录  软件包名
```

详细示例如下：

```
#将 httpd 开头的所有软件包下载到本地/opt/soft 目录中，包括与其相关的依赖包
[root@localhost opt]# yumdownloader --resolve --destdir=/opt/soft httpd*
Loaded plugins: fastestmirror, langpacks
Loading mirror speeds from cached hostfile
--> Running transaction check
……
(1/11): apr-devel-1.4.8-5.el7.x86_64.rpm                   | 188 kB   00:00:00
(2/11): cyrus-sasl-devel-2.1.26-23.el7.x86_64.rpm          | 310 kB   00:00:00
(3/11): expat-devel-2.1.0-10.el7_3.x86_64.rpm              |  57 kB   00:00:00
(4/11): httpd-2.4.6-90.el7.centos.x86_64.rpm               | 2.7 MB   00:00:00
(5/11): httpd-devel-2.4.6-90.el7.centos.x86_64.rpm         | 197 kB   00:00:00
(6/11): apr-util-devel-1.5.2-6.el7.x86_64.rpm              |  76 kB   00:00:00
(7/11): httpd-manual-2.4.6-90.el7.centos.noarch.rpm        | 1.3 MB   00:00:00
(8/11): libdb-devel-7.3.21-25.el7.x86_64.rpm               |  39 kB   00:00:00
(9/11): mailcap-2.1.41-2.el7.noarch.rpm                    |  31 kB   00:00:00
(10/11): openldap-devel-2.4.44-21.el7_6.x86_64.rpm         | 804 kB   00:00:00
(11/11): httpd-tools-2.4.6-90.el7.centos.x86_64.rpm        |  91 kB   00:00:00

#查看指定目录/opt/soft 中是否存在软件包，可以看到软件确实已经下载到本地了
[root@localhost opt]# ls /opt/soft/
apr-devel-1.4.8-5.el7.x86_64.rpm            httpd-manual-2.4.6-90.el7.
                                            centos.noarch.rpm
apr-util-devel-1.5.2-6.el7.x86_64.rpm       httpd-tools-2.4.6-90.el7.
                                            centos.x86_64.rpm
cyrus-sasl-devel-2.1.26-23.el7.x86_64.rpm   libdb-devel-7.3.21-25.el7.
                                            x86_64.rpm
expat-devel-2.1.0-10.el7_3.x86_64.rpm       mailcap-2.1.41-2.el7.noarch.rpm
httpd-2.4.6-90.el7.centos.x86_64.rpm        openldap-devel-2.4.44-21.
                                            el7_6.x86_64.rpm
httpd-devel-2.4.6-90.el7.centos.x86_64.rpm
```

注意： 如果 yumdownloader 命令不存在，那么需要安装 yum-tuil 软件包。

（3）使用 yum 中的选项“--downloadonly”和“--downloaddir”，选项“--downloadonly”表示只下载，选项“--downloaddir”表示指定下载目录。这种方式只适用于 CentOS 7 以上的系统，CentOS 6 不适用。命令格式如下：

```
yum --downloadonly  --downloaddir=指定目录  install    软件包名
```

详细示例如下：

```
#将安装的 httpd 软件下载到/opt/test 目录，并查看到下载成功
[root@localhost /]# yum --downloadonly --downloaddir=/opt/test install
httpd*
……
Total download size: 3.5 M
Background downloading packages, then exiting:
```

```
No Presto metadata available for base
......
Total
1.1 MB/s | 3.5 MB  00:00:03
exiting because "Download Only" specified
[root@localhost /]# dir /opt/test
apr-1.4.8-7.el7.x86_64.rpm              expat-2.1.0-12.el7.x86_64.rpm
libdb-devel-5.3.21-25.el7.x86_64.rpm    apr-devel-1.4.8-7.el7.x86_64.rpm
expat-devel-2.1.0-12.el7.x86_64.rpm     openldap-2.4.44-22.el7.x86_64.rpm
apr-util-devel-1.5.2-6.el7.x86_64.rpm   httpd-devel-2.4.6-97.el7.centos.
                                        x86_64.rpm
......
```

8．制作离线软件包仓库

下载到本地的软件可以通过 createrepo 命令制作成本地的软件仓库，如果该命令不存在，可以安装 createrepo 软件包。如果在存放软件的目录中生成了一个 repodata 目录，就表示仓库制作成功。命令格式如下：

```
createrepo    -v    软件包目录
```

详细示例如下：

```
#将上述步骤中下载到本地目录/opt/test 中的所有软件制作成一个离线的软件仓库
[root@localhost /]# createrepo -v /opt/test
Spawning worker 0 with 3 pkgs
Spawning worker 1 with 3 pkgs
Spawning worker 2 with 3 pkgs
Spawning worker 3 with 2 pkgs
Worker 0: reading apr-1.4.8-7.el7.x86_64.rpm
Worker 1: reading apr-devel-1.4.8-7.el7.x86_64.rpm
Worker 2: reading apr-util-devel-1.5.2-6.el7.x86_64.rpm
......
Ending filelists db creation: Sat Jan  9 21:56:08 2021
Starting primary db creation: Sat Jan  9 21:56:08 2021
Ending primary db creation: Sat Jan  9 21:56:08 2021
Sqlite DBs complete

#查看是否生成 repodata 目录
[root@localhost /]# ls /opt/test
......
httpd-manual-2.4.6-97.el7.centos.noarch.rpm  repodata

#通过在/etc/yum.repos.d/目录下新建一个 yum 源文件测试软件仓库是否可以使用。测试前可
 以将该目录下的所有文件先备份到该目录下的 bak 目录中，只保留 yum 源配置文件 test.repo
[root@localhost /]# vi /etc/yum.repos.d/test.repo
[test]
name=httpd
baseurl=file:///opt/test
gpgcheck=0
enabled=0
[root@localhost /]# yum repolist
Loaded plugins: fastestmirror, langpacks
Loading mirror speeds from cached hostfile
```

```
repo id                        repo name              status
test                           httpd                  13
repolist: 13
[root@localhost /]# yum makecache
Loaded plugins: fastestmirror, langpacks
Loading mirror speeds from cached hostfile
test
| 2.9 kB  00:00:00
(1/2) : test/filelists_db                             |  12 kB    00:00:00
(2/2) : test/other_db                                 | 8.2 kB    00:00:00
Metadata Cache Created
[root@localhost /]# yum install httpd                 #测试安装，安装信息省略
……
```

7.5 实战案例

通过本章前面几个小节的学习，我们初步了解了 CentOS 系统的软件包安装方式。本节将通过 JDK 环境的部署和 RAR 软件包安装两个实战案例加深理解。

7.5.1 JDK 环境的部署

JDK（Java Development Kit，Java 开发套件）是用于开发 Java 应用程序的开发包，它为 Java 应用程序开发提供了编译、Java 运行时环境、常用的 Java 类库等各种工具和资源。通过 JDK 可以将 Java 程序编译成字节码文件（.class），然后直接运行。官网提供的 tar 包已经编译好，解压之后可以直接使用，相当于是绿色免安装软件包。官网地址为 https://www.oracle.com/java/technologies/javase/javase-jdk8-downloads.html。本次实验重点在于安装 JDK 1.8 环境，通过简单地编写一个 Java 文件打印输出一段信息测试环境是否正常。

1. 卸载系统中自带的JDK

使用 rpm 命令查询出系统自带的 JDK 并卸载这些版本，不使用自带版本是因为后续不好配置环境变量，这里卸载自带的 JDK 1.7 和 1.8。

```
#卸载自带的 JDK 版本
[root@localhost local]# rpm -qa | grep "java"
python-javapackages-3.4.1-11.el7.noarch
java-1.8.0-openjdk-1.8.0.222.b03-1.el7.x86_64
java-1.7.0-openjdk-headless-1.7.0.221-2.6.18.1.el7.x86_64
java-1.7.0-openjdk-1.7.0.221-2.6.18.1.el7.x86_64
java-1.8.0-openjdk-headless-1.8.0.222.b03-1.el7.x86_64
javapackages-tools-3.4.1-11.el7.noarch
tzdata-java-2019b-1.el7.noarch
[root@localhost local]# rpm -e java-1.8.0-openjdk-1.8.0.222.b03-1.el7.
x86_64 --nodeps
[root@localhost local]#rpm -e java-1.8.0-openjdk-headless-1.8.0.222.b03-
```

```
1.el7.x86_64 --nodeps
[root@localhost local]# rpm -e java-1.7.0-openjdk-1.7.0.221-2.6.18.1.el7.
x86_64 --nodeps
[root@localhost local]# rpm -e java-1.7.0-openjdk-headless-1.7.0.221-2.6.
18.1.el7.x86_64
[root@localhost local]# java -version        #无法查看到版本表示卸载成功
-bash:/usr/bin/java: No such file or directory
```

2．下载源码包并解压

通过官网提供的地址下载 JDK 1.8 版本的软件包，下载时需要注册账号，读者可以在 Windows 环境中下载后拖入虚拟机的 Linux 系统。

```
#将/home 目录下的 JDK 1.8 的 tar 包解压到/usr/local 目录中，可以查看到解压目录为
 jdk1.8.0_271
[root@localhost /]# cd /home
[root@localhost home]# ls
jdk-8u271-linux-i586.tar.gz  lisi  ntfs-3g_ntfsprogs-2017.3.23.tgz  user3
zhangsan
[root@localhost home]# tar -zxvf jdk-8u271-linux-i586.tar.gz  -C /usr/
local/
……
[root@localhost home]# cd /usr/local/
[root@localhost local]# ls
bin  etc  games  include  jdk1.8.0_271  lib  lib64  libexec  ntfs  sbin
share  src
```

3．配置环境变量

解压之后就相当于已经安装到 Linux 系统中，需要配置三个环境变量 JAVA_HOME、CLASS_PATH 和 PATH 中并将它们添加到全局配置文件/etc/profile 中。

```
#为方便配置环境变量，将/usr/local/jdk1.8.0_271 重命名为 jdk1.8
[root@localhost local]# ls
bin  etc  games  include  jdk1.8.0_271  lib  lib64  libexec  ntfs  sbin
share  src
[root@localhost local]# mv jdk1.8.0_271/  jdk1.8
[root@localhost local]# ls
bin  etc  games  include  jdk1.8  lib  lib64  libexec  ntfs  sbin  share  src

#使用 vi 编辑器在/etc/profile 配置文件中添加三个环境变量 JAVA_HOME、CLASS_PATH 和
 PATH，注意添加的位置，结果如下
[root@localhost local]# cat /etc/profile
……
export JAVA_HOME=/usr/local/jdk1.8            #指向 JDK 的安装目录
export CLASS_PATH=/usr/local/jdk1.8/lib       #指向 JDK 安装目录下的 lib 目录
#指向 JDK 安装目录下的 bin 目录，$PATH 表示引用原来的 PATH 路径不能将原来的覆盖掉
export PATH=$PATH:/usr/local/jdk1.8/bin
export PATH USER LOGNAME MAIL HOSTNAME HISTSIZE HISTCONTROL

# By default, we want umask to get set. This sets it for login shell
……
```

4．生效配置文件并测试

修改完配置文件并保存退出后，使用 source 命令使配置文件生效，使用 java、javac 命令测试是否可以执行，使用 java -version 命令查看版本。

```
#使配置文件生效并测试，发现提示错误
[root@localhost local]# source /etc/profile
[root@localhost local]# java
-bash:/usr/local/jdk1.8/bin/java:/lib/ld-linux.so.2: bad ELF interpreter:
No such file or directory
#错误提示是因为缺少 glibc.i686，使用 yum 在线安装整个包即可
[root@localhost yum.repos.d]# yum install glibc.i686
……
Installed:
  glibc.i686 0:2.17-317.el7
Dependency Installed:
  nss-softokn-freebl.i686 0:3.53.1-6.el7_9
Dependency Updated:
  nspr.x86_64 0:4.25.0-2.el7_9  nss-softokn-freebl.x86_64 0:3.53.1-6.el7_9
nss-util.x86_64 0:3.53.1-1.el7_9
Complete!

#使用 java、javac 和 java -version 命令进行测试，出现以下信息表示安装成功
[root@localhost /]# java
Usage: java [-options] class [args...]
           (to execute a class)
   or  java [-options] -jar jarfile [args...]
           (to execute a jar file)
where options include:
    -d32        use a 32-bit data model if available
    -d64        use a 64-bit data model if available
    -client      to select the "client" VM
……

[root@localhost /]# javac
Usage: javac <options> <source files>
where possible options include:
  -g                        Generate all debugging info
  -g:none                   Generate no debugging info
  -g:{lines, vars, source}     Generate only some debugging info
……

[root@localhost /]# java -version
java version "1.8.0_271"
Java (TM) SE Runtime Environment (build 1.8.0_271-b09)
Java HotSpot (TM) Client VM (build 25.271-b09, mixed mode)
```

5．编写简单的页面测试

在/home 目录下新建一个 test.java 文件，编写以下代码，注意 class 后的类名一定要和文件名一样，否则无法编译。

```
#查看 test.java 文件内容
[root@localhost /]# cat /home/test.java
public class test{
        public static void main (String args[]) {
                System.out.println ("Hello, world!") ;
}
}
#进入/home目录,使用javac命令生成.class文件并查看,再使用java命令执行,输出"Hello,
 world!"
[root@localhost /]# cd /home
[root@localhost home]# javac test.java
[root@localhost home]# ls
jdk-8u271-linux-i586.tar.gz  lisi  ntfs-3g_ntfsprogs-2017.3.23.tgz  test.
class  test.java  user3  zhangsan
[root@localhost home]# java test
Hello, world!
```

7.5.2　RAR 软件包的安装和使用

Linux 系统中默认是不支持 RAR 格式的归档文件的，可以通过安装第三方 RAR 软件包让系统支持 RAR 格式的归档文件，这里通过 https://www.rarlab.com/rar/rarlinux-x64-6.0.0.tar.gz 地址下载 RAR 软件包的试用版。本节只是演示如何安装 RAR 软件包和如何使用 RAR 软件进行压缩和解压缩。

1．下载软件包

这里使用 wget 命令直接下载 RAR 软件包到系统的/home 目录下，速度慢的可以直接在 Windows 系统中下载。

```
#直接在线下载软件包
[root@localhost home]# wget https://www.rarlab.com/rar/rarlinux-x64-
6.0.0.tar.gz
--2021-01-10 16:44:00--  https://www.rarlab.com/rar/rarlinux-x64-6.0.0.
tar.gz
Resolving www.rarlab.com (www.rarlab.com) ... 51.195.68.162
Connecting to www.rarlab.com (www.rarlab.com) |51.195.68.162|:443...
connected.
……
2021-01-10 16:47:03 (219 MB/s) - 'rarlinux-x64-6.0.0.tar.gz' saved
[598314/598314]
[root@localhost home]# ls
jdk-8u271-linux-i586.tar.gz  lisi  ntfs-3g_ntfsprogs-2017.3.23.tgz
rarlinux-x64-6.0.0.tar.gz  test.class  test.java  user3  zhangsan
```

2．解压

可以直接使用 tar 命令将下载好的软件包解压。

```
#将 RAR 软件包解压到/usr/local 目录中
[root@localhost home]# tar -zxvf rarlinux-x64-6.0.0.tar.gz -C /usr/local/
rar/
rar/unrar
rar/acknow.txt
rar/whatsnew.txt
rar/order.htm
rar/readme.txt
rar/rar.txt
rar/makefile
rar/default.sfx
rar/rar
rar/rarfiles.lst
rar/license.txt
```

3. 编译并安装

进入解压目录/usr/local/rar 中，使用 make 和 make install 命令将 RAR 软件包安装到系统中。其实这里只需要使用 make 命令就可以将其安装到系统中。

```
#进入解压目录并安装 RAR 软件包到系统中
[root@localhost home]# cd /usr/local/rar/
[root@localhost rar]# ls
acknow.txt  default.sfx  license.txt  makefile  order.htm  rar  rarfiles.lst
rar.txt  readme.txt  unrar  whatsnew.txt
[root@localhost rar]# make
mkdir -p /usr/local/bin
mkdir -p /usr/local/lib
cp rar unrar /usr/local/bin
cp rarfiles.lst/etc
cp default.sfx /usr/local/lib
[root@localhost rar]# make install
mkdir -p /usr/local/bin
mkdir -p /usr/local/lib
cp rar unrar /usr/local/bin
cp rarfiles.lst/etc
cp default.sfx /usr/local/lib

#查看命令是否存在以及能否使用，出现以下信息表示已经成功安装
[root@localhost rar]# which rar
/usr/local/bin/rar
[root@localhost rar]# which unrar
/usr/local/bin/unrar
[root@localhost rar]# rar
RAR 6.00   Copyright (c) 1993-2020 Alexander Roshal   1 Dec 2020
Trial version            Type 'rar -?' for help
……
```

4. RAR软件的用法

rar 命令可以识别格式为*.rar 的归档文件，无论是文件还是目录都可以进行解压缩，解压缩时原始文件都是存在的；unrar 命令只能用于解压归档文件。下面是命令的详细使

用方法。

（1）创建归档文件，命令格式如下：

```
rar  a  归档文件名.rar  文件或目录
```

（2）解压归档文件。

使用 rar 命令解压归档文件的格式如下：

```
rar  e  归档文件名.rar  解压目录
rar  x  归档文件名.rar  解压目录
```

使用 unrar 命令解压归档文件的格式如下：

```
unrar  e  归档文件名.rar  解压目录
unrar  x  归档文件名.rar  解压目录
```

选项“e”和“x”的区别在于，使用“e”解压时不会保留压缩包中的绝对路径，只是将目录中的文件全部解压出来，而使用“x”解压时则会保留压缩包中的绝对路径，连同目录本身的目录树都会保留下来。

（3）不解压的前提下查看压缩包中的文件，命令格式如下：

```
rar    v  归档文件名.rar
unrar  v  归档文件名.rar
```

详细示例如下：

```
#在/opt 目录下新建以下文件和文件夹，可以将/opt 之前的内容清空，注意在/opt/a 目录下新
 建三个 conf 文件。/opt 中的文件信息如下
[root@localhost opt]# mkdir a b c
[root@localhost opt]# touch 1.txt 2.txt 3.txt
[root@localhost /]# touch  a/{a..c}.conf
[root@localhost /]# ls -R /opt
/opt:
1.txt  2.txt  3.txt  a  b  c  rh
/opt/a:
a.conf  b.conf  c.conf
/opt/b:
/opt/c:
/opt/rh:

#将/opt 目录打包成 opt.rar 格式的文件并备份到/home/aa 目录下
[root@localhost /]# rar a /home/aa/opt.rar  /opt/*
AR 6.00   Copyright (c) 1993-2020 Alexander Roshal   1 Dec 2020
Trial version             Type 'rar -?' for help
Evaluation copy. Please register.
Creating archive/home/aa/opt.rar
Adding   /opt/1.txt                                              OK
Adding   /opt/2.txt                                              OK
Adding   /opt/3.txt                                              OK
Adding   /opt/a/a.conf                                           OK
Adding   /opt/a/b.conf                                           OK
Adding   /opt/a/c.conf                                           OK
Adding   /opt/a                                                  OK
```

```
Adding   /opt/b                                                  OK
Adding   /opt/c                                                  OK
Adding   /opt/rh                                                 OK
Done

#不解压的前提下查看/home/aa/opt.rar 归档文件的内容，可以使用 rar 或 unrar 命令接上选
 项“v”来实现。这里只显示部分结果
[root@localhost /]# rar v /home/aa/opt.rar
RAR 6.00   Copyright (c) 1993-2020 Alexander Roshal   1 Dec 2020
Trial version             Type 'rar -?' for help
Archive:/home/aa/opt.rar
Details: RAR 5
 Attributes Size  Packed Ratio Date        Time   Checksum  Name
----------- ----  ------ ----- ----        ----   --------  ----
 -rw-r--r-- 0     0      0%    2021-01-10  17:28  00000000  opt/1.txt
 -rw-r--r-- 0     0      0%    2021-01-10  17:28  00000000  opt/2.txt
 ……
----------- ----  ------ ----- ----        ----   --------  ----
            0     0      0%                                 10

#使用 rar e 命令将/home/aa/opt.rar 解压到/home/bb 目录并查看解压之后的文件，可以
 看到只是将压缩包中的所有文件解压了出来，没有保留目录树
[root@localhost /]# rar e /home/aa/opt.rar  /home/bb
RAR 6.00   Copyright (c) 1993-2020 Alexander Roshal   1 Dec 2020
Trial version             Type 'rar -?' for help
Extracting from/home/aa/opt.rar
Extracting /home/bb/1.txt                                        OK
Extracting /home/bb/2.txt                                        OK
Extracting /home/bb/3.txt                                        OK
Extracting /home/bb/a.conf                                       OK
Extracting /home/bb/b.conf                                       OK
Extracting /home/bb/c.conf                                       OK
All OK
[root@localhost /]# ls -R /home/bb
/home/bb:
1.txt  2.txt  3.txt  a.conf  b.conf  c.conf


#使用 rar x 命令将/home/aa/opt.rar 解压到/home/cc 目录并查看，对比上述解压结果，明
 显发现/home/cc 目录保留了压缩包中的原始目录树结构
[root@localhost /]# rar x /home/aa/opt.rar /home/cc/
RAR 6.00   Copyright (c) 1993-2020 Alexander Roshal   1 Dec 2020
Trial version             Type 'rar -?' for help
Extracting from /home/aa/opt.rar
Creating   /home/cc/opt                                          OK
Extracting  /home/cc/opt/1.txt                                   OK
Extracting  /home/cc/opt/2.txt                                   OK
Extracting  /home/cc/opt/3.txt                                   OK
Creating   /home/cc/opt/a                                        OK
Extracting  /home/cc/opt/a/a.conf                                OK
Extracting  /home/cc/opt/a/b.conf                                OK
Extracting  /home/cc/opt/a/c.conf                                OK
Creating   /home/cc/opt/b                                        OK
Creating   /home/cc/opt/c                                        OK
```

```
Creating   /home/cc/opt/rh                                          OK
All OK
[root@localhost /]# ls -R /home/cc
/home/cc:
opt
/home/cc/opt:
1.txt  2.txt  3.txt  a  b  c  rh
/home/cc/opt/a:
a.conf  b.conf  c.conf
/home/cc/opt/b:
/home/cc/opt/c:
/home/cc/opt/rh:
```

注意：使用 unrar 命令解压和使用 rar 命令解压的选项一致，这里就不再演示了。

第 8 章　DHCP 服务和 DNS 服务

DHCP 和 DNS 是比较常见的网络服务环境，本章将介绍如何使用 DHCP 服务自动为客户机分配 TCP/IP 参数，以及如何使用 DNS 服务实现域名和 IP 地址之间的解析。

本章的主要内容如下：

- DHCP 的工作原理；
- DHCP 服务的搭建过程；
- DNS 的查询过程；
- DNS 服务器的分类；
- DNS 服务的搭建过程。

注意：本章的难点在于搭建 DHCP 和 DNS 服务。

8.1　DHCP 服务概述

DHCP（Dynamic Host Configure Protocol，动态主机配置协议）用于为局域网内的成员客户机自动分配 TCP/IP 参数。客户端连接到局域网后，可以自动地从 DHCP 服务器获取 IP 地址、子网掩码、默认网关、DNS 服务器地址及租约信息。DHCP 服务器会按照预先设置好的 IP 地址依次进行分配，提高了 IP 地址的利用率，减少了网络管理员的工作量，避免了人工录入 IP 地址出现重复冲突的问题。

8.1.1　DHCP 服务的工作原理

客户机第一次接入局域网中，向服务器发送请求获取 IP 地址的过程一共有 4 个步骤：客户机发送 DHCP Discover 广播消息请求 IP 地址，服务器发送 DHCP Offer 响应客户机，客户机发送 DHCP Request 响应服务器选择 IP 地址，服务器发送 DHCP ACK/NACK 再次响应客户机确定租约。

1．DHCP Discover包

当客户机第一次接入局域网中时，会在网络中发送一个 DHCP Discover 广播消息，寻

找网络中的DHCP服务器并请求IP地址。DHCP Discover包中包含客户机的IP地址0.0.0.0，目标 IP 地址 255.255.255.255，客户机的 MAC 地址，以及目标 MAC 地址全网所有主机 FF-FF-FF-FF-FF-FF 这些数据类型。

2．DHCP Offer包

局域网中的 DHCP 服务器收到客户机的请求数据包，就会搜索内部地址池，如果有空闲的 IP 地址就会向全网广播发送 DHCP Offer 包。这个包中包含源 IP 地址服务器自己的 IP 地址，源 MAC 地址服务器自己的 MAC 地址，即将要生效的 IP 地址（要分配给客户机的 IP 地址），目标 MAC 地址客户机的 MAC 地址，目标 IP 地址全网广播 255.255.255.25 这些数据类型。

3．DHCP Request包

客户机收到服务器回复的广播消息 DHCP Offer 包，会确认目标 MAC 地址是否和自己的 MAC 匹配，如果一致就会向网络中发送 DHCP Request 广播消息包接收服务器分配的 IP 地址。DHCP Request 包中包含源 MAC 地址客户机 MAC 地址，源 IP 地址客户机 IP 地址 0.0.0.0，目标 MAC 地址服务器 MAC 地址，目标 IP 地址 255.255.255.255，服务器 IP 地址，以及即将要生效的 IP 地址和租约这些数据类型。

4．DHCP ACK/NACK包

服务器收到客户端的 DCHP Request 包需要响应，然后向客户端发送 DHCP ACK 的广播消息包，这个包中包含源 MAC 地址服务 MAC 地址，目标 MAC 地址客户机 MAC 地址，源 IP 地址服务器 IP 地址，目标 IP 地址 255.255.255.255，以及即将要生效的 IP 地址和租约这些数据类型。这是在正常情况下确认租约，如果服务器认为客户机的 DHCP Request 包是无效的，就会以DCHP NACK否认消息包来响应，客户机收到该包后会重新发送DHCP Discover 包并通过上述步骤重新获取 IP 地址。

8.1.2 租约更新

当 DHCP 服务器给客户机自动分配 IP 地址后，客户机不会等待租约到期的最后一刻去更新租约，而是选择在某个固定的时间段去更新，以保证在无网络问题的情况下租约自动延期。更新租约主要有自动更新和手动更新两种方式。

1．自动更新

当客户机的IP地址租约时间达到50%的时候，客户机会直接向服务器发送DHCP Request 包请求更新租约，将租约重置到最开始的时间。正常情况下服务器收到消息后会回复 DHCP ACK 包给客户机重置租约。如果此时网络出现故障或者客户机没有收到 DHCP 服

务器的回复，那么客户机不会再次发送请求，直到租约时间过了 87.5%的时候会第二次发送 DHCP Request 包请求服务器重置租约。若此时 DHCP 服务器仍然没有响应，那么客户机会在 IP 地址租约过期后重新发送 DHCP Discover 包，重复 8.1.1 节的 4 个步骤直到确定租约。

2．手动更新

Windows 客户端可以使用 ipconfig/release 命令手动释放租约，以及使用 ipconfig/renew 命令获取租约。Linux 客户端可以使用“dhclient 网卡名”的方式手动更新租约。当然也可以直接将网卡禁用或启用，效果是一样的。

8.1.3　作用域

作用域是一段 IP 地址范围，表示网络地址，可以在作用域选项中配置网关地址、DNS 地址及租约。作用域可以分为单作用域、多作用域和超级作用域。

- 单作用域一般是针对 DHCP 服务器使用单网卡，局域网中只有一个网络地址范围，基本可以满足大部分的网络需求。
- 多作用域一般是针对 DHCP 服务器存在多张网卡，每张网卡需要在不同的网络地址中为客户端分配 IP 地址。
- 超级作用域也是针对多个子网，但是 DHCP 服务器不是采用多网卡，而是使用单网卡对多个子作用域实现统一管理，即将同一物理网络地址分成多个逻辑子网。可以在保持现有一个子网结构不变的情况下实现网络扩容，但是原有的作用域需要迁移到新作用域上，子网需要重新规划。

8.1.4　DHCP 服务器分配 IP 地址的方式

DHCP 服务器为客户端分配 IP 地址的方式主要有自动、手动和动态分配 3 种，默认采用动态分配。

1．自动分配

自由分配是指由 DHCP 服务器自动为客户端永久分配一个 IP 地址，这里的永久不存在租约的概念，也就是客户端可以长期使用。

2．手动分配

对于一些较为特殊的客户端，为防止 IP 地址发生变化，需要在 DHCP 服务器上手动将客户端的 MAC 地址和 IP 地址进行绑定，租约期限还是存在的，只要客户端网卡的 MAC 地址不变，那么获取的 IP 地址就不会变化。

3．动态分配

动态分配是指由 DHCP 服务器自动分配 IP 地址。和自动分配不同的是动态分配存在租约的概念，租约到期后服务器可以将 IP 地址收回然后分配给其他客户端使用。

注意：DHCP 服务器默认的分配方式是动态分配，如果客户机无法获取 DHCP 服务器的 IP 地址，则会随机获取 169.254.0.0/16 网段的任意 IP 地址，这个地址是无法用于通信的。

8.2 搭建 DHCP 服务器

介绍完 DHCP 的工作原理后，本节将实际动手搭建对应的服务，加深读者的理解。根据生产环境我们分别使用服务器单网卡单作用域、多网卡多作用域及单网卡超级作用域三个环境进行部署。

8.2.1 单作用域环境

单作用域指局域网内的 DHCP 服务器只通过一个网段为成员客户机自动分配 IP 地址，其基本可以满足大部分中小企业的网络需求。

1．实验环境

DHCP 服务器的 IP 地址需要手动指定，DHCP 客户端的 IP 地址通过 DHCP 服务器自动分配，两台主机都采用 CentOS 7.7 操作系统，虚拟机的网络适配器模式采用仅主机模式，这里需要关闭虚拟机仅主机模式自带的 DHCP 服务。DHCP 客户端最终通过 DHCP 服务器获取的 IP 地址为 192.168.8.200，相关实验环境如表 8.1 所示。

表 8.1　实验环境

主　　机	网络适配器模式	网　卡　名	IP地址
DHCP Server	仅主机模式	ens33	静态IP地址192.168.8.10
DHCP Client	仅主机模式	ens33	动态获取IP地址192.168.8.100

2．关闭VMware Workstation自带的DHCP服务

具体操作步骤如下：

（1）在 VMware Workstation 导航栏中选择“编辑” | “虚拟网络编辑器”命令，打开“虚拟网络编辑器”对话框，单击“更改设置”按钮，如图 8.1 所示。

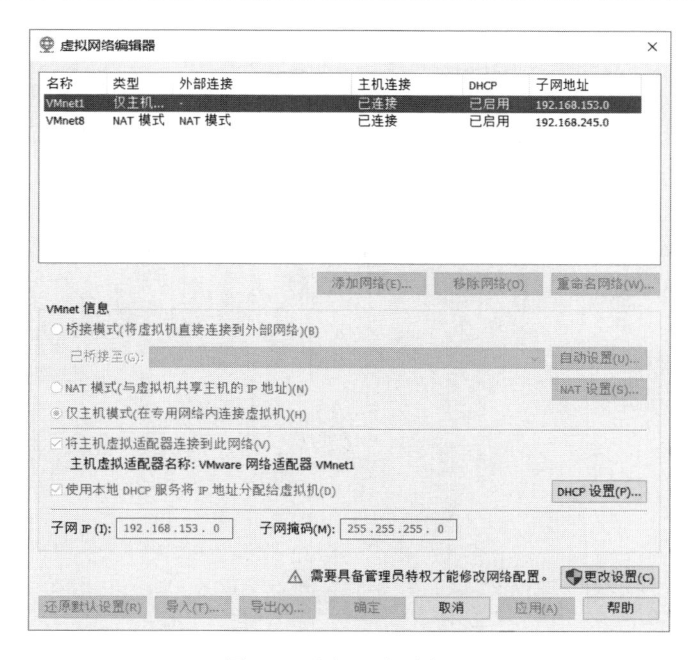

图 8.1　虚拟网络编辑器

（2）选中“仅主机模式（在专用网络内连接虚拟机）”单选按钮，取消选中“使用本地 DHCP 服务将 IP 地址分配给虚拟机”复选框，如图 8.2 所示。

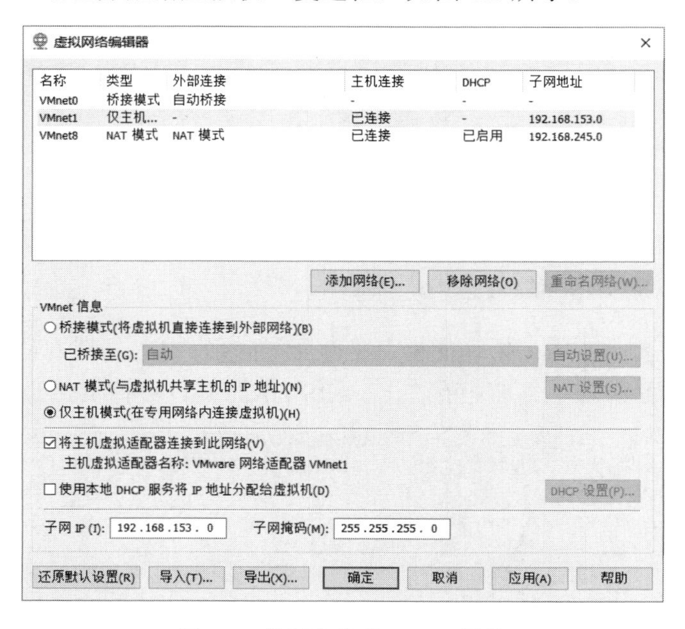

图 8.2　关闭自带的 DHCP 服务

3．手动指定DHCP服务器IP地址

使用 vi 编辑器修改配置文件/etc/sysconfig/network-scripts/ifcfg-ens33，将 DHCP 服务器的 IP 地址设置为 192.168.8.10，网关地址指向 192.168.8.254，具体配置内容如下：

```
#使用 vi 编辑器修改 ens33 的配置文件
[root@localhost ~]# vi /etc/sysconfig/network-scripts/ifcfg-ens33
TYPE=Ethernet
PROXY_METHOD=none
BROWSER_ONLY=no
BOOTPROTO=static
DEFROUTE=yes
IPv4_FAILURE_FATAL=no
IPv6INIT=yes
IPv6_AUTOCONF=yes
IPv6_DEFROUTE=yes
IPv6_FAILURE_FATAL=no
IPv6_ADDR_GEN_MODE=stable-privacy
NAME=ens33
UUID=380f63b3-fe42-44e0-aa20-44b30b186ec3
DEVICE=ens33
ONBOOT=yes
PREFIX=24
IPADDR=192.168.8.10
NETMASK=255.255.255.0
GATEWAY=192.168.8.254

#激活网卡设备 ens33，并查看是否修改成功
[root@localhost ~]# nmcli dev connect ens33
Device 'ens33' successfully activated with '380f63b3-fe42-44e0-aa20-
44b30b186ec3'.
[root@localhost ~]# ifconfig ens33
ens33: flags=4163<UP，BROADCAST，RUNNING，MULTICAST>  mtu 1500
        inet 192.168.8.10  netmask 255.255.255.0  broadcast 192.168.8.255
        inet6 fe80::f7ee:83bc:b7d8:c821  prefixlen 64  scopeid 0x20<link>
        ether 00:0c:29:04:74:f2  txqueuelen 1000  （Ethernet）
```

4．安装DHCP服务程序软件包

本次安装将挂载光驱中的镜像文件，通过 RPM 包管理工具只安装 IPv4 的 DHCP 服务程序包。挂载前必须保证光驱中存在 CentOS 7.7 的 ISO 镜像文件且处于连接状态。

```
#加载镜像文件到虚拟机的光驱设备上，将其挂载到/mnt/a 目录下，进入 Packages 目录
[root@localhost ~]# mkdir /mnt/{a..f}
[root@localhost ~]# mount /dev/cdrom /mnt/a
mount: /dev/sr0 is write-protected， mounting read-only
[root@localhost ~]# cd /mnt/a/Packages/

#在该目录下搜索 DHCP 的主程序包并安装
[root@localhost Packages]# ls dhcp*
dhcp-4.2.5-77.el7.centos.x86_64.rpm  dhcp-common-4.2.5-77.el7.centos.
x86_64.rpm  dhcp-libs-4.2.5-77.el7.centos.x86_64.rpm
```

```
[root@localhost Packages]# rpm -ivh dhcp-4.2.5-77.el7.centos.x86_64.rpm
Preparing...                          ################################# [100%]
Updating/installing...
   1:dhcp-12:4.2.5-77.el7.centos ################################# [100%]
[root@localhost Packages]# rpm -qa | grep "dhcp"
dhcp-4.2.5-77.el7.centos.x86_64
dhcp-libs-4.2.5-77.el7.centos.x86_64
dhcp-common-4.2.5-77.el7.centos.x86_64

#使用 rpm -ql 查看软件包安装后的服务名称及配置文件目录，只看 IPv4
[root@localhost Packages]# rpm -ql dhcp
 ……
/etc/dhcp/dhcpd.conf                      #主配置文件
/etc/sysconfig/dhcpd                      #次配置文件，多网卡指定监听网卡配置文件
/usr/lib/systemd/system/dhcpd.service     #DHCP 系统服务名
/usr/share/doc/dhcp-4.2.5                 #DHCP 安装目录
/var/lib/dhcpd/dhcpd.leases               #租约数据库文件
……
```

5．配置文件说明

主配置文件内容默认为空，因此直接启动服务时失败，需要将配置文件中的相关参数填写完毕后才可以启动。当查看主配置文件内容时会提示去查找模板配置文件/usr/share/doc/dhcp-4.2.5/dhcpd.conf.example，然后将模板文件的内容复制过来按照实际网络情况进行修改即可。模板文件内容如下：

```
#查看模板配置文件，排除以#开头的注释行，这里只显示需要添加的部分选项
[root@localhost Packages]# cat /usr/share/doc/dhcp-4.2.5/dhcpd.conf.
example | grep -v "^#"
####################全部配置（#部分），设置后针对多个作用域都生效###########
option domain-name "example.org";                        #全部域名设置
#设置多个 DNS 服务器
option domain-name-servers ns1.example.org, ns2.example.org;
default-lease-time 600;                                  #默认租约，以秒为单位
max-lease-time 7200;                                     #最大租约
#################################################################
log-facility local7;    #日志设备类型，通过该选项可以找到 DHCP 服务的日志记录路径

#################局部配置，只针对某一个作用域生效##########################
subnet 10.5.5.0 netmask 255.255.255.224 {                #指定网段和子网掩码
  range 10.5.5.26 10.5.5.30;                             #指定 IP 地址范围
  #DNS 服务器，如不设置就是用全局配置的 DNS 服务器
  option domain-name-servers ns1.internal.example.org;
  option domain-name "internal.example.org";             #局部域名设置
  option routers 10.5.5.1;                               #默认网关
  option broadcast-address 10.5.5.31;                    #广播地址
  default-lease-time 600;                                #默认租约，单位为秒
  max-lease-time 7200;                                   #最大租约，单位为秒
}
#################################################################
```

```
######################手动分配 IP 地址####################################
host passacaglia {                                    #手动分配 IP 地址的计算机名
  hardware ethernet 0:0:c0:5d:bd:95                   #主机的 MAC 地址
  filename "vmunix.passacaglia";                      #文件名
  server-name "toccata.fugue.com";                    #服务器名
  fixed-address fantasia.fugue.com;                   #手动分配的静态 IP 地址
}
#######################################################################
……
```

6. 创建配置文件

复制模板配置文件/usr/share/doc/dhcp-4.2.5/dhcpd.conf.example 并覆盖/etc/dhcp/dhcpd.conf 文件，然后保留其中需要的选项并进行其他修改，内容如下：

```
#将模板配置文件中的内容去掉注释行追加写入/etc/dhcp/dhcpd.conf 文件中
[root@localhost ~]#grep -v  "^#" /usr/share/doc/dhcp-4.2.5/dhcpd.conf.
example >/etc/dhcp/dhcpd.conf

#删除/etc/dhcp/dhcpd.conf 文件中不必要的选项，修改网段地址以及 DNS、网关地址，每个
 选项这里就不再解释了，参考上面的解释项
[root@localhost ~]# cat /etc/dhcp/dhcpd.conf
subnet 192.168.8.0 netmask 255.255.255.0 {
  range 192.168.8.100 192.168.8.200;
  option domain-name-servers 192.168.8.10;
  option domain-name "internal.example.org";
  option routers 192.168.8.254;
  option broadcast-address 192.168.8.255;
  default-lease-time 600;
  max-lease-time 7200;
}

#host fantasia {                        #可以留着备用，方便以后使用，也可以不保留
#  hardware ethernet 08:00:07:26:c0:a5;
#  fixed-address fantasia.fugue.com;
#}

#启动服务并查看是否启动成功
[root@localhost ~]# systemctl  start dhcpd.service
[root@localhost ~]# systemctl  status dhcpd.service
● dhcpd.service - DHCPv4 Server Daemon
   Loaded: loaded (/usr/lib/systemd/system/dhcpd.service; disabled; vendor
preset: disabled)
   Active: active (running) since Thu 2021-01-14 15:26:18 CST; 4min 20s
ago
……
```

7. 客户机测试

直接查看客户机网卡设备 ens33 是否能够成功获取 DHCP 服务器分配的地址。若获取存在问题，可以查看客户机的网卡设备是否激活，以及网络服务器是否启动。

（1）直接测试，通过 DHCP 服务器指定范围获取 IP 地址 192.168.8.100。

```
#查看客户机网卡 ens33 的 IP 地址信息，下面显示成功获取了服务器分配的 IP 地址
[root@localhost ~]# ifconfig ens33
ens33: flags=4163<UP, BROADCAST, RUNNING, MULTICAST>  mtu 1500
        inet 192.168.8.100  netmask 255.255.255.0  broadcast 192.168.8.255
        inet6 fe80::ee5b:ea1f:285c:ce6c  prefixlen 64  scopeid 0x20<link>
        ether 00:0c:29:a2:76:48  txqueuelen 1000  (Ethernet)
        RX packets 339  bytes 31284  (30.5 KiB)
        RX errors 0  dropped 0  overruns 0  frame 0
        TX packets 282  bytes 33371  (32.5 KiB)
        TX errors 0  dropped 0 overruns 0  carrier 0  collisions 0
```

（2）在 DHCP 服务器上手动分配 IP 地址 192.168.8.88，将客户机的 MAC 地址与 IP 地址进行绑定。

```
#在 DHCP 服务器上修改主配置文件/etc/dhcp/dhcpd.conf/，手动指定客户机的 IP 地址
[root@localhost ~]# cat /etc/dhcp/dhcpd
……
host fantasia {
  hardware ethernet 00:0c:29:a2:76:48;
  fixed-address 192.168.8.88;
}

#在客户机上禁用网卡后再启用网卡，可以看到获取的 IP 地址已经变成 192.168.8.88
[root@localhost ~]# nmcli device disconnect ens33
Device 'ens33' successfully disconnected.
[root@localhost ~]# nmcli device connect ens33
Device 'ens33' successfully activated with 'a34250a5-1ae8-4026-853f-
4f4c6ec48d4f'.
[root@localhost ~]# ip addr show ens33
2: ens33: <BROADCAST, MULTICAST, UP, LOWER_UP> mtu 1500 qdisc pfifo_fast state
UP group default qlen 1000
    link/ether 00:0c:29:a2:76:48 brd ff:ff:ff:ff:ff:ff
inet 192.168.8.88/24 brd 192.168.8.255 scope global noprefixroute dynamic
ens
……
```

8.2.2 多作用域环境

多作用域指网络中存在多个网段的环境，需要根据不同的环境将网络分割成不同的局域网，保证每个局域网相互独立。需要一台 DHCP 服务器使用多张网卡搭建多作用域环境。

1. 实验环境

在 DHCP 服务器上再添加一张网卡，VMware Workstation 网络适配器采用 NAT 模式。

同样，为了节省资源，在 DHCP 客户端上也添加一张 NAT 模式的网卡。最终的实验结果就是 DHCP 客户端的 ens33 网卡通过服务器的 ens33 网卡分配 IP 地址 192.168.8.100，DHCP 客户端的 ens37 网卡通过服务器的 ens37 网卡分配 IP 地址 172.16.1.100。两台计算机的实验环境如表 8.2 所示。

表 8.2　实验环境

主　　机	网络适配器模式	网　卡　名	IP地址
DHCP Server	仅主机模式	ens33	静态IP地址192.168.8.10
	NAT模式	ens37	静态IP地址172.16.1.10
DHCP Client	仅主机模式	ens33	动态获取IP地址192.168.8.100
	NAT模式	ens37	动态获取IP地址172.16.1.100

注意： NAT 模式自带的 DHCP 服务也必须关闭，可以参考单作用域关闭方式。

2．添加NAT模式的网卡设备

在 VMware Workstation 上添加网卡设备这里就不再演示了，主要是添加硬件设备后如何在系统中设置第二张网卡的配置文件，不明白的读者可以复习第 5 章中对网络配置的讲解，这里就以 DHCP 服务器端为例进行演示，客户端按照此方式操作一遍即可。注意，客户机只需要创建自动获取 IP 地址的配置文件即可。

```
#添加第二张网卡后，默认是不存在配置文件的，因此需要先生成配置文件，这里使用 nmcli 命令
 新建网卡 ens37 的连接配置文件
[root@localhost ~]# ip addr                    #查看第二张网卡的设备名
......
5: ens37: <BROADCAST, MULTICAST, UP, LOWER_UP> mtu 1500 qdisc pfifo_fast state
UP group default qlen 1000
    link/ether 00:0c:29:c1:bd:6a brd ff:ff:ff:ff:ff:ff
    inet6 fe80::cde8:2409:a2e6:5249/64 scope link noprefixroute
       valid_lft forever preferred_lft forever

[root@localhost ~]# nmcli connection add type ethernet con-name ens37 ifname
ens37 autoconnect yes                               #新建连接生成配置文件
Warning: There is another connection with the name 'ens37'. Reference the
connection by its uuid '3ba67fa6-e5f7-47c9-81d              f-14b7066a7384'
Connection 'ens37' (3ba67fa6-e5f7-47c9-81df-14b7066a7384) successfully
added.

#修改网卡 ens37 的配置文件，使用静态 IP 地址 172.16.1.10
[root@localhost ~]# cat /etc/sysconfig/network-scripts/ifcfg-ens37
TYPE=Ethernet
PROXY_METHOD=none
BROWSER_ONLY=no
BOOTPROTO=static
DEFROUTE=yes
IPv4_FAILURE_FATAL=no
```

```
IPv6INIT=yes
IPv6_AUTOCONF=yes
IPv6_DEFROUTE=yes
IPv6_FAILURE_FATAL=no
IPv6_ADDR_GEN_MODE=stable-privacy
NAME=ens37
UUID=3ba67fa6-e5f7-47c9-81df-14b7066a7384
DEVICE=ens37
ONBOOT=yes
IPADDR=172.16.1.10
NETMASK=255.255.255.0
GATEWAY=172.16.1.1
[root@localhost ~]# nmcli device disconnect ens37
Device 'ens37' successfully disconnected.
[root@localhost ~]# nmcli device connect ens37
Device 'ens37' successfully activated with '3ba67fa6-e5f7-47c9-81df-
14b7066a7384'.
[root@localhost ~]# ip addr show ens37                    #确定网卡 IP 修改成功
5: ens37: <BROADCAST,MULTICAST,UP,LOWER_UP> mtu 1500 qdisc pfifo_fast state
UP group default qlen 1000
    link/ether 00:0c:29:c1:bd:6a brd ff:ff:ff:ff:ff:ff
    inet 172.16.1.10/24 brd 172.16.1.255 scope global noprefixroute ens37
       valid_lft forever preferred_lft forever
    inet6 fe80::cde8:2409:a2e6:5249/64 scope link noprefixroute
       valid_lft forever preferred_lft forever
```

3. 创建配置文件

在 DHCP 服务器上复制模板配置文件/usr/share/doc/dhcp-4.2.5/dhcpd.conf.example 并覆盖/etc/dhcp/dhcpd.conf 文件，然后保留其中需要的选项并进行其他修改，设置两个网段的地址，内容如下：

```
#使用 vi 编辑器修改 DHCP 主配置文件，然后保存退出
[root@localhost ~]# cat /etc/dhcp/dhcpd.conf
default-lease-time 600;                              #租约使用全局配置
max-lease-time 7200;
log-facility local7;

subnet 192.168.8.0 netmask 255.255.255.0 {           #ens33 网卡的网段
  range 192.168.8.100 192.168.8.200;
  option domain-name "example.org";
  option domain-name-servers 192.168.8.10;
  option routers 192.168.8.254;
  option broadcast-address 192.168.8.255;
}


subnet 172.16.0.0 netmask 255.255.0.0 {              #ens37 网卡的网段
  range 172.16.1.100 172.16.1.200;
  option domain-name "example.org";
  option domain-name-servers 172.16.1.10;
  option routers 172.16.1.1;
  option broadcast-address 172.16.255.255;
```

```
}

#启动 DHCP 服务并查看服务状态是否启动成功，显示部分结果
[root@localhost ~]# systemctl start dhcpd.service
[root@localhost ~]# systemctl status dhcpd.service
● dhcpd.service - DHCPv4 Server Daemon
   Loaded: loaded (/usr/lib/systemd/system/dhcpd.service; disabled; vendor
preset: disabled)
   Active: active (running) since Thu 2021-01-14 20:50:31 CST; 8s ago
```

4．客户机测试

在客户端上重启网络服务，查看 ens33 和 ens37 是否能够获取 IP 地址。

```
#重启网络服务，查看网卡可以发现分别获取了 ens33 和 ens37 的 IP 地址，表示实验成功
[root@localhost ~]# systemctl restart network.service
[root@localhost ~]# ip addr show
......
2: ens33: <BROADCAST,MULTICAST,UP,LOWER_UP> mtu 1500 qdisc pfifo_fast state
UP group default qlen 1000
    link/ether 00:0c:29:80:0f:19 brd ff:ff:ff:ff:ff:ff
    inet 192.168.8.100/24 brd 192.168.8.255 scope global noprefixroute
dynamic ens33
       valid_lft 597sec preferred_lft 597sec
    inet6 fe80::1995:8407:86e7:c8ca/64 scope link tentative noprefixroute
dadfailed
       valid_lft forever preferred_lft forever
    inet6 fe80::7754:fac2:c882:ffe0/64 scope link noprefixroute
       valid_lft forever preferred_lft forever
......
5: ens37: <BROADCAST,MULTICAST,UP,LOWER_UP> mtu 1500 qdisc pfifo_fast state
UP group default qlen 1000
    link/ether 00:0c:29:80:0f:23 brd ff:ff:ff:ff:ff:ff
    inet 172.16.1.100/16 brd 172.16.255.255 scope global noprefixroute
dynamic ens37
       valid_lft 597sec preferred_lft 597sec
    inet6 fe80::85e2:336f:cf92:72de/64 scope link noprefixroute
       valid_lft forever preferred_lft forever
```

8.2.3 超级作用域环境

超级作用域是指 DHCP 服务器使用单网卡给局域网内的客户机分配不同网段的 IP 地址，当一个网段的 IP 用完的时候，就用另外一个网段。为了能够看到效果，以下实验中设置每一个网段只分配一个 IP，DHCP 客户端分别是 Linux 客户端 1 和 Windows 10 客户端 2，如果两个客户端能够获取两个不同网段的 IP 就表示实验成功。

1．实验环境

删除之前 DHCP 服务器配置的网卡 ens37，保留网卡 ens33，清空/etc/dhcp/dhcpd.conf，

同样，DHCP 客户端也需要删除网卡 ens37。由于需要第二个 DHCP 客户端，这里以真实机作为第二个客户端，使用真实机的仅主机模式的虚拟网卡 VMware Network Adapter VMnet1 进行测试，实验环境如表 8.3 所示。

表 8.3　实验环境

主　　机	网络适配器模式	网　卡　名	IP地址
DHCP Server	仅主机模式	ens33	静态IP地址192.168.8.10
DHCP Client1（Linux）	仅主机模式	ens33	动态获取IP地址192.168.9.99
DHCP Client2（Win 10）		Vmnet1	动态获取IP地址192.168.8.88

2．创建配置文件

之前在单作用域中已经安装了 DHCP 的程序包，这里直接进入修改配置文件的步骤。实验前已经将之前所做的操作全部还原，清空了配置文件。

```
#将模板配置文件的数据复制到主配置文件中
[root@localhost /]# grep -v "^#"/usr/share/doc/dhcp-4.2.5/dhcpd.conf.
example >/etc/dhcp/dhcpd.conf

#保留其中超级作用域的部分并修改参数，内容如下
option domain-name "example.org";
option domain-name-servers 192.168.8.10;          #全局设置 DNS 服务器地址
default-lease-time 600;                           #全局设置租约
max-lease-time 7200;
log-facility local7;
shared-network 88-99 {                            #超级作用域名称自定义
  subnet 192.168.8.0 netmask 255.255.255.0 {      #第一个网段
    range 192.168.8.88 192.168.8.88;
    option routers 192.168.8.254;
    option broadcast-address 192.168.8.255;
  }
  subnet 192.168.9.0 netmask 255.255.255.0 {      #第二个网段
    range 192.168.9.99  192.168.9.99;
    option routers 192.168.9.254;
    option broadcast-address 192.168.9.255;
  }
}

#可以使用 dhcpd enable 检查配置文件是否存在错误，如果有错误，则会提示错误的行数，这里无
 错误提示
[root@localhost /]# dhcpd enable
Internet Systems Consortium DHCP Server 4.2.5
Copyright 2004-2013 Internet Systems Consortium.
All rights reserved.
For info, please visit https://www.isc.org/software/dhcp/
Not searching LDAP since ldap-server, ldap-port and ldap-base-dn were not
specified in the config file
Wrote 0 leases to leases file
……
```

```
#重启 DHCP 服务
[root@localhost ~]# systemctl restart dhcpd.service
```

3．客户端测试

在 Window 客户端选择“开始”|“Windows 系统”|“命令提示符”命令，进入 DOS 环境，直接输入 ipconfig 命令查看 VMnet1 网卡信息。

```
#从 Window 客户端直接进入 DOS 环境，看到 VMnet1 获取的 IP 地址是 192.168.8.88
C:\Users\lenovo>ipconfig
以太网适配器 VMware Network Adapter VMnet1:

   连接特定的 DNS 后缀 . . . . . . . : example.org
   描述. . . . . . . . . . . . . . . : VMware Virtual Ethernet Adapter for
                                        VMnet1
   物理地址. . . . . . . . . . . . . : 00-50-56-C0-00-01
   DHCP 已启用 . . . . . . . . . . . : 是
   自动配置已启用. . . . . . . . . . : 是
   本地连接 IPv6 地址. . . . . . . . : fe80::80c0:d860:160e:c618%17（首选）
   IPv4 地址 . . . . . . . . . . . . : 192.168.8.88（首选）
   子网掩码 . . . . . . . . . . . . : 255.255.255.0
   获得租约的时间 . . . . . . . . . : 2021 年 1 月 14 日 21:56:15
   租约过期的时间 . . . . . . . . . : 2021 年 1 月 14 日 22:11:15
   默认网关. . . . . . . . . . . . . : 192.168.8.254
   DHCP 服务器 . . . . . . . . . . . : 192.168.8.10
   DHCPv6 IAID . . . . . . . . . . . : 167792726
   DHCPv6 客户端 DUID . . . . . . . : 00-01-00-01-26-44-AF-80-00-2B-67-
                                       47-F6-08
   DNS 服务器 . . . . . . . . . . . : 192.168.8.10
   TCPIP 上的 NetBIOS . . . . . . . : 已启用
……
```

在 Linux 客户端上先重启网络服务之后，再去查看 ens33 网卡的信息。

```
#客户端上重启服务并查看指定的网卡信息
[root@localhost ~]# systemctl restart network.service
[root@localhost ~]# ip addr show ens33
2: ens33: <BROADCAST,MULTICAST,UP,LOWER_UP> mtu 1500 qdisc pfifo_fast state
UP group default qlen 1000
    link/ether 00:0c:29:c1:bd:60 brd ff:ff:ff:ff:ff:ff
    inet 192.168.9.99/24 brd 192.168.9.255 scope global noprefixroute ens33
       valid_lft forever preferred_lft forever
    inet6 fe80::1995:8407:86e7:c8ca/64 scope link noprefixroute
       valid_lft forever preferred_lft forever
```

8.3　DNS 服务

在网络中计算机主要是通过 IP 地址相互通信的，对于公网的服务器，IP 地址不方便记忆，特别是 Web 服务器，可以将 IP 地址以更加容易记忆的域名表示，DNS（Domain Name System，域名系统）用于将域名解析为 IP 地址。

8.3.1　域名的空间结构

DNS 采用层次性和分布式的逻辑结构，域名的空间结构采用树形结构，就如同一个倒置的树，将域名空间分为根域、顶级域、二级域和三级域等层次结构，每个层次结构使用点号“.”分隔。就如树干上存在树枝一样，其中，根域为最高级别的域名，顶级域次之，二级域再次之，依此类推。层次结构越多，查询速度越慢。例如，www.baidu.com.就是一个三级域名，最后面的根域“.”一般都是省略的。

注意：域名结构还可以存在四级、五级等域名，一般只讨论到三级域名。

1．根域

根域使用点号“.”表示，位于域名空间的最顶层，由 Internet 域名注册授权机构管理。IPv4 的根域服务器全球只有 13 台，亚洲的根域服务器位于日本。其中位于美国的根域服务器为主根域服务器，其他 12 台为辅助根域服务器。IPv6 的根域服务器于 2016 年在全球 16 个国家完成部署 25 台，我国部署了其中 4 台。

2．顶级域

根域的下一级域名是顶级域，按照类型可以分为 3 种：

- 国际顶级域名（international top-level domain names，iTDs）：也称为组织域，以 3 个字符命名，根据域名的性质进行划分。比如 gov 表示政府机构部门，com 表示商业组织，edu 表示教育部门，net 表示网络组织，org 表示民间团体组织，net 表示网络服务机构，mil 表示军事部门。
- 国家顶级域名（national top-level domainnames，nTLDs）：也称为国家域或地区域，以两个字符命名，一般为国家的单词缩写，比如 cn 表示中国，us 表示美国，uk 表示英国等。
- 反向域：是一个特殊域，名称为 in-addr.arpa，用于在反向区域中通过 IP 地址查找域名。

3．二级域

顶级域的下一级就是二级域名，是被组织、公司和个人注册的，都是基于相应的顶级域，比如在国际顶级域下的 google.com、microsoft.con 等都是以公司名注册的。

4．三级域

三级域名也称为主机名，由大小写字母（A 至 Z，a 至 z）、数字（0～9）和连接符“-”

组成，长度不超过 20 个字符，一般都是根据服务器的功能性质进行划分，如 www 命名的 Web 服务器、ftp 命名的文件服务器和 mail 命名的邮件服务器等。在互联网上访问域名都是以 FQDN（Full Qualified Domian Name，完全合格域名）进行访问的。以 www.baidu.com 为例，其中，www 表示主机名，baidu.com 表示域名后缀，根域“.”一般省略不写。

8.3.2 域名的区域

DNS 的域名空间是根据区域进行划分的，就如同地图板块一样，只有相邻的板块才能划分在一起。域名空间的区域范围在一个域名空间内必须是连续的，即划分区域的域名后缀必须是一样的。每个区域都存放着区域文件，文件内容就是域名和 IP 地址一一对应的记录组成的多条数据信息。

根据域名后缀的不同，区域范围可大可小，大区域可以包含多个小区域。比如以二级域名为后缀划分区域，下面可以包含多个以三级域名划分的区域。每台 DNS 服务器可以存放多个区域的区域文件。

8.3.3 DNS 查询过程

DNS 的查询过程就是通过域名解析 IP 地址的过程，以一个三级域名 www.test.com 为例，具体的查询过程一共有 10 步。

（1）客户端在浏览器中输入域名 www.test.com，如果在 hosts 文件和 DNS 缓存中没有这个域名的记录，就会将数据包传输到内网中的本地 DNS 服务器上。

（2）本地 DNS 服务器搜索区域的相关记录，如果查询到无 test.com 的资源记录，会将查询数据包转发到外网的根域 DNS 服务器请求解析。

（3）根域 DNS 服务器解析到顶级域“.com”的 DNS 服务器 IP 地址并回传给本地 DNS 服务器。

（4）本地 DNS 服务器通过顶级域 DNS 服务器的 IP 地址将解析请求发送过去。

（5）顶级域.com 的 DNS 服务器解析出二级域名 test.com 的 DNS 服务器 IP 地址并回传给本地 DNS 服务器。

（6）本地 DNS 服务器将解析请求发送给顶级域 test.com 的 DNS 服务器。

（7）顶级域 DNS 服务器解析出 www.test.com 完全合格域名服务器的 IP 地址后回传给本地 DNS 服务器。

（8）本地 DNS 服务器接收到 www.test.com 域名的 IP 地址后回传给客户机。

（9）客户机通过 IP 地址向 www.test.com 域名服务器发送 Web 请求。

（10）Web 服务器对客户端返回结果，此时整个查询过程结束。

8.3.4 DNS 查询分类

1. 按照查询过程分类

根据过程可以将 DNS 查询分为两种类型：递归查询和迭代查询。

- 递归查询：客户端与服务器之间的查询。当 DNS 客户端按照 DNS 服务器列表向 DNS 服务器发出查询请求后，DNS 服务器会反馈给客户端一个精确的结果，要么成功返回客户端请求查询的 IP 地址，要么告诉客户端无法查询到请求的 IP 地址或者返回超时错误。
- 迭代查询：服务器与服务器之间的查询，由服务器反馈给客户端的是一个模糊的结果，当 DNS 服务器无法解析时就会返回下一级域名的 DNS 服务器指针记录，告诉客户端通过另外一台 DNS 服务器地址进行查询，直到查询到所需要的 IP 地址或者因为超时错误结束。

2. 按照查询内容分类

根据查询内容可以将 DNS 的查询分为两种形式：正向查询和反向查询。

- 正向查询：通过域名去解析 IP 地址，其是由正向区域中的 A 记录解析的。
- 反向查询：通过 IP 地址逆向解析域名，其是由反向区域中的 PTR 记录解析的。

8.3.5 DNS 服务器的分类

安装了 DNS 服务的计算机可以称为 DNS 服务器。DNS 服务器分为主要名称服务器、辅助名称服务器名、主控名称服务器和缓存名称服务器。

1. 主要名称服务器

主要名称服务器也称为主 DNS 服务器，一般是区域中的第一台 DNS 服务器，用于存放整个区域中的区域文件，负责整个区域的解析工作。

2. 辅助名称服务器

辅助名称服务器是对主要名称服务器的备份，其区域文件中的相关记录都是从主要名称服务器上复制而来，这些数据都是无法修改和删除的。当主要名称服务器出现故障时，辅助名称服务器会自动启用，临时负责域名和 IP 地址的解析。

3. 主控名称服务器

主控名称服务器指的是提供数据复制的 DNS 服务器，既可以是主 DNS 服务器也可以是辅助 DNS 服务器。

4．缓存名称服务器

缓存名称服务器是一种特殊的 DNS 服务器，无须设置 DNS 区域信息，仅执行查询和缓存操作，会将查询到的相关记录保存下来以提高查询效率，节省网络流量。

8.3.6 资源记录

在 DNS 服务器上创建区域成功后，需要在区域文件中创建相关资源记录的数据。在 DNS 服务器中使用较为频繁的资源记录有 SOA、NS、A 和 PTR 几种。

1．SOA资源记录

SOA（Start Of Authority Record，起始授权记录）指明区域中的哪个名称服务器是主要名称服务器，在区域文件中有且只有一个 SOA 资源记录。SOA 资源记录的格式如下：

```
区域名    IN   SOA           主 DNS 服务的 FQDN 管理员邮箱 (
                             Serial
                             Refresh
                             Retry
                             Expire
                             Minimum)
```

SOA 资源记录的字段如下：

- 区域名：一般是当前区域，用@表示。
- 主域名服务器：区域的主 DNS 服务器的 FQDN。
- 管理员邮箱：管理区域的负责人的电子邮箱。在该电子邮箱中使用英文句号“.”代替符号“@”。
- 序列号（Serial）：该区域文件的修订版本号。每次区域中的资源记录发生改变时，这个数字便会增加。当辅助 DNS 服务器和主 DNS 服务器的序列号不一致时，就开始自动同步数据。默认是使用当前的日期。
- 刷新间隔（Refresh）：辅助 DNS 服务器和主要 DNS 服务器同步数据的间隔时间。默认时间是 900s（15min）。
- 重试间隔（Retry）：辅助 DNS 服务器和主 DNS 服务器在刷新间隔时间内自动同步数据失败时，会在少于刷新间隔的时间内再次同步数据的时间。默认值为 600s（10min）。
- 过期间隔（Expire）：辅助 DNS 服务器和主 DNS 服务器同步数据一直失败，当超过设定的这个时间，那么辅助 DNS 服务器会把它之前同步的本地数据当作不可靠数据。默认值为 86400s（24h）。

- 最小（默认）TTL：区域的默认生存时间（TTL）和缓存否定应答名称查询的最大间隔。默认值为 3600s（1h）。

2．NS资源记录

NS（Name Server，名称服务器）指明区域中负责解析的所有 DNS 服务器，包括主 DNS 服务器和辅助 DNS 服务器，区域文件中至少存在一个 NS 记录。NS 资源记录的格式如下：

```
区域名    IN  NS   完全合格域名 FQDN
```

3．A资源记录

A（Address，主机）记录将 FQDN 映射到 IP 地址中，并且一般将其存放在正向区域中，有了该记录就可以通过域名解析 IP 地址了。A 资源记录的格式如下：

```
完全合格域名        IN   A    IP 地址
```

4．PTR资源记录

PTR（Point Record，指针记录）将 IP 地址映射到 FQDN 中，并且一般将其存放在反向区域中，有了该记录就可以通过 IP 地址解析域名了。PTR 资源记录的格式如下：

```
IP 地址   IN   PTR      主机名
```

5．CNAME资源记录

CNAME（Canonical Name，别名）资源记录将多个 FQDN 映射到同一个 IP 地址中，这样可以隐藏用户真实的 FQDN，更加安全。CNAME 资源记录的格式如下：

```
别名 IN       CNAME          主机名
```

6．SRV资源记录

SRV（Service Record Vehicle，服务定位）记录将服务名称映射到提供服务的计算机名称中，指明服务器提供的特定服务功能。SRV 资源记录的格式如下：

```
_service._proto.name.   TTL IN   SRV    priority weight  port    target.
```

SRV 资源记录的字段说明如下：

- service：服务的名称。
- proto：服务所属的协议类型，即 TCP 或 UDP。
- TTL：默认为 1h。
- priority：优先级，数字越小级别越高。
- weight：具有同优先级的记录相对权重，值越大，优先级越高。
- port：端口号。
- target.：主机的完全合格域名 FQDN，以点号“.”结束。

7. MX资源记录

MX（Mail Exchange，邮件交换）资源记录指明区域中负责邮件服务的是哪台计算机。MX 资源记录的格式如下：

```
区域名    IN   MX        优先级          邮箱地址
```

8.4 搭建 DNS 服务器

本节实验通过 RPM 包的安装方式部署 DNS 服务器，通过搭建主要名称服务器和辅助名称服务器来防止主 DNS 服务器宕机而无法正常解析，实现备份机制。

8.4.1 主 DNS 服务器

主 DNS 服务器是负责整个网络中的域名解析，下面直接使用 YUM 包管理器安装 RMP 包进行部署。

1. 实验环境

本实验以 CentOS 7.7 虚拟机为 DNS 服务器，真实机 Windows 10 系统为 DNS 客户机，虚拟机的网络适配器模式为仅主机模式，真实机通过仅主机模式的虚拟网卡 VMware Network Adapter VMnet1 和虚拟机进行通信，关闭 VMware 仅主机模式的自带 DHCP 服务器，二者都是用静态 IP 地址，具体的 TCP/IP 参数配置如表 8.4 所示。

表 8.4 实验环境

主 机 信 息	DNS服务器	DNS客户端
操作系统	CentOS 7.7	Windows 10
IP地址	172.16.1.10	172.16.1.88
子网掩码	255.255.0.0	255.255.0.0
默认网关	172.16.1.254	172.16.1.254
主DNS服务器	172.16.1.10	172.16.1.10

服务器的 TCP/IP 的详细配置如下：

```
#DHCP 服务器的 IP 地址配置，修改配置文件使用静态 IP 地址
[root@localhost ~]# cat /etc/sysconfig/network-scripts/ifcfg-ens33
……
BOOTPROTO="static"
……
ONBOOT="yes"
IPADDR=172.16.1.10
```

```
NETMASK=255.255.0.0
GATEWAY=172.16.1.254

#DNS 服务器的 IP 地址指向 172.16.1.10
[root@localhost ~]# cat /etc/resolv.conf
# Generated by NetworkManager
search localdomain
nameserver 172.16.1.10
```

2. 安装DNS服务软件包

直接使用系统镜像文件中的 RPM 包安装，通过挂载光驱读取镜像文件的软件包。

```
#查找镜像文件中 DNS 程序软件包 bind，使用 RPM 包管理工具进行安装
[root@localhost ~]# mount /dev/cdrom /mnt/a
mount: /dev/sr0 is write-protected, mounting read-only
[root@localhost ~]# cd /mnt/a/Packages/
[root@localhost Packages]# ls bind*
bind-9.11.4-9.P2.el7.x86_64.rpm  bind-license-9.11.4-9.P2.el7.noarch.rpm
bind-chroot-9.11.4-9.P2.el7.x86_64.rpm   bind-pkcs11-9.11.4-9.P2.el7.
                                          x86_64.rpm
......
[root@localhost Packages]# rpm -ivh bind-9.11.4-9.P2.el7.x86_64.rpm
Preparing...                    ################################# [100%]
Updating/installing...
   1:bind-32:9.11.4-9.P2.el7    ################################# [100%]
/var/tmp/rpm-tmp.jYSHLi: line 59:/etc/selinux/mls/rpmbooleans.custom: No
such file or directory
grep:/etc/selinux/mls/rpmbooleans.custom: No such file or directory
/var/tmp/rpm-tmp.jYSHLi: line 72:/etc/selinux/mls/rpmbooleans.custom: No
such file or directory
ValueError: SELinux policy is not managed or store cannot be accessed.

#出现报错信息，需关闭 Selinux，修改配置文件将状态改为 disabled，然后保存并重启系统
 使其生效
[root@localhost Packages]# cat /etc/selinux/config
# This file controls the state of SELinux on the system.
# SELINUX= can take one of these three values:
#    enforcing - SELinux security policy is enforced.
#    permissive - SELinux prints warnings instead of enforcing.
#    disabled - No SELinux policy is loaded.
SELINUX=disabled
......

#使用 rpm -ql 查看软件包安装后的服务名称及配置文件目录
[root@localhost Packages]# rpm -ql bind
......
/etc/named.conf                          #主配置文件
/usr/lib/systemd/system/named.service    #服务名
/var/named                               #主 DNS 服务器区域文件存放的默认目录
/var/named/slaves                        #辅助 DNS 服务器区域文件存放的默认目录
/var/log/named.log                       #日志文件
......
```

3．配置文件

下面根据实际的网络情况修改主配置文件和区域文件中的参数。

（1）主配置文件。

在 DNS 服务的配置文件/etc/named.conf 中使用“//”“/* */”表示注释行，对需要修改和添加的地方进行注释，其他选项保持不变即可。

```
#修改主配置文件，添加正向区域和反向区域，其他保持默认
[root@localhost Packages]# cat /etc/named.conf

options {
        #修改为 any，表示服务器上的所有 IP 地址均可提供解析服务
        listen-on port 53 { any; };
        listen-on-v6 port 53 { ::1; };
        directory       "/var/named";      #区域文件存放的默认路径
        dump-file       "/var/named/data/cache_dump.db";
        statistics-file "/var/named/data/named_stats.txt";
        memstatistics-file "/var/named/data/named_mem_stats.txt";
        recursing-file  "/var/named/data/named.recursing";
        secroots-file   "/var/named/data/named.secroots";
        #修改为 any，表示允许所有 IP 地址对本服务器发送 DNS 查询请求
        allow-query     { any; };
……
zone "." IN {                                #根区域设置及对应区域文件，默认不用动
        type hint;
        file "named.ca";
};

//以下是手动添加的区域名，可以根据实际情况自定义
zone "test.com" IN {                         #添加正向区域名 test.com
        type master;                         #master 表示主 DNS 服务器
        file "test.com";                     #正向区域的文件名
};

zone "1.16.172.in-addr.arpa" IN {  #添加反向区域名，参照 Window 系统中的格式写
        type master;                         #master 表示主 DNS 服务器
        file "1.16.172.in-addr.arpa";    #反向区域的文件名，可以和区域名不同
};
……

#检查主配置文件是否存在错误，不报错表示没有问题
[root@localhost ~]# named-checkconf
```

（2）正向区域文件。

设置完主配置文件后需要在默认的区域文件的存放目录/var/named 下新建正向区域文件，这里的文件名一定要和主配置文件指明的正向区域文件名保持一致，可以参照/var/named/named.localhost 格式添加内容。具体的配置信息如下：

```
#复制/var/named/named.localhost 生成 test.com 的正向区域文件，使用 vi 编辑器修改
 文件数据
[root@localhost /]# cp -rf /var/named/named.localhost /var/named/test.com
[root@localhost /]# vi /var/named/test.com
@       IN  SOA   server.test.com. root.test.com.  (   #SOA 记录和管理员邮箱
                  20210115         ; serial            #序列号
                  900              ; refresh           #刷新间隔时间
                  600              ; retry             #重试时间
                  86400            ; expire            #过期时间
                  3600     )       ; minimum           #TTL
@       IN  NS    server.test.com.                     #NS 记录
server  IN  A     172.16.1.10                          #主 DNS 服务器 A 记录
client  IN  A     172.16.1.88                          #客户机的 A 记录
www     IN  CNAME server                               #别名记录
```

（3）反向区域文件。

添加了正向区域文件后，需要继续添加反向区域文件，切记文件名需要和主配置文件名一致。相关配置信息如下：

```
[root@localhost /]# vi /var/named/1.16.172.in-addr.arpa
$TTL 1D
@       IN  SOA   server.test.com. root.test.com.  (
                  20210115         ; serial
                  900              ; refresh
                  600              ; retry
                  86400            ; expire
                  3600     )       ; minimum
@       IN  NS    server.test.com.
10      IN  PTR   server.test.com.                 #主 DNS 服务器的 PTR 记录
88      IN  PTR   client.test.com.                 #客户机的 PTR 记录
```

注意：FQDN 后面都必须以点号“.”结束，否则启动服务时会报错。

（4）检查区域文件和启动服务。

配置完区域文件后可以通过命令 named-checkzone 检测一下是否存在参数错误，确保没有问题后再启动 DNS 服务。详细步骤如下：

```
#使用 named-checkzone 命令可以进行区域文件的有效性检查和转换，必须指定区域名称和区域
 文件名称。OK 表示没有错误
[root@localhost named]# named-checkzone  test.com test.com
zone test.com/IN: loaded serial 20210115
OK
[root@localhost named]# named-checkzone  1.16.172.in-addr.arpa 1.16.172.
in-addr.arpa
zone 1.16.172.in-addr.arpa/IN: loaded serial 20210115
OK

#启动服务并查看状态
[root@localhost named]# systemctl start named.service
[root@localhost named]# systemctl status named.service
● named.service - Berkeley Internet Name Domain (DNS)
```

```
   Loaded: loaded (/usr/lib/systemd/system/named.service; disabled; vendor preset: disabled)
   Active: active (running) since Fri 2021-01-15 22:03:17 CST; 6s ago
  Process: 32886 ExecStart=/usr/sbin/named -u named -c ${NAMEDCONF} $OPTIONS (code=exited, status=0/SUCCESS)
......
```

4. DNS服务器测试解析

DNS 服务器必须保证解析是正常的，之后才能在客户端上进行测试，这里需要将正向区域文件和反向区域文件的归属权中的所属组修改为 named，否则无法正常解析。

```
#修改正向区域文件和反向区域文件的所属组为 named
[root@localhost /]# chown :named /var/named/test.com /var/named/1.16.172.in-addr.arpa
[root@localhost /]# ls -lh /var/named
total 24K
-rw-r----- 1 root  named  228 Jan 15 21:53 1.16.172.in-addr.arpa
-rw-r----- 1 root  named  243 Jan 15 22:01 test.com
......

#关闭 Selinux 和防火墙
[root@localhost named]# vi /etc/selinux/config          #重启系统，使修改生效
......
SELINUX=disabled
......
[root@localhost named]# systemctl stop firewalld.service

#使用 host 命令解析
[root@localhost named]# host www.test.com
www.test.com is an alias for server.test.com.
server.test.com has address 172.16.1.10
[root@localhost named]# host 172.16.1.10
10.1.16.172.in-addr.arpa domain name pointer server.test.com.

#使用 dig 命令解析
[root@localhost named]# dig server.test.com

; <<>> DiG 9.11.4-P2-RedHat-9.11.4-9.P2.el7 <<>> server.test.com
;; global options: +cmd
;; Got answer:
;; ->>HEADER<<- opcode: QUERY, status: NOERROR, id: 64738
;; flags: qr aa rd ra; QUERY: 1, ANSWER: 1, AUTHORITY: 1, ADDITIONAL: 1

;; OPT PSEUDOSECTION:
; EDNS: version: 0, flags:; udp: 4096
;; QUESTION SECTION:
;server.test.com.            IN     A

;; ANSWER SECTION:
server.test.com.       86400   IN     A      172.16.1.10
```

```
;; AUTHORITY SECTION:
test.com.            86400   IN      NS      server.test.com.

;; Query time: 0 msec
;; SERVER: 127.0.0.1#53(127.0.0.1)
;; WHEN: Fri Jan 15 22:38:04 CST 2021
;; MSG SIZE  rcvd: 74
```

5. Windows客户端测试解析

在 Windows 客户端测试 DNS 服务器是否能够正常解析，可以直接按照以下步骤进行测试。

（1）查看 Windows 客户端的 TCP/IP 配置，为防止解析失败，可以将真实机的其他网卡禁用，只保留仅主机模式 VMware Network Adapter VMnet1 的网卡，网卡的 TCP/IP 设置如图 8.3 所示。

（2）在 CMD 环境下使用 nslookup 命令分别解析主 DNS 的域名、IP 地址、别名，客户机的域名、IP 地址，解析结果如图 8.4 所示。

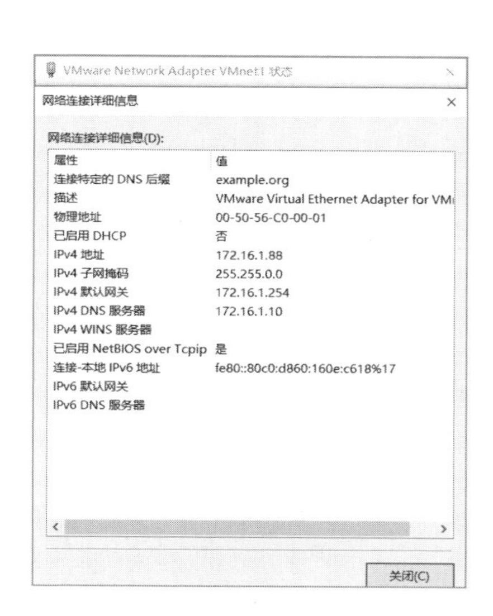

图 8.3　Windows 客户端的 TCP/IP 设置

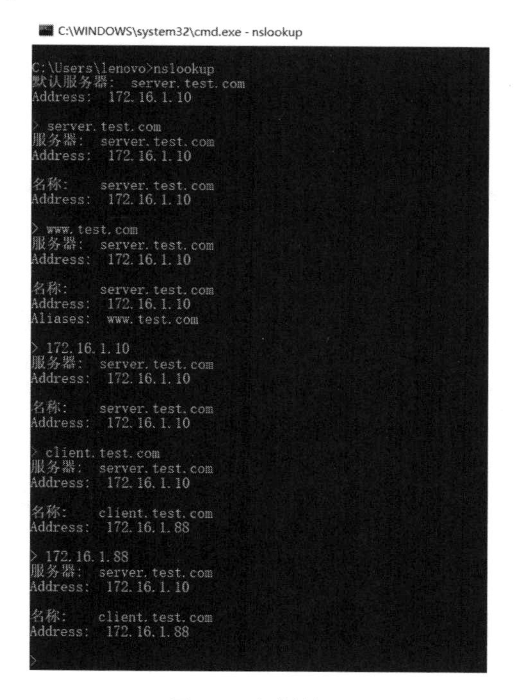

图 8.4　解析结果

8.4.2　辅助 DNS 服务器

在实际网络环境中，一般都需要有容错设计，搭建完主 DNS 服务器还需要再部署一台辅助 DNS 服务器作为备用服务器，防止主 DNS 服务器出现故障时无法解析。辅助 DNS 服务器的数据都是只读的，无法修改。在 Linux 中可以部署两台辅助 DNS 服务器，这里演示一台的部署方法。

1. 实验环境

使用两台 CentOS 7.7 虚拟机作为 DNS 服务器，真实机作为客户机，全部采用静态 IP 地址，具体的 TCP/IP 参数配置如表 8.5 所示。

表 8.5 实验环境

主 机 信 息	主DNS服务器	辅助DNS服务器	DNS客户端
操作系统	CentOS 7.7	CentOS 7.7	Windows 10
IP地址	172.16.1.10	172.16.1.11	172.16.1.88
子网掩码	255.255.0.0	255.255.0.0	255.255.0.0
默认网关	172.16.1.254	172.16.1.254	172.16.1.254
主DNS服务器地址	172.16.1.10	172.16.1.11	172.16.1.10
辅助DNS服务器地址	172.16.1.11	172.16.1.10	172.16.1.11

辅助 DNS 服务器的 TCP/IP 配置信息如下：

```
#主 DNS 服务器的 DNS 配置文件内容如下
[root@localhost Packages]# cat /etc/resolv.conf
# Generated by NetworkManager
nameserver 172.16.1.10                    #第一个指向本机 IP 地址
nameserver 172.16.1.11

#修改辅助 DNS 服务器的网卡配置文件，修改内容如下
[root@localhost ~]# cat /etc/sysconfig/network-scripts/ifcfg-ens33
……
BOOTPROTO="static"
……
IPADDR=172.16.1.11
NETMASK=255.255.0.0
GATEWAY=172.16.1.254

#修改辅助 DNS 服务器的 DNS 配置文件地址
[root@localhost Packages]# cat /etc/resolv.conf
# Generated by NetworkManager
search internal.example.org
nameserver=172.16.1.11                    #第一个指向本机 IP 地址
nameserver=172.16.1.10
```

2. 安装DNS服务软件包

辅助 DNS 服务器的安装步骤可以参考主 DNS 服务器的安装步骤，也是直接通过镜像文件的 RPM 包进行安装，这里就不再重复演示了。

3. 配置文件

主 DNS 服务器和辅助 DNS 服务配置的主配置文件和区域文件的详细参数配置，按照以下步骤配置即可。

（1）在已经创建好的主 DNS 服务器的主配置文件中添加几个选项，在正向区域文件中添加辅助 DNS 服务器的 A 记录，在反向区域文件中添加辅助 DNS 服务器的 PTR 记录。

```
#修改主配置文件，添加正向区域和反向区域，其他保持默认
[root@localhost Packages]# cat /etc/named.conf
options {
        #修改为 any，表示服务器上所有 IP 地址均可提供解析服务
        listen-on port 53 { any; };
        listen-on-v6 port 53 { ::1; };
        directory       "/var/named"; #区域文件存放的默认路径
        dump-file       "/var/named/data/cache_dump.db";
        statistics-file  "/var/named/data/named_stats.txt";
        memstatistics-file "/var/named/data/named_mem_stats.txt";
        recursing-file   "/var/named/data/named.recursing";
        secroots-file    "/var/named/data/named.secroots";
        #修改为 any，表示允许所有 IP 地址对本服务器发送 DNS 查询请求
        allow-query     { any; };
……
zone "." IN {                               #根区域设置及对应的区域文件，默认不用动
        type hint;
        file "named.ca";
};

########以下是手动添加的的区域名，可以根据实际情况自定义#########
zone "test.com" IN {                        #添加正向区域名 test.com
        type master;                        #master 表示主 DNS 服务器
        file "test.com";                    #正向区域的文件名
allow-update { 172.16.1.11; };              #开启从区域传送到辅助 DNS 服务器功能
notify  yes;                  #区域文件记录修改后主动通知辅助 DNS 服务器同步数据
also-notify { 172.16.1.11; };               #否则需要等待刷新时间才能同步数据
};

zone "1.16.172.in-addr.arpa" IN {   #添加反向区域名，参照 Window 下的格式写
        type master;                        #master 表示主 DNS 服务器
        file "1.16.172.in-addr.arpa";            #反向区域的文件名，可以和区域名不同
        allow-transfer { 172.16.1.11; };         #开启区域传送，和上述用法一致
  notify yes;
  also-notify { 172.16.1.11; };
};
……

#在正向区域文件中添加辅助 DNS 服务器的 A 记录
[root@localhost /]# vi  /var/named/test.com

@       IN  SOA    server.test.com. root.test.com. ( #SOA 记录和管理员邮箱
```

```
                  20210115        ; serial           #序列号
                  900             ; refresh          #刷新间隔时间
                  600             ; retry            #重试时间
                  86400           ; expire           #过期时间
                  3600     )      ; minimum          #TTL
@         IN      NS              server.test.com. #NS 记录
server IN A       172.16.1.10                        #主 DNS 服务器 A 记录
client IN A       172.16.1.88                        #客户机的 A 记录
www    IN CNAME   server                             #别名记录
slave  IN A       172.16.1.11                        #辅助 DNS 服务器 A 记录

#在反向区域文件中添加辅助 DNS 服务器的 PTR 记录
[root@localhost /]# vi  /var/named/1.16.172.in-addr.arpa
$TTL 1D
@      IN  SOA    server.test.com. root.test.com. (
                  20210115        ; serial
                  900             ; refresh
                  600             ; retry
                  86400           ; expire
                  3600     )      ; minimum
@      IN  NS     server.test.com.
10     IN  PTR    server.test.com.                   #主 DNS 服务器的 PTR 记录
88     IN  PTR    client.test.com.                   #客户机的 PTR 记录
11     IN  PTR    slave.test.com.                    #辅助 DNS 服务器的 PTR 记录
```

注意：主配置文件注意大括号 { } 前后的空格，包括后续辅助 DNS 服务器也是一样。

（2）辅助 DNS 服务器只需要创建主配置文件，添加正向区域和反向区域名，一定要和主配置文件的区域名保持一致，将辅助 DNS 服务器的区域文件存放到/var/named/slaves 目录下，指定正向区域文件名为 test.com.slave，反向区域文件名为 1.16.172.in-addr.arpa.slave。重启服务后会自动生成区域文件。

```
#修改辅助 DNS 服务器的主配置文件，添加正向区域和反向区域数据，这里只显示修改和添加的数据
[root@localhost Packages]# cat  /etc/named.conf
options {
       directory       "/var/named";      #区域文件存放的默认路径
       #修改为 any，表示允许所有 IP 地址对本服务器发送 DNS 查询请求
       allow-query     { any; };
   ……

#########以下是手动添加的区域名，可以根据实际情况自定义#############
zone "test.com" IN {                          #添加正向区域名 test.com
       type slave;                            #slave 表示辅助 DNS 服务器
       file "slaves/test.com.slave";          #正向区域的文件名
       masters { 172.16.1.10; };              #指明主 DNS 服务器的 IP 地址
};

zone "1.16.172.in-addr.arpa" IN {
       type slave;                            #slaver 表示主 DNS 服务器
```

```
        file "slaves/1.16.172.in-addr.arpa.slave";       #反向区域的文件名
        masters { 172.16.1.10; };           #指明主 DNS 服务器的 IP 地址
};
......
```

4．重启服务同步数据

测试辅助 DNS 服务器是否能够同步数据前应将两台 DNS 服务器的 Selinux 和防火墙全部关闭，具体步骤如下：

（1）第一次同步数据。

在确定主 DNS 服务器的主配置文件和区域文件数据无错误的情况下，将 DNS 服务器重新启动，然后在辅助 DNS 服务器上重启服务，查看辅助 DNS 服务器/var/named/slaves 目录下的正向区域文件和反向区域文件的相关记录是否已经从主 DNS 服务器复制过来。

```
#在主 DNS 服务器上重启 DNS 服务
[root@localhost named]# systemctl restart named

#在辅助 DNS 服务器上启动或重启 DNS 服务
[root@localhost slaves]# systemctl restart named.service

#测试结果发现辅助 DNS 服务器复制过来的区域文件出现乱码，因此在辅助 DNS 服务器的主配置文
 件的正向区域和反向区域中各添加了一行选项，指定格式为 text 或 raw，这里只显示添加数据
 的内容，其他内容省略，若不出现乱码就可以不添加
[root@localhost Packages]# cat /etc/named.conf
......
zone "test.com" IN {
        type slave;
        masterfile-format text;
        file "slaves/test.com.slave";
        masters { 172.16.1.10; };
};

zone "1.16.172.in-addr.arpa" IN {
        type slave;
        masterfile-format text;              #指定数据格式为 text
        file "slaves/1.16.172.in-addr.arpa.slave";
        masters { 172.16.1.10; };
};
```

（2）第二次同步数据。

第一次数据同步成功后，测试修改主 DNS 服务器的正向区域文件中的序列号，并向其中添加一条客户机的别名记录，然后再次重启两台 DNS 服务器，注意主 DNS 服务器应先重启。之前在主 DNS 服务器的主配置文件中添加了 notify 选项主动通知更新数据，所以辅助 DNS 服务器会立即将更改的数据同步过来，否则需要等待刷新间隔时间到了之后才会同步。

```
#修改主 DNS 服务器的正向区域文件的序列号，并向其中添加一条客户机的别名记录，然后重新启
 动 DNS 服务
[[root@localhost ~]# cat /var/named/test.com
```

```
@        IN      SOA     server.test.com. root.test.com. (
                         20210116        ; serial
                         900            ; refresh
                         600            ; retry
                         86400          ; expire
                         3600    )       ; minimum
@        IN      NS      server.test.com.
server   IN      A       172.16.1.10
client   IN      A       172.16.1.88
www      IN      CNAME   server
slave    IN      A       172.16.1.11
fuzhu    IN      CNAME   client
[root@localhost ~ ]# systemctl restart named.service

#在辅助 DNS 服务器上重启 DNS 服务，查看正向区域文件的数据是否同步成功
[root@localhost ~ ]# systemctl restart named.service
[root@localhost ~ ]# cat /var/named/slaves/test.com.slave
$ORIGIN .
$TTL 3600   ; 1 hour
test.com     IN  SOA     server.test.com. root.test.com. (
                         20210116   ; serial
                         900        ; refresh (15 minutes)
                         600        ; retry (10 minutes)
                         86400      ; expire (1 day)
                         3600       ; minimum (1 hour)
                         )
             NS          server.test.com.
$ORIGIN test.com.
client       A           172.16.1.88
fuzhu        CNAME       client
server       A           172.16.1.10
slave        A           172.16.1.11
www          CNAME       server

#上述实验可以立刻更新数据，是因为在主 DNS 服务器的配置文件中添加了两个选项 notify 和
 also-notify，可以尝试将这两个选项注释掉，然后再测试是否可以立刻同步数据，这里就不再演示了
```

第 9 章　文 件 服 务

在网络中需要实现资源的共享和文件传输服务，根据不同的网络服务和协议可以实现不同功能的文件资源共享。在 Linux 系统中比较常见的文件服务有 Samba、FTP 和 NFS，本章将分别介绍这三个服务的使用。

本章的主要内容如下：

- Samba 服务；
- FTP 服务；
- NFS 服务。

注意：重点在于如何搭建和使用这三种文件服务环境。

9.1 Samba 文件服务

Samba 是在 Linux 和 UNIX 系统上实现 SMB 和 CIFS 协议的一个免费软件，由服务器及客户端程序构成。SMB（Server Message Block，服务信息块）是一种在局域网上共享文件和打印机的通信协议，它为局域网内不同的计算机之间提供文件及打印机等资源的共享服务；CIFS（Common Internet File System，通用互联网文件系统）协议默认只能用于 Windows 系统，无法在 Linux 和 UNIX 系统中使用，Samba 软件的出现使得可以跨平台使用这两个协议。

9.1.1 Samba 服务概述

Samba 服务由 NMBD 和 SMBD 两个进程组成。NMBD 进程的功能是进行 BIOS 名称解析，显示网络上的共享资源列表。这个进程使用的是 UDP，占用的端口号是 137 和 138。SMBD 进程的功能是提供数据传输服务，这个进程使用的是 TCP，占用的端口号是 139 和 445。

Samba 服务器根据设置的安全级别不同，客户端访问服务器的验证方式也不一样，分别有 share、user、server、domain 和 ads 共 5 种安全模式，其中默认的安全级别是 user，一般只需要重点掌握 share 和 user 两种模式即可。下面分别介绍这 5 种模式。

- share 安全级别模式：客户端访问 Samba 服务器不需要用户名和密码，相当于匿名访问，安全性比较低，一般用于共享公共的资源时使用。
- user 安全级别模式：客户端登录 Samba 服务器，需要提供合法的用户名和密码，经过 Samba 服务器验证才可以访问共享资源，服务器默认为此级别模式。
- server 安全级别模式：客户端访问 Samba 服务器需要提供用户名和密码，通常由一台指定的认证服务器或 Samba Server 进行身份验证，如果验证出现错误，客户端会用 user 级别进行访问。
- domain 安全级别模式：客户端访问 Samba 服务器需要提供用户名和密码，身份验证由 Windows 域控制器提供。
- ads 安全级别模式：当 Samba 服务器使用 ads 安全级别模式加入 Windows 域环境中，其就具备了 domain 安全级别模式中所有的功能。

9.1.2　Samba 服务的安装

Samba 的安装可以分为 RPM 包和源码包两种方式，本节通过 yum 管理工具安装 RPM 包。

可以通过 yum 管理工具使用在线仓库直接获取 RPM 包进行安装，这需要外网权限；也可以通过系统镜像文件中的软件包搭建本地的 yum 仓库源进行安装。这里使用搭建本地仓库进行安装。

（1）通过挂载光驱中的镜像文件制作本地 yum 源，具体方法如下：

```
#加载镜像文件到虚拟机的光驱设备，将其挂载到/mnt/a 目录下
[root@localhost ~]# mount /dev/cdrom /mnt/a
mount: /dev/sr0 is write-protected, mounting read-only
[root@localhost ~]# ls /mnt/a
CentOS_BuildTag  EFI  EULA  GPL  images  isolinux  LiveOS  Packages
repodata  RPM-GPG-KEY-CentOS-7  RPM-GPG-KEY-CentOS-Testing-7  TRANS.TBL

#将 CentOS 7 中/etc/yum.repos.d/中自带的 yum 源仓库地址全部剪切到/etc/yum.repos.
 d/bak 目录
[root@localhost ~]# ls /etc/yum.repos.d/
CentOS-Base.repo  CentOS-CR.repo  CentOS-Debuginfo.repo  CentOS-fasttrack.
repo  CentOS-Media.repo  CentOS-Sources.repo  CentOS-Vault.repo  test.repo
[root@localhost ~]# mkdir /etc/yum.repos.d/bak
[root@localhost ~]# mv /etc/yum.repos.d/*.repo /etc/yum.repos.d/bak/
[root@localhost ~]# ls /etc/yum.repos.d/
bak

#Samba 服务至少需要三个软件包，其中 samba 和 samba-common 提供了服务器和客户端相关的
 文件，samba-client 是字符模式的客户端工具
[root@localhost /]# cd /mnt/a/Packages/
[root@localhost Packages]# ls samba*
samba-4.9.1-6.el7.x86_64.rpm                #主程序包，服务器必须安装
samba-common-4.9.1-6.el7.noarch.rpm         #辅助包，提供通用的工具和库文件
```

```
samba-client-4.9.1-6.el7.x86_64.rpm          #客户端包
……

#制作本地仓库文件 local.repo，内容如下：
[root@localhost ~]# cat /etc/yum.repos.d/local.repo
[local]
name=CentOS7.7-ISO
baseurl=file:///mnt/a
gpgcheck=0
```

（2）安装服务主程序包 samba、客户端包 samba-client（默认已安装）以及通用工具和库包 samba-common（默认已经安装）。

```
#使用 yum 安装主程序包
[root@localhost ~]# yum install samba  -y
Loaded plugins: fastestmirror,  langpacks
Loading mirror speeds from cached hostfile
Resolving Dependencies
……
Dependency Installed:
  pytalloc.x86_64 0:2.1.14-1.el7  samba-common-tools.x86_64 0:4.9.1-6.el7
samba-libs.x86_64 0:4.9.1-6.el7
Complete!

#查看配置文件和系统服务名
[root@localhost Packages]# rpm -ql samba
/usr/lib/systemd/system/nmb.service
/usr/lib/systemd/system/smb.service          #系统服务名
/usr/sbin/nmbd                               #程序名
/usr/sbin/smbd
……
[root@localhost Packages]# rpm -ql samba-common
/etc/samba/smb.conf                          #主配置文件
/etc/samba/smb.conf.example                  #模板配置文件
……
/var/log/samba                               #日志文件存放路径
……
```

9.1.3　配置文件

在 CentOS 7 系统中，Samba 服务除了主配置文件/etc/samba/smb.conf 外，还存在一个模板配置文件/etc/samba/smb.conf.example，相对于主配置文件，其内容更加详细。其中“#”开头的表示注释行，“;”开头的表示模板范例行，默认是不生效的。下面对主配置文件中需要使用的相关选项进行说明。

```
#查看/etc/samba/smb.conf 配置文件的内容
# See smb.conf.example for a more detailed config file or
# read the smb.conf manpage.
# Run 'testparm' to verify the config is correct after
# you modified it.
```

```
[global]
        workgroup = SAMBA
        security = user
        passdb backend = tdbsam
        printing = cups
        printcap name = cups
        load printers = yes
        cups options = raw
[homes]
        comment = Home Directories
        valid users = %S, %D%w%S
        browseable = No
        read only = No
        inherit acls = Yes
[printers]
        comment = All Printers
        path =/var/tmp
        printable = Yes
        create mask = 0600
        browseable = No
[print$]
        comment = Printer Drivers
        path =/var/lib/samba/drivers
        write list = @printadmin root
        force group = @printadmin
        create mask = 0664
        directory mask = 0775
```

主配置文件只给出了部分参数，在实际环境中可以根据需要添加额外的可选参数。下面对每个模块中的相关参数进行说明，以方便大家学习。

1. Global Settings

Global Settings 是全局变量区域，设置的选项针对所有共享资源生效。

- workgroup：Samba 服务器的工作组名。
- server string：Samba 服务器的描述语。
- hosts allow：允许访问 Samba 服务器的 IP 地址，多个地址以空格隔开，也可以使用网段号表示。比如“hosts allow=192.168.1.EXCEPT192.168.1.66”表示允许访问网段 192.168.1.0 中除了 192.168.1.66 之外的所有主机。
- hosts deny：设定拒绝访问 Samba 服务器的 IP 地址。
- printcap name：设置打印机的配置文件。
- load printers：是否开启共享打印机，yes 表示开启，no 表示不开启。
- guest account：设定访问 Samba 服务器的来宾账户，默认 pcguest 表示 nobody 用户名。
- log file：日志文件的存储目录和文件名。
- max log size：设定日志文件的最大容量，单位为 KB，0 表示不限制。
- security：设定 Samba 服务器的安全级别。

- passdb backend：设定 Samba 服务器访问和存储 Samba 账户的后台。目前有 smbpasswd、tdbsam 和 ldapsam 三种后台。其中 smbpasswd 表示使用 smb 自己的 smbpasswd 工具添加系统用户到共享资源并设置访问密码，smbpasswd 文件默认在/etc/samba 目录下，需要自己手动建立；tdbsam 表示使用一个数据库文件建立访问共享的用户数据库，数据库文件 passdb.tdb 默认在/etc/samba 目录下，可以使用 smbpasswd 或 pdbedit 建立 Samba 账户；ldapsam 表示使用 LDAP（Lightweight Directory Access Protocol，轻量目录访问协议）服务的账户管理方式验证用户。在 Samba-3.0.23 之前的默认值为 smbpasswd，而之后的默认值为 tdbsam。
- password server：安全级别为 server 时设置认证服务器的 IP 地址。
- encrypt passwords：是否对密码加密，yes 表示加密，no 表示不加密。现在 Windows 系统默认不支持明文传输，所以配置文件中默认开启加密。
- smb passwd file：设定 Samba 用户的密码文件。smbpasswd 位于/etc/samba/目录下，格式就是 smb passwd file =/etc/samba/smbpasswd。
- username map：设定 Samba 用户别名文件，需要在/etc/samba/smbusers 中预先定义，格式就是 username map =/etc/samba/smbusers。
- interface：设定 Samba 服务监听的网卡设备，可以是网卡设备名（比如 ens33），也可以是网卡上的具体 IP 地址（比如 172.16.1.10）。
- netbios name：设定 Samba 服务的网络计算机名，最好不要和 workgroup 一样。

2. Share Definitions

Share Definitions 部分用于设置共享目录和打印机相关属性，比如权限、路径等。

- [共享名]：设置共享目录和打印机的共享名。
- comment：设置描述语。
- path：共享目录的绝对路径。
- browseable：是否开启隐藏共享，yes 表示不开启，no 表示开启。
- printable：是否允许打印，yes 表示允许，no 表示不允许。
- public：是否开启匿名访问，安全级别为 share 时使用。
- guest ok：是否允许 Guest 账户访问，yes 表示允许，no 表示不允许。
- read only：是否开启只读共享权限，yes 表示只读，no 表示允许写入。
- writable：是否开启写入共享权限，yes 表示写入，no 表示只读。
- valid users：设定可访问的用户名和组名，多个用户中间使用空格或逗号隔开，组名的格式为“@组名”。
- invalid users：设定不可访问的用户名和组名，格式参考 valid users 选项。
- read list：设定只读权限的用户名和组名。
- write list：指定只读权限后，只有设定该选项的用户名和组名才具有写入权限。
- create mask：创建文件的默认权限。

- directory mask：创建目录的默认权限。
- force group：设定创建文件的所属组名。
- force user：设定创建文件的所属主名，一般为空。

3. 常用的预定义变量

在配置文件中定义选项的具体属性，除了使用字符常量外，还可以通过一些 Samba 自带的预定义变量来设置选项值，可以通过“man smb.conf”去查找具体的解释。下面是几个常用的预定义变量。

- %S：当前服务名。
- %M：客户端的计算机名。
- %m：客户端的 NETBIOS 名称。
- %I：客户端的 IP 地址。
- %L：服务器的 NETBIOS 名称。
- %T：当前日期和时间。
- %t：当前日期和时间，以最小格式显示（YYYYmmdd_HHMMSS）。
- %U：当前会话的用户名。
- %u：当前服务的用户名。
- %V：Samba 的版本号。
- %h：运行 Samba 服务的主机名。
- %P：当前服务的根目录。
- %g：当前服务用户的所属组。
- %G：当前会话用户的所属组。
- %H：当前服务用户的宿主目录。
- %D：当前用户的域或工作组名。

注意： 以上选项可以查看/etc/samba/smb.conf.example 模板文件。

9.1.4 客户端访问

根据系统不同，客户端访问服务器的方式也不一样，下面分别介绍 Windows 系统客户端和 Linux 系统客户端的访问方法。

1. Windows客户端访问

客户端如果是 Windows 系统，可以通过以下三种方式访问 Samba 服务器，但无论采用哪种方式，Samba 服务器都需要关闭防火墙和 Selinux。

- 通过网络浏览：通过双击桌面的“网络”或“网上邻居”图标去搜索网络中存在共

享资源的所有计算机，该方式需要搜索整个局域网，速度较慢，不推荐使用。

- 通过 UNC（Universal Naming Convention，通用命名规则）网络路径：格式为"\\Samba 服务器名或 IP 地址\共享目录名"，可以选择"开始"→"运行"命令，在"运行"对话框中输入 UNC 路径，如图 9.1 所示，推荐使用这种方式访问 Samba 服务器。也可以在计算机地址栏或 IE 浏览器地址栏中输入 UNC 路径。
- 通过映射网络驱动器：通过鼠标右键单击"计算机"（或"此电脑"）或"网络"图标，选择"映射网络驱动器"命令，将 Samba 服务器的共享目录添加为本地计算机中的一个网络磁盘使用。例如，在 Windows 10 客户端中选中桌面上的"此电脑"图标，右击后选择"映射网络驱动器"命令，在弹出的对话框中添加 Samba 服务器的 UNC 路径，单击"完成"按钮，然后输入用户名和密码即可访问，如图 9.2 所示。添加用户账户的方式在 9.1.5 节进行讲解。

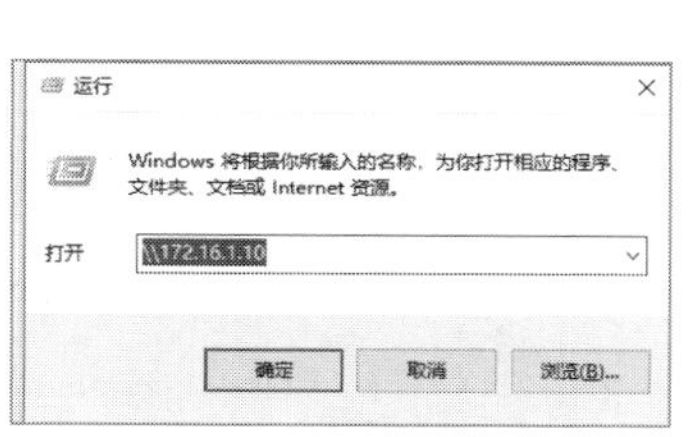

图 9.1　在"运行"对话框中输入 UNC 路径

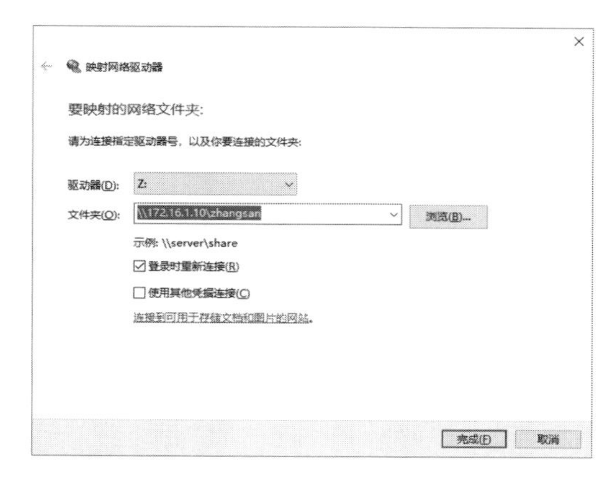

图 9.2　映射网络驱动器

2. Linux客户端访问

客户端如果是 Linux 系统，可以使用 Samba 服务自带的客户端工具 smbclient 访问服务器，也可以使用 mount 挂载的方式访问服务器。

（1）使用 smbclient 工具。

smbclient 是 Samba 服务器的字符模式客户端工具，可以使用该工具查看 Samba 服务器的共享资源列表和登录到 Samba 服务器中实现文件的上传和下载。

使用 smbclient 查看共享资源列表的命令格式如下：

```
smbclient  -L  samba 服务器 IP 地址
```

使用 smbclient 登录 Samba 服务器访问共享资源的命令格式如下：

```
smclient    //samba 服务器 IP 地址/共享文件夹名  -U  用户名%密码
```

详细示例如下：

```
#查看 Linux 系统是否已经成功安装 smbclient 工具，如果没有安装则需要安装 samba-client
 软件包
[root@localhost Packages]# yum install samba-client
Loaded plugins: fastestmirror
Loading mirror speeds from cached hostfile
……
Installed:
  samba-client.x86_64 0:4.9.1-6.el7
Dependency Installed:
  libarchive.x86_64 0:3.1.2-12.el7     libsmbclient.x86_64 0:4.9.1-6.el7
[root@localhost Packages]# yum list installed samba-client
Loaded plugins: fastestmirror
Loading mirror speeds from cached hostfile
Installed Packages
samba-client.x86_64                  4.9.1-6.el7                   @CentOS7

#以匿名用户身份查看 Samba 服务器的共享资源列表
[root@localhost ~]# smbclient -L 172.16.1.10
Enter SAMBA\root's password:                   #直接按 Enter 键，无须输入密码
Anonymous login successful

Sharename       Type      Comment
---------       ----      -------
print$          Disk      Printer Drivers
IPC$            IPC       IPC Service (Samba 4.9.1)
Reconnecting with SMB1 for workgroup listing.
Anonymous login successful
Server          Comment
---------       -------
Workgroup       Master
---------       -------

#以 zhangsan 用户查看 Samba 服务器的共享资源列表，添加用户账户的方式可以参考 9.1.5 节
 的介绍
[root@localhost ~]# smbclient -L 172.16.1.10 -U zhangsan%123456
Sharename       Type      Comment
---------       ----      -------
print$          Disk      Printer Drivers
IPC$            IPC       IPC Service (Samba 4.9.1)
zhangsan        Disk      Home Directories
Reconnecting with SMB1 for workgroup listing.
Server          Comment
---------       -------
Workgroup       Master
---------       -------

#Samba 服务器默认使用 user 安全级别，客户端访问需要用户认证，这里使用 zhangsan 用户自
 己的宿主目录，登录成功后进入 smb 命令交换式窗口
[root@localhost ~]# smbclient  //172.16.1.10/zhangsan  -U zhangsan%123456
Try "help" to get a list of possible commands.
smb: \> ls
  .                           D        0  Wed Jan 20 11:14:58 2021
  ..                          D        0  Wed Jan 20 11:14:58 2021
```

```
    .bash_logout                     H       18  Thu Aug  8 20:06:55 2019
    .bash_profile                    H      193  Thu Aug  8 20:06:55 2019
    .bashrc                          H      231  Thu Aug  8 20:06:55 2019

     38770180 blocks of size 1024. 37273336 blocks available
smb: \> help
?              allinfo        altname        archive        backup
blocksize      cancel         case_sensitive cd             chmod
chown          close          del            deltree        dir
du             echo           exit           get            getfacl
geteas         hardlink       help           history        iosize
lcd            link           lock           lowercase      ls
l              mask           md             mget           mkdir
more           mput           newer          notify         open
posix          posix_encrypt  posix_open     posix_mkdir    posix_rmdir
posix_unlink   posix_whoami   print          prompt         put
pwd            q              queue          quit           readlink
rd             recurse        reget          rename         reput
rm             rmdir          showacls       setea          setmode
scopy          stat           symlink        tar            tarmode
timeout        translate      unlock         volume         vuid
wdel           logon          listconnect    showconnect    tcon
tdis           tid            utimes         logoff         ..
!
```

下面介绍 smb 命令交换式窗口中的常用操作命令。

- help：查看帮助信息。
- ls/dir：查看共享目录中的资源列表。
- get：下载资源，后面需要接文件名。
- put：上传资源。
- mget：批量下载多个资源。多个资源使用空格隔开，也可以使用通配符“*”。
- mput：批量上传多个资源。
- q/exit：退出。

（2）使用 mount 命令挂载。

对于 Linux 客户端，也可以直接使用 mount 命令将 Samba 服务器的共享目录通过挂载到本地的方式来访问，选项“-t”的文件系统类型可以不用写。mount 命令格式如下：

```
mount  [-t  cifs]   //samba 服务器 IP 地址/共享目录名/挂载点目录名 -o username=
                    用户名，password=密码
```

详细示例如下：

```
#使用 zhangsan 用户验证，将 Samba 服务器的共享目录 zhangsan 挂载到/mnt/samba 目录下
[root@localhost /]# mkdir /mnt/samba
[root@localhost /]#mount   //172.16.1.10/zhangsan /mnt/samba  -o
username-=zhangsan,
password=123456

#进入挂载点目录，可以看到共享目录 zhangsan 的三个隐藏文件
[root@localhost /]# cd /mnt/samba/
```

```
[root@localhost samba]# ls -a
.  ..  .bash_logout  .bash_profile  .bashrc
```

9.1.5 配置用户认证共享

用户认证共享就是修改 Samba 服务器的安全级别为 user，客户端访问 Samba 服务器需要提供合法的用户名和密码。账号密码就是 Samba 服务器中的本地用户账号，需要使用 smbpassword 或者 pdbedit 命令将本地用户账户添加到共享目录中，每个用户访问的共享目录就是该用户自己的宿主目录。

1. 关闭防火墙和Selinux

为保证服务器与客户端能够正常通信，这里将防火墙和 Selinux 直接关闭。

```
#永久关闭 Selinux
[root@localhost /]# sed -i 's/SELINUX=enforcing/SELINUX=disabled/g' /etc/
selinux/config
#临时关闭 Selinux
[root@localhost /]# setenforce 0
[root@localhost /]# getenforce
Permissive

#关闭防火墙服务
[root@localhost /]# systemctl stop firewalld.service
[root@localhost /]# systemctl is-active firewalld.service
inactive
```

2. 修改主配置文件/etc/samba/smb.conf安全级别为user

Samba 服务安装完毕后默认的安全级别就是 user，此时无须修改。安全级别的选项参数如下：

```
#将 Samba 服务主配置文件的安全级别修改为 user
[root@localhost /]# vi /etc/samba/smb.conf
# See smb.conf.example for a more detailed config file or
# read the smb.conf manpage.
# Run 'testparm' to verify the config is correct after
# you modified it.
[global]
    workgroup = SAMBA
    security = user                              #安全级别 user
    passdb backend = tdbsam
……
```

3. 创建本地用户账户并添加到共享目录

这里的共享目录就是每个用户自己的宿主目录，可以通过 smbpasswd 或 pdbedit 命令管理 Samba 用户账户，格式如下：

```
pdbedit     选项     用户名
smbpasswd   选项     用户名
```

两条命令的常用选项对比如表 9.1 所示。

表 9.1　smbpasswd和pdbedit选项对比

smbpasswd	pdbedit	选 项 说 明
-a	-a	添加本地账户为Samba账户
-x	-d	删除Samba账户
-d	-c “[D]” -u	禁用Samba账户
-e	-c “[]”　-u	启用Samba账户
	-L	列出所有Samba账户

这里以 pdbedit 命令结合不同选项实现账号维护工作。

```
#新建 zhangsan 和 lisi 用户，在 zhangsan 用户的宿主目录下新建 a.txt 文件，在 lisi 用
 户的宿主目录下新建 b.txt 文件，以方便测试
[root@localhost /]# useradd zhangsan
[root@localhost /]# useradd lisi
[root@localhost /]# echo "123" >/home/zhangsan/a.txt
[root@localhost /]# echo "456" >/home/lisi/b.txt
[root@localhost /]# ls /home/zhangsan/
a.txt
[root@localhost /]# ls /home/lisi/
b.txt

#将 zhangsan 和 lisi 用户添加为 Samba 用户，意思就是将本地用户添加到共享目录中（用户自
 己的宿主目录）
[root@localhost /]# pdbedit -a zhangsan  #使用 pdbedit 命令添加 zhangsan 用户
new password:                            #设置访问密码
retype new password:
Unix username:        zhangsan
NT username:
Account Flags:        [U          ]
User SID:            S-1-5-21-1854113462-873922378-2552196568-1002
Primary Group SID:    S-1-5-21-1854113462-873922378-2552196568-513
Full Name:
Home Directory:       \\localhost\zhangsan
HomeDir Drive:
Logon Script:
Profile Path:         \\localhost\zhangsan\profile
Domain:              LOCALHOST
……
[root@localhost /]# smbpasswd -a lisi      #使用 smbpasswd 命令添加 lisi 用户
New SMB password:
Retype new SMB password:
```

4．检查配置文件并启动Samba服务

为防止手动修改配置文件出现错误，可以使用 testparm 命令检查配置文件是否存在语法错误，然后再启动 Samba 服务。

```
#检查配置文件是否存在语法错误
[root@localhost /]# testparm
rlimit_max: increasing rlimit_max （1024） to minimum Windows limit （16384）
Registered MSG_REQ_POOL_USAGE
Registered MSG_REQ_DMALLOC_MARK and LOG_CHANGED
Load smb config files from /etc/samba/smb.conf
rlimit_max: increasing rlimit_max （1024） to minimum Windows limit （16384）
Processing section "[homes]"
Processing section "[printers]"
Processing section "[print$]"
Loaded services file OK.
Server role: ROLE_STANDALONE

#直接按 Enter 键显示最终生效的配置
Press enter to see a dump of your service definitions

# Global parameters
[global]
    printcap name = cups
……

#启动 Samba 服务
[root@localhost /]# systemctl start smb.service
[root@localhost /]# systemctl is-active smb.service
active
```

5. 设置Samba用户别名

通过设置 Samba 用户账户的别名可以实现授权用户认证共享，可以自定义用户的共享目录，而不是默认的宿主目录。需要在全局配置文件中开启选项“username map”。

（1）创建本地用户账户 test，指定其宿主目录为/opt/share 目录，并添加成 Samba 用户，当然也可以直接创建共享目录，然后再修改该目录的归属权。

```
#创建本地用户 test，指定其宿主目录为/opt/share 目录
[root@localhost ~]# useradd -d /opt/share test

#查看该目录的所属主和所属组是否为 test，并在该目录下创建一个文件以便于后面测试
[root@localhost ~]# ls -lh /opt
total 0
drwxr-xr-x. 2 root root  6 Oct 31  2018 rh
drwx------  3 test test 94 Jan 23 15:33 share
[root@localhost ~]# touch /opt/share/wangwu.txtt
[root@localhost ~]# ls -lh /opt/share/
total 0
-rw-r--r-- 1 root root 0 Jan 23 15:33 wangwu.txt

#使用 pdbedit 命令将本地用户 test 添加成 Samba 用户，并设置密码 123456
[root@localhost ~]# pdbedit -a test
new password:
retype new password:
Unix username:        test
NT username:
```

```
Account Flags:        [U
……
```

（2）设置 Samba 用户别名。

在/etc/samba/smbusers 下为用户 test 设置别名 wangwu，如果/etc/samba/下没有 smbusers 文件，手动创建该文件并添加数据内容，数据格式为“Samba 用户名=别名”。

```
#在/etc/samba/smbusers 文件创建用户 test 的别名为 wangwu
[root@localhost ~]# echo "test=wangwu" >/etc/samba/smbusers
[root@localhost ~]# cat /etc/samba/smbusers
test=wangwu
```

（3）修改主配置文件。

在主配置文件/etc/samba/smbusers 中设置 Samba 用户别名的选项“username map”，安全级别还是 user，同时还需要添加共享目录选项。

```
#修改的主配置文件内容如下：
[root@localhost ~]# cat /etc/samba/smb.conf
……
[global]
        workgroup = SAMBA
        security = user
        username map=/etc/samba/smbusers          #指定 Samba 别名文件
……
[wangwu]                                          #共享文件名
        comment = testalias                       #描述语
        path =/opt/share                          #共享目录名，使用绝对路径
        public = yes                              #开启匿名访问
        writable = yes                            #开启写入共享权限
```

（4）检查主配置文件并重启服务。

检查配置文件是否存在语法错误，然后将 Samba 服务重新启动。

```
#检查配置文件是否存在错误并重新启动服务
[root@localhost ~]# testparm
rlimit_max: increasing rlimit_max (1024) to minimum Windows limit (16384)
……
Processing section "[print$]"
Processing section "[wangwu]"
Loaded services file OK.
……
[root@localhost ~]# systemctl restart smb.service
```

6. Windows客户端访问测试

下面使用 zhangsan 和 lisi 用户名访问 Samba 服务器。

（1）单击“开始”→“运行”菜单，直接在“运行”对话框中输入 Samba 服务器的 UNC 路径并单击“确定”按钮，如图 9.3 所示。

（2）输入对应的用户名和密码，先以 zhangsan 用户测试访问，然后单击“确定”按钮，如图 9.4 所示。

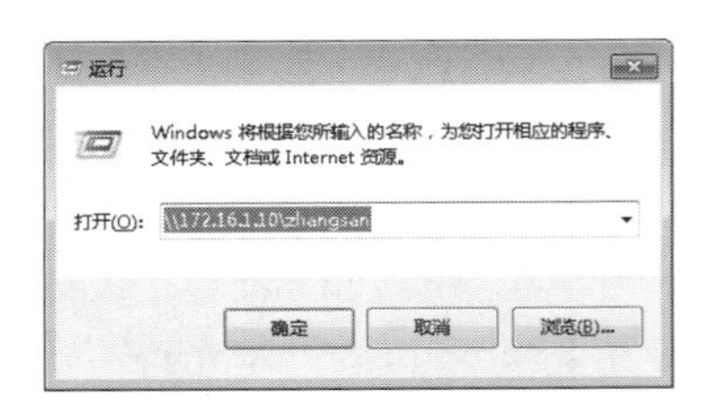

图 9.3　UNC 路径

图 9.4　输入账号和密码

（3）直接进入 zhangsan 的共享目录，然后测试是否可以下载和上传，如图 9.5 所示。

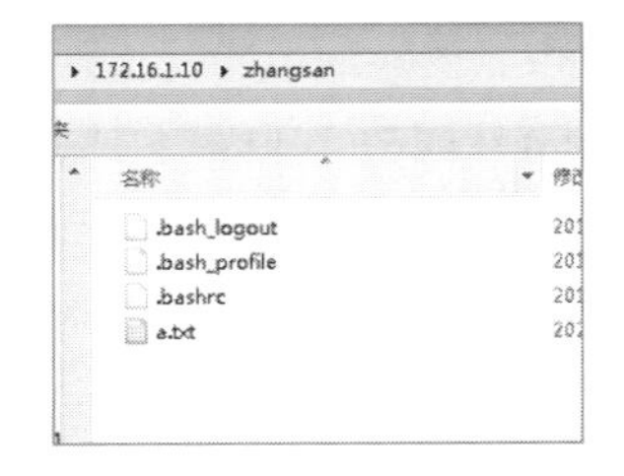

图 9.5　zhangsan 的共享目录文件

（4）在 Windows 系统中使用 UNC 路径“\\172.16.1.10”，后面不接共享目录名就表示查看 Samba 服务器的共享资源列表，第一次输入 zhangsan 账号和密码后 Windows 的缓存会临时记忆 zhangsan 用户，后续再次访问 Samba 服务器时还是使用 zhangsan 用户访问，无须输入账号和密码。可以通过重启系统将访问记录清除，若觉得重启系统过于麻烦，可以在 DOS 环境下输入“net use * /del”命令清除该记录，如图 9.6 和图 9.7 所示。

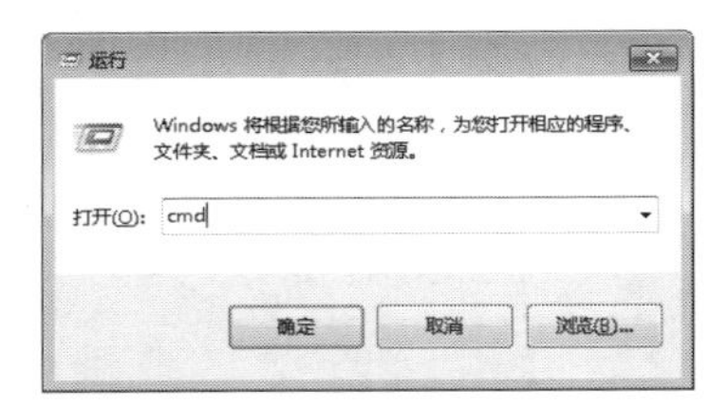

图 9.6　进入 DOS 环境

图 9.7　使用 net use 命令清除访问记录

7. Linux客户端访问测试

通过 smbclient 命令直接使用 wangwu 用户访问，能够访问就表示成功。

```
#使用 wangwu 账户访问，当然也可以使用 test 用户名，这里出现隐藏的文件是因为 Samba 服务
 器使用的是 user 安全级别模式，默认是将用户的宿主目录作为共享目录
[root@localhost /]# smbclient//172.16.1.10/wangwu  -U wangwu%123456
Try "help" to get a list of possible commands.
smb: \> ls
  .                              D        0  Sat Jan  23 15:38:24 2021
  ..                             D        0  Sat Jan  23 15:33:06 2021
  .mozilla                       DH       0  Sun Nov  29 17:13:02 2020
  .bash_logout                   H       18  Thu Aug   8 20:06:55 2019
  .bash_profile                  H      193  Thu Aug   8 20:06:55 2019
  .bashrc                        H      231  Thu Aug   8 20:06:55 2019
```

```
    wangwu.txt                    N        0  Sat Jan   23 15:38:13 2021

                 18765824 blocks of size 1024. 13873756 blocks available
```

9.1.6　配置匿名共享

匿名共享就是将 Samba 服务器的安全级别修改为 share，客户端访问 Samba 服务器时无须输入账号和密码就可以直接访问。这种方式安全性较低，一般用于共享公共资源的只读访问。同样需要关闭防火墙和 Selinux。

1．修改主配置文件

修改主配置文件的两个地方，一是修改安全级别为 share，二是添加匿名访问的共享目录选项属性，具体的选项可以参考 9.1.3 节的介绍。

（1）在主配置文件中将默认的安全级别修改为 share。

```
#修改主配置文件的安全级别为 share
[root@localhost /]# vi /etc/samba/smb.conf
……
[global]
        workgroup = SAMBA
        security = share

        passdb backend = tdbsam
……
```

（2）在主配置文件中添加匿名访问的共享目录选项段，可以直接添加在文件最后面，将系统中的/opt/test 目录发布为共享目录，共享名为 public（可以和文件夹名不一样）。

```
#在系统中新建/opt/test 目录，并在该目录下新建 test.txt 文件以方便测试
[root@localhost /]# mkdir -p /opt/test
[root@localhost /]# touch /opt/test/test.txt
[root@localhost /]# ls -lh /opt/test/
total 0
-rw-r--r--. 1 root root 0 Jan 20 17:23 test.txt

#在主配置文件的最后部分添加共享目录选项，内容如下：
[root@localhost /]# vi /etc/samba/smb.conf
……
[public]                                         #共享目录名
        comment = test share                     #描述语
        path =/opt/test                          #共享目录的绝对路径
        guest ok = yes                           #开启匿名访问
        read only = yes                          #给予只读的共享权限，客户端只能下载
……
```

2．检查配置文件语法错误以及重启服务

使用 testparm 检查主配置文件的语法错误时，提示有错误，原因是 Samba 4 版本相对

之前的版本发生了变化，安全级别 security 不再支持 share/server 模式，不能直接修改 security 级别。只需要在该选项后添加一行数据“map to guest = Bad User”即可。

```
#检查配置文件的语法错误，提示有错误
[root@localhost /]# testparm
rlimit_max: increasing rlimit_max （1024） to minimum Windows limit （16384）
WARNING: Ignoring invalid value 'share' for parameter 'security'
Load smb config files from/etc/samba/smb.conf
rlimit_max: increasing rlimit_max （1024） to minimum Windows limit （16384）
WARNING: Ignoring invalid value 'share' for parameter 'security'
Error loading services.

#错误原因是主配置文件中的安全级别不能直接修改为 share,重新将主配置文件修改为以下内容,
[root@localhost /]# cat /etc/samba/smb.conf
……
[global]
        workgroup = SAMBA
        security = user                         #无须修改，添加下面一行代码即可
        map to guest = bad user
……
[root@localhost /]# testparm                    #再次检查配置文件的语法
rlimit_max: increasing rlimit_max （1024） to minimum Windows limit （16384）
Registered MSG_REQ_POOL_USAGE
Registered MSG_REQ_DMALLOC_MARK and LOG_CHANGED
Load smb config files from/etc/samba/smb.conf
rlimit_max: increasing rlimit_max （1024） to minimum Windows limit （16384）
Processing section "[homes]"
Processing section "[printers]"
Processing section "[print$]"
Processing section "[public]"
Loaded services file OK.                        #OK 表示无错误
……

#重新启动 Samba 服务
[root@localhost /]# systemctl restart smb.service
```

3．Windows客户端测试

通过 UNC 路径直接访问 Samba 服务器，访问步骤可以参考用户认证共享的具体方式，结果如图 9.8 所示。

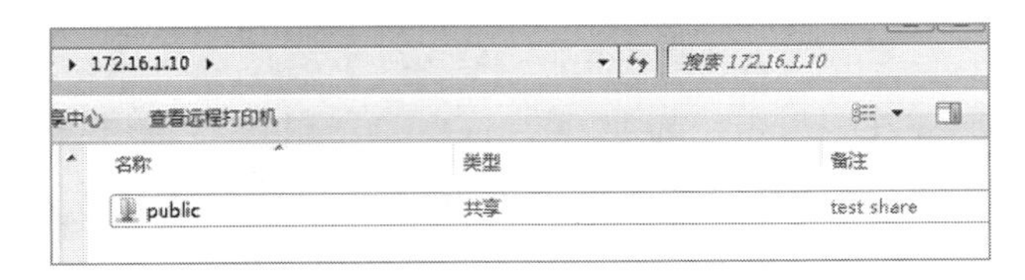

图 9.8　匿名共享目录文件

9.2　FTP 文件服务

在 9.1 节中介绍了 Samba 服务器环境的部署。除了 Samba 服务器外，FTP 文件服务器的使用也较为频繁，特别是在广域网中，因此本节将介绍如何构建 FTP 服务器，并介绍 FTP 服务器的使用方式。

9.2.1　FTP 服务概述

FTP（File Transfer Protocol，文件传输协议）提供文件的上传和下载，由 FTP 服务器和 FTP 客户端两部分组成。FTP 工作在 TCP/IP 五层协议族的应用层，使用的是 TCP，端口号是 20 和 21。

1．FTP工作模式

根据工作原理的不同，FTP 的工作模式分为两种，一种是主动模式（Standard，也称为 PORT 方式），一种是被动模式（Passive，也称为 PASV 方式）。Standard 模式的 FTP 客户端发送 PORT 命令到 FTP 服务器，Passive 模式的 FTP 客户端发送 PASV 命令到 FTP 服务器。

- 主动模式：FTP 客户端以一个大于 1024 的随机端口和 FTP 服务器的 21 端口建立连接，然后通过这个通道发送 PORT 命令（包含客户端接收数据的端口号），服务器再以 20 端口和客户端的 PORT 命令指定的端口号进行数据传输，此时 FTP 服务器必须和 FTP 客户端建立新的连接才能传输数据。
- 被动模式：FTP 客户端以一个大于 1024 的随机端口和 FTP 服务器的 21 建立连接，然后通过这个通道发送 PASV 命令，服务器再以一个大于 1024 的随机端口通知 FTP 客户端以该端口进行数据传输，此时 FTP 服务器无须和 FTP 客户端建立新的连接。

2．FTP传输方式

FTP 传输数据的方式有多种，根据系统的不同一般主要分为两种模式，即文本传输模式和二进制传输模式。默认采用二进制模式传输，当然也无须手动设置，FTP 客户端和 FTP 服务器都能够自动识别文件类型并采取对应的传输模式。

- 文本传输模式：文本传输也称为 ASCII 传输，传输数据使用 ASCII 字符，根据系统的不同，FTP 通常会自动将文件内容调整为适应对方系统存储的文本格式。一般使用 HTML 编写的文件可以采用 ASCII 模式传输。
- 二进制传输模式：二进制传输也称为 BINARY 传输，是保存文件的位序，在上传和下载时按位一一对应。可执行文件、压缩文件和图片一般都采用二进制传输，其传输速度要比 ASCII 快。

3．FTP服务器登录方式

FTP 客户端登录 FTP 服务器的方式主要有两种，即隔离用户和不隔离用户。

- 隔离用户：就是需要使用授权的 FTP 用户账户登录，用户账户也是本地系统的用户账户，默认都将用户自己的宿主目录作为每个 FTP 用户的根目录，安全性较高。
- 不隔离用户：无须使用密码，也叫匿名登录，通常使用程序用户 ftp 或 anonymous 无密码直接登录，一般在提供公共资源或不重要的数据时使用。

9.2.2 FTP 服务的安装

安装 FTP 服务可以通过 RPM 包和源码包两种方式。本节直接使用 RPM 包安装 FTP 服务，通过 yum 管理工具来安装 RPM 包。这里通过挂载光驱镜像文件和制作本地源仓库的方式安装，步骤参考 Samba 服务的安装，安装包也只有一个主程序包 vsftpd。

```
#进入挂载点目录查看 FTP 服务的主程序包 vsftpd
[root@localhost ~]# cd /mnt/a/Packages/
[root@localhost Packages]# ls vsftpd*
vsftpd-3.0.2-25.el7.x86_64.rpm

#使用 yum 包管理工具安装主程序包
[root@localhost Packages]# yum install vsftpd -y
Loaded plugins: fastestmirror, langpacks
Loading mirror speeds from cached hostfile
Resolving Dependencies
……
Installed:
  vsftpd.x86_64 0:3.0.2-25.el7
Complete!
```

9.2.3 FTP 服务的相关文件

FTP 服务的主配置文件是/etc/vsftpd/vsftpd.conf。FTP 服务安装后自动生成系统服务，启动服务的名称为 vsftpd，有两个用户控制文件，即 ftpusers 和 user_list，还有两个主机控制文件，即/etc/hosts.allow 和/etc/hosts.deny。

```
#安装完毕后使用 rpm 命令查看与 FTP 服务相关的所有文件，这里只显示了我们需要的文件
[root@localhost /]# rpm -ql vsftpd
/etc/pam.d/vsftpd                         #虚拟用户的 PAM 认证配置文件
/etc/vsftpd/ftpusers                      #禁止登录 FTP 的用户列表文件
/etc/vsftpd/user_list                     #灵活可控制的 FTP 用户列表文件
/etc/vsftpd/vsftpd.conf                   #主配置文件
/usr/lib/systemd/system/vsftpd.service #系统服务启动文件
```

```
/var/ftp/pub                              #匿名访问的默认目录
......
```

1. ftpusers文件

ftpusers 文件中的用户账户都禁止登录 FTP 服务器，无论这些用户是否出现在 user_list 文件中。

2. user_list文件

user_list 文件中的用户账户属于灵活控制的账户，当主配置文件/etc/vsftpd/vsftpd.conf 中存在选项“userlist_enable=YES”时，user_list 文件才生效。如果选项为“userlist_deny=YES”，那么 user_list 文件的用户列表都禁止登录 FTP 服务器；如果选项为“userlist_deny=NO”，那么 user_list 文件的用户列表都允许登录 FTP 服务器。

3. hosts.allow和hosts.deny

/etc/hosts.allow 和/etc/hosts.deny 是控制访问 FTP 服务器主机（IP 地址）的文件，当主配置文件/etc/vsftpd/vsftpd.conf 中存在选项“tcp_wrappers=YES”时，FTP 服务器就根据/etc/hosts.allow 和/etc/hosts.deny 文件的内容设置，判断来自客户端的主机或 IP 地址是否可以连接 FTP 服务器。例如在/etc/hosts.allow 文件中添加两行数据“vsftpd:172.16.0.0/255.255.0.0:allow”和“all:all:deny”，表示只允许 172.16.0.0 网段的主机访问 FTP 服务器。

4. vsftpd.conf文件

主配置文件中的选项比较多，主要分为全局配置选项、不隔离用户选项和隔离用户选项三部分，可以通过“man　vsftpd.conf”查看帮助说明信息。下面将分别介绍这三个部分的常用选项。

（1）全局配置选项

全局配置选项设置后针对不隔离和隔离用户登录都生效，常用的选项如下：

- Listen=YES：是否以独立运行的方式监听服务，YES 表示是，NO 表示否。
- listen_port=21：设置 FTP 的监听端口，默认是 21。
- write_enable=YES：是否开启写入权限，YES 表示是，NO 表示否。
- guest_enable=YES：是否开启用户映射功能。
- guest_username=test：设置映射用户名，只有 guest_enable=YES 时才生效。
- download_enable=YES：是否开启下载权限。
- dirmessage_enable=YES：用户切换目录显示.message 文件的内容。
- xferlog_enable=YES：启用 xferlog 日志，默认记录到/var/log/xferlog 文件中。
- xferlog_file=/var/log/xferlog：设置日志文件名及路径，前提是 xferlog_enable 选项是开启的。

- xferlog_std_format=YES：启用标准的 xferlog 日志格式。
- dual_log_enable=YES：启用双份日志，同时由 xferlog 和 vsftpd.log 进行记录。
- vsftpd_log_file=/var/log/vsftpd.log：设置 vsftpd.log 日志的文件名和路径。
- connect_from_port_20=YES：允许 FTP 服务器以主动模式连接。
- pasv_enable=YES：允许 FTP 服务器以被动模式连接。
- pasv_max_port=24600：限定被动模式 FTP 服务器的最大端口号。
- pasv_min_port=24500：限定被动模式 FTP 服务器的最小端口号。
- pam_service_name=vsftpd：设置用于用户认证的 PAM 文件位置，和/etc/pam.d/目录中的文件名一一对应。
- userlist_enable=YES：是否启用 user_list 用户列表文件。
- userlist_deny=YES：是否禁止 user_list 列表文件中的用户账号。
- max_clients=0：设定客户端的最大连接数，0 表示无限制。
- max_per_ip=0：设定来自同一 IP 地址的客户端最大并发连接数，0 表示无限制。
- tcp_wrappers=YES：是否允许主机访问 FTP 服务器，默认为 YES，FTP 服务器会检查/etc/hosts.allow 和/etc/hosts.deny 文件的内容设置。
- reverse_lookup_enable=NO：登录缓慢时是否关闭 DNS 查询。
- chroot_list_file=/etc/vsftpd/chroot_list：控制用户切换 FTP 根目录上级目录的用户列表文件。
- chroot_list_enable=YES：是否启用 chroot_list_file 配置项指定的用户列表文件。

（2）不隔离用户选项

设置的选项只是针对匿名登录的方式，常用的选项如下：

- anonymous_enable=YES：是否开启匿名登录。
- anon_umask=022：设置匿名用户上传文件的默认权限掩码值。
- anon_root=/var/ftp　：设置匿名用户的 FTP 根目录，默认是/var/ftp/pub 目录。
- anon_upload_enable=YES：是否开启匿名用户的上传权限。
- anon_mkdir_write_enable=YES：是否开启匿名用户创建目录的权限。
- anon_other_write_enable=YES：是否开启匿名用户有其他写入权限，如删除等。
- anon_max_rate=0：限制匿名用户的最大传输速率（0 为无限制），单位为字节。

（3）隔离用户选项

设置的选项只是针对授权用户登录的方式，常用的选项如下：

- local_enable=YES：是否开启授权用户登录。
- local_umask=022：设置授权用户上传文件的默认权限掩码值。
- local_root=/var/ftp：设置授权用户的 FTP 根目录，默认是授权用户自己的宿主目录。
- chroot_local_user=YES：是否将 FTP 授权用户禁锢在自己的宿主目录中。
- local_max_rate=0：设定授权用户的最大传输速率，单位为字节，0 表示无限制。

5．PAM认证文件

PAM 配置文件主要用来为 FTP 服务器提供用户认证控制，默认配置文件是/etc/pam.d/vsftpd，一般用于虚拟用户认证控制，其数据格式将在后文讲解。

9.2.4　FTP 客户端访问

和 Samba 服务一样，我们还是以 Windows 系统和 Linux 系统为例分别介绍 FTP 客户端系统的访问方式。

1．Windows客户端访问

客户端系统为 Windows 的用户可以通过资源管理器、CMD 字符命令模式和专属客户端工具访问 FTP 服务器。

（1）通过资源管理器模式访问

在 Windows 系统中打开“我的电脑”/“计算机”/“此电脑”（系统不一样名称可能不同），直接在地址栏中输入“ftp://服务器 IP 地址”访问 FTP 服务器，如图 9.9 所示。

（2）通过 CMD 字符命令模式访问

在 Windows 系统中也可以直接打开 CMD 运行窗口，在 DOS 环境下访问 FTP 服务器，直接输入 ftp 命令，进入 ftp 命令的交互式窗口，连接 FTP 服务器的命令格式为“ftp> open FTP 服务器地址 端口号”，如图 9.10 所示。

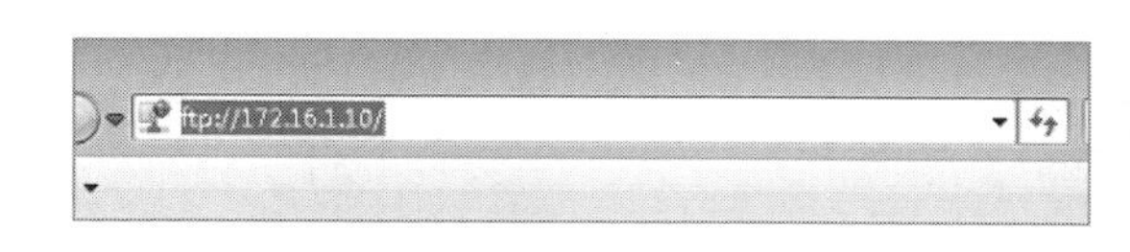

图 9.9　资源管理器登录

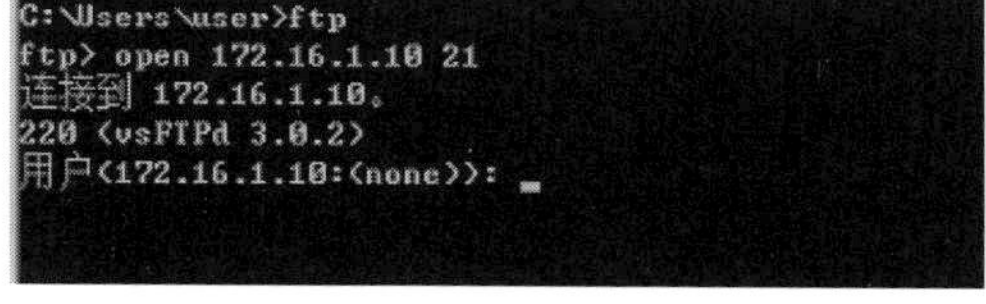

图 9.10　字符命令模式登录

（3）通过专属客户端模式访问

在 Windows 系统中可以用于登录 FTP 服务器的客户端软件有多种，如 FileZilla、8UFTP 和 CuteFTP 等，使用这类软件的好处在于可以断点续传。用于软件种类太多，因此这里就不再一一演示，如需使用请自行查阅相应的使用说明。

2．Linux客户端访问

对于 Linux 系统的客户端，可以使用 ftp 命令的字符工具访问 FTP 服务器，若只是下载文件也可以使用 wget 命令工具。

（1）通过 ftp 命令工具访问 FTP 服务器

ftp 命令需要安装 FTP 的软件包后才能使用，和 Windows 系统中的 DOS 窗口一样，输入 ftp 命令进入 ftp 命令的交互式界面，连接 FTP 服务器使用“open FTP 服务器 IP 地址 端口号”命令格式。在交互式界面中，基本的操作命令如下：

- ls/dir：查看 FTP 共享目录中的资源列表。
- put/send：上传文件，后面必须接文件名。
- get/recv：下载文件。
- mput：上传多个文件。
- mget：下载多个文件。
- mkdir：创建目录。
- close/disconnect：关闭/断开连接，不会退出 ftp 命令的交互界面。
- bye/quit/exit：退出 ftp 命令的交互界面。

```
#使用 ftp 命令登录 FTP 服务器，默认需要授权用户登录，这里使用 zhangsan 用户名
[root@localhost ~]# ftp
ftp> open 172.16.1.10 21
Connected to 172.16.1.10 (172.16.1.10).
220 (vsFTPd 3.0.2)
Name (172.16.1.10:root): zhangsan
331 Please specify the password.
Password:
230 Login successful.
Remote system type is UNIX.
Using binary mode to transfer files.
ftp>
```

（2）通过 wget 命令工具下载文件

如果只是从 FTP 服务器下载文件，可以使用 wget 工具，同样需要安装 wget 软件包，命令后面需要指定 FTP 服务器共享的文件名。

匿名登录下载的命令格式如下：

```
wget        ftp://FTP 服务器 IP 地址:端口号/文件名
```

授权用户登录下载的命令格式如下：

```
wget        ftp://用户名:密码@ftp 服务器 IP 地址:端口号/文件名
```

详细示例如下：

```
#使用 zhangsan 授权用户从 FTP 服务器下载文件
[root@localhost ~]# wget ftp://zhangsan:123456@172.16.1.10:21/a.txt
--2021-01-21 16:07:10--  ftp://zhangsan:*password*@172.16.1.10/a.txt
           => 'a.txt'
Connecting to 172.16.1.10:21... connected.
Logging in as zhangsan ... Logged in!
==> SYST ... done.    ==> PWD ... done.
==> TYPE I ... done.  ==> CWD not needed.
==> SIZE a.txt ... 4
==> PASV ... done.    ==> RETR a.txt ... done.
Length: 4 (unauthoritative)
```

```
100%[==============================================>] 4        --.-K/s   in 0.03s

2021-01-21 16:07:20 (155 B/s) - 'a.txt' saved [4]

#查看文件当前目录，确认是否已经下载成功
[root@localhost ~]# ls
anaconda-ks.cfg  a.txt  index.html
```

9.2.5　配置不隔离用户

安装 FTP 服务软件包后，默认的登录方式是不隔离用户登录（匿名登录），客户端登录 FTP 服务器不需要账号和密码。

1．关闭防火墙和Selinux

FTP 服务器的防火墙和 Selinux 都要处于关闭状态，详细步骤参考 9.1.5 小节。

2．设置配置文件/etc/vsftpd/vsftpd.conf

主配置文件的相关选项可以根据实际情况进行设置，其中选项“anon_other_write_enable=YES”一定要慎重使用，该选项开启后通过客户端可以直接删除文件。

```
#在主配置文件中清除以#开头的注释行，内容如下
[root@localhost ~]# grep -v "^#" /etc/vsftpd/vsftpd.conf
anonymous_enable=YES                #开启匿名登录
local_enable=NO                     #关闭授权用户登录
write_enable=YES                    #开启写入权限
local_umask=022
anon_umask=022                      #设置匿名用户上传文件的权限掩码
anon_upload_enable=YES              #开启上传权限
anon_mkdir_write_enable=YES         #开启创建目录权限
anon_other_write_enable=YES         #开启删除、覆盖、重命名等其他权限（一般不开启）
dirmessage_enable=YES
xferlog_enable=YES
connect_from_port_20=YES
xferlog_std_format=YES
listen=NO
listen_ipv6=YES
pam_service_name=vsftpd
userlist_enable=YES
tcp_wrappers=YES
```

3．启动服务

修改完毕配置文件后保存并退出，重新启动 FTP 服务。

```
#重新启动 FTP 服务并查看启动是否成功
[root@localhost ~]# systemctl start vsftpd.service
```

```
[root@localhost ~]# systemctl is-active vsftpd.service
active
```

4．Linux客户端测试

这里直接以 Linux 客户端测试是否可以访问 FTP 服务器，前提是需要保证客户端和 FTP 服务器能够相互通信。

```
#为方便测试，在 FTP 服务器匿名登录的默认目录/var/ftp/pub/下新建一个文件 a.txt
[root@localhost ~]# touch /var/ftp/pub/a.txt
[root@localhost ~]# ls /var/ftp/pub/
a.txt

#测试客户端与 FTP 服务器 172.16.1.10 的连通性
[root@localhost ~]# ping 172.16.1.10
PING 172.16.1.10 (172.16.1.10) 56(84) bytes of data.
64 bytes from 172.16.1.10: icmp_seq=1 ttl=64 time=0.854 ms
64 bytes from 172.16.1.10: icmp_seq=2 ttl=64 time=0.464 ms
……

#在客户端使用 ftp 命令工具登录 FTP 服务器，连接服务器前先切换到一个空目录/opt/a，以方
 便后续的上传和下载。若 ftp 命令无法使用，则直接使用 yum 安装 FTP 工具
[root@localhost /]# yum install ftp -y
[root@localhost /]# mkdir /opt/a
[root@localhost /]# cd /opt/a
[root@localhost a]# ls
[root@localhost a]# ftp                         #进入 ftp 命令的交互式界面
ftp> open 172.16.1.10                           #连接 FTP 服务器
Connected to 172.16.1.10 (172.16.1.10).
220 (vsFTPd 3.0.2)
Name (172.16.1.10:root): anonymous              #使用 anonymous 或 FTP 用户登录
331 Please specify the password.
Password:                                       #密码为空，直接按 Enter 键即可
230 Login successful.
Remote system type is UNIX.
Using binary mode to transfer files.
ftp> ls                                         #查看共享资源列表
227 Entering Passive Mode (172,16,1,10,156,190).
150 Here comes the directory listing.
drwxr-xr-x    2 0        0              19 Jan 21 09:31 pub
226 Directory send OK.
ftp> cd pub                                     #进入 pub 目录
250 Directory successfully changed.
ftp> ls
227 Entering Passive Mode (172,16,1,10,209,97).
150 Here comes the directory listing.
-rw-r--r--    1 0        0               0 Jan 21 09:31 a.txt
226 Directory send OK.
ftp> get a.txt                                  #下载文件 a.txt 到/opt/a 目录下
local: a.txt remote: a.txt
227 Entering Passive Mode (172,16,1,10,179,233).
150 Opening BINARY mode data connection for a.txt (0 bytes).
```

```
226 Transfer complete
ftp> quit                                   #断开连接并退出 ftp 命令的交互式界面
221 Goodbye.
[root@localhost a]# ls                      #查看/opt/a 目录下是否存在 a.txt 文件
a.txt
```

注意：虽然给了写入权限，但是 ftp 和本地权限是交集，所有需要在 FTP 服务器上使用 chmod 命令对/var/ftp/pub 目录的其他用户给予写入权限。

9.2.6　配置隔离用户

隔离用户的意思就是授权用户登录。客户端访问 FTP 服务器需要合法的用户账户和密码，FTP 的授权账户就是本地系统中的用户账户，访问密码也是本地用户账户的登录密码。

1．关闭防火墙和Selinux

FTP 服务器的防火墙和 Selinux 都要处于关闭状态，详细步骤参考 9.1.5 小节。

2．设置配置文件/etc/vsftpd/vsftpd.conf

将系统中默认的匿名登录选项关闭，为了提高安全性，将授权用户的 FTP 目录禁锢在用户自己的宿主目录中。

```
#授权用户的主配置文件修改后的内容如下
[root@localhost ~]# grep -v "^#" /etc/vsftpd/vsftpd.conf
anonymous_enable=NO                         #关闭匿名登录
local_enable=YES                            #开启授权用户登录
write_enable=YES                            #给予写入权限
local_umask=022                             #授权用户上传文件的默认权限掩码
dirmessage_enable=YES
xferlog_enable=YES                          #启用 xferlog 日志
connect_from_port_20=YES
xferlog_file=/var/log/xferlog               #指定 xferlog 日志的文件名和路径
vsftpd_log_file=/var/log/vsftpd.log         #指定 vsftpd.log 日志的文件名和路径
dual_log_enable=YES                         #开启双份日志，启用 vsftpd.log
xferlog_std_format=YES
chroot_local_user=YES               #将授权用户的 FTP 根目录禁锢为用户自己的宿主目录
listen=NO
listen_ipv6=YES
pam_service_name=vsftpd
userlist_enable=YES
tcp_wrappers=YES
```

3．创建本地用户账户

新建一个本地用户账户 zhangsan，用于测试 FTP 客户端登录的授权账户，并设置登录密码，在其宿主目录下新建一个测试文件 test.txt，以便于区分。

```
#新建 zhangsan 用户并设置密码，在其宿主目录下创建 test.txt 文件
[root@localhost ~]# useradd zhangsan
[root@localhost ~]# passwd zhangsan
Changing password for user zhangsan.
New password:
BAD PASSWORD: The password is shorter than 8 characters
Retype new password:
passwd: all authentication tokens updated successfully.
[root@localhost ~]# touch /home/zhangsan/test.txt
[root@localhost ~]# ls /home/zhangsan/test.txt
/home/zhangsan/test.txt
```

4．重启服务并在Linux客户端测试访问

先在服务器上将 vsftpd 服务重启，然后在客户端上进行测试，示例如下：

```
#重新启动服务
[root@localhost ~]# systemctl restart vsftpd.service

#在 Linux 客户端测试访问，发现无法连接 FTP 服务器，原因是 chroot_local_user=YES 是
 开启的。vsftpd 2.3.5 版本之后加强了安全检测，若禁锢用户宿主目录，那么宿主目录不能再
 具备写入权限，否则就报错。解决方式有三种：一是将宿主目录的写入权限去掉，二是添加另外
 一行选项，三是使用 local_root 指定另外的 FTP 授权用户根目录
[root@localhost ~]# ftp 172.16.1.10
Connected to 172.16.1.10 (172.16.1.10).
220 (vsFTPd 3.0.2)
Name (172.16.1.10:root): zhangsan
331 Please specify the password.
Password:
500 OOPS: vsftpd: refusing to run with writable root inside chroot()
Login failed.
421 Service not available, remote server has closed connection

#这里不使用修改宿主目录写入权限的方式，而是直接在 FTP 服务器的主配置文件中添加以下代码
[root@localhost ~]# grep -v "^#" /etc/vsftpd/vsftpd.conf
……
chroot_local_user=YES
allow_writeable_chroot=YES                    #允许授权用户的宿主目录拥有写入权限
……

#重新切换到 FTP 客户端测试登录，并尝试是否可以切换到其他目录
[root@localhost ~]# ftp 172.16.1.10
Connected to 172.16.1.10 (172.16.1.10).
220 (vsFTPd 3.0.2)
Name (172.16.1.10:root): zhangsan
331 Please specify the password.
Password:
230 Login successful.
Remote system type is UNIX.
Using binary mode to transfer files.
ftp> pwd
257 "/"
```

```
ftp> cd /etc                                    #切换提示错误信息
550 Failed to change directory.
ftp> get test.txt                               #下载文件
local: test.txt remote: test.txt
227 Entering Passive Mode (172, 16, 1, 10, 93, 24) .
150 Opening BINARY mode data connection for test.txt (0 bytes) .
226 Transfer complete.

#切换到 FTP 服务器查看两个日志文件的内容，发现内容是不相同的
[root@localhost ~]# cat /var/log/xferlog
Thu Jan 21 22:29:03 2021 1 ::ffff:172.16.1.66 0/test.txt b _ o r zhangsan
ftp 0 * c
[root@localhost ~]# cat /var/log/vsftpd.log
Thu Jan 21 22:16:31 2021 [pid 26757] CONNECT: Client "::ffff:172.16.1.66"
Thu Jan 21 22:16:34 2021 [pid 26756] [zhangsan] OK LOGIN: Client "::ffff:
172.16.1.66"
Thu Jan 21 22:19:41 2021 [pid 27144] CONNECT: Client "::ffff:172.16.1.66"
Thu Jan 21 22:19:45 2021 [pid 27143] [zhangsan] OK LOGIN: Client "::ffff:
172.16.1.66"
Thu Jan 21 22:28:07 2021 [pid 30164] CONNECT: Client "::ffff:172.16.1.66"
Thu Jan 21 22:28:12 2021 [pid 30163] [zhangsan] OK LOGIN: Client "::ffff:
172.16.1.66"
Thu Jan 21 22:29:03 2021 [pid 30173] [zhangsan] OK DOWNLOAD: Client "::ffff:
172.16.1.66", "/test.txt", 0.00Kbyte/sec
```

9.2.7　配置虚拟用户

虚拟用户就是将 FTP 的授权用户和系统的本地用户账户区分开，集中管理 FTP 的根目录，加强 FTP 服务器的安全性，当然也可以理解为隔离用户登录（授权用户登录）的另外一种表示形式。

1．创建虚拟用户的数据库文件

vsftpd 服务的虚拟用户需要在/etc/vsftpd 目录下创建存放虚拟用户名和密码的文件，再通过 db_load 工具将文件转换为“.db”格式的数据库文件。

（1）创建数据库文件。

在/etc/vsftpd 目录下创建一个存放虚拟用户名和密码的文本文件 vuser，文件内容的格式是奇数行对应用户名，偶数行对应密码。

```
#创建/etc/vsftpd/vuser 文件，添加用户 user1 和 user2，密码统一设置为 123456
[root@localhost ~]# vim /etc/vsftpd/vuser
user1
123456
user2
123456
```

（2）使用 db_load 工具将文件编译为“.db”数据库文件并设置权限。

如果系统中没有安装 db_load 工具，可以直接通过镜像文件中的软件包 libdb-utils 安

装，转换完毕后需要降低文件权限以提高安全性。db_load 命令格式如下：

```
db_load -T  -t  hash        -f  文件名        文件名.db
```

其中：选项“-T”表示允许将文件转换为“.db”格式的数据库文件，“-t hash”表示指定读取数据库文件的基本方法，“-f”表示指定存放用户名和密码的文件。

```
#使用 db_load 命令将/etc/vsftpd/vuser 文件转换为 vuser.db 数据库文件，修改文件权限
 为 600
[root@localhost ~]# cd/ etc/vsftpd/
[root@localhost vsftpd]# ls
ftpusers  user_list  vsftpd.conf  vsftpd_conf_migrate.sh  vuser
[root@localhost vsftpd]# db_load -T -t hash -f /etc/vsftpd/vuser  vuser.db
[root@localhost vsftpd]# chmod 600 vuser.db
[root@localhost vsftpd]# ls -lh vuser.db
-rw------- 1 root root 12K Jan 22 15:03 vuser.db
```

2. 创建虚拟用户对应的系统用户并建立FTP根目录

创建虚拟用户对应的系统用户无须设置密码和 Shell 环境，只需要指定该用户的宿主目录并将其作为所有虚拟用户登录 FTP 服务器的根目录。

```
#创建本地用户账户 vftpuser，指定其宿主目录为/opt/vftpuser，无须设置 Shell 环境
[root@localhost ~]# useradd -d /opt/vftpuser -s /sbin/nologin vftpuser
[root@localhost ~]# ls /opt
vftpuser

#更改/opt/vftpuser 目录的权限为 555，一定要去掉宿主的写入权限
[root@localhost ~]# chmod 555 /opt/vftpuser/
[root@localhost ~]# ls -lh /opt
total 0
dr-xr-xr-x 2 vftpuser vftpuser 78 Jan 22 15:34 vftpuser

#添加测试文件
[root@localhost ~]# echo "1234" > /opt/vftpuser/test.txt
[root@localhost ~]# ls -lh /opt/vftpuser/
total 4.0K
-rw-r--r-- 1 root root 5 Jan 22 15:34 test.txt
```

3. 建立PAM认证文件

参照默认的 PAM 配置文件/etc/pam.d/vsftpd 新建一个提供虚拟用户认证的控制文件，文件名可以自定义，这里定义为 virpam，文件内容中 db 选项的值是指向之前设定好的虚拟用户的数据库文件，文件后缀名.db 可以省略。

```
#新建虚拟用户认证控制的配置文件/etc/pam.d/virpam，内容如下
[root@localhost ~]# vi /etc/pam.d/virpam
auth       required         pam_userdb.so   db=/etc/vsftpd/vuser
account    required         pam_userdb.so   db=/etc/vsftpd/vuser
```

4．修改主配置文件

在主配置文件/etc/vsftpd/vsftpd.conf中修改pam_service_name选项的值指向第3步建立的PAM认证文件virpam，添加虚拟用户选项guest_enable，添加映射用户名选项guest_username。

```
#修改主配置文件，修改和添加的内容如下
[root@localhost ~]# grep -v "^#" /etc/vsftpd/vsftpd.conf
anonymous_enable=NO                                  #关闭匿名登录
local_enable=YES                                     #开启授权用户登录
write_enable=YES
anon_umask=022                                       #虚拟用户上传文件的默认权限掩码
anon_upload_enable=YES
dirmessage_enable=YES
xferlog_enable=YES
connect_from_port_20=YES
xferlog_std_format=YES
listen=NO
listen_ipv6=YES
guest_enable=YES                                     #开启用户映射功能
guest_username=vftpuser                              #将映射用户名指定为本地账户 vftpuser
pam_service_name=virpam
userlist_enable=YES
tcp_wrappers=YES
```

注意：虚拟用户默认以匿名用户设置权限。

5．为虚拟用户建立独立的配置文件

为虚拟用户建立独立的配置文件，可以为不同的虚拟用户实现不同的访问权限。下面以虚拟用户user2为例，在原有的权限上添加创建目录和删除文件的权限，并将FTP根目录设定为/opt/user2目录。

（1）修改主配置文件，添加user_config_dir选项开启用户配置目录。

```
#在主配置文件中添加user_config_dir选项，指定虚拟用户的独立配置文件目录为/etc/vsftpd/
 vir_user_conf。其他选项不变，内容如下：
[root@localhost ~]# grep -v "^#" /etc/vsftpd/vsftpd.conf
……
userlist_enable=YES
tcp_wrappers=YES
#开启用户配置目录，指定虚拟用户配置文件的路径
user_config_dir=/etc/vsftpd/vir_user_conf
```

（2）为user1和user2分别建立独立的配置文件。其中，user1的配置文件user1为空，无须额外增加选项。为user2的配置文件user2添加开启创建目录、其他权限并指定FTP根目录的选项，需要注意的是，配置文件名一定要和虚拟用户名保持一致。

```
#创建虚拟用户独立配置文件的存放目录/etc/vsftpd/vir_user_conf
[root@localhost ~]# mkdir /etc/vsftpd/vir_user_conf

#创建 user1 和 user2 两个虚拟用户的独立配置文件，分别是 user1 和 user2，内容如下
[root@localhost /]# cd /etc/vsftpd/vir_user_conf/
[root@localhost vir_user_conf]# cat user1  #虚拟用户 user1 的配置文件内容为空
[root@localhost vir_user_conf]# cat user2  #虚拟用户 user2 的配置文件内容
anon_mkdir_write_enable=YES
anon_other_write_enable=YES
local_root=/opt/user2

#新建 user2 虚拟用户的 FTP 主目录为/opt/user2
[root@localhost vir_user_dir]# mkdir /opt/user2
[root@localhost vir_user_dir]# echo "aa" >/opt/user2/user2.txt
[root@localhost vir_user_dir]# ls -lh /opt/
total 0
drwxr-xr-x 2 root     root      6 Jan 22 16:50 user2
dr-xr-xr-x 2 vftpuser vftpuser 78 Jan 22 15:34 vftpuser
```

6. 重启服务并使用虚拟用户测试访问

这里以 Linux 客户端登录 FTP 服务器，虚拟用户 user1 可以下载和上传文件，但是无法删除文件，user2 用户则具有下载、上传、删除文件的权限，而且具有创建目录的权限。注意，两个虚拟用户的 FTP 根目录是不相同的。

最新版本的 vsftpd 不允许用户主目录有 w 权限，因此测试都在 FTP 主目录下新建一个子目录，赋予 777 权限进行测试，这里我们就不再逐一演示了。

9.3 NFS 服务

NFS（Network File System，网络文件系统）是 Linux/UNIX 系统之间共享文件的一种协议。NFS 的客户端主要为 Linux，支持多节点同时挂载，以及并发写入，提供文件共享服务，为 Web Server 配置集群中的后端存储。

9.3.1 NFS 服务概述

NFS 服务是指客户端通过网络将 NFS 服务器共享的目录挂载到本地中，是当前互联网架构中较为常见的数据存储服务之一，一般用于存储共享视频和图片等静态资源文件。NFS 客户端和服务器进行数据传输需要占用相应的端口号，NFS 传输数据的端口是随机的。运行 NFS 服务需要借助另外一个协议 RPC（Remote Procedure Call，远程过程调用）来实现。

1. NFS的工作过程

NFS 的工作过程主要分为 5 个步骤，分别是启动服务、注册端口信息、发送请求、响应请求和数据传输。

（1）启动 RPC 服务。在启动 NFS 服务之前需要先启动 RPC 服务，也称为 portmap 服务，RPC 会记录 NFS 使用的随机端口，否则 NFS 服务无法向 RPC 服务注册端口信息。

（2）NFS 服务向 RPC 注册端口信息。启动 NFS 服务后，NFS 将使用随机端口向 RPC 进行注册，RPC 记录下端口后开启自己的 111 端口等待客户端进行连接。

（3）客户端通过 RPC 向 NFS 服务器发送请求。客户端启动 RPC（portmap 服务）向 NFS 服务器发送数据请求，请求传输数据对应的端口号。

（4）NFS 服务器响应客户端。NFS 服务器收到数据请求后，通过 RPC 服务将记录的 NFS 服务启动后的随机端口号反馈给客户端。

（5）客户端与服务进行数据传输。客户端通过获取的端口号与 NFS 服务器建立连接，然后开始传输数据。

2. NFS软件包

安装 NFS 服务需要两个软件包，即 RPC 主程序包和 NFS 主程序包。RPC 主程包对应的服务是 RPC，记录 NFS 服务对应的端口号，在 CentOS 5 之前软件包名为 portmap，到 CentOS 6 之后软件包名为 rpcbind。NFS 主程序包名为 nfs-utils，对应 rpc.nfsd 和 rpc.mount 两个守护进程，其中 rpc.nfsd 进程管理 NFS 服务，rpc.mount 进程管理文件系统。

9.3.2 NFS 服务的配置文件

NFS 服务的主配置文件是/etc/exports，默认该文件为空，甚至有些系统中可能不存在该文件，而需要手动创建。可以通过“man exports”命令查看帮助信息。主配置文件内容的格式如下：

```
共享目录名      允许访问的 NFS 客户端（共享权限参数）
```

其中：共享目录名一般是 NFS 服务端的绝对路径加目录名；允许访问的 NFS 客户端可以是具体的 IP 地址，如 192.168.8.8/32，也可以是一个网络地址，也称为网段，如 192.168.8.0/24，还可以是域名，域名中可以使用通配符，如“*.test.com”。常用的共享权限参数如下：

- ro：设置共享目录为只读权限。
- rw：设置共享目录为读取和写入权限。
- root_squash：当 NFS 客户端以 root 用户访问共享目录时，映射到 NFS 服务器的用户为 NFS 服务器的匿名用户，同时共享目录的 UID 和 GID 变成 nfsnobody 账户身份。

- no_root_squash：当 NFS 客户端以 root 用户访问共享目录时，映射到 NFS 服务器的用户为 NFS 服务器的 root 用户。
- all_squash：无论 NFS 客户端使用什么账户访问，映射到 NFS 服务器的用户为 NFS 服务器的匿名用户，同时 UID 和 GID 变成 nfsbobody 账户身份。
- sync：同步模式，同时将数据写入内存与磁盘中，以保证不丢失数据。
- async：非同步模式，优先将数据保存到内存中，然后再写入磁盘，这样效率更高，但可能会丢失数据。
- anonuid：配置 all_squash 时使用，用于指定映射到 NFS 服务器的匿名用户的 UID。
- anongid：配置 all_squash 时使用，用于指定映射到 NFS 服务器的匿名用户的 GID。
- hide：不共享 NFS 目录中的子目录。
- no_hide：共享 NFS 目录中的子目录。

9.3.3 NFS 服务的安装

这里直接通过镜像文件中的 RPM 包安装 RPC 和 NFS。

1．安装RPC和NFS

使用 yum 工具安装 rpcbind 和 nfs-utils 软件包，步骤如下：

```
#安装 rpcbind 和 nfs-utils 软件包
[root@localhost /]# yum install rpcbind nfs-utils -y
……
```

2．启动服务

RPC 服务的名称为 rpcbind，NFS 服务的名称为 nfs-server，启动顺序是先启动 RPC 服务，再启动 NFS 服务。

```
#启动 RPC 服务
[root@localhost /]# systemctl start rpcbind.service
[root@localhost /]# systemctl is-active rpcbind
active

#启动 NFS 服务
[root@localhost /]# systemctl start nfs-server.service
[root@localhost /]# systemctl is-active nfs-server.service
active
```

3．创建共享目录并编辑配置文件

在 NFS 服务上创建共享目录/opt/public 和/opt/software，修改配置文件允许的客户端网段为 172.16.0.0/16，给 public 共享目录只读权限，给 software 目录读写权限，采用 sync 同步模式。

```
#在NFS服务上创建共享目录/opt/public和/opt/software，并分别在两个目录下创建测试
 文件
[root@localhost /]# mkdir /opt/public
[root@localhost /]# mkdir /opt/software
[root@localhost /]# touch /opt/public/pub.txt
[root@localhost /]# touch /opt/software/sw.txt

#在配置文件中添加数据，按照上述说明配置共享目录、允许访问的客户端和共享权限，内容如下
[root@localhost /]# cat /etc/exports
/opt/public     172.16.0.0/16 (ro)
/opt/software   172.16.0.0/16 (rw)
```

4．生效配置文件

在修改完NFS配置文件后，一般不需要重新启动RPC和NFS服务使配置文件生效。因为RPC服务重启后原来已经注册好的NFS端口就会丢失，随之NFS服务也必须重启以便重新注册RPC服务，可以直接使用“systemctl reload nfs”或“exportfs -rv”命令使配置文件生效。这里重点介绍exportfs命令的使用方式，格式如下：

```
expoprtfs        选项
```

常用选项如下：

- -a：全部挂载或卸载配置文件的内容。
- -r：重新挂载配置文件的内容。
- -u：卸载。
- -v：显示详细信息。

详细示例如下：

```
#使设置的配置文件生效
[root@localhost /]# exportfs -rv        #重新共享所有目录并输出详细信息
exporting 172.16.0.0/16:/opt/software
exporting 172.16.0.0/16:/opt/public
```

9.3.4　NFS服务端测试

在NFS服务器端可以通过nfsstat、rpcinfo和showmount三条命令查看NFS的运行状态和RPC的执行信息，其中showmount命令多用于客户端。通过/var/lib/nfs/etab和/var/lib/nfs/xtab两个文件可以检查NFS服务的相关信息。

1．nfsstat命令

查看NFS的运行状态，列出NFS服务器和客户端的工作状态。

```
#查看NFS服务器和客户端的运行状态
[root@localhost /]# nfsstat
Server rpc stats:
calls    badcalls  badclnt    badauth   xdrcall
```

```
4       2         2          0         0
Server nfs v3:
null    getattr   setattr    lookup    access    readlink
2       100% 0    0% 0       0% 0      0% 0      0% 0       0%
read    write     create     mkdir     symlink   mknod
0       0% 0      0% 0       0% 0      0% 0      0% 0       0%
remove  rmdir     rename     link      readdir   readdirplus
0       0% 0      0% 0       0% 0      0% 0      0% 0       0%
fsstat  fsinfo    pathconf   commit
0       0% 0      0% 0       0% 0      0%
……
```

2．rpcinfo命令

查看 RPC 服务的注册情况，并向程序进行 RPC 调用，检查它们能否正常运行。

```
#使用 rpcinfo 查看 NFS 服务的端口信息。这里使用的是随机端口。如果需要使用固定端口，可
 以修改/etc/sysconfig/nfs 配置文件的相关选项
[root@localhost /]# rpcinfo -p
   program  vers   proto   port    service
    100000   4      tcp     111     portmapper
    100000   3      tcp     111     portmapper
    100000   2      tcp     111     portmapper
    100000   4      udp     111     portmapper
    100000   3      udp     111     portmapper
    100000   2      udp     111     portmapper
    100024   1      udp     49200   status
    100024   1      tcp     40955   status
    100005   1      udp     20048   mountd
    100005   1      tcp     20048   mountd
    100005   2      udp     20048   mountd
    100005   2      tcp     20048   mountd
    100005   3      udp     20048   mountd
    100005   3      tcp     20048   mountd
    ……

#检测 NFS 的 RPC 注册状态
[root@localhost /]# rpcinfo -u 172.16.1.10 nfs             #查看 nfs 进程
program 100003 version 3 ready and waiting
program 100003 version 4 ready and waiting
[root@localhost /]# rpcinfo -u 172.16.1.10 mount           #查看 mount 进程
program 100005 version 1 ready and waiting
program 100005 version 2 ready and waiting
program 100005 version 3 ready and waiting
```

3．etab文件

etab 文件位于/var/lib/nfs 目录中，它记录了 NFS 服务共享目录的完整权限设定值，这里需要主配置文件存在数据且生效之后才有内容。

```
#查看/var/lib/nfs/etab 文件内容
[root@localhost /]# cat /var/lib/nfs/etab
/opt/software   172.16.0.0/16 (rw, sync, wdelay, hide, nocrossmnt, secure,
root_squash, no_all_squash, no_subtree_check, secure_locks, acl, no_pnfs,
anonuid=65534,anongid=65534,sec=sys,rw,secure,root_squash,no_all_squash)
/opt/public    172.16.0.0/16 (ro, sync, wdelay, hide, nocrossmnt, secure,
root_squash, no_all_squash, no_subtree_check, secure_locks, acl, no_pnfs,
anonuid=65534,anongid=65534,sec=sys,ro,secure,root_squash,no_all_squash)

#使用 exportfs 命令卸载所有的共享目录后，再去查看 etab 文件，发现为空
[root@localhost /]# exportfs -au
[root@localhost /]# cat /var/lib/nfs/etab
```

4．xtab文件

/var/lib/nfs/xtab 文件记录有哪些客户端连接 NFS 服务器的数据，这里需要客户端将 NFS 服务器的数据挂载到本地之后才会显示信息，文件中的初始内容为空的。

9.3.5　NFS 客户端测试和访问

NFS 客户端测试分别以 Windows 和 Linux 两个不同的系统进行讲解。

1．Linux客户端

在 Linux 客户端可以通过 showmount 命令查看 NFS 服务的共享目录信息，使用 mount 命令将 NFS 服务器的共享目录挂载到本地以方便使用。

（1）showmount 命令

使用 showmount 命令可以查看 NFS 服务器的共享目录信息，该命令在 NFS 服务器端和客户端都能使用，但是一般用于客户端。命令格式如下：

```
showmount  -e  NFS 服务器地址
```

详细示例如下：

```
#查看 NFS 服务器的共享目录信息，首先需要启动 rpcbind 服务，未安装该服务的还需要先安装
[root@localhost ~]# systemctl start rpcbind
[root@localhost ~]# systemctl is-active rpcbind
active
#如果出现错误，记得关闭 NFS 服务器的防火墙
 [root@localhost ~]# showmount -e 172.16.1.10
clnt_create: RPC: Port mapper failure - Unable to receive: errno 113 (No
route to host)
[root@localhost ~]# showmount -e 172.16.1.10
Export list for 172.16.1.10:
/opt/software 172.16.0.0/16
/opt/public  172.16.0.0/16
```

（2）mount 命令

在客户端通过 mount 命令将 NFS 服务器的共享目录挂载到本地计算机中的某个目录下，就可以实现文件的上传和下载，当然也可以直接在/etc/fstab 文件中实现开机自动挂载。mount 命令格式如下：

```
mount  [-t  nfs] NFS 服务器地址:/共享目录名  本地挂载点目录
```

详细示例如下：

```
#在客户端新建挂载点目录，这里在/mnt 目录下新建 nfssoft 和 nfspub，用于挂载 NFS 共享目录
[root@localhost ~]# mkdir /mnt/nfssoft
[root@localhost ~]# mkdir /mnt/nfspub

#将 NFS 服务器的共享目录 software 挂载到/mnt/nfssoft 目录下，将共享目录 public 挂载
 到/mnt/nfspub 目录下
[root@localhost ~]# mount 172.16.1.10:/opt/software /mnt/nfssoft/
[root@localhost ~]# mount 172.16.1.10:/opt/public  /mnt/nfspub/
[root@localhost ~]# mount
……
172.16.1.10:/opt/software on/mnt/nfssoft type nfs4 (rw, relatime, vers=4.1,
rsize=131072,wsize=131072,namlen=255,hard,proto=tcp,timeo=600,retrans=2,
sec=sys, clientaddr=172.16.1.11, local_lock=none, addr=172.16.1.10)
172.16.1.10:/opt/public on/mnt/nfspub type nfs4 (rw, relatime, vers=4.1,
rsize=131072,wsize=131072,namlen=255,hard,proto=tcp,timeo=600,retrans=2,
sec=sys, clientaddr=172.16.1.11, local_lock=none, addr=172.16.1.10)
[root@localhost ~]# cd /mnt/nfssoft/
[root@localhost nfssoft]# ls
sw.txt
[root@localhost nfssoft]# cd /mnt/nfspub/
[root@localhost nfspub]# ls
pub.txt
[root@localhost nfspub]# touch a.txt
touch: cannot touch 'a.txt': Read-only file system     #提示只有只读权限

#修改/etc/fstab 文件，让客户端实现开机自动挂载 NFS 服务器的共享目录
[root@localhost /]# cat /etc/fstab
……
172.16.1.10:/opt/software   /mnt/nfssoft   nfs   defaults    0 0
172.16.1.10:/opt/public     /mnt/nfspub    nfs   defaults    0 0
```

2. Windows客户端

NFS 服务器大多用于 Linux 系统。如果客户端是 Windows 系统，则需要分为两个步骤：首先安装 NFS 客户端工具，然后通过映射网络驱动器添加为本地磁盘。

（1）安装 NFS 客户端工具。

Windows 系统默认没有安装 NFS 客户端工具，需要打开“控制面板”，选择“程序和功能”→“启用或关闭 Windows 功能”选项，在打开的对话框中选中“NFS 服务”复选

框即可（客户端以 Windows 10 系统为例），如图 9.11 所示。

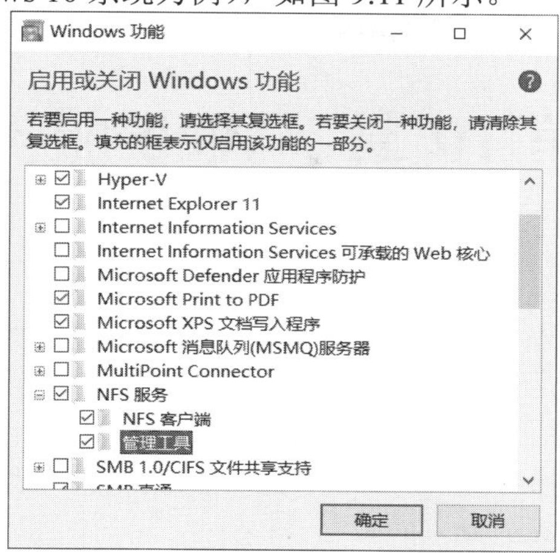

图 9.11　添加 NFS 服务组件

（2）映射网络驱动器。

通过映射网络驱动器功能将 NFS 服务器的共享目录映射为网络驱动磁盘以方便使用。在 Windows 10 系统中打开 CMD 窗口，使用 mount 命令实现，格式如下：

```
mount  NFS 服务器 IP 地址:/共享目录名  映射驱动器盘符
```

这里将 NFS 服务器 172.16.1.10 的两个共享目录在 Windows 环境中映射为网络驱动器，如图 9.12 所示。

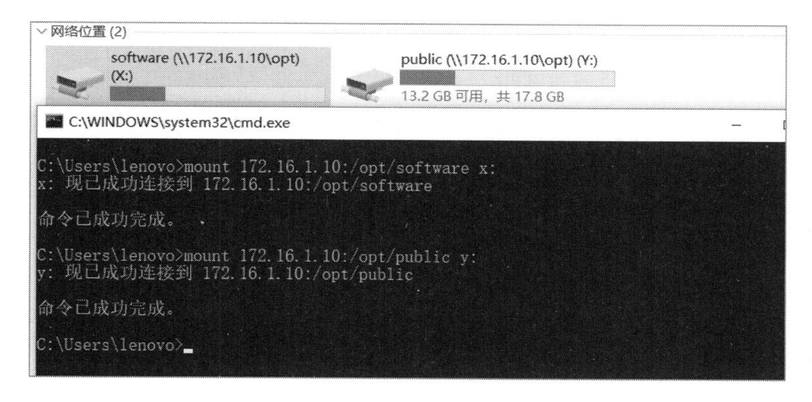

图 9.12　映射网络驱动器

第 10 章　Web 服务

Web 服务也称为 WWW（World Wide Web）服务或万维网服务，它是发布在互联网上通过浏览器观看的图形化页面服务，是互联网较为流行的一种服务。在各个企业的门户网站和各大电商平台上，用户通过这些页面搜索自己需要的信息都是基于 Web 服务实现的。在 Linux 系统上搭建 Web 服务的常用软件有 Apache、Nginx 和 Tomcat 等，本章将分别介绍这三款软件是如何发布 Web 站点的。

本章的主要内容如下：

- Apache 服务；
- Nginx 服务；
- Tomcat 服务。

注意： 除了以上 Web 软件产品外还存在其他软件，相对而言这三款软件的使用频率较高。

10.1　Apache 服务

Apache 基于 HTTP 和 HTTPS 提供网页浏览服务，它可以运行在 Windows、Linux 和 UNIX 等多种平台上。本节介绍 Apache 服务器的相关工作原理和安装部署。

10.1.1　Apache 服务概述

Apache（A Patchy Server，阿帕奇）是一个多模块化的服务器。Apache 1.0 经过多次修改于 1995 年 12 月 1 日发布，它一直由 Apache Group 维护和管理。1999 年 Apache Group 的成员组建了 ASF（Apache Software Foundation，Apache 软件基金会），为 Apache 提供法律和财务支持，随着后期的发展，ASF 增加了其他开源软件，Apache 是其旗下众多开源软件项目之一，其他软件的详细信息可以通过官网 http://httpd.apache.org/查看。截至本书撰写时，Apache 的最新版本是 Apache 2.4.46。

10.1.2　通过 RPM 包安装 Apache 服务

安装 Apache 服务主要分为两种方式，即 RPM 包安装和源码包安装，其中源码包可以通过官网获取最新版本。本节介绍通过 RPM 包安装 Apache 服务的步骤。

1. 安装

直接通过系统镜像文件自带的 RPM 包或者通过 yum 在线仓库都可以安装 Apache 服务。这里我们以本地镜像中的 RPM 包搭建本地仓库进行安装。当然，如果服务器能够访问外网，在系统中也可以直接使用在线仓库进行安装。

（1）配置本地 yum 源仓库地址，步骤省略，具体可以参考 9.1.2 小节的介绍。

（2）安装本地仓库地址中的 RPM 包。其中：httpd 是主程序包，必须安装；httpd-devel 是开发工具包，可选择安装；httpd-manual 是服务的帮助手册包，可选择安装；httpd-tools 是网页的压测工具包，可选择安装。

```
#通过本地仓库直接将 Apache 服务中的所有 httpd 包和 httpd-devel 包安装，依赖关系自动安装
[root@localhost /]# yum install httpd httpd-devel -y
……
Running transaction
  Installing : httpd-tools-2.4.6-90.el7.centos.x86_64      1/3
  Installing : httpd-2.4.6-90.el7.centos.x86_64            2/3
  Installing : httpd-devel-2.4.6-90.el7.centos.x86_64      3/3
  Verifying  : httpd-devel-2.4.6-90.el7.centos.x86_64      1/3
  Verifying  : httpd-tools-2.4.6-90.el7.centos.x86_64      2/3
  Verifying  : httpd-2.4.6-90.el7.centos.x86_64            3/3
Installed:
  httpd.x86_64 0:2.4.6-90.el7.centos   httpd-devel.x86_64 0:2.4.6-90.el7.
centos
Dependency Installed:
  httpd-tools.x86_64 0:2.4.6-90.el7.centos
Complete!
```

（3）安装 RPM 包后，通过“rpm-ql”命令查看与 Apache 服务相关的文件。由于文件实在太多，这里只对一些常用的文件进行说明，以用来和后面的源码包进行区分。

```
#查看 httpd 服务中的相关文件
[root@localhost /]# rpm -ql httpd
/etc/httpd                          #httpd 服务的根目录
/etc/httpd/conf.d                   #配置额外参数的独立配置文件目录
/etc/httpd/conf/httpd.conf          #httpd 服务的主配置文件
/etc/httpd/modules/                 #httpd 服务的模块文件目录
/usr/sbin/apachectl                 #httpd 服务的脚本程序文件
/usr/sbin/httpd                     #httpd 服务的主要执行文件
/var/log/httpd                      #日志文件目录
/var/www/html                       #网站源码的默认存放目录
```

2．主配置文件说明

Apache 服务的主配置文件是/etc/httpd/conf/httpd.conf，由于文件的选项参数太多，下面对比较常用的选项进行说明。

- ServerROOT：Apache 服务器的根目录，包含 Apache 服务运行的所有文件。
- Listen：监听的端口号，默认是 80。
- User：运行服务的用户名。
- Group：运行服务的用户组名。
- ServerAdmin：管理员邮箱。
- ServerName：绑定的域名。
- DocumentRoot：存在访问源代码的默认路径。
- DirectoryIndex：网站支持的默认文档页面，多个文件间使用空格隔开。
- Errorlog：错误日志的路径。
- Loglevel：设置记录日志的默认级别。
- Customlog：访问日志文件的路径和格式。
- PidFile：服务的进程号文件。
- Timeout：连接超时时间。
- Keeplive：是否保持连接功能。off 表示客户端连接只能从服务器请求传输一个文件，传输效率低；on 表示客户端连接可以从服务器请求传输多个文件，传输效率高。
- MaxKeepAliveRequest：允许客户端连接的最大文件数。
- KeepAliveTimeout：保持连接的超时时间。
- Include：自定义配置文件路径。

主配置文件的路径及文件内容如下：

```
#查看主配置文件的内容
[root@localhost /]# cat /etc/httpd/conf/httpd.conf
……
ServerRoot "/etc/httpd"
Listen 80
Include conf.modules.d/*.conf
……
```

3．启动服务测试访问默认页面

通过 RPM 包安装的 Apache 会被自动添加为服务，可以直接使用 systemctl 命令启动服务。首先将系统中的防火墙和 Selinux 全部关闭。添加与发布自定义 Web 网站的方法在 10.1.3 小节进行讲解。

（1）关闭防火墙及 Selinux，然后启动 Apache 服务。

```
#关闭防火墙和 Selinux
[root@localhost /]# setenforce 0    #临时关闭 Selinux
```

```
setenforce: SELinux is disabled    #之前修改配置文件时已经永久关闭 Selinux
[root@localhost /]# systemctl stop firewalld.service   #关闭防火墙

#启动 Apache 服务，并查看启动是否成功
[root@localhost /]# systemctl start httpd.service
[root@localhost /]# systemctl is-active httpd.service
active
```

（2）直接在 Windows 客户端上打开浏览器，输入服务器的地址“http://Apache 服务器 IP 地址”，查看默认的测试页面，结果如图 10.1 所示。

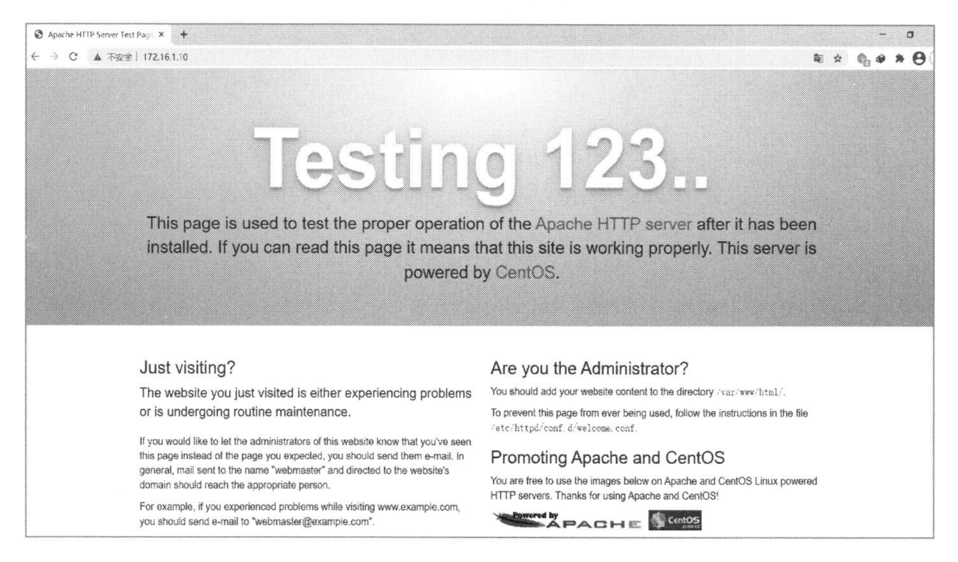

图 10.1　客户端访问的测试页面

10.1.3　通过源码包安装 Apache 服务

使用源码包编译安装 Apache 服务时最好将通过 RPM 包安装的 Apache 卸载，如果不卸载应注意一定要将已经开启的服务关闭。本节中虚拟机的网卡全部采用 NAT 模式自动获取 IP 地址，且虚拟机能够访问外网。

1. 准备环境

若系统是最小桌面安装的，则首先要安装好编译工具 GCC 和 gcc-c++，以及依赖包 apr、apr-util 和 pcre。

```
#安装编译工具和依赖包
[root@localhost /]# yum install gcc gcc-c++
[root@localhost /]# yum install apr apr-util pcre pcre-devel
```

2．下载源码包并解压

直接通过官网 http://httpd.apache.org/下载最新版本的源码包。由于虚拟机存在外网，因此可以直接使用 wget 命令下载，下载完成后将源码包解压到/usr/local/src 目录下。

```
#下载源码包
[root@localhost /]# wget https://mirrors.tuna.tsinghua.edu.cn/apache/httpd/
 httpd-2.4.46.tar.gz

#将源码包解压到/usr/local/src 目录下
[root@localhost /]# tar -zxvf httpd-2.4.46.tar.gz -C /usr/local/src/
```

3．配置安装参数

进入解压目录，可以使用“./configure --help”查看各安装参数的详细说明，这里只使用一个参数 prefix，指定安装目录为/usr/local/httpd2.4，当然也可以指定为其他目录，也可以添加一些定制选项。

```
#进入解压目录，根据系统和软件环境配置安装参数，注意查看是否报错
[root@localhost /]# cd /usr/local/src/httpd-2.4.46/
[root@localhost httpd-2.4.46]# ./configure --prefix=/usr/local/httpd2.4
……
config.status: executing default commands
configure: summary of build options:

    Server Version: 2.4.46
    Install prefix:/usr/local/httpd2.4
    C compiler:    gcc -std=gnu99
    CFLAGS:          -pthread
    CPPFLAGS:       -DLINUX -D_REENTRANT -D_GNU_SOURCE
    LDFLAGS:
    LIBS:
    C preprocessor: gcc -E

#确认配置参数是否成功
[root@localhost httpd-2.4.46]# echo $?
0                                          #返回码为 0，表示上述步骤没有问题。
```

注意：需要查看配置参数的过程是否出错，如出现错误，可能是因为相关依赖包版本过低，此时可以全部使用源码包安装，然后指定相关依赖包的路径。

4．编译并安装

这里使用&&符号将编译成可执行的二进制文件和复制安装到系统中的两个步骤合并在一起完成。耐心等待完成即可。

```
#还是在解压目录中编译并安装，耗费时间较长，请耐心等待并注意是否有错误提示
[root@localhost httpd-2.4.46]# make && make install
……
```

```
mkdir/usr/local/httpd2.4/man/man8
mkdir/usr/local/httpd2.4/manual
make[1]: Leaving directory `/usr/local/src/httpd-2.4.46'
......
```

5. 相关文件说明

和通过 RPM 包安装 Apache 服务一样，需要对指定的安装路径中常用的文件进行如下说明：

- /usr/local/httpd2.4/apachectl：源码包启动脚本程序。
- /usr/local/httpd2.4/httpd.conf：主配置文件。
- /usr/local/httpd2.4/extra：配置额外参数的独立配置文件目录。
- /usr/local/httpd2.4/logs：日志文件目录。
- /usr/local/httpd2.4/man：帮助文档目录。
- /usr/local/httpd2.4/lib：服务运行时所需库文件目录。
- /usr/local/httpd2.4/modules：提供 Apache 服务的动态加载模块文件目录。
- /usr/local/httpd2.4/htdocs：默认源代码存放目录。

6. 服务的启动、停止、重启和检查配置文件

可以使用 apachectl 对服务进行启动和停止等操作。其中：使用 apachectl -k 后面接 start 启动服务，接 stop 停止服务，接 restart 重启服务；使用 apachectl -t 检查配置文件语法错误。

```
#检查配置文件的语法错误，出现 OK 表示无语法错误
[root@localhost /]# /usr/local/httpd2.4/bin/apachectl -t
AH00558: httpd: Could not reliably determine the server's fully qualified
domain name， using localhost.localdomain. Set the 'ServerName' directive
globally to suppress this message
Syntax OK

#出现 AH00558 错误，可以直接修改配置文件 httpd.conf，将 ServerName 修改为以下内容
[root@localhost /]# vi /usr/local/httpd2.4/conf/httpd.conf

......
ServerName localhost:80
......

#启动服务
[root@localhost /]# /usr/local/httpd2.4/bin/apachectl -k start

#查看服务是否启动成功，通过 pgrep 查看进程
[root@localhost /]# pgrep -l httpd
21442 httpd
21443 httpd
21444 httpd
21445 httpd

#停止服务
```

```
[root@localhost /]# /usr/local/httpd2.4/bin/apachectl -k stop

#重启服务
[root@localhost /]# /usr/local/httpd2.4/bin/apachectl -k restart
```

（2）在 Windows 客户端上访问默认页面，结果如图 10.2 所示。

7. 自定义部署网站

成功部署 Apache 服务后，如何发布自定义的网站呢？首先编写网站代码文件 html 或 htm 文件，一般都是 Web 前端开发人员编写，然后修改主配置文件中的默认文档。

（1）在/usr/local/httpd2.4/htdocs 目录下编写一个简单的 htm 文件。

```
#在默认的网页源码目录下新建一个测试页面，内容如下
[root@localhost ~]# cd /usr/local/httpd2.4/htdocs/
[root@localhost htdocs]# cat test.htm
<html>
<head>
<meta charset="utf-8">
<title>test page</title>
</head>
<body>
welcome access!!
</body>
</html>
```

（2）在主配置文件 httpd.conf 中添加默认文件 test.htm。

```
#使用 vi 编辑器修改并保存，然后退出
[root@localhost /]# vi /usr/local/httpd2.4/conf/httpd.conf
……
<IfModule dir_module>
   DirectoryIndex test.htm index.html
</IfModule>
……
```

（3）重启服务并测试，结果如图 10.3 所示。

```
#重启服务
[root@localhost /]#/usr/local/httpd2.4/bin/apachectl restart
```

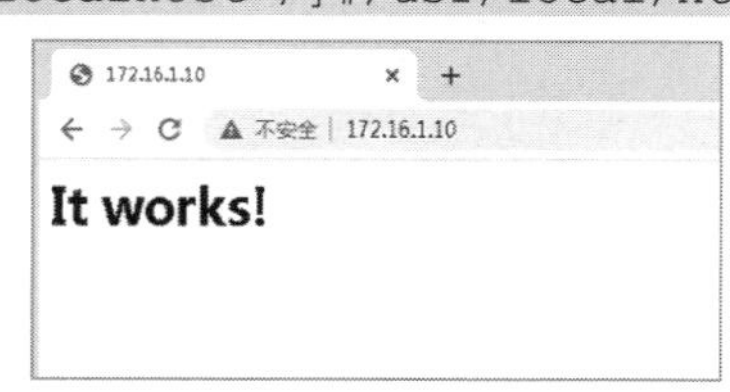

图 10.2　客户端访问的默认页面

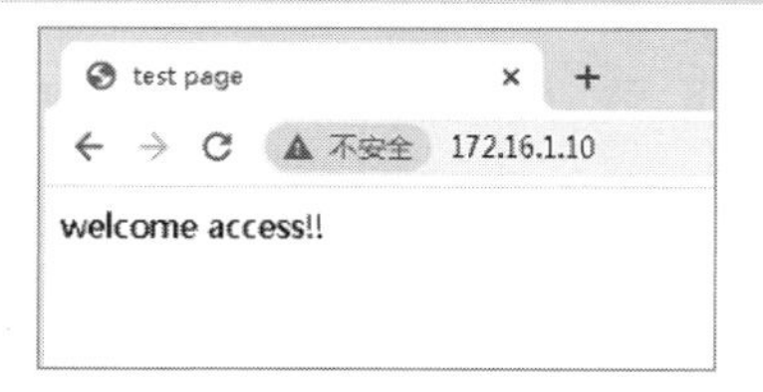

图 10.3　客户端访问的页面

10.1.4　虚拟主机

虚拟主机是指在一台服务器上发布多个 Web 网站。配置虚拟主机主要有三种方式：

基于 IP 地址、基于端口和基于域名。本节将在通过源码包安装的 Apache 服务器上分别通过这三种方式配置虚拟机。

1. 基于IP地址配置虚拟主机

在服务器上配置多个 IP 地址，一个 IP 地址对应一个 Web 站点，这里使用添加虚拟网络子接口的方式模拟多张网卡。

（1）添加两个网络虚拟子接口，其 IP 地址分别为 172.16.1.66 和 172.16.1.88。

```
#对网卡 ens33 添加两个虚拟子接口 ens33:0 和 ens33:1
[root@localhost ~]# ifconfig ens33:0 172.16.1.66/16
[root@localhost ~]# ip addr add 172.16.1.88/16 dev ens33 label ens33:1
[root@localhost ~]# ip addr show
……
2: ens33: <BROADCAST,MULTICAST,UP,LOWER_UP> mtu 1500 qdisc pfifo_fast state
UP group default qlen 1000
    link/ether 00:0c:29:c1:bd:60 brd ff:ff:ff:ff:ff:ff
    inet 172.16.1.10/16 brd 172.16.255.255 scope global noprefixroute ens33
       valid_lft forever preferred_lft forever
    inet 172.16.1.66/16 brd 172.16.255.255 scope global secondary ens33:0
       valid_lft forever preferred_lft forever
    inet 172.16.1.88/16 scope global secondary ens33:1
       valid_lft forever preferred_lft forever
    inet6 fe80::1995:8407:86e7:c8ca/64 scope link noprefixroute
       valid_lft forever preferred_lft forever
……
```

（2）创建两个 Web 站点目录，分别是/opt/www 和/opt/bbs，在这两个目录下新建两个测试页面 index.html。

```
#在/opt 目录下创建目录，并新建两个 html 的测试页面
[root@localhost ~]# mkdir /opt/www /opt/bbs
[root@localhost ~]# echo "ipaddr 66" >/opt/www/index.html
[root@localhost ~]# echo "ipaddr 88" >/opt/bbs/index.html
……
```

（3）修改主配置文件，将第 480 行中的符号#去掉，开启虚拟主机的配置文件。

```
#开启第 480 行的虚拟主机配置文件，默认是存在的，只需要去掉开头的#号
[root@localhost ~]# vim /usr/local/httpd2.4/conf/httpd.conf
……
479 # Virtual hosts
480 Include conf/extra/httpd-vhosts.conf
481
482 # Local access to the Apache HTTP Server Manual
483 #Include conf/extra/httpd-manual.conf
……
```

（4）在/usr/local/httpd2.4/conf/extra/httpd-vhosts.conf 文件中创建两个虚拟主机选项。注意将虚拟配置文件中已经存在的内容注释掉。

```
#在虚拟主机的配置文件中添加基于 IP 地址的虚拟主机配置，并对各个选项的解释说明如下
[root@localhost ~]# cat /usr/local/httpd2.4/conf/extra/httpd-vhosts.conf
```

```
……
####默认存在的虚拟主机区域，以下自定义选项若存在则优先使用，否则使用主配置文件的选项####
#<VirtualHost *:80>                                          #虚拟主机配置区域起始
#    ServerAdmin webmaster@dummy-host2.example.com #管理员邮箱
    #虚拟主机根目录
#    DocumentRoot "/usr/local/httpd2.4/docs/dummy-host2.example.com"
#    ServerName dummy-host2.example.com                      #虚拟主机域名
    #错误日志路径和文件名
#    ErrorLog "logs/dummy-host2.example.com-error_log"
    #访问日志文件名
#    CustomLog "logs/dummy-host2.example.com-access_log" common
#</VirtualHost>                                              #虚拟主机配置区域结束

#################手动添加的虚拟主机选项，其他选项可参考以上选项################
<VirtualHost 172.16.1.66:80>
      ServerName www.66.com
      DocumentRoot "/opt/www"
      #自定义错误日志文件，目录一定要存在
      ErrorLog "/opt/www/logs/www-error.log"
      #自定义访问日志，非必填
      CustomLog "/opt/www/logs/www-access_log" common
      <Directory/opt/www>        #设置根目录权限，若不定义则使用主配置文件中的选项
            AllowOverride none
           Require all denied      #拒绝所有客户端访问
            Require all granted   #允许所有客户端访问，这里必须要开启允许
      </Directory>

</VirtualHost>

<VirtualHost 172.16.1.88:80>
      ServerName www.88.com
      DocumentRoot "/opt/bbs"
      <Directory/opt/bbs>
            AllowOverride none
            Require all granted
      </Directory>
</VirtualHost>
```

（5）直接在 Apache 服务器上测试访问，当然也可以通过客户端访问，这里为了方便直接在服务器上测试。

```
#检查配置文件语法错误并重启服务
[root@localhost ~]#/usr/local/httpd2.4/bin/apachectl -t
Syntax OK
[root@localhost ~]#/usr/local/httpd2.4/bin/apachectl restart

#使用 curl 命令测试是否可以访问页面内容
[root@localhost ~]# curl http://172.16.1.66
ipaddr 66
[root@localhost ~]# curl http://172.16.1.88
ipaddr 88
```

2．基于端口配置虚拟主机

基于端口的虚拟主机指的是在一台服务器上使用一个 IP 地址，客户端通过不同的端口去访问 Web 页面。这里使用 ens33 网卡的 IP 地址，添加两个监听端口 66 和 88 进行测试。

（1）创建两个 Web 站点目录，使用基于 IP 地址的两个 Web 网站目录，然后修改测试页面的内容，最终端口号为 66 的访问页面为/opt/www/index.html，端口号为 88 的访问页面为/opt/bbs/index.html。

```
#修改两个 web 站点目下测试页面的内容
[root@localhost ~]# echo "port 66" >/opt/www/index.html
[root@localhost ~]# echo "port 88" >/opt/bbs/index.html
[root@localhost ~]# cat /opt/www/index.html
port 66
[root@localhost ~]# cat /opt/bbs/index.html
port 88
```

（2）添加两个监听端口号到配置文件中。这里的配置文件既可以是主配置文件，也可以是虚拟配置文件。为了不影响主配置文件的内容，我们选择在虚拟配置文件中添加。注意，端口号必须是未使用过的，不能和其他程序服务冲突。

```
#修改虚拟配置文件，内容如下
[root@localhost ~]# cat /usr/local/httpd2.4/conf/extra/httpd-vhosts.conf
……
Listen 66
Listen 88
<VirtualHost 172.16.1.10:66>
        ServerName www.66.com
        DocumentRoot "/opt/www"
        ErrorLog "/opt/www/logs/www-error.log"
        CustomLog "/opt/www/logs/www-access_log" common
        <Directory/opt/www>
                AllowOverride none
#               Require all denied
                Require all granted
        </Directory>
</VirtualHost>

<VirtualHost 172.16.1.10:88>
        ServerName www.88.com
        DocumentRoot "/opt/bbs"
        <Directory/opt/bbs>
                AllowOverride none
                Require all granted
        </Directory>
</VirtualHost>
```

（3）直接在服务器上检查配置文件的语法并重启服务，然后测试访问。

```
#检查配置文件的错误并重启服务
[root@localhost ~]#/usr/local/httpd2.4/bin/apachectl -t
```

```
Syntax OK
[root@localhost ~]#/usr/local/httpd2.4/bin/apachectl restart

#访问默认的 80 端口页面
[root@localhost ~]# curl 172.16.1.10
<html><body><h1>It works!</h1></body></html>

#访问端口为 66 的页面
[root@localhost ~]# curl 172.16.1.10:66
port 66

#访问端口为 88 的页面
[root@localhost ~]# curl 172.16.1.10:88
port 88
```

2．基于域名配置虚拟主机

基于域名的虚拟主机就是指使用不同的域名访问不同的网站。为了方便，这里便通过修改/etc/hosts 文件添加两条域名记录进行测试，要求域名 www.66.com 访问/opt/www/index.html 页面，域名 www.88.com 访问/opt/bbs/index.html 页面。

（1）修改两个 Web 站点目录下的测试页面内容。

```
#修改两个 Web 站点目录下的测试页面内容
[root@localhost ~]# cat /opt/www/index.html
www.66.com
[root@localhost ~]# cat /opt/bbs/index.html
bbs.88.com
```

（2）在服务器的/etc/hosts 文件中添加两条域名解析记录，这里不再通过搭建 DNS 的方式进行演示。

```
#在 hosts 文件中添加域名解析记录
[root@localhost ~]# cat /etc/hosts
127.0.0.1   localhost localhost.localdomain localhost4 localhost4.
localdomain4
::1         localhost localhost.localdomain localhost6 localhost6.
localdomain6
172.16.1.10     www.66.com
172.16.1.10     bbs.88.com

#测试是否通过域名访问
[root@localhost ~]# ping www.66.com
PING www.66.com （172.16.1.10） 56（84） bytes of data.
64 bytes from www.66.com （172.16.1.10）: icmp_seq=1 ttl=64 time=0.017 ms
^C
--- www.66.com ping statistics ---
1 packets transmitted， 1 received， 0% packet loss， time 0ms
rtt min/avg/max/mdev = 0.017/0.017/0.017/0.000 ms
[root@localhost ~]# ping bbs.88.com
PING bbs.88.com （172.16.1.10） 56（84） bytes of data.
64 bytes from www.66.com （172.16.1.10）: icmp_seq=1 ttl=64 time=0.014 ms
^C
```

```
--- bbs.88.com ping statistics ---
1 packets transmitted, 1 received, 0% packet loss, time 0ms
rtt min/avg/max/mdev = 0.014/0.014/0.014/0.000 ms
```

（3）修改虚拟主机的配置文件。

```
#修改虚拟主机的配置文件内容如下
[root@localhost ~]# cat /usr/local/httpd2.4/conf/extra/httpd-vhosts.conf
<VirtualHost 172.16.1.10:80>
      ServerName www.66.com
      DocumentRoot "/opt/www"
      ErrorLog "/opt/www/logs/www-error.log"
      CustomLog "/opt/www/logs/www-access_log" common
      <Directory/opt/www>
            AllowOverride none
#           Require all denied
            Require all granted
      </Directory>

</VirtualHost>

<VirtualHost 172.16.1.10:80>
      ServerName bbs.88.com
      DocumentRoot "/opt/bbs"
      <Directory/opt/bbs>
            AllowOverride none
            Require all granted
      </Directory>
</VirtualHost>
```

（4）重启服务，然后直接在服务器上测试访问，也可以在客户端测试访问，但是需要在 hosts 文件中添加域名解析的 A 记录。这里在服务器上测试访问。

```
#检查配置文件语法的并重启服务
[root@localhost ~]#/usr/local/httpd2.4/bin/apachectl -t
Syntax OK
[root@localhost ~]#/usr/local/httpd2.4/bin/apachectl restart

#通过域名 www.66.com 进行访问
[root@localhost ~]# curl www.66.com
www.66.com

#通过域名 bbs.88.com 进行访问
[root@localhost ~]# curl bbs.88.com
bbs.88.com
```

10.2　Nginx 服务

Nginx 也是一款 Web 服务器产品。相对于 Apache 而言，Nginx 支持的并发数更多，占用内存资源更少，除了提供 Web 服务外，还可以提供代理服务和负载均衡服务。下面学习 Nginx 服务的使用。

10.2.1　Nginx 概述

Nginx 是一款自由、开源和高性能的轻量级高并发 HTTP 服务器和反向代理服务器，也是一款 IMAP、POP3 和 SMTP 代理服务器。Nginx 的应用场景有 Web 服务、代理服务、安全服务和静态服务。代理服务分为正向代理、反向代理、负载均衡和代理缓存等。本节重点介绍 Web 服务、正向代理、反向代理和负载均衡服务。

1．Web服务

基于 HTTP 或 HTTPS 提供的 Web 服务是 Nginx 服务中最基本的功能，用于发布网站，可以实现虚拟主机的功能，是我们要学习的重点知识。

2．正向代理

正向代理一般用于从内网访问外网，代理的对象是客户端。具体是指局域网中的计算机如果要访问互联网，就需要将请求发送给另外一台计算机，这台计算机就是代理服务器。

3．反向代理

反向代理一般用于从外网访问内网服务器，代理的对象是服务器。具体是指代理服务器接收来自互联网的请求，然后将请求转发到内部服务器上，服务器将得到的结果反馈给互联网请求的客户端，从而将真实服务器的 IP 地址隐藏，而只暴露反向代理服务器的地址。

4．负载均衡

当客户端将多个请求集中发送到单个服务器上时，单个服务器可能会无法满足需求。我们可以通过增加服务器的数量而构建成集群，将请求集中到单个服务器改为通过负载均衡服务器将请求的负载分配到多个服务器，从而减轻单个服务器的负担。

10.2.2　Nginx 的安装

Nginx 的安装主要有两种方式，即源码包编译和 RPM 包安装，其中 RPM 包的仓库源地址分为 epel 仓库和官方仓库。源码包安装的步骤较为复杂，可以自定义版本，以方便管理。epel 仓库的 RPM 包版本较低，安装简单，配置不易读懂。官方仓库的 RPM 包版本都是最新版本，安装简单，配置易读。本节采用官方仓库的 RPM 包安装 Nginx。

1．配置官方仓库地址

使用官方仓库地址的前提是系统可以访问互联网，通过官网 http://nginx.org/可以获取官方 yum 源的地址。

```
#在/etc/yum.repos.d 目录下新建一个文件 nginx.repo，内容如下
[root@localhost /]# vim /etc/yum.repos.d/nginx.repo
[nginx]
name=nginx repo
baseurl=http://nginx.org/packages/centos/$releasever/$basearch/
gpgcheck=1
enabled=1
gpgkey=https://nginx.org/keys/nginx_signing.key
module_hotfixes=true
```

2. 安装服务

使用 yum 管理工具通过官网的在线仓库安装 Nginx 服务相对来说比较简单。

```
#使用 yum 直接安装在线仓库的软件包
[root@localhost /]# yum install nginx -y
……
  Verifying  : 1:nginx-1.18.0-2.el7.ngx.x86_64                          1/1

Installed:
  nginx.x86_64 1:1.18.0-2.el7.ngx

Complete!
```

3. 查看服务相关的命令

安装完毕后，可以使用 rpm -ql 查看与服务相关的所有文件和命令，服务器的管理则可以使用 systemctl 命令或 nginx 命令进行启动和停止等相关操作。

```
#查看 nginx 服务的所有文件，只对常用的文件进行说明
[root@localhost ~]# rpm -ql nginx
/etc/logrotate.d/nginx                      #nginx 日志轮询和切割文件
/etc/nginx                                  #nginx 服务的配置文件
/etc/nginx/conf.d                           #独立配置文件目录
/etc/nginx/conf.d/default.conf              #独立配置文件的默认文件
/etc/nginx/nginx.conf                       #主配置文件
/usr/lib/systemd/system/nginx.service       #系统服务名
/usr/sbin/nginx                             #终端管理命令
/usr/sbin/nginx-debug
/var/cache/nginx                            #缓存文件目录
/var/log/nginx                              #日志文件目录
/usr/share/nginx/html                       #网站源码默认的存放路径

……
```

（1）查看 Nginx 的版本信息。

```
#查看 nginx 服务的版本
[root@localhost ~]# nginx -v
nginx version: nginx/1.18.0

#查看版本，并显示编译器的版本和配置参数信息
[root@localhost ~]# nginx -V
```

```
nginx version: nginx/1.18.0
built by gcc 4.8.5 20150623 (Red Hat 4.8.5-39) (GCC)
built with OpenSSL 1.0.2k-fips  26 Jan 2017
TLS SNI support enabled
configure arguments: --prefix=/etc/nginx --sbin-path=/usr/sbin/nginx
……
```

（2）检查服务的配置文件是否存在语法错误。

```
#检查配置文件的语法错误，如果出现 OK，则表示无语法错误
[root@localhost ~]# nginx -t
nginx: the configuration file /etc/nginx/nginx.conf syntax is ok
nginx: configuration file  /etc/nginx/nginx.conf test is successful
```

（3）启动服务。

```
#使用 nginx 命令直接启动服务
[root@localhost ~]# nginx

#使用 systemctl 命令启动系统服务
[root@localhost ~]# systemctl start nginx.service
```

（4）停止服务，其中使用 nginx -s stop 停止时不保存相关信息，使用 nginx -s quit 停止时保存相关信息。

```
#使用 nginx 命令停止，提示有错误，这是因为启动时没有生成该文件
[root@localhost ~]# nginx -s stop
nginx: [error] open() "/var/run/nginx.pid" failed (2: No such file or
directory)

#解决方法是先杀掉进程，然后使用 nginx -c 生成该进程文件
[root@localhost ~]# pkill nginx
[root@localhost ~]# pgrep -l nginx
[root@localhost ~]# nginx  -c   /etc/nginx/nginx.conf

#使用 systemctl 命令停止服务
[root@localhost ~]# systemctl stop nginx.service
```

（5）重启或重载服务。

```
#使用 nginx 命令
[root@localhost ~]# nginx -s reload

#使用 systemctl 命令重启或重载服务
[root@localhost ~]# systemctl reload nginx
[root@localhost ~]# systemctl restart  nginx
```

注意：启停要么统一使用 nginx 命令，要么使用 systemctl 命令，不要混用。

4. 自定义发布网站

Nginx 服务器搭建成功后，通过自定义网站源码路径和新增独立的配置文件自定义发布网站。下面介绍发布一个自定义网站的步骤。

（1）创建网站存放目录并编写测试页面。

```
#创建网站存放目录/opt/nginx，编写测试页面 test.html
[root@localhost ~]# mkdir /opt/nginx
[root@localhost ~]# echo "nginx" >/opt/nginx/test.html
```

（2）新增配置文件。

配置文件一般存放在/etc/nginx/conf.d/目录下，只需要添加 server 块即可。

```
#在/etc/nginx/conf.d/目录下新添加配置文件 test.conf，内容如下
server {
        listen 81;                              #监听端口，默认端口已被占用
        server_name localhost;                  #域名

        location / {                            #网站访问路径
        root /opt/nginx;                        #自定义网站存放目录
        index test.html;                        #默认文档
        }
}
```

（3）检查配置文件并重启，测试访问。

```
#检查新添加的配置文件是否存在语法错误。
[root@localhost ~]# nginx -t
nginx: the configuration file  /etc/nginx/nginx.conf syntax is ok
nginx: configuration file/ etc/nginx/nginx.conf test is successful

#重启服务，直接在服务器上使用 curl 命令访问测试。
[root@localhost ~]# systemctl restart nginx.service
[root@localhost ~]# curl 172.16.1.10:81
nginx
```

10.2.3　Nginx 的配置文件

Nginx 服务的配置包括主配置文件和次配置文件两部分，下面详细介绍这两个配置文件的具体内容。

1．主配置文件nginx.conf

Nginx 的主配置文件为/etc/nginx/nginx.conf，主要由三个部分组成，即全局块、event 块和 http 块。

- 全局块：从配置文件开始到 events 块之间的模块，主要设置影响 Nginx 服务器整体运行的配置指令。
- events 块：事件驱动模块，配置用户和 Nginx 服务器间的网络连接指令。
- http 块：又分为 http 全局块和 server 块，包括配置代理、缓存和日志等功能。http 块下可以嵌套多个 server 块，其中 server 块用于配置虚拟主机相关选项。server 块下可以有多个 location 块，location 块用于配置路由请求、页面跳转及网站访问路径。

这一部分是 Nginx 服务器中最为烦琐的。

```
#查看主配置文件/etc/nginx/nginx.conf，并以此进行说明
[root@localhost ~]# cat  /etc/nginx/nginx.conf
##################全局块的配置选项##############################
user  nginx;                                  #nginx 进程的用户名和用户组名
worker_processes  1; #niginx 运行的 worker 进程数,建议和 CPU 数量一致或设置为 auto
error_log /var/log/nginx/error.log warn;      #全局错误日志文件的定义类型
pid       /var/run/nginx.pid;                 #指定 nginx 进程运行文件的存放地址

##################events 块的配置选项###########################
events {
worker_connections  1024;                     #每个 worker 进程支持的最大连接数
use epoll;                                    #参考事件驱动模型
}

##################http 块的配置选项#############################
http {
    include       /etc/nginx/mime.types;      #包含资源文件扩展名和类型
    default_type  application/octet-stream;  #默认的文件类型
                                              #设定日志格式
    log_format  main  '$remote_addr - $remote_user [$time_local] "$request" '
                      '$status $body_bytes_sent "$http_referer" '
                      '"$http_user_agent" "$http_x_forwarded_for"';

    access_log /var/log/nginx/access.log  main; #访问日志
    sendfile        on;                         #开启高效文件传输模式
    #tcp_nopush     on;                         #防止网络阻塞
    keepalive_timeout  65;                      #连接超时时间，单位默认为秒
    #gzip  on;                                  #设置 gizp 模块
    #包含/etc/nginx/conf.d/目录下所有以.conf 结尾的文件
    include/etc/nginx/conf.d/*.conf;
}
```

2．次配置文件default.conf

次配置文件/etc/nginx/conf.d/default.conf 也可以称为配置额外选项的独立配置文件，该文件的所有配置选项都是主配置文件中的 http 块独立出来的局部配置文件，可以对不同的虚拟主机设置不同的配置选项。可以将次配置文件理解为虚拟主机配置选项的独立模板文件。

```
#查看次配置文件信息
[root@localhost ~]# cat  /etc/nginx/conf.d/default.conf
server {                                      #每个 server{}表示一个虚拟主机
    listen       80;                          #监听端口
    server_name  localhost;                   #域名
    #charset koi8-r;                          #编码格式
    #access_log /var/log/nginx/host.access.log  main;   #访问日志
    location / {                              #控制网站路径
```

```
        root  /usr/share/nginx/html;            #存放网站源码目录
        index  index.html index.htm;                   #默认文档
    }
    #error_page  404              /404.html;
    # redirect server error pages to the static page/50x.html
    #
    error_page   500 502 503 504 /50x.html;            #错误页面
    location =/50x.html {
        root  /usr/share/nginx/html;                   #错误页面的路径
    }
    # proxy the PHP scripts to Apache listening on 127.0.0.1:80
    #
    #location ~ \.php$ {
    #    proxy_pass   http://127.0.0.1;
    #}
    # pass the PHP scripts to FastCGI server listening on 127.0.0.1:9000
    #
    #location ~ \.php$ {
    #    root           html;
    #    fastcgi_pass   127.0.0.1:9000;
    #    fastcgi_index  index.php;
    #    fastcgi_param  SCRIPT_FILENAME /scripts$fastcgi_script_name;
    #    include        fastcgi_params;
    #}
    # deny access to .htaccess files, if Apache's document root
    # concurs with nginx's one
    #
    #location ~/\.ht {
    #    deny  all;
    #}
}
```

10.2.4　Nginx 虚拟主机

和 Apache 服务一样，也可以在一台服务器上发布多个网站，一个网站就是一个虚拟主机。下面介绍配置虚拟主机的三种方式，即基于 IP 地址、基于端口和基于域名。

1．基于IP地址配置虚拟主机

为了方便，这里和 Apache 服务一样，仍然采用添加虚拟子接口的方式配置虚拟主机，具体操作步骤如下：

（1）添加两个网络虚拟子接口，其 IP 地址分别为 172.16.1.100 和 172.16.1.200。

```
#对网卡 ens33 添加两个虚拟子接口 ens33:0 和 ens33:1
[root@localhost ~]# ip add add 172.16.1.100 dev ens33 label ens33:0
[root@localhost ~]# ip add add 172.16.1.200 dev ens33 label ens33:1
[root@localhost ~]# ip addr show
……
2: ens33: <BROADCAST, MULTICAST, UP, LOWER_UP> mtu 1500 qdisc pfifo_fast state
UP group default qlen 1000
```

```
    link/ether 00:0c:29:26:93:35 brd ff:ff:ff:ff:ff:ff
    inet 172.16.1.10/16 brd 172.16.255.255 scope global noprefixroute ens33
      valid_lft forever preferred_lft forever
    inet 172.16.1.100/32 scope global ens33:0
      valid_lft forever preferred_lft forever
    inet 172.16.1.200/32 scope global ens33:1
      valid_lft forever preferred_lft forever
    inet6 fe80::f6d:20d1:ab40:5a2f/64 scope link noprefixroute
      valid_lft forever preferred_lft forever
......
```

（2）创建两个 Web 站点目录，分别是/opt/nginx/web1 和/opt/nginx/web2，并在这两个目录下新建两个测试页面。

```
#在/opt/nginx 目录下创建目录，并新建两个 html 格式的测试页面
[root@localhost ~]# mkdir /opt/nginx/{web1, web2}
[root@localhost /]# echo  "web1 172.16.1.100" >/opt/nginx/web1/web1.html
[root@localhost /]# echo  "web1 172.16.1.200" >/opt/nginx/web2/web2.html
......
```

（3）在/etc/nginx/conf.d/目录下添加虚拟主机的独立配置文件 ipaddr.conf，其实最好写成两个独立的配置文件，这里为了方便全部写在了一个文件中。

```
#添加的/etc/nginx/conf.d/ipaddr.conf 配置文件内容如下
[root@localhost /]# vi  /etc/nginx/conf.d/ipaddr.conf
server {
        listen 172.16.1.100:80;
        server_name localhost;

        location / {
        root /opt/nginx/web1;
        index web1.html;
        }
}

server {
        listen 172.16.1.200:80;
        server_name localhost;

        location / {
        root/opt/nginx/web2;
        index web2.html;
        }
}
```

（4）重启服务，然后直接在 Nginx 服务器上使用 curl 命令测试访问。

```
#检查配置文件的语法错误并重启服务
[root@localhost /]# nginx -t
nginx: the configuration file  /etc/nginx/nginx.conf syntax is ok
nginx: configuration file  /etc/nginx/nginx.conf test is successful

#使用 curl 命令测试是否可以访问页面内容
[root@localhost nginx]# nginx -s reload
[root@localhost nginx]# curl 172.16.1.100
```

```
web1 172.16.1.100
[root@localhost nginx]# curl 172.16.1.200
web1 172.16.1.200
```

2．基于端口配置虚拟主机

这里我们使用 ens33 网卡的 IP 地址，添加两个监听端口 6000 和 8000 进行测试。

（1）继续使用/opt/nginx 下的 web1 和 web2 两个目录，然后修改两个测试页面的内容，要求端口 6000 访问 web1.html，端口 8000 访问 web2.html。

```
#修改两个 Web 站点目录下的测试页面内容
[root@localhost /]# echo  "web1 port 6000" >/opt/nginx/web1/web1.html
[root@localhost /]# echo  "web1 port 8000" >/opt/nginx/web2/web2.html
```

（2）在/etc/nginx/conf.d/目录下添加虚拟主机的独立配置文件 port.conf。

```
#修改基于虚拟主机的独立配置文件，内容如下
[root@localhost /]# vim  /etc/nginx/conf.d/port.conf
server {
        listen 6000;
        server_name localhost;

        location / {
        root /opt/nginx/web1;
        index web1.html;
        }
}

server {
        listen 8000;
        server_name localhost;

        location / {
        root /opt/nginx/web2;
        index web2.html;
        }
}
```

（3）直接在服务器上检查配置文件的语法并重启服务，然后测试访问。

```
#检查配置文件的错误并重启服务，使用 curl 命令访问
[root@localhost /]# nginx -t
nginx: the configuration file /etc/nginx/nginx.conf syntax is ok
nginx: configuration file /etc/nginx/nginx.conf test is successful
[root@localhost /]# nginx -s reload
[root@localhost /]# curl 172.16.1.10:6000
web1 port 6000
[root@localhost /]# curl 172.16.1.10:8000
web1 port 8000
```

3．基于域名配置虚拟主机

分别使用域名 www.test.com 和 bbs.test.com 测试访问，为了方便，这里也和 Apache 服务一样直接在 hosts 文件中添加两条 A 记录。

（1）修改/opt/nginx 下的 web1 和 web2 两个测试页面的内容，为方便区分，要求域名 www.test.com 访问 web1.html 页面，域名 bbs.test.com 访问 web2.html 页面。

```
#修改两个 Web 站点目录下的测试页面内容
[root@localhost /]# echo  "web1 www.test.com" >/opt/nginx/web1/web1.html
[root@localhost /]# echo  "web2 bbs.test.com" >/opt/nginx/web2/web2.html
```

（2）在服务器的/etc/hosts 文件中添加两条 A 记录以方便解析。

```
#在 hosts 文件中添加域名解析记录
[root@localhost /]# vim /etc/hosts
127.0.0.1   localhost localhost.localdomain localhost4 localhost4.
localdomain4
::1         localhost localhost.localdomain localhost6 localhost6.
localdomain6
172.16.1.10 www.test.com
172.16.1.10 bbs.test.com

#测试是否通过域名访问
[root@localhost /]# ping www.test.com
PING www.test.com （172.16.1.10） 56（84） bytes of data.
64 bytes from www.test.com （172.16.1.10）: icmp_seq=1 ttl=64 time=0.023 ms
^C
--- www.test.com ping statistics ---
1 packets transmitted， 1 received， 0% packet loss， time 0ms
[root@localhost /]# ping bbs.test.com
PING bbs.test.com （172.16.1.10） 56（84） bytes of data.
64 bytes from www.test.com （172.16.1.10）: icmp_seq=1 ttl=64 time=0.033 ms
^C
--- bbs.test.com ping statistics ---
1 packets transmitted， 1 received， 0% packet loss， time 0ms
rtt min/avg/max/mdev = 0.033/0.033/0.033/0.000 ms
ax/mdev = 0.023/0.023/0.023/0.000 ms
```

（3）在/etc/nginx/conf.d/目录下添加虚拟主机的独立配置文件 domian.conf。

```
#添加的/etc/nginx/conf.d/domian.conf 文件的内容如下
[root@localhost /]# cat /etc/nginx/conf.d/domain.conf
server {
    listen 80;
    server_name www.test.com;

    location / {
    root /opt/nginx/web1;
    index web1.html;
    }
}

server {
    listen 80;
    server_name bbs.test.com;

    location / {
    root /opt/nginx/web2;
```

```
        index web2.html;
        }
    }
```

（4）服务器已经在 hosts 文件中添加了 A 记录，直接测试访问。若客户端需要访问，也需要在对应的客户端的 hosts 文件中添加 A 记录，然后重载服务并测试访问。

```
#检查配置文件的语法并重载服务
[root@localhost /]# nginx -t
nginx: the configuration file/etc/nginx/nginx.conf syntax is ok
nginx: configuration file/etc/nginx/nginx.conf test is successful
[root@localhost /]# systemctl reload nginx.service

#通过域名 www.test.com 进行访问
[root@localhost /]# curl www.test.com
web1 www.test.com

#通过域名 bbs.test.com 进行访问
[root@localhost /]# curl bbs.test.com
web2 bbs.test.com
```

10.2.5　Nginx 反向代理

要使用 Nginx 的代理就要用到 ngx_http_proxy_module 代理模块，该模块在安装 Nginx 时是默认安装的，详细的介绍可以查看官网文档，网址为 http://nginx.org/en/docs/http/ngx_http_proxy_module.html。这里对一些常用的参数进行说明。配置 Nginx 反向代理的相关参数都是在主配置文件 nginx.conf 的 http 模块下的 server 模块的 location 部，具体参考 10.2.3 小节的介绍。

1．基本参数

在配置反向代理时只需要配置 proxy_pass URL 参数就可以完成反向代理功能，其他参数属于优化功能，可以根据实际情况进行添加。其中 URL 是反向代理服务器的地址，可以是 IP 地址，也可以是域名。

2．优化参数

优化参数是可选的，一般都是将这些参数直接写入/etc/nginx/proxy_params 文件中并保存，在独立的代理配置文件中使用 include proxy_params 进行调用，以方便多个 Location 块重复调用。常用的优化参数如下：

- proxy_redirect：跳转重定向，一般默认是 default。
- proxy_set_header Host $host：当后端 Web 服务器配置了多个虚拟主机时，需要用该 header 来区分反向代理哪个主机名。
- proxy_set_header X-Real-IP $remote_addr：$remote_addr 变量表示客户端的 IP 地址，X-Real-IP 接收这个变量值。

- proxy_set_header X-Forwarded-For $proxy_add_x_forwarded_for：客户端通过代理服务器访问后台服务器，后台服务器通过变量记录客户端的真实 IP 地址。
- proxy_set_header http_user_agent $http_user_agent：判断客户端的系统，可以识别 PC 端的系统，也可以识别手机端的系统。
- proxy_connect_timeout：代理服务器与后端服务器连接超时时间，默认为 60s。
- proxy_send_timeout：等待后端服务器回传数据到代理服务器的超时时间，默认为 60s。
- proxy_read_timeout：代理服务器等待后端服务器的响应时间。
- proxy_buffers on|off：开启缓冲区，on 表示开启，off 表示关闭。Nginx 从代理的后端服务器获取的响应信息会保存到缓冲区，然后再返回给客户端。
- proxy_buffer_size：设置缓冲区的大小，默认等于指令 proxy_buffers 设置的大小。
- proxy_buffer number size：设置缓冲区的数量和大小。

```
#设置代理服务器优化参数的文件/etc/nginx/proxy_params
[root@localhost /]# vim  /etc/nginx/proxy_params
proxy_redirect default;
proxy_set_header Host $http_host;
proxy_set_header X-Real-IP $remote_addr;
proxy_set_header X-Forwarded-For $proxy_add_x_forwarded_for;
proxy_connect_timeout 30;
proxy_send_timeout 60;
proxy_read_timeout 60;
proxy_buffering on;
proxy_buffer_size 32k;
proxy_buffers 4 128k;

#设置代理服务器的配置文件/etc/nginx/conf.d/proxy.conf
[root@localhost /]# vim /etc/nginx/conf.d/proxy.conf
server {
       listen 80;
       server_name localhost;

       location / {
              proxy_pass http://172.16.1.11:80;
              include proxy_params;
}
```

3. 反向代理存在多个虚拟主机的Web服务器

Web 服务器 172.16.1.10 基于端口号 66 和 88 存在两个虚拟主机，下面通过代理服务器 172.16.1.11 访问这两个虚拟主机的 Web 页面。

（1）配置实验环境。

实验环境如表 10.1 所示。

表 10.1 实验环境

角　色	IP地址	环 境 说 明
代理服务器	172.16.1.11	Nginx作为代理服务器
Web服务器	172.16.1.10	Apache作为Web服务，基于端口多虚拟主机

（2）配置 Web 服务器。

为 Web 服务器 172.16.1.10 创建基于端口的两个虚拟主机，具体配置可以参考 10.1.4 小节的介绍，这里不再重复配置，只测试页面是否可以正常访问。

```
#测试 Web 服务器是否可以访问两个虚拟主机的测试页面
[root@localhost www]# curl 172.16.1.10:66
web1 172.16.1.10:66
[root@localhost www]# curl 172.16.1.10:88
web2 172.16.1.10:88
```

（3）配置反向代理服务器。

参考 10.2.2 节的内容安装好 Nginx，然后添加反向代理的配置文件。

```
#设置代理服务器优化参数的文件/etc/nginx/proxy_params
[root@localhost /]# vim /etc/nginx/proxy_params
proxy_redirect default;
proxy_set_header Host $http_host;
proxy_set_header X-Real-IP $remote_addr;
proxy_set_header X-Forwarded-For $proxy_add_x_forwarded_for;
proxy_connect_timeout 30;
proxy_send_timeout 60;
proxy_read_timeout 60;
proxy_buffering on;
proxy_buffer_size 32k;
proxy_buffers 4 128k;

#添加代理服务配置文件/etc/nginx/conf.d/proxy.conf
[root@localhost /]# vim /etc/nginx/conf.d/proxy.conf
server {
        listen 66;
        server_name localhost;
        location / {
                proxy_pass http://172.16.1.10:66;
                include proxy_params;
        }
    }
server {
        listen 88;
        server_name localhost;
                location / {
                proxy_pass http://172.16.1.10:88;
                include proxy_params;
        }
}
```

（4）检查配置文件，重新启动服务，然后直接在代理服务器上测试访问。

```
#检查配置文件的语法是否存在错误，重载配置文件
[root@localhost /]# nginx -t
nginx: the configuration file /etc/nginx/nginx.conf syntax is ok
nginx: configuration file /etc/nginx/nginx.conf test is successful
[root@localhost /]# systemctl reload nginx.service

#测试访问，直接使用代理服务器的 IP 地址加端口号进行访问
[root@localhost /]# curl 172.16.1.11:66
web1 172.16.1.10:66
[root@localhost /]# curl 172.16.1.11:88
web2 172.16.1.10:88
```

注意：代理服务器一定要能够访问 Web 服务器。

10.2.6 Nginx 负载均衡

将 Nginx 作为负载均衡服务器可以将流量分配到不同的应用服务器，从而提高 Web 服务器的伸缩性、可靠性和容错性，并且最大化吞吐量，减少延迟。负载均衡需要使用到 Nginx 服务中的 ngx_http_upstream_module 模块。

1．默认的负载均衡配置

通过 upstream 选项块定义负载均衡的名称，通过定义一个调度算法实现客户端到后端服务器的负载均衡。再通过 server 选项块定义后端服务器的 IP 地址和端口号，以及设置每个后端服务器在负载均衡中的调度状态。

Nginx 负载均衡的调度算法有以下几种：

- 轮询：按时间顺序逐一将负载分配到不同的后端服务器，平均负载。
- weight：指定轮询值，weight 值越大，分配访问的概率越高，默认为 1。
- ip_hash：每个请求按访问 IP 的 hash 结果分配，基于客户端的 IP 地址判断请求分配到哪个后端服务器，以确保同一客户端请求始终定向到同一后端服务器。
- url_hash：按照访问 URL 的 hash 结果来分配请求，使每个 URL 定向到后端的同一个服务器。
- least_conn：最少连接数，分配访问的连接数最低。

Nginx 负载均衡的调度状态包括以下几种：

- down：将服务器标记为永久不可用，不参与负载均衡。
- backup：将服务器标记为备份服务器，当其他服务器出现故障时才会有请求。
- max_fails：允许请求失败的次数。
- fail_timeout：经过 max_fails 次失败后，服务器的停用时间，默认为 10s。
- max_conns：限制最大的连接数。

注意：当负载调度算法为 ip_hash 时，后端服务器在负载均衡调度中的状态不能是 weight 和 backup。

```
#新建负载均衡配置文件/etc/nginx/conf.d/slb.conf，内容如下：
[root@localhost /]# vim /etc/nginx/conf.d/lb.conf
http {
    upstream myapp1 {
        server srv1.example.com      weight=2;
        server srv2.example.com:8080 backup;
        server srv3.example.com;
    }
    server {
        listen 80;
        location / {
            proxy_pass http://myapp1;
        }
    }
}
```

2. 负载均衡示例

通过配置 Nginx 的负载均衡服务，要求客户端可以通过负载均衡服务器访问后端的两台 Web 服务器，要求后端的两台服务器平均分配访问的概率，将每台服务器的 weight 设置为一样，每两个请求一个定向到 web1，一个定向到 web2。

（1）配置实验环境。

实验环境如表 10.2 所示。

表 10.2　实验环境

角　　色	IP地址	环 境 说 明
代理服务器	172.16.1.10	Nginx作为代理服务器
Web服务器1	172.16.1.11	Nginx作为Web服务器，使用端口6000
Web服务器2	172.16.1.12	Nginx作为Web服务器，使用端口8000

（2）配置好两台 Web 服务器。

配置好 Web 服务器，要求 Web 服务器 1 使用端口 6000，Web 服务器 2 使用端口 8000。下面测试页面访问。

```
#在 Web 服务器 1 上访问测试页面
[root@localhost /]# mkdir /opt/web1
[root@localhost /]# echo "web1 172.16.1.11:6000" >/opt/web1/index.html
[root@localhost /]# vim /etc/nginx/conf.d/web1.conf
server {
        listen 6000;
        server_name localhost;
        location / {
        root /opt/web1;
        index index.html;
        }
```

```
}
[root@localhost /]# nginx -s reload
[root@localhost /]# curl 172.16.1.11:6000
web1 172.16.1.11:6000

#在 Web 服务器 2 上访问测试页面
[root@localhost /]# mkdir /opt/web2
[root@localhost /]# echo "web2 172.16.1.12:8000" >/opt/web2/index.html
[root@localhost /]# vim /etc/nginx/conf.d/web2.conf
server {
        listen 8000;
        server_name localhost;
        location / {
        root /opt/web2;
        index index.html;
        }
}
[root@localhost /]# nginx -s reload
[root@localhost /]# curl 172.16.1.12:8000
web2 172.16.1.12:8000
```

（3）配置负载均衡的 Nginx 服务器，直接在配置文件 lb.conf 中添加负载均衡的相关内容。

```
#在/etc/nginx/conf.d/目录下添加负载均衡的配置文件 lb.conf
[root@localhost /]# vim /etc/nginx/conf.d/lb.conf
upstream web {                                      #配置负载均衡的名称
        #weight 表示权重值，数字越大优先级越高
        server 172.16.1.11:6000 weight=1;
        server 172.16.1.12:8000 weight=1;
}
    server {
        listen 80;
        server_name 172.16.1.10;
        location / {
           proxy_pass http://web;
        }
}
```

（4）重载负载均衡服务器的配置文件，直接在服务器上进行测试。

```
#检查负载均衡服务器 172.16.1.10 配置文件的语法，并重新加载配置
[root@localhost /]# nginx -t
nginx: the configuration file /etc/nginx/nginx.conf syntax is ok
nginx: configuration file /etc/nginx/nginx.conf test is successful
[root@localhost /]# nginx -s reload
[root@localhost /]# curl 172.16.1.10
web1 172.16.1.11:6000
[root@localhost /]# curl 172.16.1.10
web2 172.16.1.12:8000
```

10.3　Tomcat 服务

Tomcat 是一个 Java 应用服务器，它是一个 Servlet 容器，可以将其理解为 Apahce 服务的扩展，但它是可以独立运行的，二者都是由 Apache 组织开发维护的，都是开源免费的，都可以提供 HTTP 服务。Apache 服务只能支持.html 或.htm 的静态页面，而 Tomcat 可以支持 JSP 动态页面。

10.3.1　Tomcat 概述

当 Apache 服务运行 JSP 页面文件的时候，需要一个解释器来执行 JSP 页面文件，这个解释器就是 Tomcat。一般是 Tomcat、Apache 和 JDK 三者一起整合使用，这样做的好处是，当客户端请求的是静态页面时，只需要 Apache 服务器进行响应，当客户端请求的是动态页面时，则需要 Tomcat 服务器响应请求，将 JSP 网页代码解析后的结果回传给 Apache 服务器，再经 Apache 服务器返回给客户端的浏览器，从而降低资源消耗。当 JSP 页面需要调用后台数据库的数据时，需要 JDK 提供连接数据库的驱动程序。

作为 Servlet 容器，Tomcat 有以下三种工作模式：

- 独立的 Servlet 容器：Servlet 容器作为 Web 服务器的一部分，是 Tomcat 服务的默认模式，此时 Tomcat 服务是一个独立的 Web 服务器。
- 进程内的 Servlet 容器：Servlet 容器作为 Web 服务器的插件和 Java 容器的实现方式，Web 服务器插件在内部的地址空间打开一个 JVM 让 Java 容器在内部得以运行，反应速度快但是伸缩性不足。
- 进程外的 Servlet 容器：Servlet 容器运行于 Web 服务器之外的地址空间，并作为 Web 服务器的插件和 Java 容器实现的结合方式。

按照请求，Tomcat 有以下两种工作模式：

- 应用服务器：Tomcat 作为应用程序服务器，请求来自前端的 Web 服务器，前端的 Web 服务有可能是 Apache 和 Nginx 等。
- 独立服务器：Tomcat 作为独立服务器，请求来自 Web 浏览器。

10.3.2　Tomcat 的安装

部署 Tomcat 服务需要 JDK 环境。在第 7 章中已经介绍过 JDK 的安装，版本为 JDK 1.8，这里以 Tomcat 9.0 为例介绍 Tomcat 的安装。注意，Tomcat 的版本和 JDK 的版本是需要匹配的，Tomcat 的版本一般要高于 JDK 版本。

1．安装JDK 1.8

第 7 章已经部署过 JDK 1.8，这里直接查看其版本并查看其是否生效。

```
#查看系统中 JDK 是否可以使用，并查看 JDK 的版本号
[root@localhost /]# java
Usage: java [-options] class [args...]
           (to execute a class)
   or  java [-options] -jar jarfile [args...]
           (to execute a jar file)
where options include:
    -d32   use a 32-bit data model if available
......
[root@localhost /]# javac
Usage: javac <options> <source files>
where possible options include:
  -g                         Generate all debugging info
  -g:none                    Generate no debugging info
......
[root@localhost /]# java -version
java version "1.8.0_281"
Java (TM)  SE Runtime Environment  (build 1.8.0_281-b09)
Java HotSpot (TM)  64-Bit Server VM  (build 25.281-b09,  mixed mode)
```

2．下载Tomcat并解压

直接在官网 https://tomcat.apache.org/下载 Tomcat 9.0，tar 包是一个已经编译好的免安装包，直接解压后就可以使用。

```
#如果可以访问外网，则可以直接使用 wget 下载，也可以在真实机器上下载后再复制到虚拟机中
[root@localhost ~]# wget https://mirrors.tuna.tsinghua.edu.cn/apache/
tomcat/tomcat-9/v9.0.41/bin/apache-tomcat-9.0.41.tar.gz
[root@localhost ~]# ls
anaconda-ks.cfg  apache-tomcat-9.0.41.tar.gz  index.html  test.txt

#将安装包解压到/usr/local 目录下
[root@localhost ~]# tar -zxvf apache-tomcat-9.0.41.tar.gz -C /usr/local/

#为方便后面配置环境变量，将解压的目录修改为 tomcat9
[root@localhost ~]# mv /usr/local/apache-tomcat-9.0.41/ /usr/local/tomcat9
[root@localhost ~]# ls /usr/local/
bin  games    include  lib    libexec  share  tomcat9
etc  httpd2.4  jdk1.8   lib64  sbin     src
```

3．配置环境变量

在全局配置文件/etc/profile 中配置 JDK 的环境变量，对所有用户都生效。Tomcat 的环境变量在用户的~/.bash_profile 文件中进行设置，定义的环境变量只对当前用户生效。设置完毕后使用 source 命令使配置文件生效。

```
#在/root/.bash_profile 中添加以下内容
[root@localhost ~]# vim /root/.bash_profile
export JAVA_HOME=/usr/local/jdk1.8              #指向 JDK 的安装目录
export CLASS_PATH=$CLASS_PATH:$JAVA_HOME/lib:$JAVA_HOME/jre/lib
export PATH=$PATH:$JAVA_HOME/bin:$JAVA_HOME/jre/bin
export CATALINA_HOME=/usr/local/tomcat9     #指向 Tomcat 安装的根目录
export CATALINA_BASE=/usr/local/tomcat9     #指定 Tomcat 实例运行时的根目录

#使配置文件生效
[root@localhost ~]# source/root/.bash_profile
```

4．服务的启停命令

配置环境变量后使配置文件生效，进入安装目录的 bin 目录下找到可执行的脚本文件 catalina.sh 管理服务。相关操作指令如下：

- catalina.sh version：查看当前 Tomcat 的版本，相当于直接运行脚本文件 version.sh。
- catalina.sh start：启动 Tomcat 服务，相当于直接运行脚本文件 startup.sh。
- catalina.sh stop：停止 Tomcat 服务，也可以直接运行脚本文件 shutdown.sh。
- catalina.sh configtest：检查配置文件的语法错误，相当于运行脚本文件 configtest.sh。

以下示例查看 Tomcat 的服务版本，以及启动服务并确认服务是否启动。

```
#查看 Tomcat 的服务版本，使用绝对路径直接运行
[root@localhost /]#/usr/local/tomcat9/bin/catalina.sh version
[root@localhost /]#/usr/local/tomcat9/bin/version.sh

#使用相对路径，直接进入 bin 目录，使用“./”加脚本文件运行
[root@localhost /]# cd /usr/local/tomcat9/bin/
[root@localhost bin]# ./catalina.sh version
[root@localhost bin]# ./version.sh

#启动 Tomcat 服务
[root@localhost ~]#/usr/local/tomcat9/bin/startup.sh
[root@localhost /]#/usr/local/tomcat9/bin/catalina.sh start
Using CATALINA_BASE:  /usr/local/tomcat9
Using CATALINA_HOME:  /usr/local/tomcat9
Using CATALINA_TMPDIR:/usr/local/tomcat9/temp
Using JRE_HOME:       /usr/local/jdk1.8
Using CLASSPATH:      /usr/local/tomcat9/bin/bootstrap.jar:/usr/local/
tomcat9/bin/tomcat-juli.jar
Using CATALINA_OPTS:
Tomcat started.

#查看进程是否存在，使用 ps 命令查看静态进程，或使用 netstat 命令查看端口状态
[root@localhost ~]# ps -ef | grep "java"
[root@localhost ~]# netstat -anop | grep "java"

#停止 Tomcat 服务
[root@localhost /]#/usr/local/tomcat9/bin/catalina.sh stop
[root@localhost /]#/usr/local/tomcat9/bin/shutdown.sh
```

5. 客户端的测试访问

启动 Tomcat 服务后，Web 页面的默认端口是 8080，保证客户端可以访问 Tomcat 服务，若出现页面无法访问的情况，将防火墙和 Selinux 都关闭。客户端访问的测试页面如图 10.4 所示。

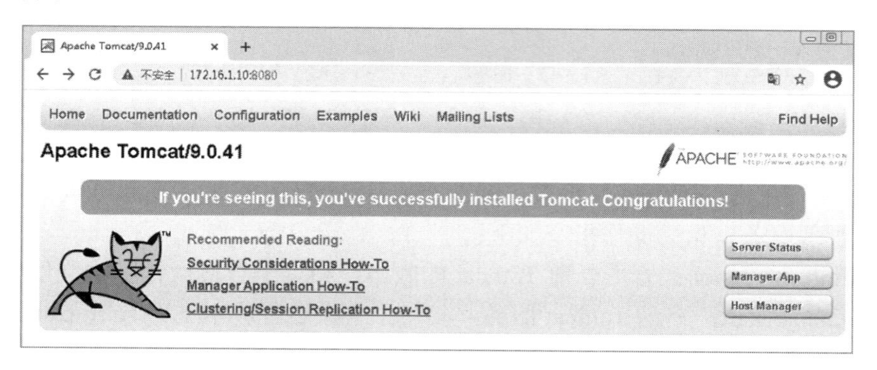

图 10.4　Tomcat 服务的默认页面

6. 部署项目

Tomcat 服务的默认项目就是网站源码在安装目录下的 webapps 目录中的 ROOT 目录下，在 webapps 目录下不可以直接存放网页格式的文件，否则无法访问该文件。必须把网页文件存放到该目录下的一个子目录下，如 webapps/test/a.jsp。

（1）新建网站项目源码的目录/usr/local/tomcat9/webapps/test，并新建一个 JSP 测试页面，该测试页面用于获取当前的系统时间。

```
#编写测试页面文件 index.jsp，内容如下
[root@localhost /]# mkdir /usr/local/tomcat9/webapps/test
[root@localhost test]# vim index.jsp
#指定字符编码
<%@ page session="false" pageEncoding="UTF-8" contentType="text/html;
charset=UTF-8" %>
<html>
<head>
<title>time</title>          #标题
</head>
<body>
<%=new java.util.Date () %> #获取系统时间
</body>
</html>
```

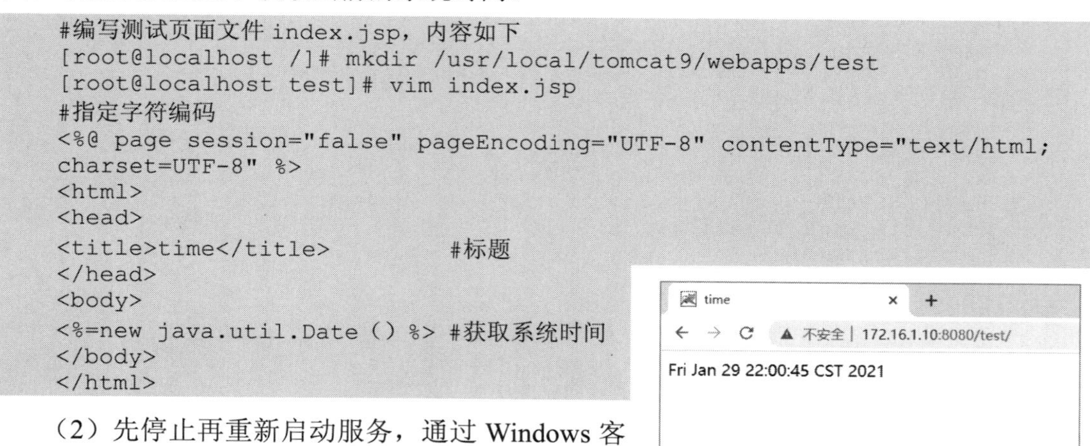

图 10.5　新建项目的测试页面

（2）先停止再重新启动服务，通过 Windows 客户端测试访问，客户端访问时必须接上项目的目录名 test。部署成功的测试页面显示如图 10.5 所示。

10.3.3 Tomcat 的配置文件

Tomcat 的配置文件存放在安装目录下的 conf 目录下，文件格式是.xml。server.xml 属于全局配置文件，提供服务组件的初始化配置，组件信息较多。本小节只介绍配置文件中的端口信息和 Hosts 组件，其中 Host 组件主要用于配置虚拟主机。

1．server.xml文件中的端口说明

Tomcat 服务的启动、停止及客户端访问都需要占用端口，以下几个端口是必须要了解的。

- Server Port：用于监听关闭 Tomcat 服务的 shutdown 命令，默认为 8005。
- Connector Port：用于监听 HTTP 的请求，默认为 8080。
- AJP Port：用于监听 AJP（Apache JServ Protocol）协议上的请求，通常用于整合 Apache Server 等其他 HTTP 服务，默认为 8009。
- Redirect Port：重定向端口，出现在 Connector 配置中，如果该 Connector 仅支持非 SSL 的普通 HTTP 请求，那么该端口会把 HTTPS 的请求转发到这个 Redirect Port 指定的端口，默认为 8443。

server.xml 配置文件中的端口信息如下：

```
#查看 server.xml 配置文件中的端口信息
[root@localhost /]# cat /usr/local/tomcat9/conf/server.xml
<Server port="8005" shutdown="SHUTDOWN">
……
<Connector port="8080" protocol="HTTP/1.1"
            connectionTimeout="20000"
            redirectPort="8443"/>
……
<!-- Define an AJP 1.3 Connector on port 8009 -->
    <!--
    <Connector protocol="AJP/1.3"
            address="::1"
            port="8009"
            redirectPort="8443"/>
```

2．server.xml文件中的Host组件说明

Host 组件位于 Engine 容器中，用于配置虚拟主机的相关信息。相关标签属性说明如下：

- docBase：相对路径（相对于 webapps），也可以是本地文件的绝对路径。
- path：Web 项目的访问路径，即虚拟目录。注意，如果 path 的设置与 webapps 下的文件同名，会加载 webapps 下的 Web 项目。

- reloadable="true"：当 WEB-INF 目录下的 web.xml 和 class 文件有改动的时候会自动重新加载，不需要重新启动服务器。
- debug：调试信息，等级为 0～9，等级越高调试信息就越多。
- crosscontext="true"：表示不同 context 共享一个 session。
- privileged="true"：允许 Tomcat 的 Web 应用使用容器内的 Servlet。

虚拟主机的详细配置信息如下：

```
#虚拟主机实例配置信息
<Engine name="Catalina" defaultHost="localhost">
    <Host name="localhost"  appBase="webapps"
            unpackWARs="true" autoDeploy="true">
    <Context path="/test" docBase="/home/test"  reloadable ="true" debug=
"0" privileged="true">
    </Context>
    </Host>
</Engine>
```

10.3.4 Tomcat 的后台管理页面

安装完 Tomcat 服务后，通过客户端访问默认页面，如图 10.12 所示。其中有三个选项，Server Status 用于查看服务状态，Manager App 用于部署和监控 Web 应用，Host Manager 用于管理 Tomcat 的主机。可以进入 Tomcat 服务的后台管理页面，直接单击 Manager App 按钮，会提示拒绝访问，无法进入后台管理页面。根据提示信息，需要在 conf/tomcatusers.xml 文件中配置用户和权限，才能进入后台管理页面。

1．Tomcat的用户角色

角色就是用户权限的集合，Tomcat 服务的后台管理的用户角色有以下 4 种，角色不同，用户的权限就不同。

- manager-gui：该角色表示用户可以访问 HTML GUI 和状态页。
- manager-script：该角色表示用户可以访问文本接口和状态页。
- manager-jmx：该角色表示用户可以访问 JMX 代理接口和状态页。
- manager-status：该角色表示用户只能访问状态页。

2．修改conf/tomcat-users.xml文件

修改 conf/tomcat-users.xml 文件，添加管理角色，这里添加 role 和 user。其中，manager-gui、manager-script、manager-jmx 和 manager-status 这 4 个角色是单击图 10.12 中的 Manager App 按钮进入后台页面管理和部署 Tomcat 服务器中的 Web 应用程序时需用到的角色名。admin-gui 和 admin-script 是单击 Host-Manager 按钮进入后台页面管理和配置 Tomcat 服务

器时需要使用的角色名。具体添加的内容如下：

```
#conf/tomcat-users.xml 文件的内容如下
[root@localhost /]# vi /usr/local/tomcat9/conf/tomcat-users.xml
......
<role rolename="manager-gui"/>
<role rolename="manager-script"/>
<role rolename="manager-jmx"/>
<role rolename="manager-status"/>
<role rolename="admin-gui"/>
<role rolename="admin-script"/>
<user username="test" password="123456" roles="manager-gui, manager-
script, manager-jmx, manager-status, admin-gui, admin-script"/>
</tomcat-users>
```

3. 修改context.xml文件

修改完 conf/tomcat-users.xml 文件后，还需要继续修改 webapps/manager/META-INF/context.xml 和 webapps/host-manager/META-INF/context.xml 两个文件中限制地址访问的配置。这里需要注意的是，不是修改 conf/目录下的 context.xml 文件。

```
#修改 webapps/manager/META-INF/context.xml 的文件内容
[root@localhost /]# vim /usr/local/tomcat9/webapps/manager/META-INF/
context.xml
......
  <!--Valve className="org.apache.catalina.valves.RemoteAddrValve"
         allow="127\.\d+\.\d+\.\d+|::1|0:0:0:0:0:0:0:1"/-->
  <Valve className="org.apache.catalina.valves.RemoteAddrValve"
         allow="^.*$"/>
......

#修改 webapps/host-manager/META-INF/context.xml 的文件内容
......
  <!--Valve className="org.apache.catalina.valves.RemoteAddrValve"
         allow="127\.\d+\.\d+\.\d+|::1|0:0:0:0:0:0:0:1"/-->
  <Valve className="org.apache.catalina.valves.RemoteAddrValve"
         allow="^.*$"/>
......
```

4. 重启服务并在客户端测试访问

配置完成后将服务关闭并且重新启动，在客户端通过浏览器输入“http://tomcat 服务器地址:8080”进行访问，单击 Manager App 按钮，输入用户名和密码，结果如图 10.6 所示。

```
#停止服务并且重新启动
[root@localhost /]#/usr/local/tomcat9/bin/catalina.sh stop
[root@localhost /]#/usr/local/tomcat9/bin/catalina.sh start
```

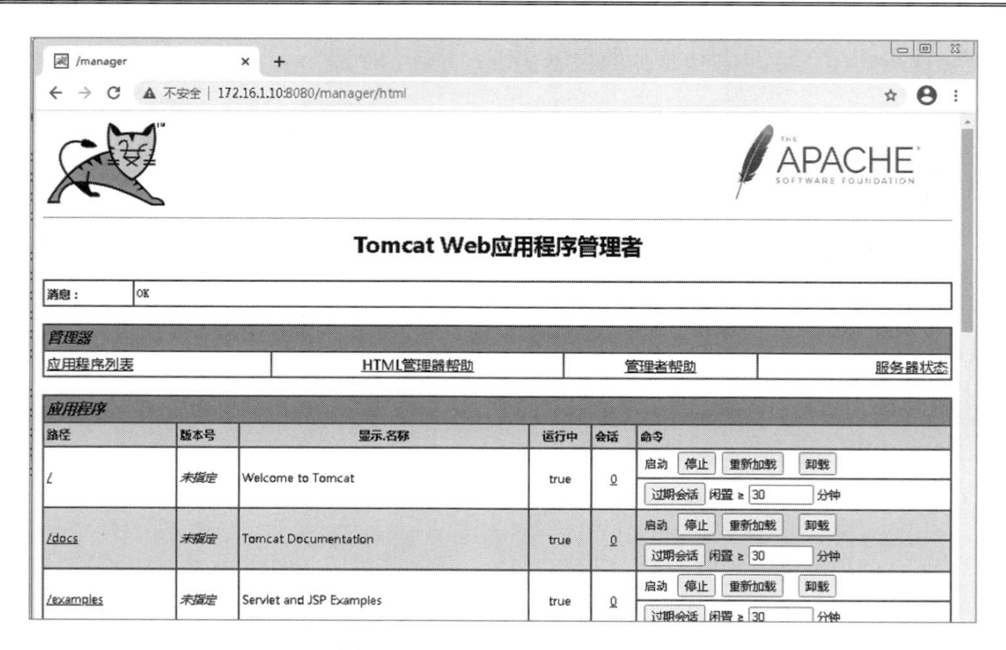

图 10.6　Manager 后台管理页面

10.3.5　Tomcat 部署案例

1．多实例部署

在一台服务器上启动多个 Tomcat 服务，每个 Tomcat 服务的端口不一样。我们将 Tomcat 服务的整个安装目录复制到另外一个 Tomcat 目录下，再去配置文件，修改相关的端口号。

（1）将之前的 tomcat9 安装目录复制到当前目录下，并改名为 tomcat10。

```
#在/usr/local 目录下将安装目录 tomcat9 复制一份到当前命令并重命名为 tomcat10
[root@localhost ~]# cp -rf /usr/local/tomcat9 /usr/local/tomcat10
```

（2）在用户配置文件中添加环境变量 CATALINA_HOME10 和 CATALINA_BASE10，指向 tomcat10 的安装目录，变量名称可以随意编写。

```
#在.bash_profile 配置文件中添加两个环境变量
[root@localhost ~]# vim ~/.bash_profile
export JAVA_HOME=/usr/local/jdk1.8
export CLASS_PATH=$CLASS_PATH:$JAVA_HOME/lib:$JAVA_HOME/jre/lib
export PATH=$PATH:$JAVA_HOME/bin:$JAVA_HOME/jre/bin
export CATALINA_HOME=/usr/local/tomcat9
export CATALINA_BASE=/usr/local/tomcat9
export CATALINA_HOME10=/usr/local/tomcat10
export CATALINA_BASE10=/usr/local/tomcat10
```

（3）配置 server.xml 端口。同一个服务器部署不同 Tomcat 服务要设置不同的端口，不然会报端口冲突，因此我们只需要修改 conf/server.xml 文件中的三个端口号即可，将其分别修改为 8006、8081 和 8010，注意不能和其他应用程序的端口有冲突。

```
#修改 tomcat10 中 conf 目录下的 server.xml 文件的端口号
[root@localhost ~]# vim /usr/local/tomcat10/conf/server.xml
<Server port="8006" shutdown="SHUTDOWN">
<Connector port="8081" protocol="HTTP/1.1"
           connectionTimeout="20000"
           redirectPort="8443"/>
<Connector protocol="AJP/1.3"
           address="::1"
           port="8010"
           redirectPort="8443"/>
......
```

（4）在 Tomcat10 目录下修改 bin 目录下的 catalina.sh 文件，并在开头添加两行新的环境变量后保存。

```
#在 catalina.sh 文件中将原来的环境变量指向刚才设置的 CATALINA_HOME10 和 CATALINA_
 BASE10，直接在开头部分添加即可，不然无法启动服务
[root@localhost ~]# vim /usr/local/tomcat10/bin/catalina.sh
#!/bin/sh
export CATALINA_HOME=$CATALINA_HOME10
export CATALINA_BASE=$CATALINA_BASE10
......
```

（5）进入 Tomcat10 目录启动服务，测试端口 8081 是否启动。此处就不再演示客户端，直接在服务器上查看相关端口是否处于监听状态即可。

```
#启动服务，这里是启动 tomcat10 目录下的实例
[root@localhost ~]#/usr/local/tomcat10/bin/catalina.sh start
Using CATALINA_BASE:  /usr/local/tomcat10
Using CATALINA_HOME:  /usr/local/tomcat10
Using CATALINA_TMPDIR:/usr/local/tomcat10/temp
Using JRE_HOME:       /usr/local/jdk1.8
Using CLASSPATH:      /usr/local/tomcat10/bin/bootstrap.jar:/usr/local/
tomcat10/bin/tomcat-juli.jar
Using CATALINA_OPTS:
Tomcat started.

#查看监听的端口，优先显示 IPv6，也支持 IPv4。可以看到，8006 和 8081 端口处于监听状态
[root@localhost ~]# netstat -anop | grep "java"
tcp6  0   0 127.0.0.1:8005   :::*   LISTEN   2029/java   off  (0.00/0/0)
tcp6  0   0 :::8006          :::*   LISTEN   2124/java   off  (0.00/0/0)
tcp6  0   0 :::8080          :::*   LISTEN   2029/java   off  (0.00/0/0)
tcp6  0   0 :::8081          :::*   LISTEN   2124/java   off  (0.00/0/0)
```

2. 虚拟主机部署

虚拟主机是指在一个 Tomcat 服务下发布多个 Web 站点。直接修改 server.xml 配置中的 Host 标签，添加虚拟主机的配置选项即可。

（1）在 server.xml 中添加虚拟主机的配置选项。

```
#在 server.xml 中添加内容，添加的内容要位于 Host 组件下
……
<Host name="localhost"  appBase="webapps"
        unpackWARs="true" autoDeploy="true">
……
<Context path="/test" docBase="/opt/code" reloadable="true" debug="0"
privileged="true">
</Context>
      </Host>
    </Engine>
  </Service>
</Server>
```

（2）新建 Web 网站的存放目录和测试页面。

```
#创建/opt/code 目录，并简单新建一个测试页面 index.jsp
[root@localhost /]# mkdir /opt/code
[root@localhost /]# echo "virtual" >/opt/code/index.jsp
```

（3）停止后再启动服务，并在客户端测试访问，结果如图 10.7 所示。

```
#停止服务后再次启动让配置文件生效
[root@localhost /]#/usr/local/tomcat9/bin/catalina.sh stop
[root@localhost /]#/usr/local/tomcat9/bin/catalina.sh start
```

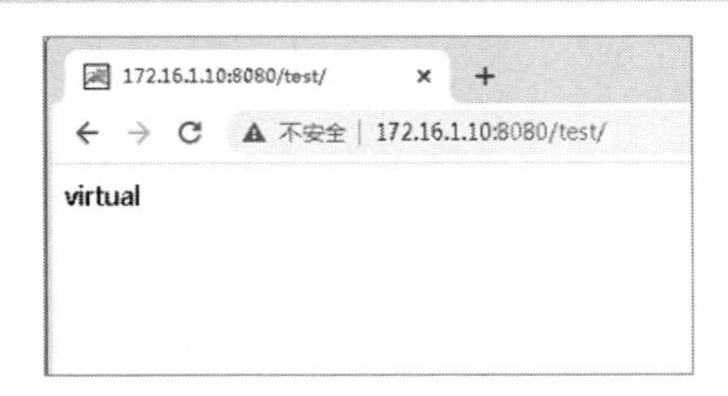

图 10.7　客户端访问虚拟目录页面

第 11 章 LNMP 架构部署

前面我们学习了 Web 服务的使用，而一般的 Web 网站中都会使用到后台数据库，本章就介绍小型关系型数据库 MySQL 的基本操作以及如何管理数据库，并通过构建 PHP 环境，让 Apache 或 Nginx 服务支持 PHP 的动态页面，最后通过源码包构建 LNMP 网站架构平台。

本章的主要内容如下：

- MySQL 数据库；
- 构建 PHP 环境；
- 通过源码包构建 LNMP 平台。

11.1 MySQL 数据库

MySQL 数据库是一款开源的小型关系型数据库，是由瑞典的 MySQL AB 公司开发的，后来该公司被甲骨文公司收购。在甲骨文公司的管理下，MySQL 数据库随时都有闭源的风险，所以 MySQL 之父 Michael Widenius 将 MySQL 分化出 MariaDB 数据库，继续由开源社区维护。采用 GPL 授权的 MariaDB 是完全兼容 MySQL 数据库的，在 CentOS 7 系统默认使用 MariaDB 数据库，二者在语法上都是相同的，所以本节中将以 MariaDB 数据库为重点进行讲解。

注意：这里我们只需要掌握 MariaDB 数据库的使用方式，其和 MySQL 数据库的区别不是本章重点。

11.1.1 MySQL 数据库的安装

MySQL 数据库的安装可以采用 RPM 包和源码包两种方式，本节中直接使用官方镜像中的 MariaDB 的 RPM 包进行安装，这是这一节中需要重点学习的。如何配置 MySQL 的 yum 源的方式也会进行介绍，方便大家的学习。

1．安装MariaDB数据库

下面通过系统 CentOS 7.7 镜像文件中自带的 RPM 包使用 yum 工具管理器进行

MariaDB 数据库的安装，详细的安装步骤如下：

（1）直接在虚拟机中挂载本地镜像文件，将镜像文件的软件包制作成本地仓库。

```
#在虚拟机中挂载本地镜像并制作本地 yum 源码
[root@localhost ~]# mount /dev/cdrom /mnt/a
[root@localhost ~]# cat /etc/yum.repos.d/local.repo
[CentOS7]
name=local
baseurl=file:///mnt/a/
enabled=1
gpgcheck=0
```

（2）直接使用 yum 命令安装 MariaDB 数据库，最后会提示安装完成。

```
#安装 MariaDB 数据库
[root@localhost ~]# yum install mariadb-server mariadb -y
……
Complete!
```

2．安装MySQL数据库

在 CentOS 7 官方的 yum 源中默认使用的 MariaDB 数据库，如果需要安装 MySQL 数据库，则需要配置官方的 yum 源获取在线仓库的 RPM 包进行安装。详细的操作步骤如下：

（1）配置官方的 yum 源。

直接通过官网 https://dev.mysql.com/downloads/repo/yum/根据系统下载对应版本的 MySQL 源，默认安装的是 8.0 版本。

```
#安装官方 MySQL 的 yum 源
[root@localhost ~]# rpm -ivh https:/ /dev.mysql.com/get/mysql80-community-
release-el7-3.noarch.rpm
Retrieving https:/ /dev.mysql.com/get/mysql80-community-release-el7-
3.noarch.rpm
warning:/var/tmp/rpm-tmp.NxBDKS: Header V3 DSA/SHA1 Signature,  key ID
5072e1f5: NOKEY
Preparing...                    ################################# [100%]
    Updating/installing...
   1:mysql80-community-release-el7-3 ################################# [100%]
```

（2）安装 MySQL。

配置好官方的 yum 源后，直接使用 yum 管理工具安装即可。

```
#安装 MySQL 数据库
[root@localhost ~]# yum install mysql-server mysql -y
……
Complete!
```

11.1.2 MySQL 数据库的初始化

安装 MySQL 或 MariaDB 数据库后，需要对数据库进行初始化设置，通过安全配置向导并根据生产环境的需求进行配置即可，例如设置管理员密码等。

1. 初始化MariaDB

通过 RPM 包安装的 MariaDB 数据库的初始化步骤如下：

（1）启动 MariaDB 服务。使用 RPM 包安装的 MariaDB 数据库可以使用 systemctl 命令管理服务。

```
#启动服务
[root@localhost /]# systemctl start mariadb.service

#查看服务启动状态
[root@localhost /]# systemctl is-active mariadb.service
active
```

（2）在生产环境下最好执行初始化安全配置向导 mysql_secure_installation 来提高数据库的安全性，建议生产环境一定要运行一次。可以根据实际情况执行以下几个设置：

- 设置 root 用户密码。
- 删除匿名账号。
- 取消 root 用户远程登录。
- 删除 test 数据库以及对 test 数据库的访问权限。
- 刷新表权限。

```
#运行初始化安全配置向导 mysql_secure_installation
[root@localhost /]# mysql_secure_installation
NOTE: RUNNING ALL PARTS OF THIS SCRIPT IS RECOMMENDED FOR ALL MariaDB
      SERVERS IN PRODUCTION USE!  PLEASE READ EACH STEP CAREFULLY!
In order to log into MariaDB to secure it, we'll need the current
password for the root user.  If you've just installed MariaDB, and
you haven't set the root password yet, the password will be blank,
so you should just press enter here.
Enter current password for root (enter for none):  #初始运行，直接按 Enter 键
OK, successfully used password, moving on...
Setting the root password ensures that nobody can log into the MariaDB
root user without the proper authorisation.
#设置 root 用户密码？输入 y 并按 Enter 键或直接按 Enter 键
Set root password? [Y/n] y
New password:                                        #设置 root 用户密码
Re-enter new password:                               #确认 root 用户密码
Password updated successfully!
Reloading privilege tables..
 ... Success!
By default, a MariaDB installation has an anonymous user, allowing anyone
to log into MariaDB without having to have a user account created for
them.  This is intended only for testing, and to make the installation
go a bit smoother.  You should remove them before moving into a
production environment.
#删除匿名用户？建议删除，输入 y 并按 Enter 键或直接按 Enter 键
Remove anonymous users? [Y/n] y
... Success!
```

```
Normally, root should only be allowed to connect from 'localhost'. This
ensures that someone cannot guess at the root password from the network.
#禁止 root 用户远程登录？根据需求选择，这里不禁止
Disallow root login remotely? [Y/n] n
... skipping.
By default, MariaDB comes with a database named 'test' that anyone can
access. This is also intended only for testing, and should be removed
before moving into a production environment.
#删除 test 数据库？这里不删除
Remove test database and access to it? [Y/n] n
... skipping.
Reloading the privilege tables will ensure that all changes made so far
will take effect immediately.
Reload privilege tables now? [Y/n] y    #重新加载表权限，输入 y 并按 Enter 键
 ... Success!
Cleaning up...
All done! If you've completed all of the above steps, your MariaDB
installation should now be secure.
Thanks for using MariaDB!
```

2．初始化MySQL

通过官网的 yum 源安装的 MySQL 数据库也需要进行初始化设置，初始化过程如下：

（1）启动 MySQL 服务并查看运行状态。

```
#启动服务
[root@localhost ~]# systemctl start mysqld.service
#查看服务启动状态
[root@localhost ~]# systemctl status mysqld.service
● mysqld.service - MySQL Server
   Loaded: loaded (/usr/lib/systemd/system/mysqld.service; enabled; vendor
preset: disabled)
   Active: active (running) since Fri 2021-02-19 15:32:53 CST; 4min 10s
ago
     Docs: man:mysqld(8)
           http:/ /dev.mysql.com/doc/refman/en/using-systemd.html
  Process: 2643 ExecStartPre=/usr/bin/mysqld_pre_systemd (code=exited,
status=0/SUCCESS)
 Main PID: 2730 (mysqld)
   Status: "Server is operational"
   CGroup:/system.slice/mysqld.service
           └─2730/usr/sbin/mysqld
Feb 19 15:31:53 localhost.localdomain systemd[1]: Starting MySQL Server...
Feb 19 15:32:53 localhost.localdomain systemd[1]: Started MySQL Server.
```

（2）在 MySQL 5.7 之后的版本中，启动 MySQL 数据库后是需要密码才能登录的，所以还必须先找到 root 用户的密码。可以从日志文件/var/log/mysqld.log 中找到初始密码。

```
#查找日志文件/var/log/mysqld.log 中的密码信息，查找有 password 字符的内容
[root@localhost ~]# grep "password" /var/log/mysqld.log
2021-02-19T07:32:12.402946Z 6 [Note] [MY-010454] [Server] A temporary
password is generated for root@localhost: +fZelLor8:DA
```

（3）使用查询出的密码登录数据库。

```
#登录数据库测试是否可以连接
[root@localhost ~]# mysql -uroot -p+fZelLor8:DA
mysql: [Warning] Using a password on the command line interface can be
insecure.
Welcome to the MySQL monitor.  Commands end with ; or \g.
Your MySQL connection id is 10
Server version: 8.0.23
Copyright (c) 2000, 2021, Oracle and/or its affiliates.
Oracle is a registered trademark of Oracle Corporation and/or its
affiliates. Other names may be trademarks of their respective
owners.
Type 'help;' or '\h' for help. Type '\c' to clear the current input statement.
mysql>
```

11.1.3　连接和管理数据库

本节将介绍如何从服务器端和客户端连接登录数据库，如何创建和删除数据库等。

1. 连接以及退出MySQL数据库

连接登录到 MySQL 环境可以使用客户端命令工具“mysql”，在交互式环境中进行相关操作。执行的语句命令要以分号“;”结束。在数据库初始化后默认存在一个管理员账号 root，如果 root 用户无密码可以直接使用 mysql 命令登录本机的 MySQL 数据库服务器，书写的命令一般不区分大小写，关键字建议使用大写。连接数据库的语法格式如下：

```
mysql   -u用户名    -p密码      -h主机地址       -P端口号
```

对于主机地址，如果是本机登录数据库则无须填写，如果是客户端登录则必须填写对应的 MySQL 数据库服务器的 IP 地址或计算机名。端口号一般默认都是 3306。要退出 MySQL 数据库的交互式界面，直接使用“exit”命令即可。

```
#在安装了MariaDB数据库的本机登录连接，密码就是初始化设置的密码
[root@localhost /]# mysql -uroot -p123456
Welcome to the MariaDB monitor.  Commands end with ; or \g.
Your MariaDB connection id is 8
Server version: 5.5.64-MariaDB MariaDB Server
Copyright (c) 2000, 2018, Oracle, MariaDB Corporation Ab and others.
Type 'help;' or '\h' for help. Type '\c' to clear the current input statement.
MariaDB [(none)]> exit                                  #退出
Bye
```

2. 关于数据库的操作命令

在 MySQL 数据库服务器中会存在不同的数据库列表，常用的数据库操作包括创建、删除、修改和查询数据库等。以下操作命令都是在成功登录连接了 MySQL 数据库的交互式界面实现的。

（1）登录连接数据库后查看存在的数据库列表。

```
#查看 MySQL 服务器中存在的数据库列表
[root@localhost /]# mysql -uroot -p123456
MariaDB [(none)]> show databases;
+----------------------------------+
| Database                         |
+----------------------------------+
| information_schema               |
| mysql                            |
| performance_schema               |
| test                             |
+----------------------------------+
4 rows in set (0.04 sec)
```

（2）创建新的数据库。

在创建数据库时可以指定默认字符集为 utf8mb4，字符集被称为排序规则，即 collation。与 utf8mb4 对应的排序字符集为 utf8mb4_general_ci 和 utf8mb4_unicode_ci。其中 utf8mb4_general_ci 精确度稍差（够用），校对速度快，一般创建数据库时选择该排序规则；而 utf8mb4_unicode_ci 精确度高，校对速度慢。下面的示例字符集使用 utf8mb4，排序字符集使用 utf8mb4_unicode_ci。

```
#创建一个数据库，名称为 db1
MariaDB [(none)]> create database db1;

#创建一个数据库，名称为 db2，指定字符编码为 utf8mb4，使用 utf8mb4_unicode_ci 的排
序规则
MariaDB [(none)]> create database db2 default character set utf8mb4 collate
utf8mb4_unicode_ci;
Query OK, 1 row affected (0.02 sec)

#查看是否创建成功
MariaDB [db2]> show databases;
+----------------------------------+
| Database                         |
+----------------------------------+
| information_schema               |
| db1                              |
| db2                              |
| mysql                            |
| performance_schema               |
| test                             |
+----------------------------------+
6 rows in set (0.00 sec)
```

（3）切换数据库并查看当前连接的数据库。

当存在多个数据库时，需要在不同的数据库之间进行切换，切换成功后可以查看目前连接的数据库名称。

```
#切换数据库到 db1
MariaDB [db2]> use db1;
```

```
Database changed

#显示当前连接的数据库名称
MariaDB [db1]> select database () ;
+--------------------+
| database ()        |
+--------------------+
| db1                |
+--------------------+
1 row in set (0.00 sec)
```

（4）查看数据库的字符编码和排序规则并修改。

```
#查看 MySQL 数据库支持的所有字符编码和排序规则
MariaDB [ (none) ]> show charset;
+----------+---------------------------+---------------------+--------+
| Charset  | Description               | Default collation   | Maxlen |
+----------+---------------------------+---------------------+--------+
| big5     | Big5 Traditional Chinese  | big5_chinese_ci     |      2 |
| dec8     | DEC West European         | dec8_swedish_ci     |      1 |
................

#查看指定数据库 db2 的字符编码和排序规则
MariaDB [ (none) ]> show create database db2;
+-----------------+-------------------------------------------------------+
|     Database    |  Create  Database                                     |
+-----------------+-------------------------------------------------------+
|     db2         | CREATE DATABASE `db2`/*!40100 DEFAULT CHARACTER SET
                     utf8mb4 COLLATE utf8mb4_unicode_ci */                |
+-----------------+-------------------------------------------------------+
1 row in set (0.00 sec)

#修改指定数据库 db2 的字符编码为 utf8，排序规则为 utf8_general_ci
MariaDB [ (none) ]> alter database db2 character set=utf8 collate=utf8_
general_ci;
Query OK, 1 row affected (0.00 sec)
```

（5）删除数据库。

只有对数据库有权限的用户才可以删除数据库，生产环境下不建议随便使用 drop 命令删除数据库，特别是使用管理员用户 root 进行删除。

```
#删除数据库 db1
MariaDB [ (none) ]> drop database db1;
Query OK, 0 rows affected (0.00 sec)
```

11.1.4　表管理

每个数据库中存在多张表，每张表都是以行和列组成的二维表来存储数据信息。表管理就是对表中字段的增、删、改、查操作，除此之外还需要了解数据类型，它决定了数据的存储格式。

1. 数据类型

在 MySQL 数据库中常用的数据类型有整型、浮点型、字符型、文本型和日期时间型。

（1）整型。用于存储整数值，常用的有以下几种，一般使用 int 型即可。

- tinyint：占用 1 字节，有符号范围是-128～127，无符号范围是 0～255。
- smallint：占用 2 字节，有符号范围是-32768～32767，无符号范围是 0～65535。
- mediumint：占用 3 字节，有符号范围是（-2^{23}）～（$2^{23}-1$），无符号范围是 0～（$2^{24}-1$）。
- int：占用 4 字节，有符号范围是（-2^{31}）～（$2^{31}-1$），无符号范围是 0～（$2^{31}-1$）。
- bigit：占用 8 字节，有符号范围是（-2^{63}）～（$2^{63}-1$），无符号范围是 0～（$2^{64}-1$）。

（2）浮点型和定点型。用于表示小数的数值，常用的有以下几种：

- float：单精度浮点数，占用 4 字节。
- double：双精度浮点数，占用 8 字节。
- decimal(*m*, *n*)：定点型，其中 *m* 表示指定数字个数，*n* 表示小数位个数，占用 *m*+2 字节。这种类型使用频率较高。

（3）字符型。表示字符或字符串型的数据，使用时一般需要指定长度，比如 char(4)。

- char：取值范围是 0～255，表示固定长度。
- varchar：取值范围是 0～65535，表示可变长度。

（4）文本型。是一种特殊的字符串类型，表示地址或者新闻类的数据。常用的有以下几种：

- tinytext：长度范围是 0～255 字节，占用空间是长度+2 字节。
- text：长度范围是 0～65535 字节，占用空间是长度+2 字节。
- mediumtext：长度范围是 0～2^{24} 字节，占用空间是长度+3 字节。
- longtext：长度范围是 0～2^{32} 字节，占用空间是长度+4 字节。

（5）日期时间型。表示具体日期和时间的数据类型。常用的有以下几种：

- year：占用 1 字节，取值范围是 1901～2155，格式为 YYYY。
- time：占用 3 字节，取值范围是-838:59:59～838:59:59，格式为 HH:MM:SS。
- date：占用 4 字节，取值范围是 1000-01-01～9999-12-31 ，格式为 YYYY-MM-DD。
- datetime：占用 8 字节，取值范围是 1000-01-01 00:00:00～9999-12-31 23:59:59 ，格式为 YYYY-MM-DD HH:MM:SS。
- timestamp：占用 4 字节，取值范围是 1970-01-01 08:00:01～2038-01-19 11:14:07 ，格式为 YYYY-MM-DD HH:MM:SS。

2. 关于表结构的操作

表结构的操作就是如何在数据库中创建表、修改表字段、删除表字段和查询表字段。

（1）查询表。

切换到某个数据库中，需要查看该数据库中存在哪些表以及该表的表结构存在哪些字段名和字段的数据类型。

```
#切换到 MySQL 数据库中，查看该数据库中存在的表名
[root@localhost ~]# mysql -uroot -p123456
MariaDB [mysql]> use mysql;
Database changed
MariaDB [mysql]> show tables;
+-------------------------------+
| Tables_in_mysql               |
+-------------------------------+
| columns_priv                  |
……
| time_zone_transition          |
| time_zone_transition_type     |
| user                          |
+-------------------------------+
24 rows in set (0.00 sec)

#查看 MySQL 数据库中的 user 表存在的字段名和字段的数据类型，使用 desc 或 describe 命令
MariaDB [mysql]> describe user;
+----------+-------------+------+-----+----------+---------+---------+
| Field    | Type        | Null     | Key      | Default | Extra   |
+----------+-------------+------+-----+----------+---------+---------+
| Host     | char(60)    | NO       | PRI      |         |         |
| User     | char(16)    | NO       | PRI      |         |         |
| Password | char(41)    | NO       |          |         |         |
……
```

（2）创建表。

创建的表必须位于某个数据库中，需要指定字段名和字段的数据类型。

```
#在 db2 数据库中创建一张名为 student 的表，并添加字段 name、sex 和 age
MariaDB [(none)]> use db2;
Database changed
#学生姓名使用字符型 varchar
MariaDB [db2]> create table student(name varchar(20),
    -> sex char(4),                                  #性别使用字符型 char
    -> age int);                                     #年龄使用整型
Query OK, 0 rows affected (0.00 sec)
MariaDB [db2]> show tables;
+--------------------+
| Tables_in_db2      |
+--------------------+
| student            |
+--------------------+
1 row in set (0.00 sec)
```

（3）添加字段。

当表被创建成功后，如果需要再次添加字段，可以使用 alter 关键字。

```
#在 db2 数据库的 student 表中添加字段 phone，默认是在最后一个字段后面添加
MariaDB [db2]> alter table student add phone bigint;
Query OK, 0 rows affected (0.00 sec)
Records: 0  Duplicates: 0  Warnings: 0

#在 student 表中添加一个 id 字段，要求将该字段放在第一个位置，使用关键字 first
MariaDB [db2]> alter table student add id int first;
Query OK, 0 rows affected (0.00 sec)
Records: 0  Duplicates: 0  Warnings: 0

#在 student 表中的 age 字段后添加一个 birthday 字段，数据类型为 date
MariaDB [db2]> alter table student add birthday date after age;
Query OK, 0 rows affected (0.01 sec)
Records: 0  Duplicates: 0  Warnings: 0

#查询是否添加成功
MariaDB [db2]> desc student;
+----------+---------------+------+---------+---------+--------+
| Field    | Type          | Null | Key     | Default | Extra  |
+----------+---------------+------+---------+---------+--------+
| id       | int(11)       | YES  |         | NULL    |        |
| name     | varchar(20)   | YES  |         | NULL    |        |
| sex      | char(4)       | YES  |         | NULL    |        |
| age      | int(11)       | YES  |         | NULL    |        |
| birthday | date          | YES  |         | NULL    |        |
| phone    | bigint(20)    | YES  |         | NULL    |        |
+----------+---------------+------+---------+---------+--------+
6 rows in set (0.00 sec)
```

（4）修改表字段。

修改表中的字段要分两种情况，第一种是修改表字段名，第二种是修改表字段的数据类型。

```
#将 student 表中的 id 字段修改为 studentid
MariaDB [db2]> alter table student change id studentid int;
Query OK, 0 rows affected (0.01 sec)
Records: 0  Duplicates: 0  Warnings: 0

#将 student 表中的 sex 字段的数据类型修改为 varchar，长度为 4
MariaDB [db2]> alter table student modify sex varchar(4);
Query OK, 0 rows affected (0.00 sec)
Records: 0  Duplicates: 0  Warnings: 0
```

（5）删除表字段。

对于添加错误或不需要使用的字段，可以将其删除。

```
#将 student 表中的 phone 字段删除
MariaDB [db2]> alter table student drop phone;
```

```
Query OK, 0 rows affected (0.00 sec)
Records: 0  Duplicates: 0  Warnings: 0
```

（6）修改表名。

在实际生产环境中不建议修改表名，这里只是说明如何使用命令。

```
#将 student 表的名称修改为 stdinfo
MariaDB [db2]> alter table student rename stdinfo;
Query OK, 0 rows affected (0.01 sec)
MariaDB [db2]> show tables;
+--------------------------------+
| Tables_in_db2                  |
+--------------------------------+
| stdinfo                        |
+--------------------------------+
1 row in set (0.00 sec)
```

（7）删除表。

与删除表中的字段不同，删除表是将整张表包括表结构和表内容全部删除。

```
#在 db2 数据库中创建一个名为 a 的测试表并将其删除，可以使用 show tables 确认是否删除
MariaDB [db2]> create table a(id int);
Query OK, 0 rows affected (0.00 sec)
MariaDB [db2]> drop table a;
Query OK, 0 rows affected (0.00 sec)
```

2. 关于表内容的操作

创建好表之后，需要对表中的每个字段添加具体的字段值，我们也称为属性值，比如 student 表中的 name 字段需要添加一个名为 jack 的学生，以及对应他的学号 id、性别 sex、年龄 age 的字段值。对于表内容操作的关键字有 select、insert、delete 和 update。

（1）添加表数据。

当表被创建成功后，如果需要对表中的字段添加数据，使用关键字 insert，并且添加的数据也就是表中字段的值一定要和表中的字段个数匹配，其中对于字符型、日期时间型和文本型的字段值需要使用单引号或双引号。

```
#在 student 表中添加名为 jack、 amy 的两条学生信息
MariaDB [db2]> insert into student values(1,'jack','boy',18,'2003-8-8');
Query OK, 1 row affected (0.00 sec)
MariaDB [db2]> insert into student values(2,"amy","girl",20,"2001-9-1");
Query OK, 1 row affected (0.00 sec)

#可以对表中指定的字段名添加数据，只需要在表名后指定字段名即可。没有出现的字段名默认全
 部以 null 值填充。需要注意的是，如果在表名后面未出现的字段设置了不为空约束，那么此时
 数据是无法添加成功的
MariaDB [db2]> insert into student(studentid,name) values(3,'zhangsan');
Query OK, 1 row affected (0.00 sec)
```

（2）查询表数据。

添加完表数据后，怎么判断数据是否添加成功了呢？此时可以使用 select 关键字查询表中的数据内容。其中可以使用“*”查询表中所有字段的值，也可以查询指定字段的数据，还可以使用 where 关键字进行条件筛选等。

```
#查询 student 表中的所有数据
MariaDB [db2]> select * from student;

#查询 student 表中 name 和 age 字段的数据，多个字段之间使用逗号隔开
MariaDB [db2]> select name, age from student;

#查询表中学号 studentid 是 2 的学生信息，可以使用算术运算符=、>、<、>=、<=、!=或<>
MariaDB [db2]> select * from student where studentid=2;
#查询性别为 girl 的学生信息，对于字符型字段值需要使用单引号或双引号
MariaDB [db2]> select * from student where sex='girl';

#多个条件时可以使用 and 或 or 关键字，and 表示同时满足，or 表示满足其中一个
#查询 student 表中性别是 girl 且年龄是 20 的数据信息
MariaDB [db2]> select * from student where sex='girl' and age=20;
#查询 student 表中学号是 1 或 3 的数据信息
MariaDB [db2]> select * from student where studentid=1 or studentid=3;

#查询年龄在 18 到 24 岁之间的数据，可以使用 between…and，也可以使用算术运算符实现
MariaDB [db2]> select * from student where age>=18 and age<=24;
MariaDB [db2]> select * from student where age between 18 and 24;

#使用介词 in 表示取值列表，比如查询 student 表中学号是 1 或 3 的数据信息
MariaDB [db2]> select * from student where studentid in （1, 3）;

#like 关键字用于查询数据类型为 text 的数据，或者进行模糊查询，使用通配符“%”表示匹配
 0 或多个字符，“_”表示匹配一个字符
#查询 student 表中姓名字段 name 中以 j 开头的学生信息
MariaDB [db2]> select * from student where name like 'j%';

#查询 student 表中的前 2 行记录，使用 limit 关键字
MariaDB [db2]> select * from student limit 2;

#跳过 student 表中的前 3 条记录，查看从第 4 条记录开始的 2 条记录，即获取表中的第 4 和第
 5 条记录
MariaDB [db2]> select * from student limit 3, 2;

#limit 和 offset 组合使用，limit 后面的数字表示要取的数量，offset 表示要跳过的数量，
 以下表示跳过表中前 3 条记录，从第 4 条记录开始取，取 2 条记录，也就是提取第 4 条和第 5 条
 记录
MariaDB [db2]> select * from student limit 2 offset 3;

#按照学生的年龄排序，使用关键字 order by，其中 desc 表示降序，asc 表示升序，默认是
 升序
```

```
#按照年龄升序排序，后面的 asc 关键字可以省略
MariaDB [db2]> select * from student order by age;
#按照年龄降序排序，使用 desc 关键字
MariaDB [db2]> select * from student order by age desc;

#使用关键字 group by 进行分组，分组后 select 后只能接分组字段名或聚合函数，常用的聚合
 函数有 count()（统计）、avg()（平均值）、max()（最大值）、min()（最小值）以及
 sum()（求和）
#统计 student 表中男女生的人数
MariaDB [db2]> select sex, count(*) from student group by sex;
#分别统计 student 表中男女生的最大年龄
MariaDB [db2]> select sex, max(age) from student group by sex;

#查询 student 表中年龄为 null 值的数据，使用关键字 is
MariaDB [db2]> select * from student where age is null;
```

（3）修改表数据。

修改表中某个字段的值需要使用关键字 update，并使用 where 接上指定的条件，否则就是对某个字段的所有字段值进行修改。

```
#将 student 表中姓名为 jack 的学生的年龄修改为 28 岁
MariaDB [db2]> update student set age=28 where name='jack';
```

（4）删除表数据。

和删除表不同，删除表数据只是将表中的字段值删除，可以删除某一条记录，也可以将整个表中的记录清空。删除表数据使用关键字 delete。

```
#将 student 表中学号为 null 的记录删除
MariaDB [db2]> delete from student where studentid is null;

#删除 student 表中的所有记录
MariaDB [db2]> delete from student;
#或
MariaDB [db2]> truncate table student;
```

11.1.5　用户管理和权限管理

在 MySQL 数据库中默认的管理用户是 root，其存放在 MySQL 数据库中的 user 表中，权限也是最高的。在生产环境中直接使用 root 用户风险太大，因此要根据不同的情况授予不同权限的用户去管理数据库。本节将介绍用户的管理以及对用户授予权限和撤销权限的相关命令。

1．用户管理

用户管理也是按照增、删、改、查的思路，即如何创建用户、修改用户、删除用户，以下是详细的命令操作。

（1）创建用户。

创建用户时需要指定用户的来源地址，来源地址一般使用 IP 地址，可以使用通配符“%”表示所有地址。使用关键字 identified by 设置用户密码。

```
#创建用户 zhangsan，来源地址指定为本机地址，密码设置为 123456
MariaDB [db2]> create user 'zhangsan'@'127.0.0.1' identified by '123456';
Query OK, 0 rows affected (0.00 sec)

#查询 MySQL 数据库中的 user 表，查看用户是否创建成功
MariaDB [db2]> select user, password, host from mysql.user;
+----------+-------------------------------------------+-----------+
| user     | password                                  | host      |
+----------+-------------------------------------------+-----------+
| root     | *6BB4837EB74329105EE4568DDA7DC67ED2CA2AD9 | localhost |
| root     | *6BB4837EB74329105EE4568DDA7DC67ED2CA2AD9 | 127.0.0.1 |
| root     | *6BB4837EB74329105EE4568DDA7DC67ED2CA2AD9 | ::1       |
| zhangsan | *6BB4837EB74329105EE4568DDA7DC67ED2CA2AD9 | 127.0.0.1 |
+----------+-------------------------------------------+-----------+
4 rows in set (0.00 sec)
```

（2）删除用户。

删除用户时也必须接来源地址，具体语法如下：

```
#删除 zhangsan 用户
MariaDB [db2]> drop user 'zhangsan'@'127.0.0.1';
Query OK, 0 rows affected (0.00 sec)
```

（3）重命名用户。

创建好的用户也可以进行用户名的修改，具体语法如下：

```
#创建 lisi 用户，并将用户名 lisi 修改为 user1
MariaDB [db2]> create user 'lisi'@'127.0.0.1' identified by '123456';
Query OK, 0 rows affected (0.00 sec)

MariaDB [db2]> rename user 'lisi'@'127.0.0.1' to 'user1'@'127.0.0.1';
Query OK, 0 rows affected (0.00 sec)
```

（4）修改用户密码。

修改用户密码时分为以下几种情况，即初始数据库中用户无密码、数据库中用户已经存在密码和暴力破解密码。

如果初始数据库中用户无密码，可以直接在 Linux 系统中使用 mysqladmin 设置密码。

```
#若安装完 MySQL 数据库后，默认的管理员 root 没有设置密码，可直接在 Linux 系统中输入命令
[root@localhost ~]# mysqladmin -u root password 123456;
```

如果数据库中用户已经存在密码，也可以使用 mysqladmin 设置密码。

```
#当数据库中用户 root 存在密码时，使用 mysqladmin 修改密码，其中 password 表示对密码进
 行加密
[root@localhost ~]# mysqladmin -u root -p password 123456789; #新密码
Enter password:                                          #输入旧密码，回车确认
```

如果数据库中用户存在密码，可以通过 update 关键字修改默认数据库 MySQL 中 user

表的字段内容，也可以使用 set 关键字修改。该操作必须在登录数据库后的交互式界面进行。

```
#使用update关键字修改MySQL数据库中user表的password字段的值,其中第一个password
表示user表中的字段名，第二个password表示对密码进行加密。指定来源地址为localhost
MariaDB [(none)]> update mysql.user set password=password('test123') where
user='root' and host='localhost';
Query OK, 1 row affected (0.00 sec)
Rows matched: 1  Changed: 1  Warnings: 0
#刷新授权信息或直接重启MySQL数据库，让修改的用户密码生效
MariaDB [(none)]> flush privileges;

#使用set关键字修改用户密码，刷新表数据
MariaDB [(none)]> set password for 'root'@'localhost' = password('test123');
Query OK, 0 rows affected (0.00 sec)
MariaDB [(none)]> flush privileges;
Query OK, 0 rows affected (0.00 sec)
```

暴力破解密码的前提是 Linux 系统使用的是管理员用户登录，通过跳过授权的方式破解。具体步骤如下：

```
#关闭MySQL数据库服务或者终止进程，确保进程不存在
[root@localhost ~]# systemctl stop mariadb.service
[root@localhost ~]# pgrep -l mysql

#使用mysqld_safe跳过授权表，放入后台执行
[root@localhost ~]# mysqld_safe --skip-grant-tables --skip-networking&
[1] 78878
[root@localhost ~]# 210221 21:02:39 mysqld_safe Logging to '/var/log/
mariadb/mariadb.log'.
210221 21:02:39 mysqld_safe Starting mysqld daemon with databases from/
var/lib/mysql

#此时可以不需要密码直接登录MySQL数据库，使用update修改user表中的password字段
[root@localhost ~]# mysql
Welcome to the MariaDB monitor.  Commands end with ; or \g.
Your MariaDB connection id is 2
Server version: 5.5.68-MariaDB MariaDB Server
Copyright (c) 2000, 2018, Oracle, MariaDB Corporation Ab and others.
Type 'help;' or '\h' for help. Type '\c' to clear the current input statement.
MariaDB [(none)]> update mysql.user set password=password('123456') where
user='root' and host='localhost';

#终止后台的mysqld和mysqld_safe后台进程
[root@localhost ~]# killall -9 mysqld
[root@localhost ~]# killall -9 mysqld_safe
[root@localhost ~]# jobs

#重启服务，使用刚才修改的密码测试登录
[root@localhost ~]# systemctl restart mariadb.service
[root@localhost ~]# mysql -uroot -p123456
```

2. 权限管理

进行用户的权限管理时，使用 grant 命令进行授权，使用 revoke 命令撤销权限，这里只对常用的权限管理进行说明。在 MySQL 数据库服务器中客户端默认是无权限直接连接登录服务器的，需要通过授权的方式设置客户端登录。具体权限列表如表 11.1 所示。

表 11.1　用户权限列表

权　　限	含义和授予级别
all [privileges]	除grant外的所有权限
create	创建数据库和表
create user	使用create user、drop user、rename user和revoke all privileges
drop	删除数据库、表和视图
alter	修改表
insert	使用insert
delete	使用delete
select	使用select
update	使用update
usage	无访问权限
grant option	使用grant和revoke

（1）授予权限。

可以使用 grant 命令对用户进行授权，格式如下：

```
grant  权限列表  on  数据库名.表名  to  '用户名'@'来源地址'  identified  by
'密码'
```

以上各个参数的详细说明如下：

- 权限列表：使用“all”关键字代表全部权限。同时授予多个权限时，以逗号“，”分隔，例如“select，insert，update，delete”，具体的权限参考表 11.1。
- 数据库名.表名：可以使用通配符“*”表示指定数据库中的所有表。
- '用户名'@'来源地址'：用来设置谁能连接，能从哪里连接。用户名不能使用通配符，但使用连续的两个单引号“''”时表示空字符串，可用于匹配任何用户。来源地址表示连接数据库的客户机地址，可使用“%”作为通配符，匹配某个域内的所有地址（如%.test.com），或使用带掩码标记的网络地址（如 172.16.0.0/16）。
- identified by：用于设置用户连接数据库时使用的密码字符串。密码经过加密后存储于 MySQL 数据库的 user 表中，省略“identified by”时，新用户的密码将为空。

```
#允许 MySQL 客户端 IP 地址为 172.16.1.100 的计算机使用 test 用户名登录 MySQL 服务器，
 对 MySQL 服务器的所有数据库具有完全权限，使用密码 123456 进行登录
MariaDB [ (none) ]> grant all on *.* to 'test'@'172.16.1.100' identified by
'123456';
```

```
Query OK, 0 rows affected (0.00 sec)

#授权用户 user1 允许从任何主机访问 MySQL 服务器，但对 db2 数据库中的表只具有 select 和
 insert 权限，密码为 123456
MariaDB [db2]> grant select, insert on db2.* to 'user1'@'%' identified by
'123456';
Query OK, 0 rows affected (0.00 sec)
```

🔔注意：也可以直接创建用户，用户在表中不存在时直接创建新用户并授权。

（2）查询权限。

对用户授予权限后，可以使用 show 命令查询用户的具体权限，格式如下：

```
show    grants    for    '用户名' @ '来源地址'
```

详细示例如下：

```
#查看用户 test 的具体权限
MariaDB [(none)]> show grants for 'test'@'172.16.1.100';
+---------------------------------------------------------------------+
| Grants for test@172.16.1.100                                        |
+---------------------------------------------------------------------+
| GRANT ALL PRIVILEGES ON *.* TO 'test'@'172.16.1.100' IDENTIFIED BY PASSWORD
 '*6BB4837EB74329105EE4568DDA7DC67ED2CA2AD9'                          |
+---------------------------------------------------------------------+
1 row in set (0.00 sec)
```

（3）撤销权限。

撤销用户的权限后，只是将该用户对应的具体权限撤销，但是用户名还是存放在 mysql.user 表中。命令格式如下：

```
revoke    权限列表    on    数据库名.表名    from    '用户名'@'来源地址'
```

详细示例如下：

```
#删除用户 user1 对数据库 db2 中所有表的 insert 权限
MariaDB [(none)]> revoke insert on db2.* from 'user1'@'%';
Query OK, 0 rows affected (0.00 sec)

MariaDB [(none)]> show grants for 'user1'@'%';
+---------------------------------------------------------------------+
| Grants for user1@%                                                  |
+---------------------------------------------------------------------+
| GRANT USAGE ON *.* TO 'user1'@'%' IDENTIFIED BY PASSWORD '*6BB4837EB743
  29105EE4568DDA7DC67ED2CA2AD9'                                       |
| GRANT SELECT ON `db2`.* TO 'user1'@'%'
```

11.1.6 备份和还原

要维护好 MySQL 数据库，需要进行必要的备份和还原操作。备份可以直接对数据存放的目录/var/lib/mysql/进行复制，但是这种方式在不同版本的 MySQL 数据库中导入时可

能会出现问题，所以一般都是通过 mysqldump 命令将需要备份的数据库信息导出为.sql 文件，然后在不同版本的 MySQL 数据库中再使用 mysql 命令导入。

1．使用mysqldump命令备份

mysqldump 命令自带的功能参数非常多，下面将学习备份整个数据库、指定数据库和数据库表的方法。备份的数据库文件是.sql 格式的脚本文件，备份的用户必须具备相应的权限。

```
#使用 root 用户名备份 MySQL 服务器中的所有数据库，通过“--all-databases ”实现
[root@localhost ~]# mysqldump -uroot -p123456 --all-databases >/home/
all.sql

#备份两个数据库 db1 和 db2 中的所有数据
[root@localhost ~]# mysqldump -uroot -p123456 --databases db1 db2 >/home/
db1+db2.sql

#备份 db2 数据库中的 student 表
[root@localhost ~]# mysqldump -uroot -p123456 db2 student >/home/db2_
student.sql
```

2．使用mysql命令还原

通过 mysqldump 命令备份的.sql 文件可以使用 mysql 命令还原，也称为导入。

```
#备份的.sql 文件包括所有或者多个数据库时，使用 mysql 命令还原时可以不用指定数据库名称。
#导入前面备份的 all.sql 文件还原整个数据库
[root@localhost ~]# mysql -uroot -p123456 </home/all.sql

#删除数据库 db1 和 db2，再使用 mysql 命令导入备份的 db1+db2.sql 文件，无须指定数据
 库名
[root@localhost ~]# mysql -uroot -p123456 </home/db1+db2.sql

#备份时如果.sql 文件包含单个数据库或单个数据库的表，使用 mysql 命令还原时必须指定目标
 数据库名
#导入备份的 db2_student.sql 文件，不指定数据库名称就会报错
[root@localhost ~]# mysql -uroot -p123456 </home/db2_student.sql
ERROR 1046 (3D000) at line 22: No database selected
#指定数据库名称，导入成功
[root@localhost ~]# mysql -uroot -p123456 db2 </home/db2_student.sql
```

11.1.7 MySQL 主从数据库的配置

在多个服务器上部署 MySQL 数据库时，可以将其中一台服务器设置为主数据库，其他设置为从数据库，实现主从同步，从而减少数据库的连接和主数据库的负载，并在很大程度上避免数据丢失问题。

MySQL 主从同步的大致流程是：master 主服务器将对数据的操作记录（比如表的增、

删、改、查等）写入二进制日志（binary log）中，slave 从数据库的 IO 线程从主数据库获取二进制日志并保存一份到本地二进制日志（relay log）中，从服务器的 SQL 线程（SQL slave thread）读取本地二进制日志，并重放其中的事件从而更新 slave 从数据库中的数据，使其与 master 主数据库中的数据保持一致。

1．实验环境

在两台服务器上分别安装好 MariaDB 数据库，启动数据库后初始化数据库，设置 root 用户密码为 123456，两台数据库的实验环境如表 11.2 所示。

表 11.2　实验环境

服务器系统	角　　色	IP地址	主　机　名
CentOS 7.7	mysql-master	172.16.1.10	localhost
CentOS 7.7	mysql-slave	172.16.1.11	localhost

2．主数据库配置

在 IP 地址为 172.16.1.10 的 MySQL 主数据库的/etc/my.cnf 配置文件中添加参数，其中的 server_id 和 log_bin 参数是必须填写的，其他参数可根据实际情况选择。在 my.cnf 文件的[mysqld]段添加以下内容。

（1）修改主数据库的配置文件。

修改主配置文件的内容如下：

```
#在配置文件 my.cnf 中添加以下内容
[root@localhost ~]# vim /etc/my.cnf
[mysqld]
datadir=/var/lib/mysql
socket=/var/lib/mysql/mysql.sock
symbolic-links=0
server_id = 1                               #设置服务器同步的唯一复制编号
log_bin = mysql_bin                         #开启 mysql 二进制日志功能

[mysqld_safe]
log-error=/var/log/mariadb/mariadb.log
pid-file=/var/run/mariadb/mariadb.pid

#保存配置文件并重启服务
[root@localhost ~]# systemctl restart mariadb.service
```

关于主数据库配置文件中的可选参数说明，这里可以先不用管，只要配置好上述参数就可以继续下一步的操作。为了方便读者学习，下面对常用参数进行说明。

```
#MySQL 主数据库配置文件 my.cnf 中[mysqld]段的可选参数说明
binlog-do-db = test                         #指定需要同步的数据库
binlog-ignore-db = test                     #指定不需要同步的数据库
max_binlog_size = 300M                      #每个二进制日志的最大值
```

```
binlog_cache_size = 128K              #日志缓存大小
expire_logs_days = 15                 #日志保存时间，MySQL 5.0 以下版本不支持
sync_binlog = 3                       #控制二进制日志的写入频率
log-slave-updates                     #当 slave 从 master 数据库读取日志时更新写
                                       入日志。如果只启动 log-bin 而没有启动 log-
                                       slave-updates，则 slave 只记录针对自己数
                                       据库操作的更新
binlog_format = mixed                 #日志格式，建议 mixed，可以防止主键重复
```

（2）创建数据同步用户并查看二进制日志和 pos 位置。

```
#登录主数据库
[root@localhost ~]# mysql -uroot -p123456
Welcome to the MariaDB monitor.  Commands end with ; or \g.
Your MariaDB connection id is 2
Server version: 5.5.68-MariaDB MariaDB Server
Copyright (c) 2000, 2018, Oracle, MariaDB Corporation Ab and others.
Type 'help;' or '\h' for help. Type '\c' to clear the current input statement.

#基于日志同步，查看 MySQL 主数据库服务器的二进制日志是否开启
MariaDB [(none)]> show global variables like 'log_bin';
+-------------------------+------------+
| Variable_name           | Value      |
+-------------------------+------------+
| log_bin                 | ON         |
+-------------------------+------------+
1 row in set (0.00 sec)

#查看 MySQL 主数据库服务器的同步复制的唯一 ID 号
MariaDB [(none)]> show global variables like 'server_id';
+-------------------------+------------+
| Variable_name           | Value      |
+-------------------------+------------+
| server_id               | 1          |
+-------------------------+------------+
1 row in set (0.00 sec)

#查看 master 状态，记住 file 的日志名称和 position 偏移量的数值同步点，执行完后就不要
 再重启服务，防止状态值变化
MariaDB [(none)]> show master status;
+------------------+----------+--------------+------------------+
| File             | Position | Binlog_Do_DB | Binlog_Ignore_DB |
+------------------+----------+--------------+------------------+
| mysql_bin.000001 |      469 |              |                  |
+------------------+----------+--------------+------------------+
1 row in set (0.00 sec)

#在 MySQL 主数据库服务器上授权同步数据的用户
MariaDB [(none)]> grant replication slave on *.* to 'test'@'172.16.%'
identified by '123456';
Query OK, 0 rows affected (0.00 sec)
```

```
#刷新授权表
MariaDB [ (none) ]> flush privileges;
Query OK,  0 rows affected (0.00 sec)

#执行查询语句去寻找 MySQL 主数据库服务器并配置
MariaDB [ (none) ]> change master to
    -> master_host='172.16.1.11',             #从数据库 IP 地址
    -> master_user='test',                    #授权的用户名
    -> master_password='123456',              #授权用户的密码
    -> master_log_file='mysql_bin.000001',    #同步的日志文件，确保和上述一致
    -> master_log_pos=469;                    #同步点
Query OK,  0 rows affected (0.01 sec)

#开启同步功能
MariaDB [ (none) ]> start slave;
Query OK,  0 rows affected (0.00 sec)
```

3．从数据库配置

MySQL 从数据库中的配置文件 my.cnf 和主数据库配置类似，需要保证 server_id 和主数据库不一样，并且开启 log_bin 日志文件参数。

（1）从数据库配置文件。

修改从数据库的配置文件 my.cnf 的内容如下：

```
#修改 MySQL 从数据库的配置文件，设置同步复制 ID 并开启二进制日志文件
[root@localhost /]# vim /etc/my.cnf
[mysqld]
datadir=/var/lib/mysql
socket=/var/lib/mysql/mysql.sock
server_id=2                    #一定要和主数据库的编号不一样
log_bin=mysql_bin
read_only=true                 #读写状态，1 或 true 为只读，0 或 false 为读写

[mysqld_safe]
log-error=/var/log/mariadb/mariadb.log
pid-file=/var/run/mariadb/mariadb.pid

#保存配置文件并重启服务
[root@localhost /]# systemctl restart mariadb.service
```

MySQL 从数据库的可选参数也非常多，这里罗列出重要的参数供读者学习，同样也是放置在配置文件 my.cnf 的[mysqld]段，相关说明如下：

```
#mysql 从数据库服务器的配置文件 my.cnf 的可选参数
replicate-do-db = mysql                       #指定需要同步的数据库
replicate-do-table=mysql.user                 #指定同步的表
relay-log=mysql-relay-bin                     #配置中继日志文件
relay-log-index=mysql-relay-bin.index         #记录中继日志的索引文件
log-error=mysql.err                           #错误日志
master-info-file=mysql-master.info            #保存 master 相关信息文件
```

```
relay-log-info-file=mysql-relay-log.info    #中继日志状态信息文件
skip_slave_start                           #使 slave 在 MySQL 启动时不启动复制进程
max_relay_log_size=500M                     #relay log 的大小
```

（2）配置同步账号并执行同步命令。

设置好配置文件后，授权同步的用户和密码，保持和主数据库中的授权账号和密码一样，执行相关的同步命令，特别是同步点的数值需要与主数据库保持一致。

```
#登录 MySQL 从数据库
[root@localhost /]# mysql -uroot -p123456
Welcome to the MariaDB monitor.  Commands end with ; or \g.
Your MariaDB connection id is 2
Server version: 5.5.64-MariaDB MariaDB Server
Copyright (c) 2000, 2018, Oracle, MariaDB Corporation Ab and others.
Type 'help;' or '\h' for help. Type '\c' to clear the current input statement.

#设置 MySQL 从数据库的同步数据库的授权账号，保持和 MySQL 主数据库一致
MariaDB [(none)]> grant replication slave on *.* to 'test'@'172.16.%'
identified by '123456';
Query OK, 0 rows affected (0.00 sec)

#刷新表授权
MariaDB [(none)]> flush privileges;
Query OK, 0 rows affected (0.00 sec)

#执行同步命令
MariaDB [(none)]> change master to
    -> master_host='172.16.1.10',               #主数据库地址
    -> master_user='test',                      #同步账号
    -> master_password='123456',                #同步密码
    -> master_log_file='mysql_bin.00001',       #同步日志
    -> master_log_pos=469;                      #同步点，确保和 master 主数据库一致
Query OK, 0 rows affected (0.02 sec)

#开启同步
MariaDB [(none)]> start slave;
Query OK, 0 rows affected (0.00 sec)
```

（3）分别查看同步状态。

Slave_IO_Running 及 Slave_SQL_Running 进程必须正常运行，即 YES 状态说明主从同步成功，否则说明同步失败。可用这两项判断从服务器是否挂掉。

```
#主数据库查看 slave 状态
MariaDB [(none)]> show slave status \G;
*************************** 1. row ***************************
               Slave_IO_State: Waiting for master to send event
                  Master_Host: 172.16.1.11
                  Master_User: test
                  Master_Port: 3306
                Connect_Retry: 60
              Master_Log_File: mysql_bin.000001
```

```
         Read_Master_Log_Pos: 469
              Relay_Log_File: mariadb-relay-bin.000002
               Relay_Log_Pos: 529
       Relay_Master_Log_File: mysql_bin.000001
            Slave_IO_Running: Yes
           Slave_SQL_Running: Yes
……

#从数据库查看 slave 状态
MariaDB [(none)]> show slave status \G;
*************************** 1. row ***************************
               Slave_IO_State: Waiting for master to send event
                  Master_Host: 172.16.1.10
                  Master_User: test
                  Master_Port: 3306
                Connect_Retry: 60
              Master_Log_File: mysql_bin.000001
          Read_Master_Log_Pos: 469
               Relay_Log_File: mariadb-relay-bin.000002
                Relay_Log_Pos: 529
        Relay_Master_Log_File: mysql_bin.000001
             Slave_IO_Running: Yes
            Slave_SQL_Running: Yes
……
```

注意：Slave_IO_Running 和 Slave_SQL_Running 不能为 NO 状态。

（4）同步测试。

在主数据库中创建一个数据库，然后在数据库下随便创建一张测试表，插入数据，在从数据库 slave 中若能够看到对应的数据库和表就表示同步成功。

```
#在主数据库中创建数据库 testdb，并且创建表 student，插入一条数据
MariaDB [(none)]> create database testdb;
MariaDB [(none)]> use testdb;
MariaDB [testdb]> create table student (ID int (10) , NAME varchar (20) ) ;
MariaDB [testdb]> insert into student values (1, 'jerry') ;
MariaDB [testdb]>
MariaDB [testdb]> show tables;
+-------------------------+
| Tables_in_testdb        |
+-------------------------+
| student                 |
+-------------------------+
1 row in set (0.00 sec)

#在从数据库中查看是否存在 testdb 数据库，使用 select 查看 student 表中的数据，步骤
 省略
```

11.2　PHP 环境部署

PHP（Hypertext Preprocessor，超文本预处理器）是一种在服务器端执行的 HTML 嵌入式脚本语言。PHP 程序需要和 Web 服务（如 Apache 和 Nginx 服务）协同工作。配合后台数据库，PHP 几乎可以支持所有数据库来动态地部署网页。构建 Web 架构有 LAMP 和 LNMP 两种常见的环境。

11.2.1　PHP 主程序包

PHP 的安装也是分为 RPM 包和源码包两种方式，之前的 Web 服务器都是以 RPM 包安装为主，所以本节也以 RPM 包的安装方式进行介绍，配合已经安装好的 Apache 服务和 MySQL（MariaDB）数据库部署 LAMP 环境。其中 PHP 的软件包是主程序包，是 Apache 或 Nginx 服务支持解析 PHP 页面的扩展插件，php-mysql 软件包是连接后台 MySQL（MariaDB）的驱动程序包。

1. 安装PHP主程序包

安装 PHP 主程序包前一般应先安装好 Apache 服务，通过安装 PHP 让 Apache 服务加载 PHP 模块，从而支持解析 PHP 页面。

```
#安装 PHP 软件包，让 HTTP 服务器支持解析 PHP 的动态页面
[root@localhost /]# yum install php
..............
Dependency Installed:
  libzip.x86_64 0:0.10.1-8.el7 php-cli.x86_64 0:5.4.16-46.el7 php-common.
x86_64 0:5.4.16-46.el7
Complete!
```

2. 编写测试页面

安装完 PHP 主程序包后，如何判断 Apache 是否可以解析 PHP 页面呢？可以编写一个 PHP 测试页面。测试页面以.php 为后缀名，存放在 Apache 服务默认的网页源码目录/var/www/html 下。

```
#在 Apache 服务的源码网页存放目录/var/www/html 下编写 test.php 文件，内容如下
[root@localhost /]# vim /var/www/html/test.php
<?php
echo phpinfo();
?>

#重启 http 服务
[root@localhost /]# systemctl restart httpd.service
```

3．客户端访问PHP测试页面

重启 http 服务后，直接在客户端访问 test.php，查看是否能够解析成功，若出现如图 11.1 所示的页面即表示成功。

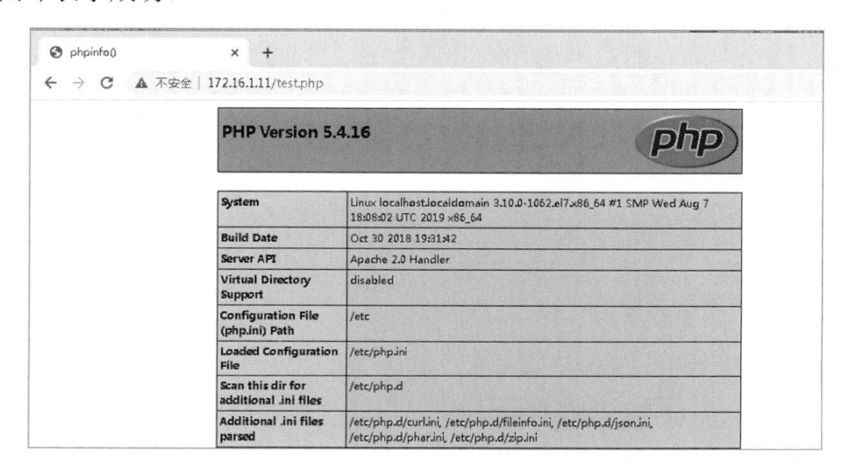

图 11.1　test.php 页面

11.2.2　PHP 驱动程序包

除了让 Apache 服务能够解析 PHP 页面外，下一步需要测试 PHP 与 MySQL 数据库的协同工作。只有安装 PHP 连接 MySQL 数据库的驱动程序包 php-mysql 后，才能验证 PHP 的页面是否可以连接 MySQL 服务器。下面介绍详细的安装步骤。

1．安装php-mysql驱动程序包

使用 yum 命令安装连接数据库的驱动程序包 php-mysql。

```
#安装 php-mysql 软件包，让 PHP 页面能够获取 MySQL 数据库的数据
[root@localhost /]# yum install php-mysql -y
```

2．编写测试页面

安装完连接 MySQL 数据库的驱动程序包后，还需要在/var/www/html 目录下编写一个测试页面 testdb.php 以判断是否能够连接 MySQL 数据库。其中，文件中连接数据库的地址、账号和密码一定要填写正确，客户端显示 success 表示连接成功。

```
#在目录/var/www/html 下编写 tesdbt.php 文件，以下是 PHP5 版本的内容
[root@localhost /]# vim /var/www/html/testdb.php
<?php
#定义变量，括号中分别对应来源地址、账号和密码
```

```
$link=mysql_connect('localhost', 'root', '123456');
if($link)
echo "success!";
else
echo "fial!";
mysql_close();
?>

#重启 http 和 MySQL 服务
[root@localhost /]# systemctl restart httpd.service
[root@localhost /]# systemctl restart mariadb.service
```

注意：PHP 7 连接 MySQL 数据库的页面写法与 PHP 5 不一样。

3．客户端访问测试页面

通过客户端访问 testdb.php 测试页面，如果能够出现如图 11.2 所示的页面就表示连接正常。

图 11.2　testdb.php 页面

11.3　在 LNMP 环境中部署 Discuz 论坛

LNMP 是一种网站服务器架构，它是一组自由软件名称首字母的缩写。其中，字母 L 指 Linux，字母 N 指 Nginx，字母 M 一般指 MySQL，也可以指 MariaDB，字母 P 一般指 PHP，也可以指 Perl 或 Python。本节使用 Nginx+MySQL+PHP 的服务器架构部署 Web 网站，其中网站源码采用 Discuz 论坛系统。Discuz 是构建的网站平台，它是一套基于 PHP+MySQL 实现的通用社区论坛软件系统，用户不需要任何编程基础，通过简单的环境就能搭建一个强负载和可定制的论坛服务网站。

11.3.1　软件版本

DiscuzX 3.4 推荐使用 PHP 7.2 以上的版本，要求必须是 PHP 5.3 以上的版本，通过论坛官网下载简体中文 UTF8 版本。Nginx、MySQL 和 PHP 都采用最新版的源码包，有些源码包容量较大，下载速度较慢，请提前下载准备好。

Nginx 官网下载地址为 http://nginx.org/download/nginx-1.19.7.tar.gz，下载的源码包为 nginx-1.19.7.tar.gz。

MySQL 官网下载地址为 https:/ /dev.mysql.com/get/Downloads/MySQL-8.0/mysql-boost-8.0.23.tar.gz，下载的源码包为 mysql-boost-8.0.23.tar.gz。

PHP 官网下载地址为 https://www.php.net/distributions/php-7.4.15.tar.gz，下载的源码包为 php-7.4.15.tar.gz。

Discuz 论坛网页源码文件的官网下载地址为 https://gitee.com/Discuz/DiscuzX/attach_files，需要注册对应的账号进行下载，版本是简体中文 UTF8 的 Discuz_X3.4_SC_UTF8_20210119.zip。

11.3.2　安装 Nginx

1. 关闭防火墙安装依赖包

如果之前安装过 Apache 或 Nginx 等软件包，需要先将其卸载，否则会产生冲突。在安装之前还需要关闭 firewalld 防火墙和 Selinux，安装源码编译所有相关的依赖包，建立 Nginx 服务的运行用户。

```
#将下载的软件包上传到/home/lnmp 下，通过文件服务器上线或者直接通过远程终端上传
[root@localhost /]# mkdir /home/lnmp
[root@localhost /]# cd /home/lnmp/
[root@localhost lnmp]# ls
Discuz_X3.4_SC_UTF8_20210119.zip  mysql-boost-8.0.23.tar.gz
nginx-1.19.7.tar.gz  php-7.4.15.tar.gz

#关闭 Selinux，若修改了 Selinux 的配置文件，则必须要重启
[root@localhost ~]# cat /etc/selinux/config          #要重启生效
……
.SELINUX=disabled
……
[root@localhost ~]# setenforce 0                     #临时生效无须重启
[root@localhost ~]# getenforce

#关闭 firewalld 防火墙
[root@localhost ~]# systemctl stop firewalld.service
[root@localhost ~]# systemctl is-active firewalld.service
inactive

#安装依赖包，如果已经存在，就无须安装
[root@localhost /]# yum -y install pcre-devel zlib-devel gcc gcc-c++ make

#建立 Nginx 服务的运行用户，无须指定 Shell 环境和生成宿主目录
[root@localhost ~]# useradd -M -s /sbin/nologin nginx
```

2. 编译安装

对 Nginx 源码包进行编译安装。

```
#将 Nginx 源码包解压释放到/usr/local/src/目录下
[root@localhost ~]# tar -zxvf /home/lnmp/nginx-1.19.7.tar.gz -C /usr/
local/src/
```

```
#配置安装参数
[root@localhost /]# cd /usr/local/src/nginx-1.19.7/
[root@localhost nginx-1.19.7]# ./configure --prefix=/usr/local/nginx \
> --user=nginx \
> --group=nginx \
> --with-http_stub_status_module

#编译成二进制可执行文件，加快编译速度，允许 2 个编译命令同时执行
[root@localhost nginx-1.19.7]# make -j 2

#复制安装到系统中
[root@localhost nginx-1.19.7]# make install
```

3. 添加Nginx服务为系统服务

将源码包安装的 Nginx 服务添加为系统服务，使用 systemctl 命令启动。

```
#路径优化
[root@localhost nginx-1.19.7]# ln -s /usr/local/nginx/sbin/nginx /usr/
local/sbin/

#添加为系统服务，添加 Nginx 系统服务的配置文件内容如下：
[root@localhost nginx-1.19.7]# vim /lib/systemd/system/nginx.service
[Unit]
Description=nginx
After=network.target
[Service]
Type=forking
PIDFile=/usr/local/nginx/logs/nginx.pid
ExecStart=/usr/local/nginx/sbin/nginx
ExecrReload=/bin/kill -s HUP $MAINPID
ExecrStop=/bin/kill -s QUIT $MAINPID
PrivateTmp=true
[Install]
WantedBy=multi-user.target

#赋予配置文件权限并启动服务
[root@localhost nginx-1.19.7]# chmod 644 /lib/systemd/system/nginx.service
[root@localhost nginx-1.19.7]# systemctl start nginx.service
```

11.3.3 安装 MySQL

编译安装 MySQL 8.0 需要使用 cmake 3.0+和 GCC 5.3+进行编译，因此安装前需要通过源码包升级 cmake 和 GCC，需要将以下编译环境先配置好。

- cmake 环境；
- make（推荐 3.75 以上）；
- 编译器（GCC 5.3+或 Clang 4.0+或 XCode 9+或 Developer Studio 12.6+或 Visual Studio 2017）；

- SSL 库（默认使用系统的 OpenSSL）；
- Boost C++库，需要用来构建编译环境进行自动调用，可以使用源码包的方式进行安装和部署；
- ncurses 库；
- bison2.1+；
- git。

1．编译安装cmake-3.19.5

MySQL 8.0 源码包编译安装需要使用 cmake 3.0 以上的版本进行。首先在官网 https://github.com/Kitware/CMake/releases/download/v3.19.5/cmake-3.19.5.tar.gz 上下载对应版本的 cMake，这里下载的是 cmake-3.19.5.tar.gz。

```
#安装 cmake 源码包编译前的依赖包
[root@localhost cmake-3.19.5]# yum install -y openssl openssl-devel gcc gcc-c++

#解压释放源码包
[root@localhost lnmp]# tar -zxvf cmake-3.19.5.tar.gz  -C /usr/local/src/

#进入解压目录，配置安装参数
[root@localhost lnmp]# cd /usr/local/src/cmake-3.19.5/
[root@localhost cmake-3.19.5]# ./configure --prefix=/usr/local/cmake

#将源码文件编译为可执行的二进制文件
[root@localhost cmake-3.19.5]# gmake

#将二进制文件复制安装到系统中
[root@localhost cmake-3.19.5]# make install

#配置环境变量，替代原有的旧版本 cmake
[root@localhost ~]# vim /etc/profile
export PATH=/usr/local/cmake/bin:$PATH
[root@localhost ~]# source /etc/profile
#若不生效的话可以使用以下方式
[root@localhost ~]# export PATH=/usr/local/cmake/bin:$PATH

#查看 cmake 版本是否为刚安装的版本
[root@localhost ~]# cmake --version
cmake version 3.19.5
cMake suite maintained and supported by Kitware (kitware.com/cmake).
```

2．编译安装gcc-10.2.0

MySQL 8.0 还需要使用 GCC 5.3+的版本，首先从网站 http://ftp.tsukuba.wide.ad.jp/software/gcc/releases/gcc-10.2.0/gcc-10.2.0.tar.gz 上下载对应版本的 GCC 10.2.0。

```
#传入 GCC 的软件包，并使用 tar 命令解压
[root@localhost lnmp]# ls
```

```
cmake-3.19.5.tar.gz  Discuz_X3.4_SC_UTF8_20210119.zip  gcc-10.2.0.tar.gz
mysql-boost-8.0.23.tar.gz  nginx-1.19.7.tar.gz  php-7.4.15.tar.gz
[root@localhost lnmp]# tar -zxvf gcc-10.2.0.tar.gz -C /usr/local/src/
[root@localhost lnmp]# cd /usr/local/src/gcc-10.2.0/

#下载所需的依赖包，如果出现报错文件无法下载，则可以直接在 https://gcc.gnu.org/pub/
 gcc/infrastructure/上下载对应文件，并将其复制到/usr/local/src/gcc-10.2.0/目
 录下。下载的 4 个软件包分别是 gmp、mpfr、mpc 和 isl
[root@localhost gcc-10.2.0]# ./contrib/download_prerequisites
2021-02-24 11:05:47 URL:http://gcc.gnu.org/pub/gcc/infrastructure/gmp-
6.1.0.tar.bz2 [2383840/2383840] -> "./gmp-6.1.0.tar.bz2" [1]
2021-02-24 11:09:23 URL:http://gcc.gnu.org/pub/gcc/infrastructure/mpfr-
3.1.4.tar.bz2 [1279284/1279284] -> "./mpfr-3.1.4.tar.bz2" [1]
2021-02-24 11:10:02 URL:http://gcc.gnu.org/pub/gcc/infrastructure/mpc-
1.0.3.tar.gz [669925/669925] -> "./mpc-1.0.3.tar.gz" [1]
2021-02-24 11:11:54 URL:http://gcc.gnu.org/pub/gcc/infrastructure/isl-
0.18.tar.bz2 [1658291/1658291] -> "./isl-0.18.tar.bz2" [1]
gmp-6.1.0.tar.bz2: OK
mpfr-3.1.4.tar.bz2: OK
mpc-1.0.3.tar.gz: OK
isl-0.18.tar.bz2: OK
All prerequisites downloaded successfully.

#创建编译文件夹
[root@localhost gcc-10.2.0]# mkdir gcc-build-10.2.0
[root@localhost gcc-10.2.0]# cd gcc-build-10.2.0/

#配置安装参数
[root@localhost gcc-build-10.2.0]# ../configure --prefix=/usr/local/gcc \
> --enable-checking=release \
> --enable-languages=c，c++ \
> --disable-multilib

#执行编译并安装，时间较长，约 2 到 3 小时，需要耐心等待
[root@localhost gcc-build-10.2.0]# make && make install

#设置环境变量
[root@localhost ~]# vim /etc/profile
export PATH=/usr/local/cmake/bin:/usr/local/gcc/bin:$PATH
export LD_LIBRARY_PATH=/usr/local/gcc/lib64
export CC=/usr/local/gcc/bin/gcc
export CXX=/usr/local/gcc/bin/g++
#生效配置文件
[root@localhost ~]# source /etc/profile

#查看版本，确认版本是 10.2.0
[root@localhost ~]# gcc --version
gcc （GCC） 10.2.0
Copyright （C） 2020 Free Software Foundation， Inc.
This is free software; see the source for copying conditions.  There is NO
warranty; not even for MERCHANTABILITY or FITNESS FOR A PARTICULAR PURPOSE.

[root@localhost ~]# g++ --version
```

```
g++ (GCC) 10.2.0
Copyright (C) 2020 Free Software Foundation, Inc.
This is free software; see the source for copying conditions.  There is NO
warranty; not even for MERCHANTABILITY or FITNESS FOR A PARTICULAR PURPOSE.

#替换库连接，否则后面使用 systemctl 启动 MySQL 时会报错
[root@localhost /]# rm -rf /usr/lib64/libstdc++.so.6
[root@localhost /]# ln -s /usr/local/gcc/lib64/libstdc++.so.6 /usr/lib64/
libstdc++.so.6
#查看目前包含哪些库
[root@localhost /]# strings /usr/lib64/libstdc++.so.6 | grep GLIBC
```

3. 编译安装MySQL源码包

cmake 和 GCC 升级后，下面对 MySQL 8.0 的源码包进行编译安装。

（1）安装依赖包并创建运行用户。

```
#安装其他所需的依赖包
[root@localhost /]# yum -y install ncurses ncurses-devel bison

#创建运行用户和组
[root@localhost /]# useradd -M -s /sbin/nologin mysql
```

（2）编译安装 MySQL 8.0.23。

```
#解压释放源码包
[root@localhost /]# cd /home/lnmp/
[root@localhost lnmp]# tar -zxvf mysql-boost-8.0.23.tar.gz -C /usr/local/
src/

#配置安装参数
[root@localhost lnmp]# cd /usr/local/src/mysql-8.0.23/
[root@localhost lnmp]# cmake \
-DCMAKE_INSTALL_PREFIX=/usr/local/mysql \
-DMYSQL_UNIX_ADDR=/usr/local/mysql/mysql.sock \
-DMYSQL_DATADIR=/usr/local/mysql/data \
-DSYSTEMD_PID_DIR=/usr/local/mysql/data \
-DSYSCONFDIR=/etc \
-DDEFAULT_CHARSET=utf8mb4 \
-DDEFAULT_COLLATION=utf8mb4_unicode_ci \
-DWITH_BOOST=boost \
-DCMAKE_CXX_COMPILER=/usr/local/gcc/bin/g++ \
-DFORCE_INSOURCE_BUILD=1

#若上述步骤报错，就按照下面的方式进行修改后，再重新执行一遍上述步骤
#修改 cmake/os/Linux.cmake 文件中的第 84 行，换成 GCC 的位置变量，事先可以使用 which
 查看 GCC 的绝对路径
[root@localhost mysql-8.0.23]# which gcc
/usr/local/gcc/bin/gcc
[root@localhost mysql-8.0.23]# vim cmake/os/Linux.cmake
84      MESSAGE(/usr/local/gcc/bin/gcc                          #修改后的内容
85      #MESSAGE(${WARNING_LEVEL}                               #原内容
```

```
#完成后将 MySQL 解压目录中的 CMakeCache.txt 删除，它记录了用户上次的编译配置，删除
 后才能进行编译
[root@localhost mysql-8.0.23]# rm -rf CMakeCache.txt

#变成可执行的二进制文件并将其复制安装到系统中，使用-j 加快编译速度，同时允许 4 个编译命
 令执行，看 CPU 核心数来决定
[root@localhost mysql-8.0.23]# make -j 4
[root@localhost mysql-8.0.23]# make install
```

（3）修改或添加配置文件。

在配置文件中添加用户，然后指定数据库存储目录，最后设置字符集等。

```
#MySQL 数据库配置文件
[root@localhost mysql-8.0.23]# vim /etc/my.cnf
[mysqld]
#设置用户
user = mysql
#设置 MySQL 的安装目录
basedir=/usr/local/mysql
#设置 MySQL 数据库的数据存放目录
datadir=/usr/local/mysql/data
#设置服务端的字符集
character-set-server=utf8mb4
bind-address = 0.0.0.0
port = 3306
socket=/usr/local/mysql/mysql.sock

[client]
#MySQL 客户端连接服务端时默认使用的端口
port = 3306
socket=/usr/local/mysql/mysql.sock
#设置客户端连接服务端的默认字符集
default-character-set=utf8mb4

[mysqld_safe]
log-error=/usr/local/mysql/data/mysqld.log
pid-file=/usr/local/mysql/data/mysqld.pid
```

（4）权限修改。

需要对安装目录和配置文件的所属主以及所属组全部修改为 MySQL 用户和用户组。

```
#更改 MySQL 安装目录和配置文件的属主属组
[root@localhost mysql-8.0.23]# chown -R mysql.mysql /usr/local/mysql
[root@localhost mysql-8.0.23]# chown mysql.mysql /etc/my.cnf
```

（5）设置环境变量。

设置好环境变量可以方便在 Linux 环境中使用 MySQL 等命令，无须在使用命令时接上绝对路径。

```
#设置全局配置文件中的环境名，添加安装目录中 bin 目录的可执行命令路径，但是不能覆盖原
 有的 PATH 路径
[root@localhost mysql-8.0.23]# vim /etc/profile
export PATH=/usr/local/mysql/bin:/usr/local/mysql/lib:/usr/local/cmake/
bin:/usr/local/gcc/bin:$PATH
```

```
[root@localhost mysql-8.0.23]# source /etc/profile
```

（6）初始化数据库。

设置好以上环境后，必须先对数据库进行初始化设置。

```
#初始化数据库
[root@localhost mysql-8.0.23]# cd /usr/local/mysql/bin/
[root@localhost bin]# ./mysqld --initialize-insecure --user=mysql -basedir
=/usr/local/mysql --datadir=/usr/local/mysql/data
```

（7）添加 MySQL 为系统服务并设置 root 用户密码。

添加 MySQL 服务为系统服务，以便通过 systemctl 命令进行管理。

```
#添加 MySQL 服务为系统服务，通过 systemctl 控制启动和停止
[root@localhost bin]# cp /usr/local/mysql/support-files/mysql.server
/usr/local/mysql/bin/mysqld.sh
[root@localhost bin]# chmod a+x /usr/local/mysql/bin/mysqld.sh
[root@localhost bin]# vim /usr/lib/systemd/system/mysqld.service

[Unit]
Description=MySQL Server
After=network.target

[Service]
User=mysql
Group=mysql

Type=forking
PIDFile=/usr/local/mysql/data/lmysqld.pid
ExecStart=/usr/local/mysql/bin/mysqld.sh start
ExecStop=/usr/local/mysql/bin/mysqld.sh stop

[Install]
WantedBy=mutil-user.target

#启动服务并查看状态
[root@localhost bin]# systemctl daemon-reload
[root@localhost bin]# systemctl start mysqld.service
[root@localhost bin]# systemctl status mysqld.service
[root@localhost bin]# netstat -anop | grep "3306"

#初始 root 用户没有密码，需要设置 root 用户密码
[root@localhost bin]# mysqladmin -u root password 123456
```

（8）授权远程登录用户。

在 MySQL 5.7 中使用 grant 授权时，如果授权用户不存在，则会隐式创建。而这在 MySQL 8.0 中已经不被支持了，即在 MySQL 8.0 中必须先创建用户，再进行授权。

```
#登录数据库并授权远程登录用户
[root@localhost bin]# mysql -uroot -p123456
mysql> create user root@'%' identified by '123456';
Query OK, 0 rows affected (0.00 sec)
mysql> grant all privileges on *.* to root@'%' ;
```

```
mysql> select user，authentication_string，host from mysql.user;
mysql> flush privileges;
```

（9）客户端连接测试。

授权登录后会提示错误。原因是，在 MySQL 5.7 中使用的加密插件为 mysql_native_password，而在 MySQL 8.0 中使用了新的加密插件 caching_sha2_password，而客户端程序不支持新的加密插件，因此需要将 MySQL 的加密插件指定为原先的 mysql_native_password。

```
#不修改加密插件时的错误提示
[root@localhost ~]# mysql -uroot -p123456 -h172.16.1.10
ERROR 2059 （HY000）: Authentication plugin 'caching_sha2_password' cannot be loaded:/usr/lib64/mysql/plugin/caching_sha2_password.so: cannot open shared object file: No such file or directory

#在 MySQL 服务器上修改加密插件，在 172.16.1.10 的 mysql 数据库服务器上进行操作
#指定加密插件为 mysql_native_password
mysql> alter user 'root'@'%' identified with mysql_native_password by '123456';
#修改密码为永不过期
mysql> alter user 'root'@'%' identified by '123456' password expire never;
mysql> flush privileges;
```

11.3.4 安装 PHP

源码包部署的 PHP 环境和使用 RPM 部署不一样，安装过程比较复杂，具体步骤参考以下介绍。

1. 安装依赖包

先将需要编译的初始环境中的依赖包全部安装，以免在部署过程中出现中断错误而提示缺少必要的包，这些包没安装时会有相应的错误提示。

```
#安装以下依赖包，最好直接通过在线仓库安装，保持外网连接
[root@localhost /]# yum -y install gd \
libjpeg libjpeg-devel \
libpng libpng-devel \
freetype freetype-devel \
libxml2 libxml2-devel \
zlib zlib-devel \
curl curl-devel \
openssl openssl-devel
sqlite sqlite-devel

#依赖包 oniguruma 和 oniguruma-devel 在官方源中没有，需要从其他源下载
[root@localhost /]# yum -y install https://vault.centos.org/7.7.1908/cloud/x86_64/openstack-queens/Packages/o/oniguruma-6.7.0-1.el7.x86_64.rpm
[root@localhost /]# yum -y install https://vault.centos.org/7.7.1908/cloud/x86_64/openstack-queens/Packages/o/oniguruma-devel-6.7.0-1.el7.x86_64.rpm
```

2. 编译安装PHP源码包

按照源码包的 4 个步骤依次执行，具体过程如下：

```
#解压源码包到指定路径
[root@localhost /]# cd /home/lnmp/
[root@localhost lnmp]# tar -zxvf php-7.4.15.tar.gz -C /usr/local/src/

#进入解压路径，配置安装参数，参数说明可以参考官方说明，这里不再解释
[root@localhost lnmp]# cd /usr/local/src/php-7.4.15/
[root@localhost php-7.4.15]# ./configure \
--prefix=/usr/local/php \
--with-mysql-sock=/usr/local/mysql/mysql.sock \
--with-mysqli \
--with-zlib \
--with-curl \
--with-gd \
--with-jpeg-dir \
--with-png-dir \
--with-freetype-dir \
--with-openssl \
--enable-fpm \
--enable-mbstring \
--enable-xml \
--enable-session \
--enable-ftp \
--enable-pdo \
--enable-tokenizer \
--enable-zip

#如果是多核 CPU 计算机，可以在编译时使用选项“j”指定核数以加快编译速度。如果出现以下
 内容，就表示编译成功，可以执行 make test 进行检测
[root@localhost php-7.4.15]# make -j 4
……
pharcommand.inc
phar.inc
Build complete.
Don't forget to run 'make test'.

#将可执行文件复制安装到系统中
[root@localhost php-7.4.15]# make install

#查看版本
[root@localhost php-7.4.15]#/usr/local/php/bin/php -v
PHP 7.4.15 (cli) (built: Feb 25 2021 23:52:18) ( NTS )
Copyright (c) The PHP Group
Zend Engine v4.0.2, Copyright (c) Zend Technologies
```

3. 环境配置

为了方便可以在系统中直接使用 PHP 命令，可以将安装目录的 bin 目录下的所有可执行文件软链接到系统中的/usr/local/bin 和/usr/local/sbin 两个目录中。

```
#将安装目录的bin目录软链接到/usr/local/bin和/usr/local/sbin目录进行路径优化
[root@localhost php-7.4.15]# ln -s /usr/local/php/bin/* /usr/local/bin/
[root@localhost php-7.4.15]# ln -s /usr/local/php/bin/* /usr/local/sbin/
[root@localhost php-7.4.15]# ls /usr/local/bin/
phar  phar.phar  php  php-cgi  php-config  phpdbg  phpize  rar  unrar
[root@localhost php-7.4.15]# ls /usr/local/sbin/
nginx  phar  phar.phar  php  php-cgi  php-config  phpdbg  phpize
```

4．修改配置文件

PHP 的配置文件主要有三个，主配置文件 php.ini、进程服务配置文件 php-fpm.conf 和扩展配置文件 www.conf。

（1）修改主配置文件 php.ini。复制源码包中的模板配置文件并进行修改，详细过程如下：

```
#复制源码包中的模板配置文件到安装目录中生成php.ini的主配置文件，这里选择production
 生产环境下的配置文件
[root@localhost php-7.4.15]# ls /usr/local/src/php-7.4.15/*ini*
/usr/local/src/php-7.4.15/php.ini-development /usr/local/src/php-7.4.15/
tmp-php.ini
/usr/local/src/php-7.4.15/php.ini-production
[root@localhost php-7.4.15]# cp -rf /usr/local/src/php-7.4.15/php.ini-
production /usr/local/php/php.ini

#修改主配置文件的内容如下
973  date.timezone = Asia/Shanghai                #去掉注释，时区改为上海
#一定要和MySQL的配置文件中一致
1174 mysqli.default_socket =/usr/local/mysql/mysql.sock
```

（2）修改进程服务配置文件 php-fpm.conf。复制默认的模板文件并修改内容，详细过程如下：

```
#将安装目录/usr/local/php/etc/中的默认配置文件复制一份并将文件名修改为php-fpm.conf
[root@localhost php-7.4.15]# ls /usr/local/php/etc/
php-fpm.conf.default  php-fpm.d
[root@localhost php-7.4.15]# cp /usr/local/php/etc/php-fpm.conf.default
/usr/local/php/etc/php-fpm.conf

#将/usr/local/php/etc/php-fpm.conf中pid一行的注释“;”去掉，这里显示的是第17行

[root@localhost php-7.4.15]# vim /usr/local/php/etc/php-fpm.conf
17  pid = run/php-fpm.pid
```

（3）修改扩展配置文件 www.conf。同样也是复制模板文件即可，详细过程如下：

```
#将默认的/usr/local/php/etc/php-fpm.d/www.conf. default复制一份并将文件名修
 改为www.conf
[root@localhost php-7.4.15]# cd  /usr/local/php/etc/php-fpm.d/
[root@localhost php-fpm.d]# ls
www.conf.default
[root@localhost php-fpm.d]# cp www.conf.default www.conf

#可以根据具体情况优化配置文件，内容如下
[root@localhost php-fpm.d]# vim www.conf
```

```
user = nginx
group = nginx
```

5．启动php-fpm

启动服务，可以查看进程是否存在以及端口号是否处于监听状态，默认使用 9000 端口，如果需要关闭服务直接通过终止进程的方式实现。

```
#启动服务
[root@localhost php-fpm.d]#/usr/local/php/sbin/php-fpm
[root@localhost php-fpm.d]# netstat -anop | grep "php-fpm"

#通过 killall 终止进程的方式关闭 php 服务
[root@localhost php-fpm.d]# killall php-fpm
```

6．配置Nginx解析PHP

因为默认 Nginx 服务的 PHP 模块是被注释掉的，所以需要将注释的内容全部取消，让 Nginx 服务支持解析 PHP 页面。

```
#在 Nginx 服务的配置文件中取消 PHP 模块的注释“;”，这里显示的是 65~71 行，同时将用户
 名改为 nginx
[root@localhost /]# vim /usr/local/nginx/conf/nginx.conf
3 user nginx;
65        location ~ \.php$ {
66            root           html;
67            fastcgi_pass   127.0.0.1:9000;
68            fastcgi_index  index.php;
#将/scripts 修改为 nginx 的工作目录
69            fastcgi_param  SCRIPT_FILENAME  $document_root $fastcgi_
                             script_name;
70            include        fastcgi_params;
71        }
```

11.3.5　发布 Discuz 论坛

等待上述 LNMP 的环境全部部署成功后，可以编写测试页面，先测试 LNMP 协通工作是否正常。

1．编写测试页面

使用源码包部署完 LNMP 环境后，为确保可以正常使用，可以编写两个测试页面，以确保 Nginx 服务可以正常解析 PHP 页面并连接 MySQL 数据库。

（1）在 Nginx 服务的默认存放目录/usr/local/nginx/html/下编写测试页面 test.php 和 testdb.php。当然这一步不是必需的，可以省略而直接部署 Discuz 论坛，这里主要展示 PHP 7.0 以上版本测试连接 MySQL 数据库的情况。

```
#进入 Nginx 安装目录下的网站源码默认存放目录，编写 Nginx 解析 PHP 页面的测试文件
 test.php 和连接后台数据库的测试页面 testdb.php
```

```
#nginx 解析 PHP 的测试页面
[root@localhost /]# cd /usr/local/nginx/html/
[root@localhost html]# vim test.php
<?php
phpinfo();
?>

#PHP 连接后台数据库的测试页面
[root@localhost html]# vim testdb.php
<?php
$link=mysqli_connect('localhost', 'root', '123456');
if($link)
echo "connect success!";
else
echo "connect fail!";
?>

#重启 Nginx、MySQL 及 PHP 服务
[root@localhost html]# systemctl restart nginx.service
[root@localhost html]# systemctl stop mysqld.service
[root@localhost html]# systemctl start mysqld.service
[root@localhost html]# killall php-fpm
[root@localhost html]#/usr/local/php/sbin/php-fpm
```

（2）通过客户端直接访问 http://172.16.1.10/test.php 和 http://172.16.1.10/testdb.php，结果如图 11.3 和图 11.4 所示。

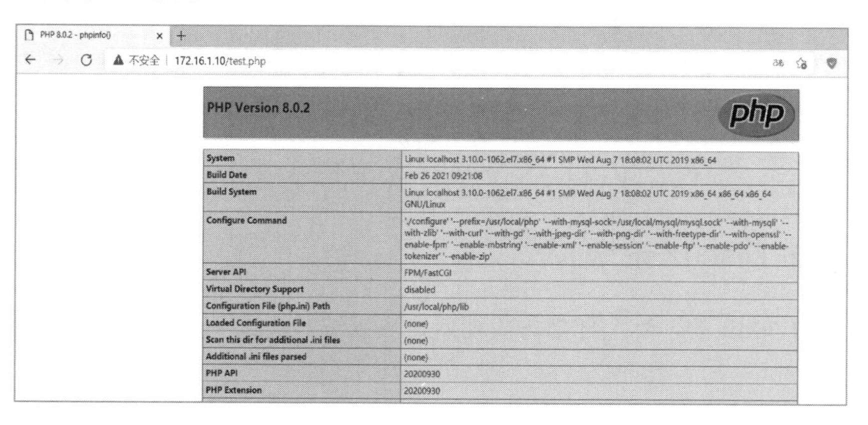

图 11.3　Nginx 解析 PHP 的页面

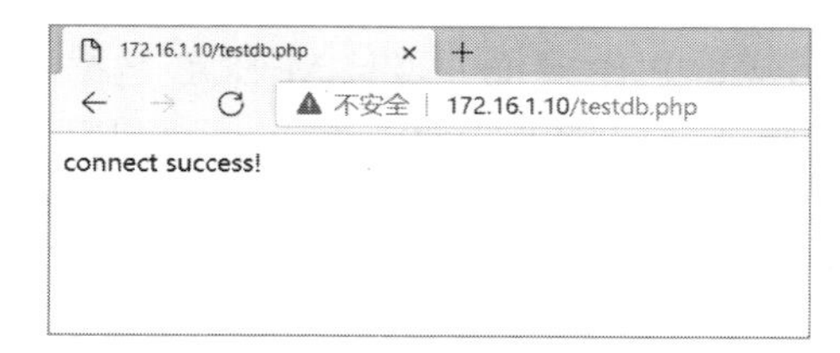

图 11.4　PHP 连接后台数据库的页面

2．在服务器端解压Discuz论坛的网站源码

将从官网下载的 zip 网站源码包解压到/usr/local/nginx/html/目录，对解压的目录 upload 进行权限修改，赋予写入权限。

```
#使用 zip 命令将网站源码解压至 Nginx 的默认存放目录
[root@localhost ~]# unzip /home/lnmp/Discuz_X3.4_SC_UTF8_20210119.zip  -d
/usr/local/nginx/html/
[root@localhost ~]# ls /usr/local/nginx/html/
50x.html  index.html  qqqun.png  readme  readme.html  testdb.php  test.php
upload  utility

#将解压后的 upload 目录赋予写入权限，这里直接设置为 777
[root@localhost ~]# chmod -R 777 /usr/local/nginx/html/upload/
```

3．在客户端访问网站安装向导

服务端设置完毕后，在客户端通过浏览器直接访问服务的 Web 页面进行安装，具体步骤如下：

（1）直接在客户端浏览器中输入网站地址 http://172.16.1.10/upload/install/进入 Discuz 论坛的安装向导页面，如图 11.5 所示。

图 11.5　Discuz 安装向导

（2）单击“我同意”按钮进入开始安装页面，注意看当前状态是否都有可写权限，如果没有，记得赋予 upload 目录写入权限，如图 11.6 所示。

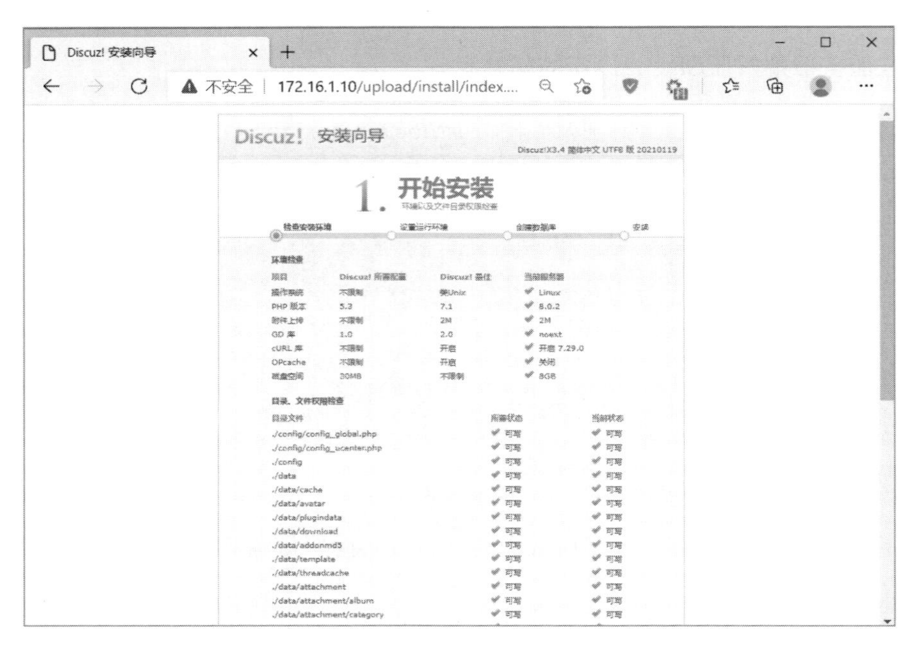

图 11.6　开始安装页面

（3）单击 “下一步”按钮进入设置运行环境页面，如图 11.7 所示。

图 11.7　设置运行环境

（4）在设置运行环境页面选中“全新安装 Discuz! X（含 UCenter Server）”单选按钮，单击“下一步”按钮进入安装数据库页面，数据库用户名和密码一定要和在 MySQL 数据库中设置的授权远程登录用户名和密码保持一致。至于数据库名、数据表前缀和系统邮箱 Email 可按需设定。将后台管理员密码设置为 123456，如图 11.8 所示。

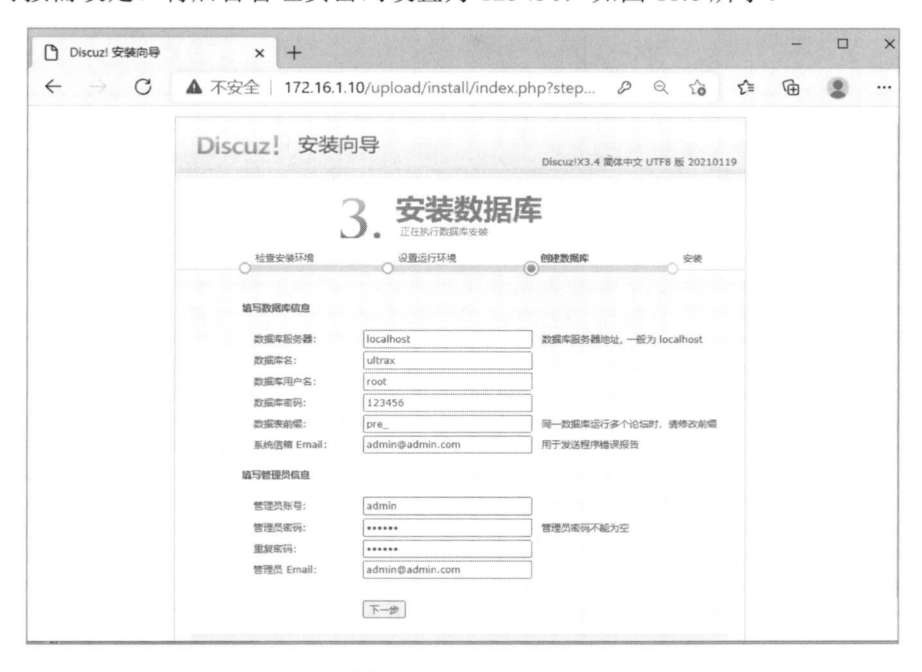

图 11.8　安装数据库

（5）设置好数据库后，单击“下一步”按钮开始安装，安装完成后如图 11.9 所示。

图 11.9　完成安装

（6）访问地址 http://172.16.1.10/upload/，如果需要对前台页面进行个性化修改，可以进入论坛的后台管理页面，后台密码就是刚才安装数据库时设置的密码，至此在 LNMP 环境下部署 Discuz 论坛就完成了。前台页面如图 11.10 所示。

图 11.10　Discuz 论坛首页

第 12 章　Shell 脚本

前面的章节介绍了系统管理命令和常用服务的搭建。有时候单个命令或程序无法满足复杂的环境，需要通过程序文件去完成，以提高管理人员的工作效率，实现自动化管理，此时就需要编写 Shell 脚本来实现。Shell 是偏向于操作系统层面的脚本编程语言，相对于其他高级编程语言，Shell 脚本更加适合对系统方面进行管理。当然 Python 语言也能在 Linux 系统中使用，但是本章只重点介绍 Shell 的常用功能、基本语法、变量以及流程控制语句的使用。

本章的主要内容如下：

- Shell 脚本的常用变量；
- Shell 脚本的编写格式及运行方式；
- 条件判断语句 if；
- 循环语句 while、until 和 for；
- 循环控制语句 break 和 continue；
- 选择语句 case 和 select；
- 函数的简单使用。

注意：本章的难点在于流程控制语句的使用。

12.1　Shell 概述

在学习 Shell 脚本前，首先需要明白 Shell 到底是什么，并要了解常见的 Shell 类型以及如何切换不同的 Shell 环境。

12.1.1　Shell 的作用和类型

Shell 简单来说就是一个命令解释器，它介于操作系统内核和用户之间，负责将用户输入的命令传递给系统内核进行执行，然后将结果输出到屏幕上给用户。其作用相当于一个“翻译官”。

在 Linux 系统中，常见的 Shell 类型有 Bsh、Ksh、Bash、Csh 和 Zsh。

- Bash 是 Bourne Again Shell 的缩写，是为 GNU 项目设计的，是大多数 Linux 发行版默认使用的 Shell。
- Bsh 是 Bourne Shell 的缩写，是较早的 UNIX Shell 程序，实现了最基本的命令解释功能。
- Csh 是 C Shell 的缩写，使用的是“类 C”语法，具备 C 语言的风格，共有 52 个内部命令，它在交互式界面方面改进了许多，更加适合用户操作。
- Ksh 是 Korn Shell 的缩写，它结合 Bsh 和 Csh 的优点，基于 Bsh 的源代码发展而来，在 UNIX 系统中使用较多。
- Zsh 是 Z Shell 的缩写，有 84 个 Linux 内部命令，添加了 Bash、Ksh 和 Csh 的特性，命令行功能完善，会逐步成为 Bash 的替代品。

12.1.2 Shell 环境切换

接下来介绍如何查询当前系统支持的 Shell 环境和当前用户的默认 Shell 环境，以及如何切换不同的 Shell 环境。

1．Shell环境的查询

在 CentOS 系统中默认采用 Bash 登录 Shell，除此以外还可以支持其他 Shell 环境，文件/etc/shells 记录了系统支持的 Shell 环境。查询当前登录用户使用的 Shell 环境可以通过文件/etc/password 和环境变量 SHELL 进行查询。

（1）查询系统支持的 Shell 环境。

直接通过查看配置文件/etc/shells 可以查询系统支持的 Shell 环境。文件内容如下：

```
#查看文件/etc/shells 中记录的 Shell 环境
[root@localhost ~]# cat /etc/shells
/bin/sh
/bin/bash
/usr/bin/sh
/usr/bin/bash
/bin/tcsh
/bin/csh
```

（2）查询当前登录用户的 Shell 环境。

通过环境变量 SHELL 或者用户配置文件/etc/passwd 可以查询当前用户的 Shell 环境，操作如下：

```
#查看当前登录用户 root 的 Shell 环境，也可以理解为系统默认的 Shell，以下两种方式任选
 其一
[root@localhost /]# echo $SHELL
/bin/bash
[root@localhost /]# grep "^root" /etc/passwd
root:x:0:0:root:/root:/bin/bash
```

2．Shell环境的切换

在使用系统的过程中，如果用户需用使用不同的 Shell 环境去操作命令，可以通过临时切换和永久修改两种方式实现。永久修改方式需要重启之后才能生效。

（1）临时切换。

临时切换用户的 Shell 环境只是临时调用，重启之后就失效了，可以通过/etc/shells 文件查询系统支持的 Shell 环境，在 Linux 系统中直接使用 Shell 名或者绝对路径进行切换。

```
#将当前 root 用户的 Shell 环境从/bin/bash 切换为/bin/sh
[root@localhost /]# sh
sh-4.2#

#使用 exit 命令返回原来的 Shell 环境
sh-4.2# exit
exit
[root@localhost /]#
```

（2）永久修改。

如果需要将用户的 Shell 环境永久修改，可以通过 usermod 和 chsh 两条命令来实现，其中 Shell 名一定要使用绝对路径加名称（可以通过查询/etc/shells 文件获取）。注意，需要重启之后用户下次登录时才会生效。命令格式如下：

```
usermod -s  Shell 名 用户名
chsh    -s  Shell 名 用户名
```

详细示例如下：

```
#使用 chsh 命令修改 zhangsan 用户的 Shell 环境为/bin/csh
[root@localhost /]# chsh -s /bin/csh zhangsan
Changing shell for zhangsan.
Shell changed.
[root@localhost /]# grep "zhangsan" /etc/passwd
zhangsan:x:1004:1006::/home/zhangsan:/bin/csh

#使用 usermod 命令修改 zhangsan 用户的 Shell 环境为/bin/tcsh
[root@localhost /]# usermod -s /bin/tcsh zhangsan
[root@localhost /]# grep "zhangsan" /etc/passwd
zhangsan:x:1004:1006::/home/zhangsan:/bin/tcsh
```

12.2　Shell 变量

在编写 Shell 脚本时需要用到 Shell 变量。变量通常使用特定的字符（一般是以下划线或字母开头）表示，它用来存储数据，只不过这些数据是随着系统或用户设定的变化而变化的。变量的赋值采用表达式的方式，即“变量名=变量值”，其中等于号“=”表示赋值，意思是将右边的变量值赋给左边的变量名。

在 Shell 脚本中变量主要分为 4 类，即本地变量、环境变量、位置变量和特殊变量。

12.2.1 变量的查询和显示

可以使用 set 命令查看当前 Shell 环境中的所有变量，使用 export、printenv 和 env 命令查看当前 Shell 环境中的环境变量。在后面的讲解中将逐步使用这些命令查询所需要的变量。

1. 清除变量

并不是所有变量都能被清除。清除的变量一般是用户自定义的变量或用户自定义的环境变量，可以使用 unset 命令接指定变量名对变量进行清除。

2. 打印输出

在编写 Shell 脚本时，如果需要打印输出信息或变量值，可以使用 echo 或 printf 命令，其中 printf 命令相对 echo 命令功能更加丰富，能够更好地控制输出格式。下面分别介绍这两条命令的使用方式。本节使用 echo 命令相对较多。

（1）echo 命令

echo 命令除了能够在屏幕上打印输出信息外，还可以输出变量的值。命令格式如下：

```
echo  [选项]  字符串[特殊符号]
```

常用选项如下：

- -n：打印输出不换行。
- -e：启用特殊符号（转义符）。

其中，“-e”选项中特殊符号的说明如表 12.1 所示。

表 12.1 “-e”选项中的特殊符号说明

特殊符号	说　　明
\a	发出警告声
\b	退格，光标前移一位，并将之后的内容覆盖输出，其后无内容时，不覆盖本来已有内容
\c	不执行其后内容的输出，也不自动换行
\\	启用右斜杠，插入\字符
\n	换行
\r	回车，其后内容移至行首输入，覆盖之前的输入
\t	水平制表符
\v和\f	垂直制表符
\0nnn	插入nnn所代表的ASCII字符，n为八进制数字
\xHH	插入HH所代表的ASCII字符，H为十六进制数字

详细示例如下：

```
#输出不换行，第一个是不使用“-n”的效果，第二个是使用“-n”的效果，至于“&&”后文再进
 行讲解
[root@localhost ~]# echo "123" && echo "456"
123
456
[root@localhost ~]# echo -n "123" && echo "456"
123456

#使用特殊符号，直接查看结果
[root@localhost ~]# echo -e "123\babc"
12abc

[root@localhost ~]# echo -e "test\c111"
test[root@localhost ~]#

[root@localhost ~]# echo -e "test\n123"
test
123

[root@localhost ~]# echo -e "123\rab"
ab3

[root@localhost ~]# echo -e "123\vabc"
123
   abc


#大写 A 的 ASCII 值为 65。下面需要使用进制数的转换，这里不再进行解释
[root@localhost ~]# echo -e "\0101"
A

[root@localhost ~]# echo -e "\x41"
A

#使用 echo 打印彩色字体和彩色背景，在系统中可以看到 testname 字符显示为红色，背景色是
 绿色，其具体用法请自行查询
[root@localhost ~]# echo -e "\e[1;31;42m testname \e[0m"
 testname
[root@localhost ~]# echo -e "\033[1;31;42m testname \033[0m"
 testname
```

（2）printf 命令

printf 命令的特点在于能够控制输出的格式，因此在编写 Shell 脚本时，某些场景也会使用 printf 命令。不过一般在维护系统的 Shell 脚本中使用 echo 命令基本就够了，printf 命令可以作为额外的知识点进行学习。printf 命令格式如下：

```
printf        格式      参数
```

printf 命令中的特殊符号（也就是转义字符）的使用方法参考表 12.1，二者的区别就是八进制数的 ASCII 字符使用“\nnn”，打印双引号需要借助转义符“\"”，打印单个百分

号使用“%%”，其他用法相同。

printf 命令的常用类型转换符说明如表 12.2 所示。需要注意的是，默认格式转换后显示的都是靠右对齐，如果需要靠左对齐，使用“-”表示。例如，“%-6d”表示占 6 个字符宽度，靠左对齐，以十进制数显示，“%.2f”表示以小数位两位的浮点数显示，其中“.2”值参数保留两位小数。

表 12.2 printf命令的类型转换符说明

类型转换符	说　　明
%d	将参数以十进制数表示
%f	将参数以浮点数表示
%s	将参数以字符串表示
%x	将参数以十六进制数表示
%o	将参数以八进制数表示

详细示例如下：

```
#使用转义符“\n”将打印信息换行输出
[root@localhost ~]# printf "123\n456\n"
123
456
[root@localhost ~]# printf "\"name\"\n"
"name"
[root@localhost ~]# printf "50.2%%\n"
50.2%

#使用%d、%.2f、%o 和%x 将参数 12 分别转换为十进制数、带两位小数的浮点数、八进制数和十
 六进制数，结合转义符“/n”实现换行输出
[root@localhost ~]# printf "decimal:%d\nfloat:%.2f\noctal:%o\nhex:%x\n"
12 12 12 12
decimal:12
float:12.00
octal:14
hex:c

#打印一张学生表不指定宽度和对齐方式，结果如下
[root@localhost ~]# printf "%s\t %s\t %s\n" "name" "sex" "age" "Jack" "boy"
"24" "Amy" "girl" "22"
name     sex    age
Jack     boy     24
Amy     girl     22
#%5s 表示输出宽度为 5 个字符，输出不满 5 个字符的，用空格补全，输出字符的对齐方式是右对
 齐；%-5s 表示输出宽度为 5 个字符，输出字符的对齐方式是左对齐
[root@localhost ~]# printf "%5s\t %5s\t %5s\n" "name" "sex" "age" "Jack"
"boy" "24"
[root@localhost ~]# printf "%-5s\t %-5s\t %-5s\n" "name" "sex" "age" "Jack"
"boy" "24"
```

12.2.2　本地变量

本地变量就是用户自己定义的变量，也称为自定义变量，只在当前用户的 Shell 环境中生效。如果在 Shell 中启动另外一个进程或者退出一个进程，这个变量就失效了。

1．定义变量

变量名一般以下划线或字母开头，名称由字母、数字和下划线组合而成，通过表达式的形式定义，格式如下：

```
变量名=变量值
```

自定义变量分为局部变量和全局变量。如果在定义变量时使用关键字 export，就表示该变量为全局变量，针对所有 Shell 环境都生效；否则就是局部变量，只是针对当前的 Shell 环境生效，切换到其他 Shell 环境就失效了。对于变量的值，也就是变量的内容，可以使用单引号、双引号、反撇号，也可以不使用任何引号。

- 不加任何引号：一般针对数字、简单的字符和字符串，如果内容中存在变量会解析出变量的值。
- 单引号（''）：变量的内容是什么就会原样输出什么，当引号中存在变量名时，也会将变量名当作普通字符处理。
- 双引号（""）：和不加任何引号是一样的，但有些变量的内容必须加上双引号，比如逻辑运算符中的乘号“*”。编写脚本时一般直接省略。
- 反撇号（``）：表示变量的内容是由命令执行的结果而来的，在复制给变量时必须使用。反撇号是键盘 Tab 键上面的键输出的字符。

详细示例如下：

```
#定义变量 a 并赋值 100，可以使用双引号，也可以省略
[root@localhost ~]# a=100

#统计系统的登录用户数，将这个值赋给变量 b 时必须使用反撇号
[root@localhost ~]# b=`who | wc -l`

#定义变量 name 并赋值 zhangsan
[root@localhost ~]# name='zhangsan'

#定义全局变量 x 和局部变量 y
[root@localhost ~]# export x=666
[root@localhost ~]# y=888
```

2．引用和打印变量值

引用变量值需要在变量名前面添加符号“$”，例如“$变量名”，如果引用的变量值输出时还需要在后面接其他字符，则必须使用“{ }”将变量名包裹起来。

将引用的变量值打印输出到屏幕上，可以使用 echo 或 printf 命令，如“echo $变量名”或者“printf "$变量名"”。在后面的学习中，echo 命令的使用频率高一点。

```
#引用变量 a 的值，并将结果输出到屏幕上，分别使用单引号和双引号进行测试
[root@localhost ~]# echo "$a"
100
[root@localhost ~]# echo $a
100
[root@localhost ~]# echo '$a'
$a

[root@localhost ~]# printf "$b\n"
3

#在引用变量 name 的值后面接上其他字符输出，如果变量名不使用“ {} ”包裹，则输出为空
[root@localhost ~]# echo $nameisboy

[root@localhost ~]# echo ${name}isboy
zhangsanisboy

#在当前 Shell 环境中输出全局变量 x 和局部变量 y 的值，然后再临时切换到/bin/sh 环境打印
 输出，可以发现局部变量 y 失效了
[root@localhost ~]# echo $x
666
[root@localhost ~]# echo $y
888
[root@localhost ~]# sh
sh-4.2# echo $x
666
sh-4.2# echo $y

#如果要直接打印输出命令的结果，可以使用反撇号或$()实现
[root@localhost ~]# echo `who | wc -l`
2
[root@localhost ~]# echo $(who | wc -l)
2
```

3．查询和删除本地变量

可以使用 set 命令查询所有变量，包括本地变量，可以使用 unset 命令删除变量。

```
#查看本地变量，会列出当前 Shell 环境中的所有变量
[root@localhost ~]# set

#删除自定义的变量 a，然后再打印输出变量的值时就为空
[root@localhost ~]# unset a
[root@localhost ~]# echo $a
```

4．从控制台给变量赋值

可以使用 read 命令通过控制台（键盘）对变量进行赋值，如果使用选项“-p”就必须接上描述语，就算描述语为空都行，否则变量定义失败。在实际编写脚本时最好接上对应的描述语，相当于添加了提示语。命令格式如下：

```
read  选项   变量名
```

常用选项说明如下：

- -a：将输入的数据复制给数组 array，下标从 0 开始，@表示全部。
- -d：指定输入行的结束符号，默认使用换行符。
- -n：指定输入的字符数，如果没有指定字符数且没有全部读取完，按 Enter 键也会结束。
- -N：严格限定输入的字符数，如果没有指定字符数且没有全部读取完，按 Enter 键也不会结束。其中，换行符或回车符也算一个字符。
- -p：指定描述语。
- -s：静默显示，输入的内容不会在屏幕上显示。
- -t：设置超时时间，默认单位为秒（s）。

详细示例如下：

```
#将读取的数据赋值给数组变量 array
[root@localhost sh]# read -a array
windows linux unix macos
[root@localhost sh]# echo ${array[@]}
windows linux unix macos
[root@localhost sh]# echo ${array[0]}
windows
[root@localhost sh]# echo ${array[1]}
linux

#指定读取行的结束符为“#”，意思就是在打印输出语句后面自定义一个结束符号
[root@localhost sh]# read -d "#"123
#[root@localhost sh]#

#限定从控制台输入 4 个字符数，输入未满 4 个也可以按 Enter 键直接结束
[root@localhost sh]# read -n 4 && printf "\n"
1234

#严格限定从控制台输入 6 个字符，未满 6 个无法按 Enter 键结束，回车符也占用一个字符
[root@localhost sh]# read -N 6
123                                  #按 Enter 键也算一个字符
45

#定义变量名 c，从控制台给变量赋值，使用描述语，会显示一段提示告诉使用者干什么
[root@localhost ~]# read -p "please enter number:" c
please enter number:123
[root@localhost ~]# echo $c
123

#不使用描述语，从控制台给变量 d 赋值
[root@localhost ~]# read d
600
[root@localhost ~]# echo $d
600
```

```
#使用选项“_p”，但是后面不接描述语，就会出现变量定义失败的情况
[root@localhost ~]# read -p e
e999
[root@localhost ~]# echo $e

[root@localhost sh]# read -sp "please enter password:" passwd && printf "\n"
please enter password:                    #输入密码 123456 时未显示
[root@localhost sh]# echo $passwd
123456

#限时 5 秒输入，超过 5 秒未输入会自动退出
[root@localhost sh]# read -p "wait for 5 seconds:" -t 5 a
wait for 5 seconds:
```

5. 本地变量的运算符

在定义数字变量特别是整数时离不开各种运算符。例如，在后续章节中介绍循环语句时需要控制脚本的循环次数，此时便需要使用一些简单的整数运算。下面介绍常用的运算符。

（1）算术运算符

Shell 并不属于高级编程语言，因此只能进行一些简单的整数运算，对于小数等复杂的数据运算是不适用的。关于整数的算术运算符如表 12.3 所示，其中需要重点掌握加减乘除的使用，其他的可以作为参考进行了解。

表 12.3　算术运算符

运　算　符	说　　明
+	加法运算符
-	减法运算符
*	乘法运算符
/	除法（整除）运算符
%	取模（取余）运算符
**	乘方运算符
++	递增
--	递减
<<	左移运算符
>>	右移运算符
~	按位取反运算符
|	按位或运算符
&	按位与运算符
^	按位异或运算符

（2）比较运算符

对于整数或字符的比较无非就是相同或不相同，使用的运算符如表 12.4 所示。

表 12.4　比较运算符

运　算　符	说　　明
==	数字等于
=	字符串等于
!=	不等于
<	小于
<=	小于或等于
>	大于
>=	大于或等于

（3）赋值运算符

表达式“a=a+1”有时候也会写成“a+=1”的格式，其中“+=”便是赋值运算符。常用的赋值运算符如表 12.5 所示。

表 12.5　赋值运算符

运　算　符	说　　明
=	赋值
+=	a+=1等同于a=a+1
-=	a−=1等同于a=a−1
*=	a*=1等同于a=a*1
/=	a*=1等同于a=a*1
%=	a%=1等同于a=a*1

6．expr数值运算命令

expr 命令属于 Shell 脚本中的标准语法，对于整数数值运算，其命令格式如下：

```
expr        数值[变量]        运算符    数值[变量]
```

注意，数值（或变量）与运算符之间需要使用空格隔开。

详细示例如下：

```
#通过整数值运算
[root@localhost ~]# expr 3 + 4
7
[root@localhost ~]# expr 3 \* 4
12
[root@localhost ~]# expr 10 - 4
6
[root@localhost ~]# expr 10/4
2
[root@localhost ~]# expr 10 % 3
1
```

```
#通过定义变量的方式运算
[root@localhost ~]# x=12
[root@localhost ~]# y=7
[root@localhost ~]# expr $x + $y
19
```

7. 双小括号(())数值运算

并不是所有的运算符都可以使用 expr 命令实现，例如幂次方、位运算、比较运算和赋值运算等复杂的整数计算需要借助双小括号实现。

```
#求 3 的二次方
[root@localhost ~]# echo $((3**2))
9

#a++表示先赋值后运算，++a 表示先运算后赋值
[root@localhost ~]# a=66
[root@localhost ~]# b=$((a++)) #先将变量 a 的值赋给变量 b，然后 a 自增一次变为 67
[root@localhost ~]# c=$((++a)) #a 的值为 67，再次自增一次变成 68 后赋给变量 c
[root@localhost ~]# echo $b
66
[root@localhost ~]# echo $c
68

#按位取反，简单来说就是数字加 1，得到的结果正数变负数，负数变正数
[root@localhost ~]# echo $((~3))
-4
[root@localhost ~]# echo $((~-3))
2

#左移是以二进制数进行计算，3 的二进制数为 11，左移表示右侧补一位变成二进制数 110，结果
 为十进制数 6
[root@localhost ~]# echo $((3<<1))
6

#右移，7 的二进制数为 111，去掉右侧两位变成二进制数 1，转换为十进制数为 1
[root@localhost ~]# echo $((7>>2))
1

#按二进制位进行异或运算，相同为 0，不同为 1，3 的二进制数为 011，5 的二进制数为 101，异
 或运算后二进制数为 110，转换为十进制数为 6
[root@localhost ~]# echo $((3^5))
6

#按二进制位进行或运算，只要有一个 1 就为 1
[root@localhost ~]# echo $((3|5))
7

#按二进制位进行与运算，全为 1 结果就为 1
[[root@localhost ~]# echo $((3&5))
1
```

```
#对于变量的使用方式
[root@localhost ~]# x=23
[root@localhost ~]# y=10
[root@localhost ~]# echo $((x*y))
230
```

8．$[]数值运算

$[]其实和$(())的用法一致，特别是在使用一些较为复杂的综合算术运算时推荐使用$[]。详细示例可以参考下面的演示，请注意查看显示结果。

```
#比较运算符的使用，运算结果为真则返回 1，为假则返回 0
[root@localhost ~]# echo $[1>2]
0
[root@localhost ~]# echo $[1<2]
1
[root@localhost ~]# echo $[1!=2]
1
[root@localhost ~]# echo $[1==1]
1
[root@localhost ~]# echo $[i=3+4**2-5]
14
```

注意：算术运算涉及的数字及变量都必须是整数，不能为小数。

12.2.3　环境变量

环境变量也称为全局变量，就是用户登录系统后预先设定好的变量，命名规则是以大写字母、数字和其他字符组成，不使用小写字母。系统中默认的内置环境变量是无法修改的，只有极少数自定义的环境变量是可以进行修改的。

环境变量一般都存放在系统的配置文件中，而配置文件针对用户而言分为全局配置文件和局部配置文件。其中，全局配置文件是/etc/profile 文件，其内设置的环境变量针对所有用户都生效；局部配置文件是位于用户宿主目录下的~/.bash_profile 文件，其内设置的环境变量只针对该用户生效。

1．查看环境变量

可以使用 set 命令查看所有环境变量，也可以使用专属查看环境变量的命令 env 和 printenv。

```
#使用 env 或 printenv 命令查看系统中的所有环境变量
[root@localhost ~]# env

[root@localhost ~]# printenv
```

2. 常用内置环境变量说明

系统中内置的环境变量都是系统已经设定好的，用户无法修改，部分自定义的环境变量是根据用户的设定变化的，例如前面章节中我们设定的 JDK 中的 JAVA_HOME、Tomcat 中的 CATALINA_HOME 等都属于自定义环境变量。下面对一些较为常用的内置环境变量进行说明。

- $USER 和$LOGANME：当前登录的用户名。
- $UID：当前登录用户的 UID 号。
- $SHELL：当前登录用户的默认 Shell 环境。
- $HOME：当前登录用户的宿主目录。
- $PWD：当前用户的工作路径。
- $HOSTNAME：当前计算机的计算机名。
- $LANG：查看系统默认的字符编码。
- $PS1：当前用户的主提示符（命令行提示符）。
- $PS2：当前用户的辅助提示符。
- $REPLY：如果 read 命令中未指定变量名，这个环境变量默认作为 read 命令的变量名。

详细示例如下：

```
#内置环境变量
[root@localhost ~]# echo $LOGNAME
root
[root@localhost ~]# echo $USER
root
[root@localhost ~]# echo $LANG
en_US.utf8
[root@localhost ~]# echo $PS1
[\u@\h \W]\$
[root@localhost ~]# echo $PS2
>
```

3. 自定义环境变量

除了内置的环境变量，有时候也会自定义一些软件或服务所需要的环境变量，一般都是直接存放到配置文件中。如果需要临时定义，则可以使用下面代码中的三种方式，其在系统重启之后就失效了。

```
#自定义环境变量，这是在之前服务安装时已经在配置文件中/etc/profile 设置好的，如为空就
 表示没有设置
[root@localhost ~]# echo $JAVA_HOME
/usr/local/jdk1.8
[root@localhost ~]# echo $CATALINA_HOME
/usr/local/tomcat9
```

```
#设置临时环境变量的三种方式，不写入配置文件中
[root@localhost ~]# export NAME=zhangsan
[root@localhost ~]# echo $NAME
zhangsan

[root@localhost ~]# declare -x SEX=boy
[root@localhost ~]# echo $SEX
boy

[root@localhost ~]# AGE=19;export AGE
[root@localhost ~]# echo $AGE
19
```

12.2.4　位置变量

位置变量是给脚本中的变量传递参数使用的，使用$1~$9 表示，如果数字超过了两位就使用大括号 { } 将数字引用起来，例如第十个位置变量表示为“${10}”。

```
#编写脚本 a.sh，后面会详细讲解脚本语法，这里主要看位置变量的使用
[root@localhost ~]# mkdir /home/sh
[root@localhost ~]# cd /home/sh
[root@localhost sh]# vim a.sh
#!/bin/bash
echo $1 $2 $3 $4 $5 $6 $7 $8 $9 ${10} ${11}
[root@localhost sh]# bash a.sh 1 2 3 4 5 6 a b c d e f g
1 2 3 4 5 6 a b c d e
```

12.2.5　特殊变量

特殊变量也称为预定义变量，用户是无法创建或修改特殊变量的。常用的特殊变量如下：

- $?：返回命令执行的状态，若要判断上条命令是否执行成功可以使用“echo $?”，返回的状态值为 0 表示执行成功，非 0 表示执行失败。
- $#：表示位置参数的个数。
- $*：表示位置参数的传递内容。
- $$：表示当前进程的进程 ID 号。
- $0：表示当前执行进程的进程名。
- $!：表示最后一个后台进程的进程 ID 号。

详细示例如下：

```
#使用预定义变量$?判断上一条命令是否执行成功，0 表示执行成功，非 0 表示执行失败
[root@localhost /]# echo $PWD
[root@localhost /]# echo $?
0
[root@localhost /]# echo12312
-bash: echo12312: command not found
[root@localhost /]# echo $?
```

```
127

#修改在 12.2.4 节中编写的脚本 a.sh，添加预定义变量$#和$*，执行后看效果
[root@localhost /]# cat /home/sh/a.sh
#!/bin/bash
echo $1 $2 $3 $4 $5 $6 $7 $8 $9 ${10} ${11}
echo $#
echo $*
[root@localhost /]# bash /home/sh/a.sh 1 2 3 4 5 6 7 8 a b c d e f
1 2 3 4 5 6 7 8 a b c
14
1 2 3 4 5 6 7 8 a b c d e f

#显示当前进程的 ID 号和进程名
[root@localhost /]# echo $$ $0
1423 -bash

#显示最后一个后台进程的 ID 号，创建两个后台进程测试
[root@localhost /]# ping 127.0.0.1 &> /dev/null &
[1] 2059
[root@localhost /]# ping 127.0.0.1 &> /dev/null &
[2] 2061
[root@localhost /]# echo $!
2061
```

12.3 初识 Shell 脚本

Shell 脚本是一个以.sh 结尾的可执行文件，执行语句的顺序是连续自动执行多条 Linux 命令，直到所有命令执行完毕后才会结束，用于完成系统中一些较为复杂的管理任务。本节将学习简单的 Shell 脚本的编写方法和运行方式。

12.3.1 Shell 脚本格式

Shell 脚本的第一行是以“#!”开头，后面紧跟 Shell 环境的绝对路径以及 Shell 名，指明当前 Shell 脚本的运行环境，其中注释行也是以“#”开头。最核心的组成部分是可执行的语句块，语句块由多条 Linux 命令组成，也可以是流程控制语句。创建和编辑 Shell 脚本直接使用 vi 命令即可。

1. Shell脚本中常用的符号说明

在编写 Shell 脚本时会用到管道符、定向符以及特殊的文件，关于管道符和定向符号在 2.4 节已简单介绍。

（1）设备文件说明。

- /dev/null：黑洞文件，一般在脚本中为不显示输出信息，可以将信息直接输入该文

件中，但是文件大小是不会变化的。

- /dev/stdin：标准输入文件，有时候以设备编号 0 替代。
- /dev/stdout：标准输出文件，有时候以设备编号 1 替代。
- /dev/stderr：标准错误输出文件，有时候以设备编号 2 替代。

（2）管道符及定向符文件说明。

- |：管道符，将前面命令的结果作为后面命令的参数使用。
- >：覆盖重定向标准的正确输出，将正确执行命令的结果直接写入指定文件，不在屏幕上显示，文件存在内容则直接覆盖。
- >>：追加重定向标准的正确输出，将正确执行命令的结果直接写入指定文件，不在屏幕上显示，文件存在内容则在文件尾部追加。
- 2>：覆盖重定向标准的错误输出，和>相反，是将错误执行命令的结果写入文件中。
- 2>>：追加重定向标准的错误输出，和>>相反，是将错误执行命令的结果写入文件中。
- &>：标准正确和错误输出，无论命令是否执行成功都会将结果写入文件中，不会在屏幕上显示。

详细示例如下：

```
#将错误执行命令的结果写入/home/a.txt 文件中，使用 1>命令执行的结果会在屏幕上输出但不
 会写入文件，使用 2>命令执行的结果直接写入文件，屏幕上没有输出
[root@localhost ~]# dsfa  1>/home/a.txt
bash: dsfa: command not found...
[root@localhost ~]# dsfa  2>/home/a.txt
[root@localhost ~]# cat /home/a.txt
bash: dsfa: command not found...

#在脚本中最常用的一种，无论命令是否执行成功都不在终端上输出，标准输出和标准错误将结果
 写入文件 /dev/null 中，其中/dev/null 可以理解为黑洞文件，输出再多数据文件大小也不
 会变化。这样也不会占用磁盘空间。
[root@localhost ~]# ls &> /dev/null
[root@localhost ~]# ls > /dev/null 2>&1
[root@localhost ~]# aa > /dev/null 2>&1
[root@localhost ~]# aa 2> /dev/null 1>&2
```

注意：1>&2 表示把标准输出重定向到标准错误输出，2>&1 表示把标准错误输出重定向到标准输出。

2. Shell脚本的编写

下面使用 vi 或 vim 编辑器编写一个简单的脚本文件，实现输出“Hello，world!”语句，脚本文件名可根据实际情况定义。

```
#编写脚本文件 b.sh，这里统一将脚本文件放入/home/sh 目录中，脚本中的内容就输出
 “Hello，world!”这句话
[root@localhost ~]# cd /home/sh
[root@localhost sh]# vim b.sh
```

```
#!/bin/bash
echo "Hello, world!"
```

12.3.2 Shell 脚本的运行方式

在 CentOS 系统中，Shell 脚本的执行方式有 5 种，下面分别说明。

- 使用 Shell 解释器，根据当前默认的 Shell 环境使用 bash 或 sh 命令执行脚本文件，在命令和脚本文件之间要存在一个空格。
- 使用命令 source 加脚本文件执行，命令与脚本文件之间需加空格。
- 使用符号“.”加脚本文件执行，符号与脚本文件之间需加空格。
- 使用符号“./”加脚本文件执行，符号与脚本文件之间无须加空格，但是一定要赋予脚本文件可执行权限 x 才可以执行。

下面将编写的脚本文件 b.sh 按照上述 5 种方式运行。

```
#执行/home/sh 目录中的脚本文件，是不存在可执行权限的
[root@localhost sh]# ls -lh b.sh
-rw-r--r-- 1 root root 32 Mar  2 10:33 b.sh
[root@localhost sh]# bash b.sh
Hello, world!
[root@localhost sh]# sh b.sh
Hello, world!
[root@localhost sh]# source b.sh
Hello, world!
[root@localhost sh]# . b.sh
Hello, world!
[root@localhost sh]# ./b.sh
-bash: ./b.sh: Permission denied

#使用“./”方式时，如果脚本文件不存在可执行权限 x 是无法执行的，所以应先授予脚本文件可
 执行权限 x
[root@localhost sh]# chmod +x b.sh
[root@localhost sh]# ./b.sh
Hello, world!
```

12.3.3 Shell 脚本简单示例

前面学习了 Shell 的变量、Shell 脚本文件的编写及执行方式，下面将以两个简单的示例进行演示。

示例1：使用Shell模拟整数计算器

通过编写一个 Shell 脚本，通过控制输入数字和算术运算符实现简单的加减乘除取模运算，模拟一个简单的整数计算器功能。

这里编写脚本时使用的是标准格式 expr，注意对于逻辑运算符必须使用双引号引用，否则在使用乘法“*”时会报错，也可以使用$(())或$[]实现。

```
#编写脚本内容如下
[root@localhost sh]# vim c.sh
#!/bin/bash
read -p "please enter the first number:" x #定义第一个变量 x，输入第一个整数
read -p "please enter  the second number:" y #定义第二个变量 y，输入第二个整数
read -p "please enter logical operator:" z #定义第三个变量 z，输入算术运算符
result=`expr "$x" "$z" "$y"`                #算术表达式，定义变量 result
echo $result

#执行脚本文件，使用乘法运算符
[root@localhost sh]# sh c.sh
please enter the first number:6
please enter  the second number:6
please enter logical operator:\*
36
```

示例2：使用Shell求出两个日期之间的天数差

编写脚本从控制台输入两个格式为“YYYY-MM-DD”的日期，日期最好是一个大日期一个小日期，然后计算这两个日期之间相差多少天。

实现思路就是通过 date 命令计算出指定日期到“1970-01-01 00:00:00”经过了多少秒，然后计算出两个日期的秒数差得出天数，为防止出现负数，我们使用大日期的秒数减去小日期的秒数。

```
#编写脚本内容如下
[root@localhost sh]# vim d.sh
#!/bin/bash
read -p "please input small date (YYYY-MM-DD) : "  x  #定义一个变量，指定小日期
read -p "please input big date (YYYY-MM-DD) : "  y  #定义一个变量，指定大日期
m=`date +%s -d "$x"`      #计算出两个日期到 1970-01-01 00:00:00 经过了多少秒
n=`date +%s -d "$y"`
z=`expr $n - $m`                                #两个日期间的秒数差
day=`expr $z/86400`                             #一天是 86400 秒，求出天数
echo "day of $day"

#执行脚本文件，可以看到计算结果正确
[root@localhost sh]# sh d.sh
please input small date (YYYY-MM-DD) : 2020-12-12
please input big date (YYYY-MM-DD) : 2020-12-20
day of 8
```

12.4　流程控制语句

同其他编程语言一样，Shell 也可以使用流程控制语句、循环语句等编写出更加灵活

和功能强大的脚本。本节将学习条件判断语句 if、循环语句、循环控制语句及选择语句的应用。

12.4.1 条件测试表达式

进行条件判断有两种格式，第一种是使用 test 命令，第二种是使用中括号的方式，括号两端必须存在空格。命令“echo $?”执行返回的状态值为 0 表示表达式为真（成功），非 0 表示为假（失败）。格式如下：

```
test    条件表达式
[    条件表达式    ]
```

常用的判断条件包括文件状态比较、整数值比较、字符串比较和逻辑测试，下面将分别介绍这 4 种判断条件的使用。

1．文件状态比较

文件状态比较就是判断这个文件是目录还是普通文件，或文件权限为可读、可写或可执行等。文件状态比较的格式如下：

```
test    操作符          文件或目录
[    操作符    文件或目录    ]
```

常用的操作符有如下几种：

- -b：判断是否为块设备文件。
- -c：判断是否为字符设备文件。
- -d：判断是否为目录。
- -e：判断文件或目录是否存在。
- -f：判断是否为普通文件。
- -L/-h：判断是否为软链接文件。
- -r：判断是否有读取权限。
- -w：判断是否有写入权限。
- -x：判断是否有可执行权限。
- -s：判断文件是否存在且大小大于 0。

详细示例如下：

```
#判断/etc/hosts 文件是否存在，返回值为 0 表示文件存在
[root@localhost ~]# test -e /etc/hosts
[root@localhost ~]# echo $?
0

#判断/etc/hosts 是文件还是目录，返回值为非 0 表示这是一个文件不是目录
[root@localhost ~]# test -d /etc/hosts
[root@localhost ~]# echo $?
```

```
1

#判断文件/etc/hosts 的大小是否大于 0，返回值为 0 表示大于 0
[root@localhost ~]# [ -s /etc/hosts ]
[root@localhost ~]# echo $?
0
```

2. 整数值比较

在条件表达式中对整数值进行比较不能采用“>”等算术运算符，而是需要使用操作符，格式如下：

```
test          整数值   操作符   整数值
[   整数值    操作符   整数值   ]
```

操作符说明如下：

- -eq：等于（Equal）。
- -ne：不等于（Not Equal）。
- -gt：大于（Greater Than）。
- -lt：小于（Lesser Than）。
- -le：小于或等于（Lesser or Equal）。
- -ge：大于或等于（Greater or Equal）。

详细示例如下：

```
#测试 100 是否大于 20，使用连接符号&&表示当前面的命令或结果执行成功，后面的命令才会执行，如果后面的输出语句输出就表示前面的命令执行成功
[root@localhost ~]# [ 100 -gt 20 ] && echo "granter"
granter

#统计根分区的使用率，如果使用率超过 80%就输出一句警告信息“disk will be  full”，此时系统的根分区是 /dev/sda3，只能比较整数值，所有需要将百分号前的整数值截取出来，没有输出就表示使用率没有超过 80%
[root@localhost ~]# a=`df -Th | grep " /dev/sda3"  | awk '{print $6}' | cut
-d "%" -f 1`
[root@localhost ~]# test $a -gt 80 && echo "disk will be full"
```

3. 字符串比较

条件判断中的字符串比较除了相同和不相同，还可以判断是否为空，字符串在比较时最好使用双引号（“”）。格式如下：

```
[   "字符串 1"        操作符    "字符串 2"    ]
[   操作符    "字符串" ]
```

操作符说明如下：

- =：字符串内容相同。
- !=：字符串内容不同，!表示相反的意思。
- -z：字符串内容为空。

- -n：字符串内容不为空。

详细示例如下：

```
#判断两个字符是否相同
[root@localhost ~]# [ "a" = "a" ]
[root@localhost ~]# echo $?
0                                            #相同
[root@localhost ~]# [ "a" = "b" ]
[root@localhost ~]# echo $?
1                                            #不同
#判断字符内容是否为空。
[root@localhost ~]# [ -z "" ]
[root@localhost ~]# echo $?
0                                            #为空
[root@localhost ~]# [ -n "" ]
[root@localhost ~]# echo $?
1                                            #使用操作符-n 时，返回值为非 0 表示空

#查看当前工作路径是否为/home，如果不是就输出当前工作路径，这里使用连接符“||”表示前
 面命令执行失败时后面命令才会执行，借助环境变量 PWD 实现
[root@localhost ~]# test "$PWD" = "/home" || echo "$PWD"
/root                                        #当前工作路径为/root，不是/home
```

4. 逻辑测试

逻辑测试就是判断条件表达式中两个或多个表达式是否同时成立或者有一个条件成立，也就是说逻辑测试是对表达式的逻辑结果（真或假）进行判断。格式如下：

```
[    表达式 1       ]   逻辑测试符    [    表达式 2  ]
```

常用的逻辑测试符如下：

- &&：逻辑与，前后表达式全部成立时整个测试结果才为真，也可以使用“-a”表示，就是 and（而且）的意思。
- ||：逻辑或，前后表达式只要有一个成立则整个测试结果就为真，也可以使用“-o”表示，就是 or（或者）的意思。
- !：逻辑否，对整个表达式的结果取反，即逻辑真变为逻辑假，逻辑假变为逻辑真。

详细示例如下：

```
#使用逻辑与判断前后表达式是否为真，同时为真时整体测试结果才为真
#使用中括号[]和符号“&&”的写法
[root@localhost ~]# [ "a" = "a" ] && [ 2 -gt 1 ]
[root@localhost ~]# echo $?
0
[root@localhost ~]# [ "a" = "a"  -a  2 -gt 1 ]       #使用“-a”的写法，
[root@localhost ~]# echo $?
0
#改成 test 的写法，注意看格式
[root@localhost ~]# test "a" = "a"  -a  2 -gt 1
[root@localhost ~]# test "a" = "a"  && test 2 -gt 1
```

```
#使用逻辑否对表达式的测试结果取反，表达式本来为真，逻辑否后就变为假，注意空格
[root@localhost ~]# ! test "a" = "a"
[root@localhost ~]# echo $?
1
[root@localhost ~]# ! [ "a" = "a" ]
[root@localhost ~]# echo $?
1
```

12.4.2　if 判断语句

在 Shell 脚本中语句通常都是按照顺序依次执行，但是有些时候还需要根据条件来选择执行某一部分语句，这个时候就需要使用到 if 判断语句，相当于汉语中的“如果……就……”。if 判断语句主要分为三种，即单条件 if 语句、双条件 if 语句和多条件 if 语句。

1．单条件if语句

这是 if 语句中最简单的一种判断，对指定的条件测试表达式进行判断，当条件成立为真时，才会执行 then 后面的语句块，然后进入 fi 结束判断；否则直接进入 fi 结束判断。语法格式如下：

```
if  条件表达式
then
语句块
fi
```

详细示例如下：

```
#编写脚本 e.sh，判断/home 目录下是否存在 a.txt 文件，如果存在就删除该文件
[root@localhost sh]# vim e.sh
#!/bin/bash
if test -e /home/a.txt
then
rm -rf /home/a.txt
fi

#如果需要将 if 和 then 放在同一行，只需要在 then 前面添加分号“;”即可，格式如下
#!/bin/bash
if [ -e /home/a.txt ];then
rm -rf /home/a.txt
fi
```

2．双条件if语句

双条件 if 语句使用“if...else...”表示，意思就是“如果……那么……否则……”，当条件表达式成立，那么执行语句块 1，进入 fi 结束判断；否则就是条件表达式不成立，执行语句块 2，也进入 fi 结束判断。语法格式如下：

```
if  条件表达式
then
    语句块 1
```

```
else
    语句块 2
fi
```

详细示例如下：

```
#编写脚本 f.sh，实现从控制台输入一个整数，判断是偶数还是奇数。实现原理就是除以 2 取余数，
 余数为 1 就是奇数，为 0 就是偶数
[root@localhost sh]# vim f.sh
#!/bin/bash
read -p "please enter a number:" x        #定义变量 x，从控制台赋值
if  [ `expr $x % 2` -eq 0 ]               #该数除以 2 取余数，判断是否等于 0
#if((x%2==0))                             #实现的第二种方式，非标准写法
then
echo "$x is odd number!"                  #条件为真就执行输出为偶数
else
echo "$x is even number!"                 #条件为假则执行输出为奇数
fi
#执行结果
[root@localhost sh]# sh f.sh
please enter a number:101
101 is even number!
[root@localhost sh]# sh f.sh
please enter a number:8
8 is odd number!


#编写脚本 g.sh，实现判断一次性任务计划服务 atd 是否运行，如果停止就启动，如果启动就重
 启。当然这里是为了演示效果，实际操作中当服务启动时就可以不用管或直接再次重启
#方法一：通过判断进程是否为空
[root@localhost sh]# vim g.sh
#!/bin/bash
a=`pgrep -l atd`                          #查看进程 ID 号并赋值给变量 a
if test -z "$a"                           #判断变量 a 的值是否为空
then
#为空就表示服务停止，此时启动服务，将服务启动后输出语句放到黑洞文件，不在终端显示
systemctl start atd.service &> /dev/null
else
systemctl stop atd.service  &> /dev/null    #不为空表示服务正在运行
fi
#方法二：通过查看服务状态，使用预定义变量$?，返回码为 0 就表示为启动状态
[root@localhost sh]# vim g.sh
#!/bin/bash
systemctl status atd.service &> /dev/null
if [ $? -eq 0 ]
then
systemctl stop atd.service &> /dev/null
else
systemctl start atd.service  &> /dev/null
fi
```

3. 多条件if语句

多条件就是存在多种条件，相当于是在 if 中嵌套使用 if 判断，使用的是“if…elif...elif...

else”，会依次判断多个条件执行对应的语句块，直到最后判断结束进入 fi。语法格式如下：

```
if  条件表达式 1
then
   语句块 1
elif    条件表达式 2
then
   语句块 2
else
   语句块 3
fi
```

这里只使用三个条件进行结构说明，其实也可以在 else 前面存在多个 elif 进行条件判断。详细示例如下：

```
#从控制台输入两个整数进行比较，这里采用的非标准写法，直接使用的(())
[root@localhost sh]# vim h.sh
#!/bin/bash
read -p "input the first number:" x
read -p "input the second number:" y
if((x==y))
then
echo "$x is equal $y!"
elif((x>y))
then
echo "$x is granter than $y!"
else
echo "$x is lesser than $y!"
fi
```

12.4.3　循环语句

在编写一些复杂的 Shell 脚本时，除了使用条件判断，有时候还需要重复执行某些语句，这个时候就需要使用到循环语句，它是在一定条件下重复执行语句的流程结构。循环语句主要由循环体和循环体终止两部分组成，在 Shell 脚本中循环语句有 for 循环、while 循环以及 until 循环，本节将分别介绍这几个循环语句的使用方法。

1．for循环语句

for 循环语句就是为变量设定一组取值列表，变量每次读取列表中不同的变量值，直到所有值读取完就退出循环。for 循环标准的语法格式如下：

```
for 变量名   in  取值列表
do
   循环体
done
```

其中取值列表的写法有多种，取值列表间可以使用空格隔开，也可以使用 {初始值..结束值} 等多种方式表示，具体可以参考下面的示例说明。而“do...done”也可以使用大括号 {} 来表示。

```
#编写 Shell 脚本 i.sh，循环输出 10 个自然数 1~10
[root@localhost sh]# vim i.sh
#!/bin/bash
#for    i    in  1 2 3 4 5 6 7 8 9 10    #方法 1：取值列表间使用空格隔开
#方法 2：使用大括号，取值列表间用逗号隔开
#for    i    in  {1，2，3，4，5，6，7，8，9，10}
#for    i    in  {1..10}                 #方法 3：使用范围 1..10，需使用大括号
#for    i    in  `seq 1 10`              #方法 4：使用 seq 关键字加初始值和结束值
#方法 5：使用 seq 关键字加结束值，因为默认初始值为 1 可省略
#for    i    in  `seq 10`
for((i=1;i<=10;i++))                     #方法 6：使用布尔表达式
#do
{                                        #将 do 开始使用左大括号{替代
echo    $i
}                                        #将 done 结束使用右大括号} 替代
#done

#编写 Shell 脚本 j.sh，打印出九九乘法表，其中 echo 的用法使用了“-ne”选项和制表符“\t”
[root@localhost sh]# vim j.sh
#!/bin/bash
for((i=1;i<=9;i++))
{
        for((j=1;j<=i;j++))
        {
        echo -ne "$i*$j=$[i*j]\t"
        }
echo
}
#将九九乘法表进一步扩展，将输出的字体显示为紫色，仅供学习
[root@localhost sh]# cat j.sh
#!/bin/bash
for((i=1;i<=9;i++))
{
        for((j=1;j<=i;j++))
        {
        echo -ne "\033[1;35m$i*$j=$[i*j]\t\033[0m"
        }
echo
}
```

2．while循环语句

while 循环是根据特定的条件重复执行命令，当条件表达式为真时“do…done”中的循环体语句会一直执行，当条件表达式为假时进入 done 结束循环体。其中，条件表达式可以使用标准的条件测试表达式写法，也可以使用双小括号(())。而“do...done”则不能使用大括号“{…}”替代。语法格式如下：

```
while        条件表达式
do
    循环体
done
```

详细示例如下：

```
#编写 Shell 脚本 k.sh，求出 1~10 这 10 个数之和，结果为 55，通过 Shell 标准语法实现
[root@localhost sh]# vim k.sh
#!/bin/bash
i=0                                     #定义变量，控制循环次数
sum=0                                   #定义变量，接收所有数的总和
while [ $i -lt 10 ]                     #判断条件小于 10 就一直执行循环体中的语句
do
let i++                                 #自增运算，增长值为 1
sum=`expr $sum + $i`
done
echo $sum

#其他写法，这里供大家参考
#!/bin/bash
i=0
sum=0
while((i<10))
do
i=$((i+1))                              #等同于 i=$[i+1]
sum=$((sum+i))                          #等同于 sum=$[sum+i]
done
echo $sum
```

3. until循环语句

和 while 循环刚好相反，until 循环是条件表达式中的条件为假时才会执行“do…done”循环体中的语句，直到条件为真也就是条件成立时进入 done 结束循环体。语法格式如下：

```
until       条件表达式
do
    循环体
done
```

详细示例如下：

```
#编写脚本 l.sh，求出 1~10 中的奇数之和与偶数之和，在循环体中通过 if 双条件判断语句实现
[root@localhost sh]# vim l.sh
#!/bin/bash
i=0
sum1=0                                       #定义偶数之和的变量 sum1
sum2=0                                       #定义奇数之和的变量 sum2
until test $i -ge 10
do
let i++
        if [ `expr $i % 2` -eq 0 ]           #判断余数是否等于 0，为 0 就表示偶数
        then
                sum1=`expr $sum1 + $i`       #偶数相加
        else
                sum2=`expr $sum2 + $i`       #奇数相加
        fi
done
```

```
echo "the sum of even number is $sum1!"     #输出偶数之和
echo "the sum of odd number is $sum2!"      #输出奇数之和
```

12.4.4 循环控制语句

循环控制就是根据判断结果决定循环体中语句执行的次数，在 Shell 中循环控制可以通过 break、contine 以及 exit 语句对执行的循环体进行控制。下面将分别对这三种语句进行讲解说明。

1. break语句

在 for、while、until 等循环语句中，break 的意思就是“中断”，当满足条件时就中断循环体，用于跳出当前所在的循环体，执行循环体外的语句，如果有多层循环，默认结束当前循环体的循环语句，Shell 脚本不会退出。

详细示例如下：

```
#编写脚本 break.sh，输出 1~10 十个自然数，当输出到 5 时结束整个循环体，在最后输出 test
 是为方便测试，表示 break 只是结束了循环体，但是程序未结束
[root@localhost sh]# vim break.sh
#!/bin/bash
i=0
while [ $i -lt 10 ]
do
        let i++
        echo $i
                if [ $i -eq 5 ]
                  then  break
                fi

done
echo “test”

#根据上面编写的九九乘法表两层循环编写脚本 cfbbreak.sh，使用 break 结束两层循环
[root@localhost sh]# vim cfbbreak.sh

#!/bin/bash
for((i=1;i<=9;i++))
{
        for((j=1;j<=i;j++))
        {
        echo -ne "\033[1;35m$i*$j=$[i*j]\t\033[0m"
                if((j==5))
                then break 2   #默认为 1，表示跳出当前循环，2 表示跳出两层循环
                fi
        }
echo
}
```

2. continue语句

在 for、while、until 等循环语句中，continue 用于跳过循环体内余下的语句，重新判

断条件以便执行下一次循环。

详细示例如下：

```
#编写脚本 continue.sh，输出 1~10 十个自然数，跳过输出 5 和 8 这两个数字
[root@localhost sh]# vim continue.sh
#!/bin/bash
i=0
until [ $i -gt 10 ]
do
        ((i++))
                if [ $i -eq 5 -o $i -eq 8 ]
                  then  continue
                fi
        echo $i
done
```

3．exit语句

exit 的意思就是“退出”，当满足条件时就结束整个循环体，也包括退出整个 Shell 脚本程序，这一点和 break 是有区别的。

详细示例如下：

```
#编写 Shell 脚本 exit.sh，输出 1~10 十个自然数，当输出到 5 时就结束整个 Shell 脚本，不
 仅仅是结束循环体。可以和 break 语句对比看效果，最后的 test 语句是不会输出的
[root@localhost sh]# vim exit.sh
i=0
while [ $i -lt 10 ]
do
        i=`expr $i + 1`
        echo $i
                if [ $i -eq 5 ]
                  then  exit
                fi
done
echo "test"
```

12.4.5　选择语句

循环语句是根据固定的顺序依次执行语句，某些时候需要根据测试条件的结果去决定需要执行的语句，改变固定的执行顺序，增加程序的灵活性，此时就需要使用到选择语句。在 Shell 脚本中常用的选择语句有 case 多重分支语句和 select 选择语句。

1．case多重分支语句

case 语句相当于一个条件判断的多分支结构，是根据 case 后面的变量值逐步和下面的取值 1、取值 2 进行比较，如果值刚好匹配就执行该取值下的语句，每个语句后面使用双分号“;;”表示结束，最后跳转到 esac 结束。最后的“*”表示以上取值和变量值都无法匹配时就执行下面的语句。语法格式如下：

```
case        变量值   in
    取值 1)
        语句块 1
        ;;
    取值 2)
        语句块 2
        ;;
    ……
        *)
        语句块 n
        ;;
esac
```

详细示例如下：

```
#编写脚本 case.sh，从控制台输入一个字符，判断是单个数字还是单个字母（不区分大小写），
 如果输入的是多个字符或其他就提示“Unkonown!”
[root@localhost sh]# vim case.sh
#!/bin/bash
read -p "please enter a char:" str
case $str in
        [0-9])
        echo "This is a digit!"
        ;;
        [a-z]|[A-Z])
        echo "This is a letter!"
        ;;
        *)
        echo "Unknown!"
esac
```

2．select选择语句

select 语句的主要作用就是创建菜单，在执行带 select 循环语句的脚本时，输出会按照数字顺序的列表显示一个菜单项，并显示提示符（默认是“#?”），同时等待用户输入数字进行选择。语法格式如下：

```
select  变量名   in  菜单取值列表
do
执行命令语句块
done
```

详细示例如下：

```
#编写一个脚本 select.sh，实现 select 语句的简单功能
[root@localhost sh]# vim select.sh
#!/bin/bash
select name in Jack Amy Mary
do
echo $name
done
#执行结果
[root@localhost sh]# sh select.sh
```

```
1） Jack
2） Amy
3） Mary
#? 1                                    #输入对应菜单数字序号得到对应的变量值
Jack
#? ^C                                   #使用组合键 Ctrl+C 退出
```

通过上面的示例可以看到 select 语句执行后默认的提示符是“#？”，提示用户输入菜单序号。使用内置的环境变量 PS3 作为提示符（默认值为“#？”）时，可以对 PS3 的值进行修改，使用环境变量 REPLY 获取 select 选择项对应的数字序号，退出时可以使用组合键 Ctrl+C 或 Ctrl+D。将上述示例进行优化，结果如下：

```
#优化后的脚本名为 select1.sh
[root@localhost sh]# vim select1.sh
#!/bin/bash
PS3="please enter number of menu:"
select name in Jack Amy Mary
do
echo "$REPLY） $name"
done
#执行结果
[root@localhost sh]# sh select1.sh
1） Jack
2） Amy
3） Mary
please enter number of menu:1           #提示输入对应菜单数字序号
1） Jack                                #使用 REPLY 获取菜单数字序号
please enter number of menu:2
2） Amy
please enter number of menu:3
3） Mary
please enter number of menu:
```

3．case和select语句的结合使用

case 和 select 语句一般都是一起使用。注意，如果要在脚本中使用中文，可以在图形化界面或者通过远程终端工具连接 Linux 系统实现，在字符界面是无法使用中文的。下面以一个简单的示例进行说明。

```
#编写一个脚本文件 case.sh，实现控制 MySQL 数据库的服务状态，执行脚本后屏幕上会显示一
 个类似于菜单选项的画面，根据菜单选项对应的数字，对 MySQL 数据库服务状态进行控制。例如，
 ①启动服务，②停止服务，③重启服务，④查看服务状态，⑤退出。如果输入的数字或内容错误，
 则会提示“选择错误，请重试！”。脚本中的输出内容这里以英文表示，不一定标准
[root@localhost sh]# vim select2.sh
#!/bin/bash
PS3="please select number for menu:"
select  a  in  start stop restart status quit
do
case $a in
     start）
```

```
        echo "$REPLY) Service started"
        systemctl start mysqld.service
        exit
        ;;
        stop)
        echo "$REPLY) Service stoped"
        systemctl stop mysqld.service
        exit
        ;;
        restart)
        echo "$REPLY) Service restarted"
        systemctl restart mysqld.service
        exit
        ;;
        status)
        echo "$REPLY) Service status"
        systemctl status mysqld.service
        exit
        ;;
        quit)
        exit
        ;;
        *)
        echo "Incorrect selection. Please try again!"
        ;;
    esac
    done
```

12.5 Shell 函数

当在编写 Shell 脚本时发现某个语句块需要重复使用，这个时候可以将需要重复使用的语句编写成函数，在要使用的时候便可以直接调取。简单来说，Shell 中的函数就是一段预先编译好的脚本，作用是简化代码、提高程序的执行效率。

1．函数的定义和调用

在使用函数前首先需要使用关键字 function 定义函数。函数定义的格式有两种，一种是标准写法，一种是简化写法。

标准写法格式如下：

```
function    函数名() {
函数体
}
函数名
```

简化写法格式如下：

```
函数名()  {
函数体
```

```
}
函数名
```

下面编写一个输出语句的函数。

```
#编写一个简单的函数
[root@localhost sh]# vim hellofun.sh
#!/bin/bash
function hello() {
echo "Hello, world!"
}

test() {
echo "test function!"
}
hello
test

#执行函数
[root@localhost sh]# sh hellofun.sh
Hello, world!
test function!
```

其中标准写法中 function 是定义函数的关键字，如果省略就需要在函数名后使用小括号且要注意和大括号之间存在空格，函数名是由用户自定义的，函数体中就是执行的语句块，在函数体最后其实是需要使用关键字 return 返回值的，不过可写可不写。最后的函数名表示调用函数。

2．函数的实例

下面编写一个带参数的函数，通过传递参数实现，可以借助位置变量$1~$9。另外，函数中的$@或$*表示函数中的所有参数。

```
#编写求和函数
[root@localhost sh]# vim sumfun.sh
#!/bin/bash
sum() {
echo $(($1+$2))
}
sum $1 $2
```

第 13 章　firewalld 防火墙

在前面章节的学习中，测试客户端与服务器端的连通性时都是直接将 Linux 系统中的防火墙关闭，防火墙作为公网和内网之间的保护屏障，可以有效地提高系统的安全性。本章将介绍 firewalld 防火墙的基本使用，根据不同的规则来控制数据流量，从而保证 Linux 系统的安全性。

本章的主要内容如下：

- firewalld 防火墙区域；
- firewall-cmd 管理工具；
- firewalld 防火墙使用案例。

注意： 本章将会通过不同的案例讲解 firewall 防火墙的使用。

13.1　firewalld 防火墙概述

在 CentOS 6 以前的系统中使用的是 iptables 防火墙，而在 CentOS 7 以后的系统中则用 firewalld 取代了 iptables 防火墙。firewalld 是一个动态管理的防火墙，它通过定义一组防火墙规则来控制主机传入和传出的网络流量，阻止或允许这些流量通过。可以将其看成一种服务，firewalld 是防火墙服务的守护进程，可以动态创建、更改和删除规则，无须更改规则后重启防火墙的守护进程。

firewalld 引入区域和服务的概念以方便网络流量的管理，它可以支持 IPv4 和 IPv6 的防火墙设置，分为运行时（临时）和永久配置两种模式，它采用命令行和图形化界面两种方式管理和设置防火墙规则。

13.1.1　firewalld 区域

区域就是一组预定义的规则集，其中定义了网络连接、接口或源地址绑定的信任级别。根据信任级别不同将网络分割为不同的区域。firewalld 中常见的区域有以下几种。

1. drop区域

drop 区域（丢弃区域）指传入该区域的任何网络数据包都会被丢弃且没有任何回复，在该区域中仅能传出网络数据包。

2. block区域

block 区域（阻塞区域），指任何流入该区域的数据包都会被拒绝，在该区域内仅允许内部发起连接。

3. public区域

public 区域（公共区域），拒绝流入的流量，仅接受 ssh 或 dhcpv6-client 服务连接，为 firewalld 的默认区域。

4. external区域

external 区域（外部区域）指任何流入该区域的数据包都会被拒绝，该区域为路由器启用了伪装功能的外部网，流出的网络连接通过该区域进行伪装和转发，在该区域内仅接受 ssh 服务连接。

5. dmz区域

dmz 区域（隔离区域）也叫非军事区域，任何流入该区域的数据包都会被拒绝，在该区域内仅接受 ssh 服务连接。

6. work区域

work 区域（工作区域）指任何流入该区域的数据包都会被拒绝，该区域仅接受 ssh、ipp-client 与 dhcpv6-client 服务连接。

7. home区域

home 区域（家庭区域）用于家庭网络，任何流入该区域的数据包都会被拒绝，其仅接受 ssh、mdns、ipp-client、samba-client 和 dhcpv6-client 服务连接。

8. internal区域

internal 区域（内部区域）用于内部网络，和 home 区域一样，任何流入该区域的数据包都会被拒绝，其仅接受 ssh、mdns、ipp-client、samba-client 和 dhcpv6-client 服务连接。

9. trusted区域

trusted 区域（信任区域）指任何流入和流出的数据包都会被允许，其接受所有的网络连接。

13.1.2 firewalld 的配置文件

firewalld 的配置文件以 XML 格式为主，主配置文件/etc/firewalld/firewalld.conf 除外，其他 XML 格式的配置文件存储在/usr/lib/firewalld/和/etc/firewalld/目录下。配置 firewalld 的相关选项可以直接修改 XML 文件，也可以使用 firewall-cmd 命令行工具。

/usr/lib/firewalld 目录下存储的是系统默认文件和备用的配置文件，优先级较低，而/etc/firewalld 目录下存储的是用户配置文件，优先级最高，permanent 模式生效的策略都是存放在该目录下。一般增加或修改服务时，都是将/usr/lib/firewalld/services/目录下的 XML 文件作为模板文件使用，优先使用/etc/firewalld/services/中的文件。如果要修改配置，只需要将/usr/lib/firewalld 下的 XML 配置文件复制到/etc/firewalld 目录下，然后根据需要修改。如果要恢复配置，直接删除/etc/firewalld 中的配置文件即可。

13.2 firewalld 防火墙的配置方法

firewalld 防火墙的配置方法有 3 种，第一种是使用 firewall-config 图形化工具，第二种是使用 firewall-cmd 命令行工具，第三种是直接修改/etc/firewalld 中的 XML 配置文件。其中，firewall-config 工具适用于有桌面版的系统，直接修改配置文件一般不推荐。本节将重点介绍 firewall-cmd 命令行工具。

13.2.1 firewall-cmd 命令行工具

firewall-cmd 是 firewalld 的字符界面管理工具，直接通过命令行的方式控制传入和传出的数据包流量，动态管理防火墙的相应规则，无须重启服务。

1. firewall-cmd命令行工具的配置模式

firewall-cmd 命令行工具有以下两种配置模式：

- 运行时模式：当前内存中运行的防火墙配置，在系统重启或者 firewalld 服务重启时配置将会失效，相当于临时生效。
- 永久模式：重启 firewalld 服务或重启系统时，系统将自动加载的防火墙规则配置，是永久存储在配置文件中的，等同于永久生效。

2. firewall-cmd命令行工具与配置模式相关的3个选项

firewall-cmd 命令行工具与配置模式相关的选项有以下 3 个：

- -reload：重新加载防火墙并保持状态信息，即将永久配置应用为运行时配置。
- --permanent：有此选项的命令用于设置永久规则，这些规则只有在重新启动 firewalld 服务后才会生效；若不带此选项，表示设置运行时规则。
- --runtime-to-permanent：将当前的运行配置写入规则配置文件中，使其成为永久配置。

3．启动、停止和查看firewalld服务

防火墙服务默认属于系统服务，可以使用 systemctl 命令进行管理，实现对其的启动、停止等操作。详细的操作命令如下：

```
#启动 firewalld 服务
[root@localhost ~]# systemctl start firewalld.service

#停止 firewalld 服务
[root@localhost ~]# systemctl stop firewalld.service

#查看 firewalld 服务状态
[root@localhost ~]# systemctl status firewalld.service
#或者
[root@localhost ~]# firewall-cmd -state

#将 firewalld 服务设置为开机自启动
[root@localhost ~]# systemctl enable firewalld.service

#将 firewalld 服务设置为开机不启动
[root@localhost ~]# systemctl disable firewalld.service

#查看 firewalld 服务版本
[root@localhost ~]# firewall-cmd --version
```

4．获取预定义信息

firewall-cmd 的预定义信息主要包括 3 种：可用的区域、可用的服务及可用的 ICMP 阻塞类型，具体的查看命令如下：

```
#显示预定义的区域信息
[root@localhost ~]# firewall-cmd --get-zones
block dmz drop external home internal public trusted work

#显示预定义的服务
[root@localhost ~]# firewall-cmd --get-services
RH-Satellite-6 amanda-client amanda-k5-client amqp amqps apcupsd audit
bacula bacula-client bgp bitcoin bitcoin-rpc bitcoin-testnet bitcoin-
testnet-rpc ceph ceph-mon cfengine condor-collector ctdb dhcp dhcpv6
dhcpv6-client……

#显示预定义的 ICMP 类型
[root@localhost ~]# firewall-cmd --get-icmptypes
address-unreachable bad-header communication-prohibited destination-
unreachable echo-reply echo-request fragmentation-needed host-precedence-
```

```
violation host-prohibited host-redirect host-unknown……
```

13.2.2 直接规则管理

firewalld 防火墙的规则就是定义区域中是否允许数据包流入或流出，流入的数据包称为入站规则，流出的数据包称为出站规则。出站或入站的数据包可以根据以下过滤规则进行过滤：

- sources：根据源地址过滤。
- interfaces：根据网卡过滤。
- services：根据服务名过滤。
- ports：根据端口过滤。
- protocols：根据协议过滤。
- icmp-blocks:：ICMP 报文过滤，按照 ICMP 类型配置。
- masquerade:：IP 地址伪装。
- forward-ports：端口转发。
- rules：自定义规则。

详细示例如下：

```
#显示默认区域的所有规则
[root@localhost ~]# firewall-cmd --list-all
public (active)
  target: default
  icmp-block-inversion: no
  interfaces: ens37
  sources:
  services: dhcpv6-client ssh
  ports:
  protocols:
  masquerade: no
  forward-ports:
  source-ports:
  icmp-blocks:
  rich rules:

#显示指定区域 home 的所有规则
[root@localhost ~]# firewall-cmd --zone=home --list-all

#拒绝所有流入和流出的数据包
[root@localhost ~]# firewall-cmd --panic-on

#取消拒绝所有流入和流出的数据包
[root@localhost ~]# firewall-cmd --panic-off

#更新规则，不重启服务
[root@localhost ~]# firewall-cmd -reload
```

```
#更新所有规则，等同于重启 firewalld 服务
[root@localhost ~]# firewall-cmd --complete-reload
#或者
[root@localhost ~]# systemctl restart firewalld.service
```

1．区域管理

使用 firewall-cmd 命令可以实现对区域的获取和管理，以及为指定区域绑定网络接口等功能。相关操作命令如下：

```
#显示当前系统中的默认区域
[root@localhost ~]# firewall-cmd --get-default-zone
public

#将当前的默认区域修改为 home
[root@localhost ~]# firewall-cmd --set-default-zone=home
success

#显示网络接口 ens33 对应的区域
[root@localhost ~]# firewall-cmd --get-zone-of-interface=ens33

#将网络接口 ens33 对应的区域改为 home 区域
[root@localhost ~]# firewall-cmd --permanent --zone=home --change-
interface=ens33

#查看当前处于活动的区域
[root@localhost ~]# firewall-cmd --get-active-zones
home
  interfaces: ens33
public
  interfaces: ens37
```

2．服务管理

firewalld 默认定义了 70 多种服务供我们使用，对于每个网络区域，均可以配置允许访问服务。如果需要添加的服务在列表中没有，则可以添加端口。具体的示例如下：

```
#显示默认区域允许访问的服务
[root@localhost ~]# firewall-cmd --list-services
dhcpv6-client ssh

#显示指定区域 home 允许访问的服务
[root@localhost ~]# firewall-cmd --zone=home --list-services
dhcpv6-client mdns samba-client ssh

#设置 home 区域允许访问 FTP 服务
[root@localhost ~]# firewall-cmd --zone=home --add-service=ftp
success
#查看是否添加成功
[root@localhost ~]# firewall-cmd --zone=home --list-services
dhcpv6-client ftp mdns samba-client ssh
```

```
#禁止 home 区域访问 FTP 服务
[root@localhost ~]# firewall-cmd --zone=home --remove-service=ftp
success
```

3. 端口管理

在进行服务配置时，预定义的网络服务可以使用服务名配置，服务所涉及的端口会自动打开。但是对于非预定义的服务只能手动为指定的区域添加端口放行。具体示例如下：

```
#显示默认区域允许访问的端口
[root@localhost ~]# firewall-cmd --list-ports

#显示指定区域 home 允许访问的端口
[root@localhost ~]# firewall-cmd --zone=home --list-ports

#在 home 区域中允许 TCP 端口 443 访问
[root@localhost ~]# firewall-cmd --zone=home --add-port=443/tcp
success
[root@localhost ~]# firewall-cmd --zone=home --list-ports
443/tcp

#在 home 区域中禁止 TCP 端口 443 访问
[root@localhost ~]# firewall-cmd --zone=home --remove-port=443/tcp
success
```

4. 网卡接口管理

如果存在多个网络接口设备，需要对不同的网络接口设置不同的规则。具体示例如下：

```
#显示默认区域中的所有网络接口设备
[root@localhost ~]# firewall-cmd --list-interfaces
ens37

#限制指定区域 home 中的网络接口设备
[root@localhost ~]# firewall-cmd --zone=home  --list-interfaces
ens33

#删除 home 区域中的网络接口设备 ens33
[root@localhost ~]# firewall-cmd --zone=home --remove-interface=ens33
success

#将网络接口设备 ens33 添加到默认区域 public 中
[root@localhost ~]# firewall-cmd --add-interface=ens33
success
```

5. 配置IP地址伪装

IP 地址伪装就是实现地址转换，伪装 IP 地址后，系统会将并非直接寻址到自身的包转发给指定的接收方，同时将通过的包的源地址更改为公共的 IP 地址。

当返回的数据包到达时，防火墙会将数据包中的目标地址修改为原始主机地址并作为路由，实现局域网中的多个 IP 地址共用一个公网地址访问互联网的目的。具体示例如下：

```
#查看外部区域 external 是否允许 IP 地址伪装
[root@localhost ~]# firewall-cmd --zone=external --query-masquerade
yes

#禁止外部区域 external 的 IP 地址伪装
[root@localhost ~]# firewall-cmd --zone=external --remove-masquerade
success
[root@localhost ~]# firewall-cmd --zone=external --query-masquerade
no

#允许外部区域 external 的 IP 地址伪装
[root@localhost ~]# firewall-cmd --zone=external --add-masquerade
success
[root@localhost ~]# firewall-cmd --zone=external --query-masquerade
yes
```

6. 端口转发

端口转发就是设置端口重定向，是指将某个端口的数据包转发到另外一个内部端口或者另外一台计算机的外部端口中端口转发需要确定 3 个问题：一是数据包转到哪个端口；二是数据包使用哪种协议；三是数据包转发到哪个地址中。

```
#显示默认区域的端口转发
[root@localhost ~]# firewall-cmd --list-forward-ports

#在 home 区域中将 TCP 端口 80 转发到 8000 端口
[root@localhost ~]# firewall-cmd --zone=home --add-forward-port=port=
80:proto=tcp:toport=8000
success
[root@localhost ~]# firewall-cmd --zone=home --list-forward-ports
port=80:proto=tcp:toport=8000:toaddr=

#在 home 区域中将 TCP 80 端口转发到另外一个 IP 的 8000 端口
[root@localhost ~]# firewall-cmd --zone=home --add-forward-port=port=
80:proto=tcp:toport=8000:toaddr=192.168.245.128
success
[root@localhost ~]# firewall-cmd --zone=home --list-forward-ports
port=80:proto=tcp:toport=8000:toaddr=
port=80:proto=tcp:toport=8000:toaddr=192.168.245.128

#将 home 区域中 TCP 端口 80 转发到另外一个 IP 的 8000 端口的规则删除
[root@localhost ~]# firewall-cmd --zone=home --remove-forward-port=port=
80:proto=tcp:toport=8000
success
[root@localhost ~]# firewall-cmd --zone=home --remove-forward-port=port=
80:proto=tcp:toport=8000:toaddr=192.168.245.128
success
[root@localhost ~]# firewall-cmd --zone=home --list-forward-ports
```

7．配置ICMP类型

ICMP（Internet Control Message Protocol，网际协议）是各种网络设备间传递控制消息的协议，用于发送主机和路由器等设备间的网络连接和路由是否可达等信息。在 firewalld 防火墙中配置 ICMP 类型的 XML 配置文件位于/usr/lib/firewalld/icmptypes/目录下，通过 firewalld 防火墙配置相应的规则进行阻止或取消阻止 ICMP 请求。具体示例如下：

```
#查看所有可用的 ICMP 类型
[root@localhost ~]# firewall-cmd --get-icmptypes

#查看默认区域中的 ICMP 类型
[root@localhost ~]# firewall-cmd --list-icmp-blocks

#查看默认区域中某个 ICMP 类型使用哪些协议，既可以是 IPv4 也可以是 IPv6，或两种协议都使用
[root@localhost ~]# firewall-cmd --info-icmptype=echo-request
echo-request
  destination: ipv4 ipv6

#查看 ICMP 请求是否被阻止，yes 表示阻止，no 表示没有阻止
[root@localhost ~]# firewall-cmd --query-icmp-block=echo-request
no

#在默认区域添加 echo-request 阻塞类型，客户端无法 ping 通
[root@localhost ~]# firewall-cmd --add-icmp-block=echo-request
success
[root@localhost ~]# firewall-cmd --list-icmp-blocks
echo-request

#删除默认区域的 echo-request 阻塞类型
[root@localhost ~]# firewall-cmd --remove--icmp-block=echo-request
```

13.2.3 富规则管理

firewalld 中的富规则就是使用“丰富的语言”，通过高级语言配置复杂的 IPv4 和 IPv6 的防火墙规则。它可以针对系统服务、端口号、源地址和目标地址等诸多信息进行更有针对性的策略配置。

1．firewall-cmd处理富规则的选项

处理富规则的选项可以同常用的“--permanent”或“--zone”选项组合使用。富规则常用的 4 个选项如下：

- --add-rich-rule='<RULE>'：在指定区域添加一条富规则，如果没有指定区域，则使用默认区域。
- --remove-rich-rule='<RULE>'：在指定区域删除一条富规则，如果没有指定区域，则使用默认区域。

- --query-rich-rule='<RULE>'：查询富规则是否添加成功，如果规则添加成功则返回 0，否则返回 1，如果没有指定区域，则使用默认区域。
- --list-rich-rules：显示指定区域中的所有富规则，如果没有指定区域，则使用默认区域。

注意：使用“--list-all”和“--list-all-zone”也能列出存在的富规则。

2. firewall-cmd处理富规则格式

富规则的帮助手册可以使用 man firewalld.richlanguage 进行查看，添加富规则的格式如下：

```
#查看富规则的格式
[root@localhost ~]# man firewalld.richlanguage
……
         rule
           [source]
           [destination]
           service|port|protocol|icmp-block|icmp-type|masquerade|forward-
port|source-port
           [log]
           [audit]
           [accept|reject|drop|mark]

rule [family="ipv4|ipv6"] [priority="priority"]

source [not] address="address[/mask]"|mac="mac-address"|ipset="ipset"

destination [not] address="address[/mask]"

service name="service name"

port port="port value" protocol="tcp|udp"

protocol value="protocol value"

icmp-block name="icmptype name"

icmp-type name="icmptype name"

forward-port port="port value" protocol="tcp|udp" to-port="port value"
to-addr="address"

source-port port="port value" protocol="tcp|udp"

log [prefix="prefix text"] [level="log level"] [limit value="rate/duration"]

accept [limit value="rate/duration"]
……
```

常用的富规则命令选项说明如下：

- family：提供 IPv4 或 IPv6 的规则族，如果使用了源地址、目标地址或端口，则转发时必须提供。
- source：通过指定源地址，将来源限制为源地址。源地址格式可以是 IP 地址、IP 地址范围或带网络位的 IP 地址，也可以是 MAC 地址。该选项是可选的。
- destination：通过制定目标地址，将目标限制为目标地址，和源地址格式一样。
- service：指定富规则中的服务名，可以通过获取预定义服务列表查看服务名。
- port：指定富规则中的端口号，可以是单一的端口号也可以是一组端口范围，比如“6000-8000”，最小是 0，最大是 65535。后面的协议为 TCP 或 UDP。
- protocol：协议可以是协议 ID 号也可以是协议名称。具体的协议条目可以查看 /etc/protocols 文件的具体说明。
- icmp-block：阻止或取消阻止一种或多种 ICMP 类型，可以通过“--get-icmptypes”获取支持的 ICMP 类型列表。icmp-block 在内部使用 reject 动作。
- masquerade：启用富规则中的 IP 地址伪装，可以提供源地址以限制伪装到该区域，但不能提供目标地址。此处不允许指定操作。
- forward-port：指定富规则中的端口转发，可以转发到本地的另一个 TCP 或 UDP 端口，也可以是另外一台计算机的端口号，其中，port 和 to-port 可以是一个单一的端口号或端口范围。目的地址是一个简单的 IP 地址。此处不允许指定操作。
- source-port：匹配数据包的源端口尝试进行连接时使用的端口。要匹配当前计算机上的端口，请使用 port 元素。其可以是单一的端口也可以是端口范围。
- log：启用富规则中的日志记录，使用内核日志记录将新连接尝试记录到规则中，如记录在 syslog 中。可以定义前缀文本，该文本将作为前缀添加到日志消息中。level 表示日志级别，可以是 emerg、alert、crit、error、warning、notice、info 或 debug。limit 表示日志条目，其中 rate 使用正自然数从 1 开始，duration 表示持续时间，s 表示秒，m 表示分钟，h 表示小时，d 表示天数。例如，1/d 表示一天最多一个日志条目，是可选的。
- audit：审计，审计动作可以是 ACCEPT、REJECT 或者 DROP。审计的使用是可选的。
- accept|reject|drop|mark：行动动作，该规则只能包含一个元素或一个源。如果规则包含一个元素，那么行动动作可以处理与该元素匹配的新连接。如果规则包含源，则将使用指定的操作来处理源地址中的所有内容。accept 表示接受，reject 表示拒绝，drop 表示丢弃，mark 表示对数据包进行标记。

```
#允许来自 IPv4 地址 172.16.0.0/16 网段中的所有主机连接 FTP 服务，并使用日志记录，每分
 钟记录 1 次
[root@localhost ~]# firewall-cmd --add-rich-rule='rule family="ipv4"
source address="172.16.0.0/16" service name="ftp" log prefix="ftp" level=
"info" limit value="1/m" accept'
success

#将源地址列入白名单，以允许来自该源的所有连接
```

```
[rot@localhost ~]# firewall-cmd --add-rich-rule='rule family="ipv4" source address="172.16.1.100" accept'
success
[root@localhost ~]# firewall-cmd --list-rich-rules
rule family="ipv4" source address="172.16.0.0/16" service name="ftp" log prefix="ftp" level="info" limit value="1/m" accept
rule family="ipv4" source address="172.16.1.100" accept

#将来自 172.16.0.0/16 访问的 TCP 端口 80 的数据包转发到本机的 TCP 端口 8888
[root@localhost ~]# firewall-cmd --add-rich-rule='rule family="ipv4" source address="172.16.0.0/16" forward-port port="80" protocol="tcp" to-port="8888"'
success

#使用富规则开启 IP 地址伪装
[root@localhost ~]# firewall-cmd --add-rich-rule='rule family="ipv4" source address="172.16.0.0/16" masquerade'
success
```

13.3　firewalld 实战案例

13.3.1　案例 1：使用直接规则

使用直接规则要求实现以下需求：默认区域设置为 drop（拒绝所有），但是要设置白名单，将源地址 172.16.0.0/16 网段加入 trusted 区域。

```
#将默认区域 public 修改为 drop 区域
[root@localhost ~]# firewall-cmd --set-default-zone=drop

#因为存在多张网卡，所以使用修改网卡接口规则将关联接口全部修改为 drop 区域
[root@localhost ~]# firewall-cmd --zone=drop --change-interface={ens33,ens37}
success
[root@localhost ~]# firewall-cmd --get-active-zones
drop
  interfaces: ens37 ens33

#将网段 172.16.0.0/16 添加到 trusted 区域中
[root@localhost ~]# firewall-cmd --add-source=172.16.0.0/16 --zone=trusted
success
[root@localhost ~]# firewall-cmd --get-active-zones
drop
  interfaces: ens37 ens33
trusted
  sources: 172.16.0.0/16
```

13.3.2　案例 2：允许指定的 IP 访问指定的端口

实现 172.16.0.0/16 网段的主机 IP 地址为 172.16.1.100 的主机可以访问 HTTP 服务，同

网段的其他主机无法访问。

```
#将网段 172.16.0.0/16 添加到 public 区域中
[root@localhost ~]# firewall-cmd --zone=public --add-source=172.16.0.0/16
success

#通过添加富规则的方式，实现仅允许 IP 地址为 172.16.1.100 的主机访问 HTTP 服务
[root@localhost ~]# firewall-cmd --zone=public --add-rich-rule='rule family=
"ipv4" source address="172.16.1.100/32" port port="80" protocol="tcp"
accept'
success
```

13.3.3 案例 3：拒绝指定的 IP 访问服务

在默认区域中拒绝 192.168.245.0/24 网段中的 192.168.245.1 主机发起 ssh 请求，其他主机允许 ssh 请求。

```
#添加富规则，拒绝 192.168.245.1 发起 ssh 请求
[root@localhost ~]# firewall-cmd --add-rich-rule='rule family="ipv4"
source address="192.168.245.1/32" service name="ssh" reject'
success
```

13.3.4 案例 4：防火墙开启 IP 地址伪装

在带有两张网卡的主机上进行操作，一张网卡连接互联网，作为连接外网的网卡，另一张网卡连接局域网，作为连接内网的网卡，启动 NAT 网关的 SNAT 源地址转换功能，使局域网的其他主机网关地址指向该主机的内网网卡的 IP 地址，实现访问公网。

1．实验环境

准备两台计算机，其中，为防火墙开启 IP 地址伪装的计算机分配两张网卡，它可以访问外网，这两张网卡中，一张是公网网卡（虚拟机采用 NAT 模式），另一张是内网网卡（虚拟机采用仅主机模式）。另一台计算机模拟局域网内网，它只有一张网卡（虚拟机采用仅主机模式），无法访问外网。实验环境如表 13.1 所示。

表 13.1 IP地址伪装实验环境

计 算 机	公网ens37	内网ens33
防火墙	192.168.245.128/网关192.168.245.2	172.16.1.10
客户端		172.16.1.11

2．防火墙计算机设置

在 IP 地址为 172.16.1.10 的计算机上开启防火墙的 IP 地址伪装，它的两张网卡都处于默认的 public 区域。可以使用端口伪装的方式也可以使用添加富规则的方式开启 IP 地址伪装。

```
#以添加富规则的方式开启 IP 地址伪装
[[root@localhost ~]# firewall-cmd --add-rich-rule='rule family="ipv4"
source address="172.16.0.0/16" masquerade'
success
#或者
[root@localhost ~]# firewall-cmd --add-masquerade

#查看富规则 IP 地址伪装是否开启成功
[root@localhost ~]# firewall-cmd --query-rich-rule='rule family="ipv4"
source address="172.16.0.0/16" masquerade'
yes
```

3．在客户端配置共享上网

将客户端网卡 ens33 的配置文件的网关地址修改为 172.16.1.10，通过手动指定的方式实现。

```
#客户端 ens33 的网卡配置文件的内容如下
[root@localhost ~]# cat /etc/sysconfig/network-scripts/ifcfg-ens33
……
BOOTPROTO="static"
NAME="ens33"
UUID="d6ab39d3-282d-43c3-9e12-b86087494c87"
DEVICE="ens33"
ONBOOT="yes"
IPADDR=172.16.1.11
NETMASK=255.255.0.0
GATEWAY=172.16.1.10
DNS1=192.168.245.2

#重启网络服务
[root@localhost ~]# systemctl restart network.service

#查看路由记录，网关记录是否指向 172.16.1.10
[root@localhost ~]# ip route show
default via 172.16.1.10 dev ens33 proto static metric 100
172.16.0.0/16 dev ens33 proto kernel scope link src 172.16.1.11 metric 100
192.168.122.0/24 dev virbr0 proto kernel scope link src 192.168.122.1
```

4．客户端测试

直接在客户端上测试是否可以访问外网，或者测试访问防火墙的公网网卡地址 192.168.245.128。

```
#测试访问防火墙的公网网卡地址 192.168.245.128
[root@localhost ~]# ping -c 1 192.168.245.128
PING 192.168.245.128 (192.168.245.128) 56(84) bytes of data.
64 bytes from 192.168.245.128: icmp_seq=1 ttl=64 time=0.589 ms

#测试访问外网地址，这里以访问 baidu 为例
[root@localhost ~]# ping -c 1 www.baidu.com
PING www.a.shifen.com (36.152.44.96) 56(84) bytes of data.
64 bytes from localhost (36.152.44.96): icmp_seq=1 ttl=127 time=42.4 ms
```

13.3.5 案例 5：自定义服务

配置防火墙，允许 php-fpm 服务的流量请求。配置方法可通过放行端口号来实现，也可以通过添加服务的方式来实现。这里重点学习添加服务的方式。

1. 通过添加端口号实现

php-fmp 服务默认使用的是 TCP 的 9000 端口，只需要在指定的区域使用端口管理规则放行 9000 端口即可。

```
#使用端口管理规则放行 9000
[root@localhost ~]# firewall-cmd --add-port=9000/tcp --zone=public
success
```

2. 通过添加服务实现

通过手动编写服务的 XML 文件内容自定义服务名，实现添加服务管理规则。

（1）新建 php-fpm 的 XML 文件。

在/usr/lib/firewalld/services 目录下默认不存在 php-fpm 的 XML 文件，可以将其他服务的 XML 文件复制到该目录下然后修改其内容，特别是端口号要求改为 9000。

```
#进入/usr/lib/firewalld/services，复制 ftpxml 为 php-fpm.xml 文件
[root@localhost /]# cd /usr/lib/firewalld/services/
[root@localhost services]# cp -rf ftp.xml php-fpm.xml


#将 php-fpm.xml 文件内容修改如下
[root@localhost services]# cat php-fpm.xml
<?xml version="1.0" encoding="utf-8"?>
<service>
  <short>PHP-FPM</short>
  <description>php-fpm</description>
  <port protocol="tcp" port="9000"/>
</service>
```

（2）添加服务管理规则。

将编写好的服务配置文件添加为系统服务并放行，详细规则如下：

```
#使用服务管理规则添加 php-fpm，需要重新加载防火墙服务
[root@localhost services]# firewall-cmd --reload
success
[root@localhost services]# firewall-cmd --add-service=php-fpm
success
[root@localhost services]# firewall-cmd --list-services
dhcpv6-client php-fpm ssh
```

3. 安装php-fpm服务

首先在设置防火墙规则的计算机上安装php-fpm服务，该服务启动后默认只监听127.0.0.1

地址，所以还需要修改配置文件/etc/php-fpm.d/www.conf。

```
#在设置防火墙规则的计算机上安装 php-fpm 服务
[root@localhost ~]# yum install php-fpm

#将/etc/php-fpm.d/www.conf 中的 listen 字段修改为以下内容
[root@localhost ~]# vim /etc/php-fpm.d/www.conf
……
#listen = 127.0.0.1:9000          #未修改前的内容，可以删除，这是使用注释
listen = 9000                     #修改后的内容
……

#启动 php-fpm 服务，并查看所有 IP 地址是否都在监听 9000 端口
[root@localhost ~]# systemctl start php-fpm.service
[root@localhost ~]# netstat -anop | grep "php-fpm"
tcp        0      0 0.0.0.0:9000            0.0.0.0:*               LISTEN
16317/php-fpm: mast  off (0.00/0/0)
```

4．客户端测试

可以直接使用 telnet 命令测试端口是否可以访问，前提是在客户端上先安装 telnet 软件包。

```
#在客户端上安装 telnet 软件包，否则 telnet 命令无法使用
[root@localhost /]# yum install -y telnet

#测试是否可以访问设置防火墙规则的计算机的 9000 端口，出现以下内容表示访问成功
[root@localhost /]# telnet 172.16.1.10 9000
Trying 172.16.1.10...
Connected to 172.16.1.10.
Escape character is '^]'.
Connection closed by foreign host.
```

推荐阅读

Python编程
从0到1
（视频教学版）

趣学Python
算法100例

Python
开发技术大全
（50小时同步配套教学视频）

从零开始学
Python网络爬虫

从零开始学
Python数据分析
（视频教学版）

从零开始学
Scrapy 网络爬虫
（视频教学版）

Python Flask
Web开发入门与项目实战

Python Django
Web典型模块开发实战

Python自动化测试
入门与进阶实战

推荐阅读

人工智能极简编程入门
（基于Python）
张光华 贾庸 李岩 ◎著
图书+视频+GitHub+微信公众号+学习管理平台+群+专业助教
Learning by doing, Understanding by creating
机械工业出版社

资深AI图像处理工程师力作
人脸识别与美颜算法实战
基于Python、机器学习与深度学习
方圆圆◎著
全彩印刷 + 60多个行业案例 + 案例源代码
机械工业出版社
China Machine Press

分布式人工智能
基于TensorFlow、RTOS与群体智能体系
王静逸◎著
机械工业出版社

Python数据挖掘与机器学习实战
Python Data Mining and Machine Learning in Action
方巍 编著
机械工业出版社
China Machine Press

神经网络与深度学习实战
Python+Keras+TensorFlow
Deep Learning and Neural Network in Action
机械工业出版社
China Machine Press

深度学习之TensorFlow
入门、原理与进阶实战
Getting Started and Best Practices with TensorFlow for Deep Learning
机械工业出版社
China Machine Press

机器学习算法框架实战
Java和Python实现
Constructing Machine Learning Framework by Java and Python
机械工业出版社
China Machine Press

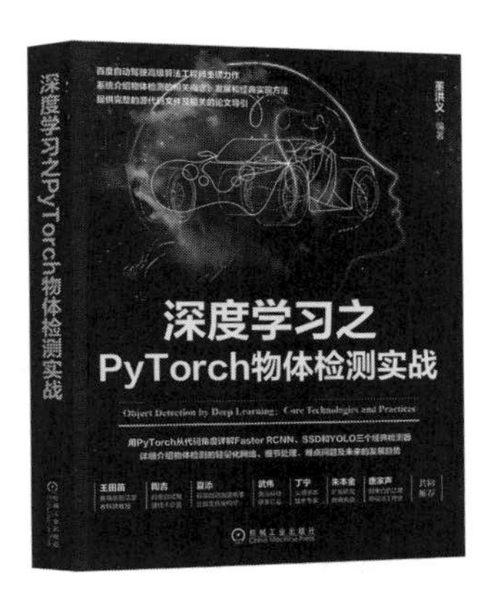
深度学习之PyTorch物体检测实战
Object Detection by Deep Learning: Core Technologies and Practices
用PyTorch从代码角度详解Faster RCNN、SSD和YOLO三个经典检测器
机械工业出版社
China Machine Press

深度学习之人脸图像处理
核心算法与案例实战
Face Image Processing by Deep Learning: Core Algorithms and Practices
机械工业出版社
China Machine Press

推荐阅读

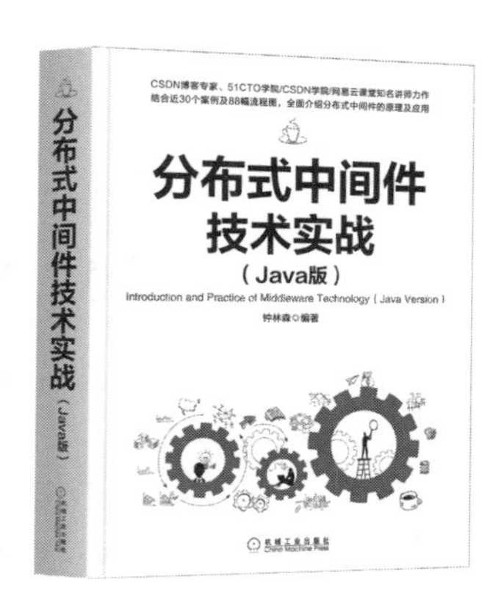
CSDN博客专家、51CTO学院/CSDN学院/网易云课堂知名讲师力作
结合近30个案例及88幅流程图，全面介绍分布式中间件的原理及应用
分布式中间件技术实战
（Java版）
Introduction and Practice of Middleware Technology（Java Version）
钟林森○编著

Web开发者晋级之道
架构、模式和领域驱动设计

微信小程序项目开发实战
沈顺天○编著

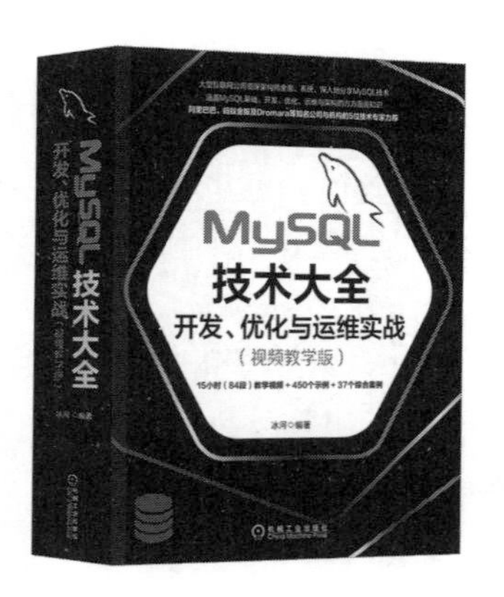
MySQL技术大全
开发、优化与运维实战
（视频教学版）
冰河○编著

资深程序员深入剖析Android开发的新技术、新理念和高效编程技巧
帮助开发者构建更加高级和稳定的应用，并快速提升技术水平和思维能力
Android开发进阶实战
拓展与提升
谭东○著
Android

结合典型业务场景，全面介绍基于Spring Boot的核心开发技术
整合开源组件，一步一步地搭建微服务框架，实现微服务治理
详解60多个示例、2个综合项目案例，提高读者的实战能力
Spring Boot
从入门到实战
解承凯○编著

通过构建一个完整的Web工程项目，展现Web前后端开发的全流程
涵盖服务器购买、数据库设计、前端开发、后端开发和部署上线等内容
Vue.js+Node.js开发实战
从入门到项目上线
张帆○编著

通过“开发技术+项目实战”的方式，详解Web全栈开发的全貌
涵盖环境搭建、React、Node.js、Webpack、测试部署、性能优化及服务端渲染等内容
React+Node.js开发实战
从入门到项目上线
袁林 尹皓 陈宁○编著

专为Node.js项目开发经验薄弱的初学者、进阶者和爱好者打造
详解许愿墙、博客管理系统和装修小程序三大商业案例的完整开发过程
Node.js+Express+Vue.js
项目开发实战
张旭○编著
Node.js